환경대기과학

김경익 · 김영섭 · 김해동 · 류찬수 · 서경환
서명석 · 오재호 · 전종갑 · 하경자

도서출판 동화기술

머리말

지난 수십 년간에 걸친 비약적인 산업의 발달과 도시화에 따른 극심한 기후변화는 기상현상과 대기환경에 관한 인간의 관심을 날로 고조시키고 있다. 그 이유는 우리가 살아가는데 가장 기본적인 의식주의 패턴이 기후변화로 인해 크게 바뀌고 있으며, 환경, 국방, 산업, 경제, 교통, 유통, 스포츠, 레저, 건강 등 거의 모든 분야에서 기상 · 기후정보의 가치와 수요가 계속 증가하고 있기 때문이다. 따라서 이제 기상 · 기후정보는 정부의 정책 입안자가 거의 모든 분야에서 주요정책을 결정하기에 앞서 반드시 고려해야 할 중요한 요소가 되고 있다.

대기과학은 지구와 태양계의 구성원인 행성의 대기의 물리, 화학적 특성과 대기권에서 일어나는 각종 운동과 현상, 그리고 기상 · 기후 변화와 관련된 여러 가지 원리를 규명하며 예측하는 학문이다. 최근 엘니뇨, 라니냐 그리고 북극진동 등의 영향에 의한 대기 순환의 변화와 지구 온난화로 인해 기후 변화는 생태계뿐만 아니라 대기환경을 크게 변화시키고 있다. 또한 위험기상의 규모와 정도가 더욱 심화되고 있어서 인류의 생존을 크게 위협하고 있다. 따라서 지구환경의 보전과 인류의 생활환경 개선을 위해 대기환경과 그 변화에 대한 올바른 이해는 매우 중요하다. 한편 지식 정보화 사회의 도래에 따른 고품질 기상정보에 대한 사회적 수요가 최근 크게 증가하고 있으며 이러한 수요를 충족시킬 수 있는 유능한 인력 양성을 위해서는 이와 관련된 전문서적이 반드시 필요하다.

이 책은 일반 대기과학과 환경과학에 있는 주요 개념과 최근에 날로 관심이 증가하고 있는 기상 · 기후정보의 이용에 대한 내용을 기반으로 하고 있다. 특히 일기변화와 관련된 부분은 한반도에서 발생하는 기상현상을 중심으로 새로이 집필하였다. 특히 짧은 기간에 대기과학의 주요 개념을 쉽게 이해할 수 있도록 중요한 주제들을 다루고 있으며, 동시에 새로이 떠오르고 있는 산업에 있어서 기상 · 기후정보의 활용에 대한 시야를 넓힐 수 있도록 이 책을 구성하였다. 따라서 이 책은 대기과학, 환경과학, 지구과학을 공부하는 학생들뿐만 아니라 이 분야에 관심을 가진 전문인 및 일반인에게도 좋은 길잡이가 될 것이다.

이 책을 집필하는 데 있어서 전문 용어는 "대기과학 용어집"과 "기상학 사전"등을 참고하였으며, 사전에 없는 새로운 용어는 그 의미를 최대한 살려 우리말로 옮겼다. 이 책에 여러 가지 귀중한 데이터와 사진 자료는 기상청에서 발간한 여러 문헌과 자료집에서 인용하였음을 밝힌다. 이 책을 9명의 저자가 집필한 관계로 내용의 연속성과 일관성을 유지하려고 노력하였으나 다소 미흡한 부분이 있을 것이다. 이 부분에 대해서는 독자 여러분의 아낌없는 지적을 바라며, 이를 토대로 계속 수정 보완하고자 한다.

끝으로 바쁜 가운데서도 귀중한 시간을 할애 하시어 원고를 작성해주신 여러 교수님들과 원고 교정작업에 수고를 아끼지 않은 부산대학교 대기과학과 하경자 교수 연구실의 대학원 최유미, 이은정, 오은수 등 학생들에게 감사를 표합니다. 그리고 어려운 여건에서도 이 분야에서 새로운 저서의 중요성을 인식하고 저자들로 하여금 용기를 내어 원고를 집필할 수 있도록 용기를 주신 이재영 부장님, 책이 제때에 출판될 수 있도록 지원해주신 도서출판 동화기술 정우용 회장님과 편집부 여러분들께 깊은 감사를 드립니다.

차 례

CHAPTER 01 대기의 조성과 구조

지구대기는 각종 기체와 에어로졸 그리고 구름입자로 구성되어 있으며 그 분포는 고도에 따라 다르다. 이들 대기성분들은 태양과 지구복사의 상호작용을 통하여 지구의 기상과 기후변화에 커다란 영향을 준다. 이 장에서는 지구대기의 조성, 대기의 연직구조 그리고 다른 행성의 특성에 대해서 살펴보자.

1.1 대기의 기원

우주기원의 역사는 약 137억 년 전에 대단히 높은 에너지를 가진 작은 물질과 공간이 거대한 폭발을 통해 우주가 되었다고 보는 빅뱅(Big Bang)에 의해 수소(H)와 헬륨(He)의 원자핵이 생성되고, 오늘날의 우주로 진화해 온 것으로 받아들여지고 있다. 지구와 생물권의 기원은 우주 진화와 비교해 볼 때는 아주 짧은 기간에 불과하지만 대기과학의 입장에서 알아 둘 필요가 있다.

일반적으로 지구는 약 45억 년 전에 탄생했다고 알려져 있다. 만일 대기가 지구와 함께 생성되었다면, 그 형성 초기에는 많은 양의 가장 가벼운 수소와 헬륨을 포함한 다량의 기체가 포함되어 있어야 한다. 이러한 원시 대기를 1차 원시 대기라고도 한다. 하지만 현재의 대기는 대부분 질소와 산소로 구성되어 있어 1차 원시 대기와는 그 조성이 크게 다르다. 그러면 초기의 지구대기를 구성했던 기체들은 어디로 갔으며, 어떻게 대기 조성이 바뀌게 되었을까?

초기 5억 년 동안은 대기의 기체는 쉽게 우주로 소산되었다. 이를 설명하는 가장 유력한 가설로는 다음의 두 가지가 있다. 1차 원시 대기의 주성분은 가벼운 수소와 헬륨이었고, 또한 온도가 높아 평균 이동속도(mean free path)가 매우 컸을 것이다. 그리고 오랫동안 지구의 중력장은 대기를 잡아 둘만큼 강하지 않아 가벼운 원소가 우주로 날아간 것으로 추정된다. 이 과정을 이해하기 위해서는 다소의 배경지식이 필요하다. 초고층 대기의 밀도는 극히 낮아 대기분자나 원자끼리의 충돌은 매우 드물지만, 일단 충돌하여 대기권 밖으로 향하는 어떤 충분한 속도를 가지면 대기권 밖으로 이탈할 수 있는 속도를 가지게 된다. 이러한 속도를 이탈속도(escape velocity)라 하며, 지구에서는 대략 11.19kms^{-1}이다. 행성주변의 기체가 외계로 확산되는 것은 행성의 중력이 기체의 탈출을 막을 만큼 강하지 않기 때문이다. 만일 분자가 이탈속도만큼 충분한 속도를 가지고 운동할 경우, 중력을 극복하고 대기를 탈출할 수 있다. 가벼운 기체들의 속도는 대개 이탈속도만큼 빨라서 1차 원시 대기의 주성분인 수소와 헬륨은 대부분 우주로 탈출하였다고 설명한다.

최근 또 다른 가설이 제기되었다. 이 가설에서는 최초 생성 기간에 존재하였던 기체들은 지구와 다른 천체와의 충돌과정에서 제거된 것으로 여겨지고 있다. 이러한 다른 천체들 중 미시행성(planetesimal)이라 불리는 몇몇은 크기가 화성만큼이나 되었다고 한다. 엄청난 에너지가 미시행성과의 충돌로 발생되었고, 대기를 포함한 많은 양의 행성 물질이 방출되어 현재의 대기를 구성하였다는 것이다. 만일 이러한 가설이 사실이라면, 매우 느린 확산과정으로 원시 대기의 기체가 제거되었다고 설명하는 이전의 가설은 설득력이 약해진다.

1차 원시 대기가 거의 사라진 지구에는 2차 원시 대기가 생성되었다. 2차 원시 대기가 형성되는 새로운 시기에는 화산폭발과 같은 지구 내부에서 방출된 기체들이 대기를 구성하였다. 이 과정을 우리는 가스분출(outgassing)이라 부른다. 화산활동에 의해 방출된 기체에는 수증기, 이산화탄소, 적은 양의 이산화황, 질소 그리고 다른 기체 성분들이 다량 함유되어 있었다. 최근 위성 관측에 따르면 물을 포함한 우주 눈 뭉치들(cosmic snowballs)이 한꺼번에 지구로 5~30개가 떨어지면서 생기는 일정한 강우가 있다고도 한다. 지구 생성 이후로 이 비율로 계속 떨어졌다면, 그들은 대부분의 수증기 공급원을 차지했을 것이다. 그러나 만일 이 비율이 상승하였다면 2차 원시 대기는 크게 변화했을 것이다. 왜냐하면 수증기와 이산화탄소는 현재 대기 중에 아주 소량만이 존재하기 때문이다.

대기의 냉각현상으로 인해 응결이 일어나고 강수가 발생하여 지표로 떨어지면서 해양을 형성하는 과정을 기반으로 수증기의 제거는 쉽게 설명될 수 있다. 또한 강수는 대기로부터 이산화탄소의 제거와 연관 지을 수 있다. CO_2가 풍부한 대기에서 떨어지는 강수입자는 CO_2를 용해시켜 대기로부터 제거시킨다. CO_2가 용해된 빗방울은 탄소를 대기에서 해양으로 이동시키고, 육지로부터 수송된 물질을 침식시키고, 해저 퇴적물로 가라앉게 한다.

약 35억 년 전, 대기에 산소가 증가하는데 이러한 변화는 원시 혐기성 박테리아(산소가 없어도 살 수 있는 박테리아)가 주된 원인이다. 이러한 원시 생명체는 대기로부터 이산화탄소를 얻어 산소로 변화시키는 최초의 유기체 조직이었다. 결국 식물과 그 이후에 나타난 동물의 조직들이 해저로 가라앉아(현재도 나타나고 있음), 유기 탄소(organic carbon)는 퇴적물 내에 고착되었다. 결국 화산활동에 의해 방출된 탄소의 대부분이 탄산염암 형성과정으로 인해 대기와 해양 모두에서 존재하지 않게 되었다.

이러한 모든 과정들은 이산화탄소를 소비하면서 점진적으로 대기의 산소를 증가시켰다. 하지만 지표에서 생명체의 활동을 가능하게 만든 대기에서 또 다른 변화가 나타났다. 상층 대기에 오존층이 존재하지 않으면 지표에 도달하는 태양빛 내 자외선 복사는 매우 치명적일 수 있다. 그러므로 방어막이 될 수 있는 오존층은 해양 바깥에서 생명이 존재하기 이전에 발생하였음을 알 수 있다. 다행이 상층대기에서 자외선 복사가 이원자 산소분자를 분리하여 형성된 산소원자가 산소분자와 재결합하면서 오존층을 형성한다. 현상은 특정 조건에서만 이루어지는 것이 아니라 일반적인 자연상태에서도 발생한다. 산소원자는 상층 대류권에서 산소분자와 결합하여 오존을 형성한다. 이러한 현상이 발생하면 지표에 도달하는 자외선 복사는 식물이 생장할 수 있을 만큼 감소된다. 식물이 늘어나면서 광합성은 가속되었고 대기의 이산화탄소는 산소로 바뀌게 되었다.

마지막으로 대기 중에 많은 양의 질소를 설명하는 일이 남았다. 비록 질소는 분출가스에 의해 방출되는 물질에 적은 양이 존재하였지만, 대기 중에서 제거속도가 매우 느렸다. 이러한 결과로 질소의 농도는 특정 값까지 점진적으로 증가하게 되었고 현재의 대기 상태에까지 도달하게 되었다.

1.2 대기의 조성

대기는 보이지 않는 기체와 수많은 작은 고체 입자와 물방울로 이루어져 있다. 생물학적 과정(식물과 동물의 호흡), 화산폭발과 같은 물리과정에 의해 기체분자는 대기와 지표 사이에서 상호 교환이 일어나며, 또한 기체간의 화학반응으로 생성되거나 제거되기도 한다.

대기와 지표 사이에서 일정하게 순환되는 기체를 생각해보자. 만일 대기가 기체의 저장소라 생각하면, 대기로 유입되는 양과 지표로 유출되는 양이 같아져서 저장소 내 기체의 농도는 일정하게 유지될 것이다. 즉, 기체의 농도가 정상상태(steady state)를 나타낸다.

이렇게 대기 내에서 기체의 농도는 정상상태를 유지하지만, 각각의 분자는 유출과정이 발생하여 제거되기 이전까지 일정 시간 동안만 존재하게 된다. 이처럼 대기 내에서 개별 분자가 존재하는 시간을 체류시간(residence time)이라 한다. 체류시간은 대기 내의 질량(kg)을 물질의 유 · 출입 비율(kg/year)로 나눔으로써 구해진다. 그림 1-1은 정상상태와 체류시간의 개념을 나타낸 것이다. 그림 1-1(a)와 (b)에서 대기 저장소는 동일한 함량을 가지고 있으며, 유입과 유출 화살표의 길이는 기체가 저장소로 들어오고 나가는 비율을 의미한다. 그림 1-1(b)에서는 정상상태이긴 하지만 유출률과 유입률이 크게 나타나 기체분자의 체류시간이 짧은 것을 알 수 있다.

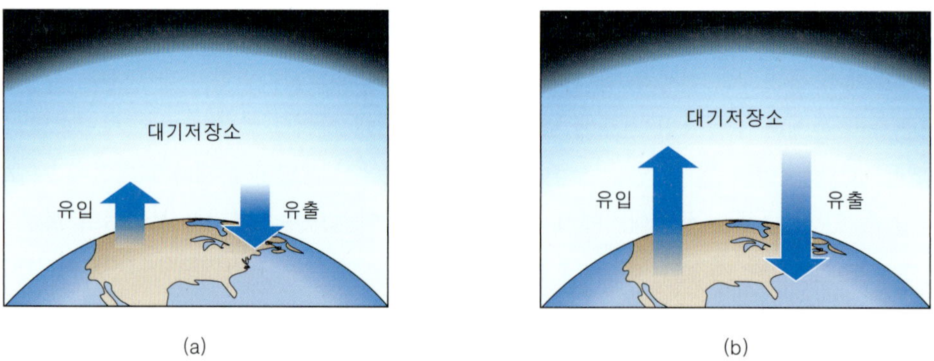

그림 1-1 대기는 일정한 출입을 하는 지표 교환이나 내부적 과정들을 겪는 저장소라고 생각할 수 있다. 유입과 유출이 같은 비율로 이루어진다면 기체 함량의 실질적인 변화는 없다. (a)에서 짧은 화살표는 가상적인 기체의 느린 교환속도를 나타낸다. 결과적으로 어떤 기체의 분자가 대기 내에 오랫동안 남아 있을 것으로 예상할 수 있다. (b)에서는 저장소의 크기는 같으나 교환속도가 훨씬 빠르기 때문에 기체가 존재할 수 있는 시간은 짧다.

대기의 기체는 농도가 일정하게 유지되는지 아닌지에 따라서 영구기체(permanent gases)와 변량기체(variable gases)로 분류될 수 있다. 영구기체는 대기 내에서 농도가 일정하게 유지되며, 변량기체의 농도는 시공간에 따라 그 분포가 변한다. 영구기체는 고도 80km 이하의 대기에서 나타나며, 대기 질량의 대부분을 차지(99.999%)한다. 이처럼 80km 이내의 대기는 화학적으로 균질하기 때문에 균질권(homosphere)이라 부르기도 한다. 일반적으로 지구 전체의 대기를 균질권으로 가정하기도 한다.

균질권 위의 층을 비균질권(heterosphere)이라 부르는데, 가벼운 기체(수소나 헬륨)들 일수록 높은 고도에 더 많이 분포한다. 고도에 따라 성분이 변하기 때문에 비균질권에는 영구기체가 존재하지 않는다. 비균질권이 차지하는 질량은 미세하므로 세부적인 내용은 생략하고 균질권에 대해서 상세히 소개한다.

1.2.1 영구기체

균질권은 대개 질소와 산소 그리고 적은 양의 비활성기체인 아르곤, 네온과 미량의 기타 기체들로 구성되어 있다(표 1-1). 대기 중의 질소는 질소원자가 쌍을 이루어 하나의 분자(N_2)로 이루어져 있다. 질소의 분자량은 28.02이다. 이는 총 28개의 양자와 중성자로 이루어지는 질소분자의 분자량보다 약간 큰 값이다. 일반적으로 질소원자는 7개의 양성자와 7개의 중성자로 이루어져 있지만, 때로는 8개의 중성자를 가지기도 하기 때문에 질소분자의 평균적인 분자량은 28보다 약간 큰 값을 갖게 된다.

질소는 안정한 기체로서 영구기체의 총 부피에서 78%, 총 질량의 75.5%를 차지한다. 부피와 질량의 차이는 유사한 조건에서 동일한 부피를 가지고 있어도 분자의 무게는 차이를 보이기 때문이다. 대기 중에서 질소가 생성되고 제거되는 과정은 매우 느리게 나타나, 체류시간은

표 1-1 지구대기의 영구기체

조성	분자식	체적비(%)	분자량
질소(Nitrogen)	N_2	78.08	28.01
산소(Oxygen)	O_2	20.95	32.00
아르곤(Argon)	Ar	0.93	39.95
네온(Neon)	Ne	0.002	20.18
헬륨(Helium)	He	0.0005	4.00
크립톤(Krypton)	Kr	0.0001	83.8
제논(Xenon)	Xe	0.00009	131.3
수소(Hydrogen)	H_2	0.00005	2.02

4200만년으로 아주 길다.

이처럼 질소는 대기 중에서 75% 이상을 차지하고 있지만, 대부분의 기상학 또는 기후학 과정에서 중요하게 고려되지 않는다. 그러나 이후에 언급하겠지만 질소 산화물과 같은 질소를 포함하는 기체는 기후에 상당히 중요한 역할을 한다.

두 번째로 많이 차지하고 있는 기체는 산소로서 대기 총 부피의 21%, 총 질량의 23%를 차지한다. 산소는 모든 생명활동을 유지함에 있어 매우 중요하다. 질소와 마찬가지로 대기 중 산소의 분자는 원자의 쌍으로 되어 있어 이원자 산소(diatomic oxygen)라 부른다. 체류시간은 약 5000년이다. 질소와 산소가 영구기체의 99%를 차지하고 있고, 나머지 1%는 아르곤이 대부분을 차지한다. 아르곤의 제거과정은 매우 느리기 때문에 체류시간이 아주 길다.

1.2.2 변량기체

변량기체는 대기의 총 질량에서 매우 적은 부분을 차지하고 있다. 이처럼 적은 양이지만, 일부 기체는 대기의 특성에 매우 큰 영향을 미친다(표 1-2).

수증기

수증기는 변량기체에서 가장 많아 대기 총질량의 0.25%를 차지한다. 대기의 수증기는 지표로부터의 증발로 공급되고, 대부분 5km 고도 내에 존재하며, 농도는 일반적으로 고도가 증가함에 따라 급격히 감소한다.

물은 지표와 대기 사이에서 끊임없이 순환하고 있으며, 이를 물순환(hydrological cycle)이라 한다. 지구는 때로 물의 행성이라 불리는데, 그 이유는 지표의 3/4이 해양, 얼음, 호수 그리고 강으로 이루어져 있기 때문이다. 또한 지하수와 토양층 상부에 부분적으로 포화된 상태의 많은 물이 존재한다. 물은 끊임없이 증발하여 대기 중에서 얼음 결정과 액체 입자의 형태로 응결하게 된다. 이러한 얼음 결정과 액체 입자들은 비, 눈, 진눈깨비, 우박 등의 형태로 대기로부터 제거된다. 증발, 응결, 강수는 빠른 속도로 나타나므로 수증기는 약 10일 정도의 매우 짧은 체류시간을 가지게 된다.

우리는 수증기 함량이 높을 때는 후덥지근하게 느낄 수 있고, 공기가 건조할 때는 피부가 바짝 마르는 것을 느낄 수 있다. 상대습도를 기준으로 할 때, 우리가 편안함을 느끼는 습도의 범

표 1-2 대기의 변량기체

조성	분자식	체적비(%)	분자량
수증기(Water Vapor)	H_2O	0.25	18.01
이산화탄소(Carbon Dioxide)	CO_2	0.037	44.01
오존(Ozone)	O_2	0.01	48.00

위는 넓지만, 실제 공기 중의 수증기량의 변화 폭은 매우 작다. 지표부근에서 수증기량의 변동은 사막과 극 부근 대기에서 1%에 훨씬 못 미치는 양에서부터 적도에서 약 4% 정도를 보인다. 즉 100개의 대기 분자 중에서 수증기는 4개 정도를 차지한다는 것이다(적도 외의 지역에서 수증기량은 대략 2%를 넘지 않는다. 높은 고도로 갈수록 수증기는 보다 적어지므로 대기 질량에서 수증기량은 매우 적다고 볼 수 있다).

이처럼 상대적으로 적은 양임에도 불구하고 수증기는 매우 중요하다. 왜냐하면 구름형성에 필요한 수분의 공급원일 뿐 아니라, 지표로부터 방출되는 장파복사 에너지의 매우 효과적인 흡수체이기 때문이다. 따라서 수증기는 중요한 온실기체 중의 하나이다.

수증기가 작은 물방울과 다르다는 사실은 매우 중요하다. 수증기는 개별 기체의 분자로 존재한다. 즉 액체나 고체 분자와 달리 수증기 분자들은 서로 결합되어 있지 않다. 이러한 관계로부터 수증기는 N_2, O_2나 다른 대기 중의 기체와 유사함을 알 수 있다. 하지만 다른 기체와는 달리 지표나 대기 중에서 쉽게 고체나 액체의 형태로 변할 수 있다는 큰 차이점이 있다.

비록 수증기가 보이지 않는 기체이지만, 기상위성은 대기 중의 수증기량을 측정할 수 있고, 영상으로 수증기량의 변화를 나타낼 수 있다. 수증기량 분포 영상은 기상 예보자에게 큰 도움을 줄 수 있으며, 중층과 상층의 넓은 영역의 바람 패턴을 파악하는 데에도 이용된다. 또한 기후학자들이 기단을 분류하는 데에도 활용된다.

이산화탄소

변량기체 내의 또 다른 중요한 기체는 이산화탄소(CO_2)이다. 우리는 대기 내의 이산화탄소 변화를 수증기와는 달리 물리적으로 느끼지는 못하지만, 이러한 변화를 무시할 수는 없다. 대기 내 이산화탄소의 증가는 기후변화를 일으켜 인류사회에 큰 영향을 미친다.

오늘날 이산화탄소는 대기 내에서 0.037%(370ppm)를 차지한다. 이산화탄소는 식물과 동물의 호흡과정, 유기물의 부패, 화산활동, 자연 및 인위적 연소 등에 의해 대기 중으로 유입된다. 이산화탄소는 식물이 빛에너지를 화학에너지로 변환하는 과정인 광합성작용으로 제거된다. 광합성은 태양에너지를 식물의 뿌리로부터 얻은 물과 대기 중으로부터 얻은 이산화탄소를 이용하여 식물의 생장 및 동물의 생활에 필요한 탄수화물이라는 화학성분으로 변환하는 것이다. 이러한 과정에서 산소분자들이 대기 중으로 방출된다.

인간의 활동이 주요한 유입 요소가 되기 전에, 대기 중의 이산화탄소 농도는 대략 280ppm (±10ppm) 정도로 안정적이었다. 산업혁명이 시작되면서 이러한 안정성에 교란이 일어나기 시작하였으며, 1700년경 산업혁명 초기부터 600Gt(6천억 톤)의 탄소가 화석연료의 연소에 의해 대기 중으로 유입되었다. 이러한 많은 이산화탄소 유입량은 제거되는 유출량을 초과하였으며, 이로 인해 지구 전체에서 이산화탄소 농도가 증가하였다. 즉, 1700년 무렵의 270ppm에서 현재는 370ppm으로, 약 30% 이상 증가하였다. 그림 1-2는 마우나로아(Mauna Loa) 관측소(하와이의 3400m 고도에 있는 북반구의 대표 관측소)에서 관측된 이산화탄소량의 기록을 나타낸

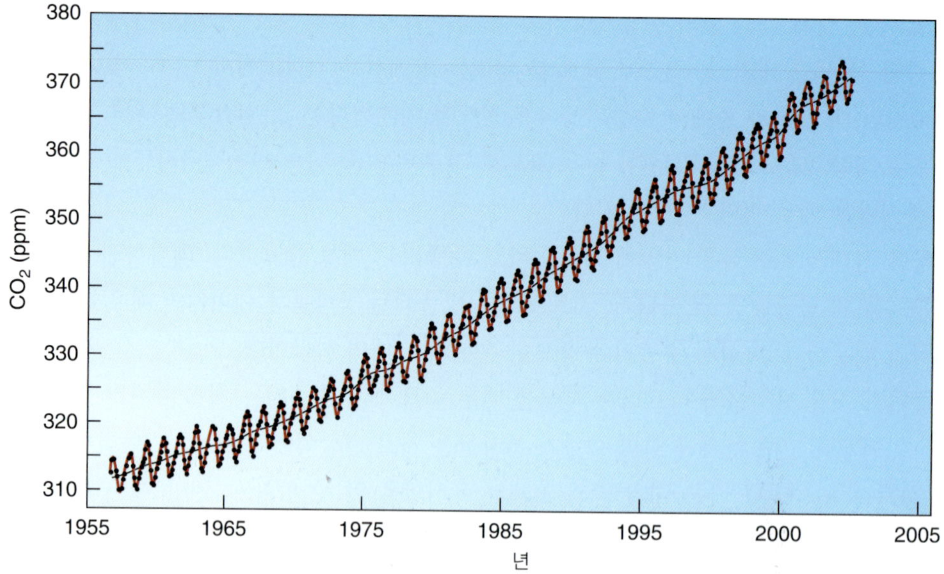

그림 1-2 대기의 이산화탄소 함량은 인간 활동 때문에 지난 반세기에 걸쳐 점진적으로 증가해 왔다. 자료는 마우나로아 관측소에서 얻은 것이고, 점들은 월 평균값을 나타내며 계절적으로 순환하는 것은 식물이 자라고 썩는 것과 관계있는 것임을 암시한다. 가는 선은 연간 평균값에 해당하고 장기적인 경향을 나타내고 있다.

것이다. 1950년대부터 CO_2는 해마다 1.8ppm씩 증가하고 있다. 이러한 증가는 주로 인위적인 연소과정과 산림파괴로 인한 것이다. 또한 CO_2는 지구복사를 흡수하기 때문에 이러한 CO_2의 증가는 과학 및 언론계로부터 많은 관심을 끌어왔다. 2100년이 되면 CO_2는 현존하는 양의 2배로 늘어나고, 이로 인해 심각한 온난화가 초래될 것으로 예측되고 있다.

그림 1-2는 북반구 전체에서의 CO_2의 증가뿐만 아니라 계절 변동도 보여주고 있다. 특히 대기의 이산화탄소량은 초봄에 가장 높고 늦여름에 가장 낮게 나타난다. 봄철에 최대값이 나타나는 이유는 겨울철 동안 식물의 생장이 더딤으로 인해 대기 중의 CO_2 흡수가 낮아지고, 또한 낙엽이 겨울철에 부패되면서 산화되어 CO_2를 대기로 방출하기 때문이다. 여름철에는 다시 생장이 활발해지면서, 대기 내의 탄소는 제거되고 이로서 이산화탄소의 농도는 낮아지게 된다.

광합성에 의해 대기로부터 CO_2분자는 제거되고, O_2분자가 생성된다. 하지만 대기에서의 O_2는 계절 변동을 보여주지는 않는다. 왜냐하면 광합성에 의해 생성되는 O_2 양은 기존 대기 내 O_2 양에 비해 매우 적기 때문이다. 이산화탄소의 체류시간은 약 150년이다.

오존

3개의 산소원자가 하나의 분자를 이룬 것을 오존(O_3)이라 한다. 상부 대기에 존재하는 적은 양의 오존은 지구에서 생물의 삶을 영위하는데 필수 불가결한 요소이다. 하지만 지구 표층에서는 폐와 눈에 염증을 유발하고 식생을 파괴하는 공기오염의 주요 성분이 되기도 한다. 다행히, 대류권의 저층에서 오존 발생은 몇 분 동안만 지속되기 때문에, 많이 오염되어 있는 도시공기

내에서도 오존의 농도는 약 0.15ppm 밖에 되지 않는다. 그러나 성층권 25km 고도에서 오존 농도는 약 15ppm으로 지상의 50에서 100배 정도 높게 나타난다.

오존은 태양으로부터 오는 치명적인 자외선을 흡수하기 때문에 성층권 내의 오존은 지구의 생명을 유지하는 매우 중요하다. 왜 오존의 대부분은 지표에서보다 성층권에 존재할까? 이 질문에 대한 해답은 상당히 복잡하다. 간단히 말해서 오존은 산소원자와 산소분자의 충돌로 발생한다. 지구로 들어오는 강한 자외선은 성층권의 산소분자를 산소원자로 분해하고, 산소원자는 산소분자와 충돌(결합)하여 오존이 만들어진다. 이러한 성층권의 오존은 자외선을 대부분 흡수하기 때문에, 지상 부근에서는 자외선에 의한 산소원자의 분해가 잘 일어나지 않는다. 따라서 지상 부근의 오존은 성층권에 비해 상대적으로 그 농도가 낮다. 그러면 성층권의 오존 농도는 어떻게 해서 일정하게 유지될까? 오존이 자외선복사를 흡수하게 되면 산소원자와 분자로 쪼개지고, 다시 다른 오존분자와 결합하게 된다. 이러한 반응을 통하여 오존은 오존층에서 일정한 농도를 가지게 된다.

메탄

메탄(CH_4) 역시 주요한 변량기체 중의 하나이다. 최근 몇 십 년간 메탄의 대기 중 농도는 연간 약 0.01ppm씩 증가하고 있고, 현재의 농도는 1.7ppm을 보이고 있다. 자연계에서 메탄은 주로 습지에서 배출된다. 다른 배출원은 직 · 간접적인 인간 활동으로서 예를 들면, 천연가스 파이프라인이나 유정(油井)에서 새어나오기도 하고 논에서도 발생하며, 목장 가축들의 소화과정에서, 쓰레기가 썩는 과정에서, 그리고 나무나 토탄을 태우는 과정에서도 발생한다. 대기 중에서 메탄 제거의 주요 과정은 화학적 작용을 통한 것이다. 메탄의 체류시간은 약 10년으로 이산화탄소의 경우보다 훨씬 짧다.

대기 중의 낮은 농도에도 불구하고 메탄은 지구복사의 가장 강력한 흡수체이다. 따라서 대기 중 메탄 농도가 증가하면 대기가 온난화된다.

에어로졸

대기 중의 작은 고체 입자와 물방울(구름과 강수입자 제외)을 모두 모아 에어로졸(aerosol)이라 한다. 오염된 도시 대기와 연관 짓기도 하지만, 에어로졸은 인간활동과 자연으로부터 발생한다. 그래서 인간활동과 멀리 떨어져 있는 지역에서도 에어로졸은 존재한다. 일반적으로 육지에서 $1cm^3$에 약 1,000개 입자의 농도로 나타난다. 얼마나 많은 에어로졸이 대기 중에 존재하는가를 알기 위해 다음과 같이 생각해보자. 사람은 평균적으로 한번 숨 쉴 때 약 $1,000cm^3$의 공기를 마시게 되는데, 이 경우 매분 약 1백만개의 에어로졸이 폐 속으로 들어가게 된다.

에어로졸의 발생원은 다양하다. 자연적으로는, 바람에 의한 먼지, 산불이나 바닷물의 물보라 등에서도 발생한다. 때에 따라 화산폭발로 대량의 먼지 입자들이 대기의 상층으로 유입되는데, 1991년의 피나투보 화산, 2010년의 아이슬란드 화산폭발 등의 예가 있다. 다른 유형으로는, 바이오매스(biomass)와 화석연료의 연소에서 나오는 황화물과 검댕 등이 있다. 황화물 입자들은 특히 중요한데, 이들은 이산화황에 대한 화학반응의 결과로서 형성된다. 이산화황은 석탄과 석유를 연소시키는 곳에서 대량 발생한다. 이러한 에어로졸들은 대개 크기가 아주 작아서 매우 천천히 낙하하고, 매우 약한 연직상승운동만으로도 쉽게 대기 중에 떠다닐 수 있다(에어로졸은 강수에 의해 가장 효과적으로 제거된다). 에어로졸의 체류시간은 수 일에서 수 주간이다.

에어로졸은 대기에 중요한 영향을 미친다. 에어로졸에 의해 발생하는 도시 스모그(smog)는 시정을 악화시키고, 먼지 폭풍은 토양에 있는 흙먼지를 부유시켜 시정을 거의 0에 가깝게 만들기도 한다. 에어로졸은 또한 구름 입자가 형성되는데 필요한 응결핵의 역할도 한다. 또한 태양복사를 흡수하고 이를 다시 대기 중으로 산란시켜 에너지 수지에도 영향을 미친다.

1.3 대기의 연직구조

대기는 대기의 조성에 따라 균질권과 비균질권으로 구분할 수 있다. 그러나 조성 이외에도 기상학자들은 대기의 연직 층을 뚜렷이 구분하기 위하여 여러 가지 특성을 이용한다. 예를 들면 전기적 특성, 화학적 조성, 온도에 의해 대기의 연직구조를 분류한다. 그림 1-3은 기온분포, 전자밀도, 화학적 조성에 따라 대기 전체의 성층(stratification)을 모식도로 나타낸 것이다. 그리고 각 층에 나타나는 현상과 그 관측 수단을 나타내었다. 여기서 성층은 기층의 특성이 뚜렷이 드러나는 층을 나타내며, 예를 들면 온도가 증가하는 층, 조성이 일정한 층 등이다.

1.3.1 대기의 두께

지구대기는 기체가 지구중력에 묶여 있는 층으로 지구대기의 범위는 보통 지표에서 고도 약 1,000km로 간주하고 있다. 그러나 고도 1,000km를 넘는 곳에서도 매우 희박하기는 하나 기체는 존재한다. 대기의 밀도 분포를 살펴보면 16km 고도에서 대기의 밀도는 지표 대기 밀도에 비해 약 10%만이 존재하고, 50km에서는 약 1%만이 존재한다.

지구 표면에서 바라보았을 때, 대기는 매우 높이 존재하는 것처럼 보인다. 하지만 실제 대부분의 대기는 지표 주위에 얇은 층으로 존재한다. 대기의 상부 경계층을 해발 100km(실제로 대기의 99.999997%가 이 고도 내에 존재한다)라 가정해보자. 100km 대기의 두께와 지구의 반지름 6,500km를 비교해 보았을 때, 대기는 지구 두께의 2% 이하임을 알 수 있다. 뇌우 구름의 최상층은 약 12km 고도인데, 우주에서 보면 이러한 구름은 지표에 들러붙어 있는 것처럼 보인다. 보다 더 명확히 이해하기 위해서 비유를 들어보면, 이러한 구름은 사과 껍질보다 얇다고 볼 수 있다.

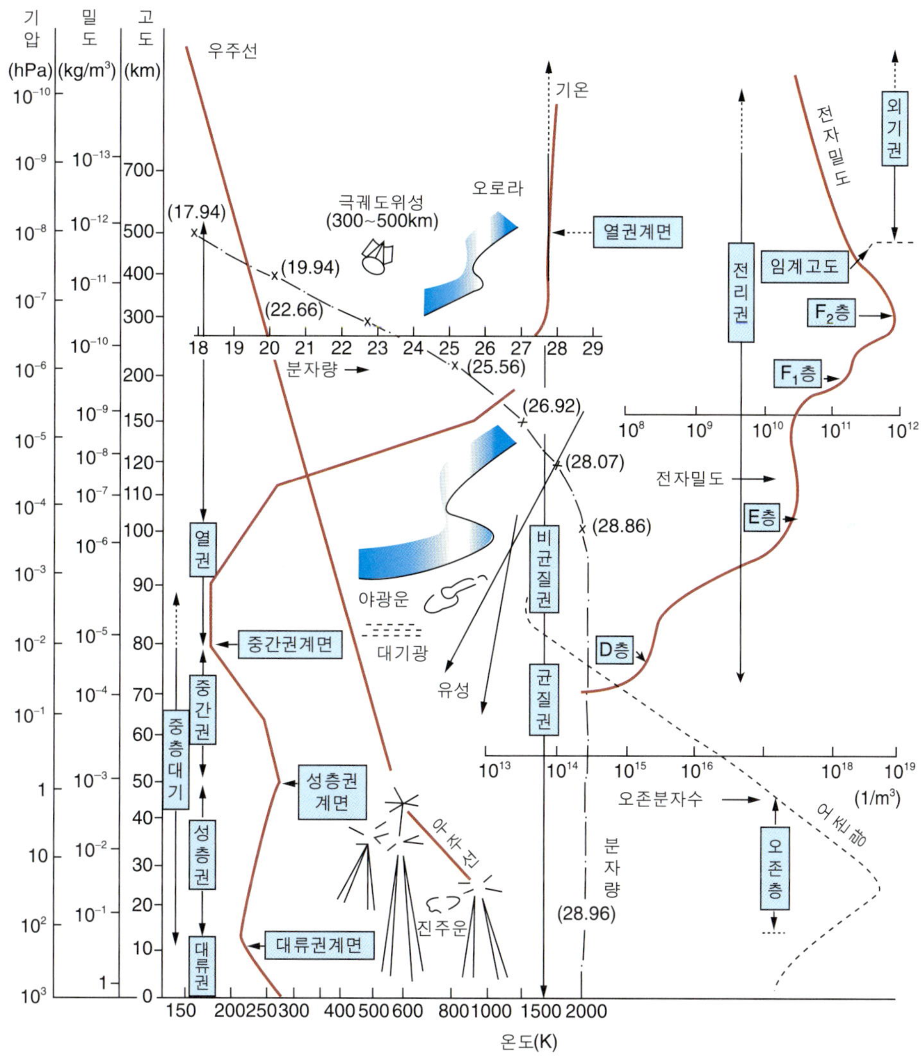

그림 1-3 지구대기의 연직구조 모식도

이처럼 대기의 두께가 얇기 때문에 대규모 대기 운동은 일반적으로 수평방향으로 일어나고, 수평 바람이 연직 바람보다 1,000배 이상 크다. 하지만 비록 소규모 대기의 연직 이동이라 하더라도 대기의 상태에 주요한 영향을 미치기 때문에, 대기의 연직운동을 무시할 수는 없다. 관측도 예측도 어려운 미세한 연직운동이 대기의 특성을 결정짓는데 가장 중요한 역할을 한다.

대기는 상대적으로 얇은 층이지만, 상당한 질량을 포함하고 있다. 대기의 총 질량은 5.14×10^{15}톤에 해당한다.

1.3.2 온도 단면에 의한 대기 구조

대기에서의 연직운동은 느리고, 대기의 두께가 매우 얇기 때문에 특정 범위 내에서 한정되어 나타난다. 그럼에도 불구하고 연직운동은 구름의 발달, 강수, 뇌우의 형성에 큰 영향을 미친다. 고도에 따라 기온이 급격히 감소하는 대기의 경우 공기의 연직운동이 보다 강하다. 반면 고도에 따라 기온의 감소가 작거나 오히려 증가할 경우 공기는 연직운동이 저지된다. 과학자들은 대기를 화학적 구성이 아니라 고도에 따른 평균온도의 변화를 근거로 4개의 층으로 분류한다. 대류권, 성층권, 중간권, 열권의 총 4개의 층으로 분류한 연직 평균온도 단면을 그림 1-4에 나타내었으며, 이를 표준대기라 한다.

대류권

군사용 제트기 혹은 민간 초음속 제트기를 타지 않는 이상은 우리는 평생을 대류권에서만 살 수 밖에 없다. 대류권(troposphere)이라는 용어는 그리스어 tropos(turn)로부터 유래되었으며, 그 의미는 연직순환과 난류에 의해 공기가 연직으로 섞이는 것을 의미한다. 거의 모든 기상현상이 대류권에서 나타나며 고도 증가에 따라 기온이 감소한다. 대기의 4개 층 중에서 가장 얇지만, 질량의 80%가 이곳에 존재한다. 물론 이는 대기가 압축될 수 있기 때문에 가능하다.

대류권의 두께는 8~16km의 범위로 변화한다. 대류권의 고도는 평균온도가 큰 영향을 미치며, 온도가 높은 지역에서 높고 온도가 낮은 지역에서는 낮다. 그러므로 열대지역의 대류권의 두께는 극 지역보다 두꺼우며, 겨울보다는 여름철에 보다 더 두껍다.

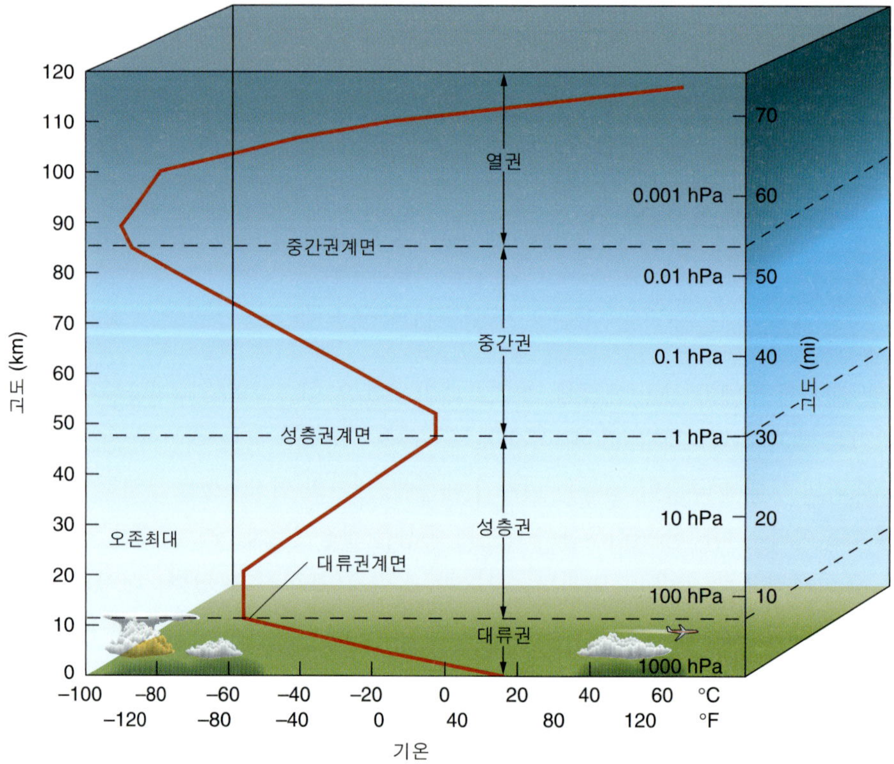

그림 1-4 열적 특성에 따라 구분된 대기의 온도 연직 분포

온도는 대류권 전체에서 매우 크게 변화한다. 지표의 전구 평균온도는 약 15°C이지만 대류권 상층에서는 약 −57°C이다. 즉 평균적으로 기온이 1km당 6.5°C씩 감소함을 알 수 있다. 10km 고도를 날고 있는 비행기 안에서는 편안함을 느끼지만, 외부의 기온은 −50°C나 된다. 대류권의 상부에서 다른 층으로 전이되는 영역을 대류권계면(tropopause)이라 부르며, 이 지역에서는 고도에 따른 온도 감소가 더 이상 나타나지 않는다.

대류권에서 고도가 증가할수록 온도가 감소하는 현상은 어떻게 보면 모순적일 수 있다. 왜냐하면 지구는 직접적으로 태양으로부터 열을 받는데, 낮 동안 고도가 증가할수록 즉 태양에 가까워질수록 온도는 증가해야 하기 때문이다. 이러한 모순점에 대한 설명은 태양으로부터 전달되는 복사에너지를 대기는 선택적으로 투과하기 때문이다. 다른 말로 표현하면, 대기는 태양빛의 대부분을 흡수하지 않고 통과시키기 때문에 온도의 증가가 일어나지 않음을 의미한다. 대기에서 가장 주요한 에너지원은 하향 태양복사 보다는 지표로부터 대기로 방출되는 상향 복사에너지이다.

대류권에서 고도에 따라 온도가 감소함에도 불구하고, 때로는 온도가 고도에 따라 증가하는 역전층(inversion layer)이 나타나는 경우도 있다. 온도 역전은 상향운동을 저지하여 고농도의 오염물질이 대기 하층에 남아있게 하여 대기오염을 가중시킨다.

성층권

대류권계면 바로 위에 있는 층을 성층권(stratosphere)이라 부르며, strato는 라틴어로 층(layer)을 의미한다. 하부에 대류권으로부터 강한 뇌우구름이 침투하는 것을 제외하고는 이 영역에서는 기상현상은 거의 일어나지 않는다. 성층권의 최하층에서부터 약 20km 높이까지 온도는 약 −59°C로 일정하다. 약 50km의 성층권의 최상부(성층권계면: stratopause)에서 온도는 고도에 따라서 −2°C까지 계속 증가하게 된다.

성층권 상부의 열은 대부분이 오존에 의해 흡수된 자외선복사의 결과이다. 즉 태양에너지가 성층권을 통해 아래로 투과하면서 점점 작아지고, 그 결과 적은 양의 자외선 흡수로 온도는 감소하게 된다. 온도가 고도에 따라 거의 일정한 성층권 영역의 열은 태양의 자외선복사 흡수와 지구복사의 흡수가 함께 나타난 결과이다. 그리하여 이 영역 내에서 아래 혹은 위로 이동할 경우, 태양에너지의 감소는 지구복사에너지의 증가에 의해 상쇄된다.

성층권은 전체 대기 질량의 약 19.9%를 차지하고 있다. 그러므로 대류권과 성층권을 합치면 총 대기 질량의 99.9%를 차지하게 된다. 그 이유는 대기는 압축성 기체이기 때문에 최하부에 있는 2개의 층에서 대부분의 대기의 질량이 존재한다. 성층권은 대류권 두께의 약 3배 이상임에도 불구하고 대류권 질량의 1/4(대류권: 80%, 성층권: 20%) 밖에 되지 않는다.

성층권에 있는 오존층(ozone layer)은 오존의 농도가 증가하는 구역으로서 20km에서 30km 사이에 존재한다. 이러한 이름에도 불구하고, 오존이 아주 많이 존재하는 것은 아니다. 해발 25km에서 오존의 밀도가 가장 높지만 그래도 약 10ppm 밖에 되지 않는다. 이러한 적은 양임에도 불구하고 오존은 태양에너지를 흡수하여 성층권의 온도를 상승시키고 자외선복사로부터 지구의 생명체를 보호하기 때문에 매우 중요하다.

증발에 의해 대기 중으로 수증기가 공급되지만 성층권에는 매우 낮은 수분만이 존재한다. 더욱이 성층권의 온도특성으로 인해 구름을 형성할 수 있는 연직운동이 저지된다. 이러한 환경에서 강수는 나타나지 않고 화산활동에 의해 성층권으로 유입된 입자들은 성층권 내에서 몇 달간 머물 수 있다. 더욱이 성층권에서의 강한 바람은 에어로졸을 넓은 지역까지 분포시켜 태양에너지를 막는 덮개를 형성한다. 이에 대한 예를 들면, 필리핀 피나투보 화산이 폭발한 1991년 이후 몇 년간은 성층권에 존재하는 에어로졸의 영향으로 일부 지역에서는 지상기온이 평소보다 감소하였으며 더 붉은 일출과 일몰을 볼 수 있었다.

중간권과 열권

대류권과 성층권에 포함되지 않은 0.1%의 대기 중에서 99.9%가 해발 약 80km까지 걸쳐있는 중간권(mesosphere)에 존재한다. 대류권에서처럼 중간권에서도 고도가 증가할수록 온도는 감소한다. 과학자들은 이러한 이유를 중간권 하부에서의 태양복사 흡수가 중간권의 대부분의 열을 공급하게 되고, 연직 상승운동에 의해 소산되기 때문이라고 보고 있다.

중간권 위에 있는 층은 열권(thermosphere)으로 고도가 증가함에 따라 온도가 증가하고 1,500°C를 초과한다. 하지만 이곳에서 높은 온도는 온도계로 직접 측정한 것이 아니고 이 층에서의 기체분자의 이동속도에서 추정한 온도이다. 그 이유는 이곳에서 공기가 너무 희박하기 때문에 보통의 온도계로 주위의 공기와 접촉에 의해 온도 측정이 불가능하다. 따라서 이러한 상황에서 온도측정은 그 의미가 없으며 공기의 열량도 매우 작기 때문에 덥거나 춥거나 하는 일상적인 용어와 관련지을 수 없다. 다만 공기의 온도를 운동에너지와 관련지어 추정할 수 있다. 사실 열권 상부에서의 대기는 매우 희박하여 기체의 분자는 다른 분자와 충돌하기 이전에 평균적으로 수 km를 이동한다.

1.3.3 전기적 특성에 의한 대기구조

전리층

대기를 구성하는 원자나 분자들은 파장이 짧은 태양복사에너지를 받아 이온화 즉 광전리(photoionization)를 일으킨다. 이 때문에 대기의 상층부에는 자유전자와 양이온이 풍부한 영역이 형성된다. 이것을 전리층(ionosphere) 혹은 이온권(층)이라 부른다. 전리층은 그림 1-5와 같이 전자의 밀도분포 특성에 따라 지표로부터 D, E 및 F층의 순서로 분포하며, F층은 다시 F_1 및 F_2층으로 구분된다. 제일 먼저 발견된 E층은 역사적으로 전파의 전기장 벡터 E가 반사된다고 하여 E층으로 명명되었다. 전리층의 전자밀도가 고도에 따라 상이한 특성을 나타내는 이유는 태양복사에너지가 선택적으로 흡수되며, 대기의 조성과 밀도 또한 고도에 따라 변하기 때문이다. 따라서 전리층이 4개의 영역으로 구분되는 것은 단순히 고도의 차이만을 반영하는

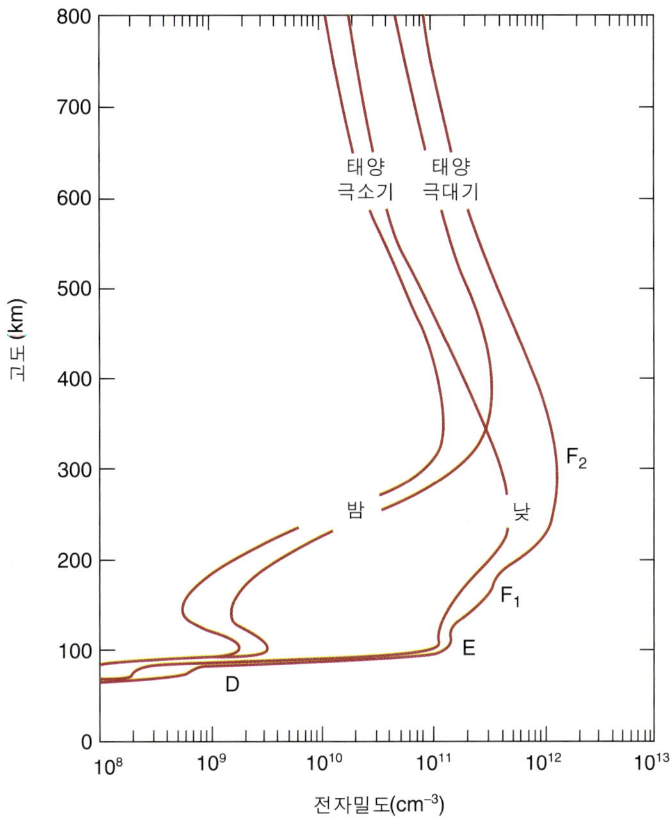

그림 1-5 중위도 지방 전리층의 수직 전자밀도 분포(Richmond, 1987)

것이 아니고 각층은 서로 상이한 물리적인 과정에 의해 지배받고 있음을 의미한다.

전리층은 라디오파의 송·수신에 중요한 역할을 한다. 전리층은 대기 중으로 전파한 AM 라디오파를 지구로 반사시켜 넓은 지역에 방송을 보낼 수 있어 무엇보다도 중요하다. 그림 1-6에서와 같이, 가장 낮은 층인 D층은 낮에만 존재하며 AM 라디오파를 흡수한다. 밤이 되면, 자유전자들은 재결합하여 양의 이온을 생성하고 D층은 사라지게 되고 E층은 약해진다. 라디오파는 흡수보다는 반사가 크게 나타나는 F층까지 도달하게 되면 방향이 바뀌어 다시 지표로 전파된다. 지표는 다시 이 파를 반사하여 이온층으로 되돌아오게 된다. 지표와 F층에서의 반복되는 반사현상으로 라디오파를 멀리까지 전파할 수 있게 된다. 아마 밤에 AM 라디오를 들을 때 다른 라디오기지국의 방송이 들리다가 다음날 낮이 되면 들리지 않게 되는 경우가 있었을 것이다. 이것은 즉 D와 E층의 붕괴와 관련이 있다.

전리층에서는 오로라가 형성되기도 하는데 북극 지방에서는 북극광(aurora borealis), 남극 지방에서는 남극광(aurora australis)이 그것이다. 이온층에서는 태양으로부터의 아원자 입자(subatomic particle)가 지구의 자기장영역에 의해 포획된다. 포획된 에너지는 대기의 기체를 들뜬 상태(원자의 전자가 핵 수변을 보다 넓은 반경으로 도는 것)로 만든다. 전자가 다시 기저

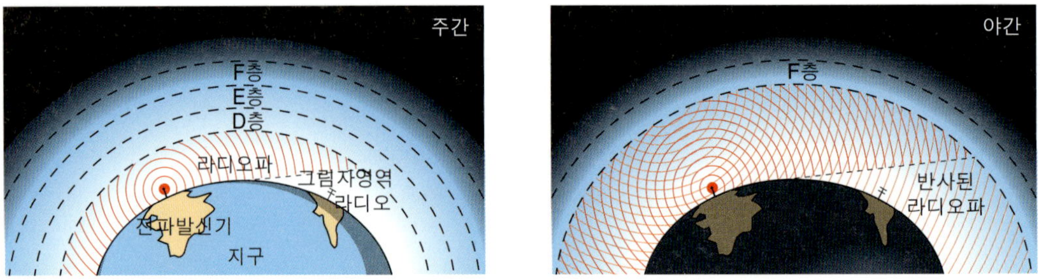

그림 1-6 이온층은 라이오 AM파가 전파하는데 영향을 준다. (a) 낮 동안 D층이 전파를 흡수한다. (b) D층과 E층은 밤에는 와해되고 전파는 F층까지 도달할 수 있게 된다. F층은 전파를 지표로 반사시킨다. 밤에 F층과 지표 사이에 이러한 반사가 반복되면 전파가 더 먼 거리의 수신자에게 도달할 수 있게 된다.

상태로 돌아갈 때, 복사에너지가 방출된다. 그리하여 오로라는 구름처럼 복사에너지를 반사하는 것이 아니라 네온램프처럼 빛을 흡수하여 발광하는 것이다.

1.4 다른 행성의 대기

최근 우주 탐사가 활발해지면서 지구 주변에 있는 행성 대기에 대한 정보 및 지구대기의 변화에 대한 정보도 예전보다는 자세히 알 수 있게 되었다. 태양과 가장 가까이 있는 4개의 행성(수성, 금성, 지구, 화성)을 내행성(inner planet)이라 부른다. 또는 지구형 행성이라 부르기도 하는데 그 이유는 표층이 고체로 구성되어 있기 때문이다.

태양과 가장 가까이 있는 수성은 매우 높은 온도를 가지며, 크기가 작기 때문에 중력가속도가 작다. 높은 온도와 낮은 중력가속도로 인해 대기가 우주로 소산되어 대기는 거의 존재하지 않는다.

금성의 경우는 많이 다르다. 대기가 지구의 표층 보다 약 50배 이상 밀도가 높으며, 중력장도 대기를 붙들고 있을 만큼 강하다. 금성의 대기는 대부분이 이산화탄소(96.5%)와 질소(3.5%)로 구성되어 있고, 황산염의 구름이 상층 고도에서 발견되었다. 금성의 하층대기의 온도 연직구조는 고도가 증가할수록 감소하는 지구의 대기와 유사하다. 매우 높은 이산화탄소의 양으로 인해 금성의 대기는 지표복사에 있어 아주 효과적인 흡수체이다. 그리하여 지표에서 방출된 에너지 중 매우 적은 에너지만이 우주로 방출되고 대기는 특히 밤에 매우 높은 온도(475°C)를 유지하게 된다. 이것은 지구에서는 약하게 나타나는 온실효과의 가장 극단적인 경우를 보여준다.

화성 대기의 화학성분은 이산화탄소 질량이 95% 이상 존재하여 금성과 매우 유사하다. 화성의 대기는 또한 매우 적은 양의 수증기(0.03%)를 함유하고 있어 응결로 인해 구름이 형성되기도 한다. 화성 대기의 밀도는 지구 밀도의 150분의 1 밖에 안 되기 때문에 행성복사가 적게 흡수되고 나머지는 우주로 사라진다. 이러한 결과는 밤에 급속한 냉각현상을 일으켜서 온도는 정오 온도에서 100°C 정도 떨어진다.

내행성과 반대로 외행성(outer planet) 또는 목성형 행성(목성, 토성, 천왕성, 해왕성)은 지표가 고형으로 존재하지 않는다. 대신 지표는 수소와 헬륨으로 구성되어 있으며, 액체 또는 고체 상태의 내부를 가지며, 이 내부는 점진적으로 기체 상태의 외부로 바뀐다. 따라서 대기가 어디서부터 시작하는지는 명확하지가 않다. 목성형 행성 각각의 대기는 행성이 형성되면서 행성의 인력에 의해 낮은 밀도의 얼음과 기체로 형성되었다.

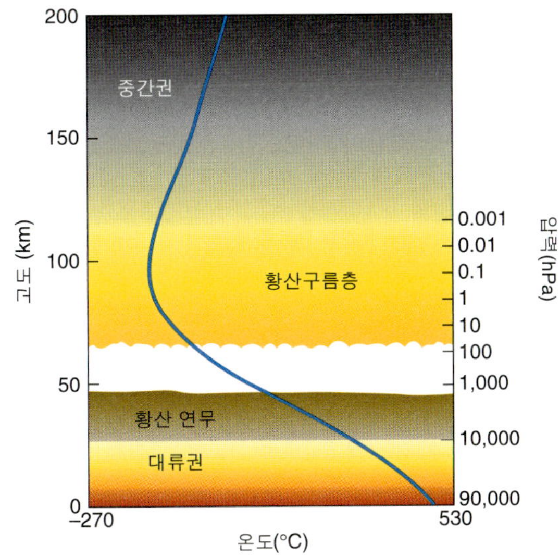

그림 1-7 금성의 평균 온도 연직 분포

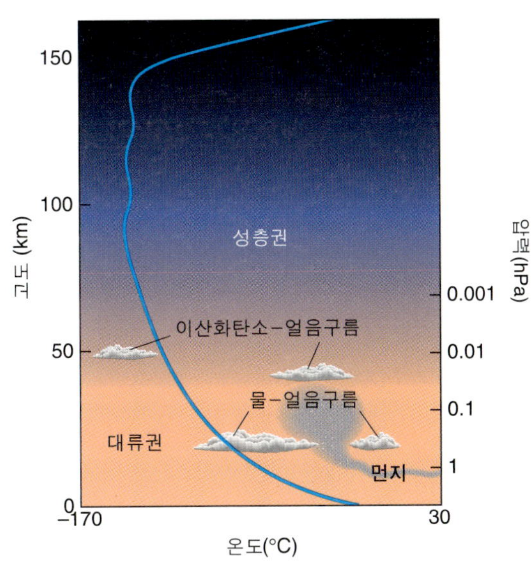

그림 1-8 화성의 평균 온도 연직 분포

참고사항 「우주기상의 관측 및 예보시대」

흔히 우주라는 말을 쓰고 있다. 우주라고 해도, 안드로메다 은하나 오리온 대성운과 같이 몇 광년, 몇 만 광년이나 떨어진 먼 우주도 있고, 태양과 지구 사이(거리로는 대략 1억 5천km)와 같이 가까운 우주도 있다. 우주 비행사가 로켓을 타고 나가거나, 정지기상위성이나 통신위성이 떠 있거나(거리로는 대략 3만 6천km), 극궤도 위성이 떠서(대략 600~900km) 지구와 우주를 관측하고 있는 우리 인류의 활동의 장이 되고 있는 우주도 있다.

지구를 중심으로 한 가까운 이 우주공간은 텅 비어 있거나, 어둡고 매우 차가운 공간만은 아니다. 눈에 보이지는 않지만 태양복사선이 폭풍처럼 밀려오기도 하고, 태양풍(solar wind)이라고 하는 많은 하전 입자가 바람처럼 불어 와서, 지구대기와 부딪혀 오로라와 같은 신비한 빛의 향연을 벌이기도 한다. 이와 같은 우주 환경의 변화를 지상에서의 기상이라는 단어를 빌려 최근에는 우주기상(space weather)이라는 말을 쓰고 있다.

이와 같은 태양풍을 지자기 폭풍(geomagnetic storm)이라고도 하는데, 태양의 플레어 등이 발생하고 나서 일반적으로 24~36시간 후에 태양풍의 충격파가 지구 자기장을 강타하며, 지자기 폭풍을 유발한다. 태양풍의 자기권에 대한 압력은 태양의 활동에 따라 증가하기도, 감소하기도 한다. 이러한 태양풍은 지구의 자기장 및 전자기기에 영향을 끼치며, 보통 2~4일 동안 이어진다. 1989년 발생한 대형 태양 폭풍은 캐나다 퀘벡 주를 강타했고, 그 영향으로 600만 명이 정전 사태를 겪었다. 2003년에 발생한 태양 폭풍에 의해 우리나라 아리랑 위성 1호의 궤도가 영향을 받은 것으로 알려져 있기도 하다. 경제학자들은 우주기상의 이상으로 매년 2~4억 달러 정도의 손실이 발생하는 것으로 추정하고 있으며, 이보다 훨씬 큰 피해를 일으킬 수 있는 잠재력이 있는 것으로 보고 있다.

최근 미국 항공우주국(NASA)의 과학자 등에 따르면, 태양은 현재 긴 낮잠에서 깨어나고 있으며 수년 안에 그 활동이 크게 활발해질 전망이고, 전자기기 의존도가 높은 21세기에 태양 폭풍으로 인한 피해는 과거 어느 때보다 막대해질 것으로 예상하고 있다. 우리나라는 아직 우주기상관측과 예보 서비스를 하고 있지 않다. 2007년부터 5년 계획으로 우주환경예보센터 구축사업을 시작하였고, 첫 단계로 한국천문연구원에서 우주기상을 감시 및 예측하기 위한 연구를 수행하고 있다.

복습문제

1. 1차 및 2차 원시 대기는 무엇인가?
2. 대기에 산소가 증가한 원인은 무엇인가?
3. 원시 대기에서 CO_2가 제거되는 과정을 설명해 보시오.
4. 대기의 영구기체와 변량기체의 차이점은 무엇인가?
5. 대기의 성분 중 온실효과를 일으키는 기체는 무엇인가?
6. 균질권과 비균질권의 차이는 무엇인가?
7. 대기 중 CO_2의 유입과 제거 과정에 대해 설명해 보시오.

8. 대기 중 CH_4의 유입과 유출 과정에 대해 설명해 보시오.
9. 오존의 생성과 소멸과정에 대해 설명해 보시오.
10. 에어로졸의 대기 내 역할은 무엇인가?
11. 대기의 최상부를 정의하기 어려운 이유는 무엇인가?
12. 낮은 고도일수록 공기의 밀도가 큰 이유는 무엇인가?
13. 온도 단면에 의해 대기 구조를 분류하여 보시오.
14. 대류권의 특징에 대해 설명해 보시오.
15. 지상 온도 20°C, 10km 상공을 날고 있는 비행기의 외부 온도는 대략 몇 °C 정도일까?
16. 성층권에서는 고도가 높아질수록 왜 온도가 높아지는가?
17. 지표보다 성층권에서 오존 농도가 높은 이유는 무엇인가?
18. 열권의 온도는 높지만, 사람이 열권에 노출되면 얼어붙을 것이다. 열과 온도의 관점에서 이 모순을 설명해 보시오.
19. 이온층이 라디오파의 전파에 중요한 이유는 무엇인가?
20. 화성의 대기 구조에 대해 설명해 보시오.

CHAPTER 02

복사에너지와 기온

지구가 태양에서 받는 복사에너지는 인간의 생활과 대기순환의 에너지원이다. 이 장에서는 태양과 지구 복사에너지의 전달과정, 지구의 복사평형, 계절변화 그리고 지구의 기온분포에 대해 설명되어 있다.

2.1 에너지와 에너지 전달기구

2.1.1 에너지의 종류

에너지(energy)는 일반적으로 "일을 할 수 있는 물리적 능력"으로 정의하고 있다. 우리는 일상생활을 통해서 에너지가 물체의 운동을 일으키며, 주전자의 물을 따뜻하게 할 수 있음을 잘 알고 있다. 에너지의 국제단위(SI)는 Joule(J)이다. 열은 에너지의 한 형태이며, 열에너지 1cal는 역학적 에너지 4.2J에 해당된다. 단위시간에 한 일의 양을 **공률(power)**이라고 하고, 그 단위로 watt(W)를 사용하며, 1W는 1초 동안에 1J의 일을 하거나 이에 해당하는 에너지 사용량을 나타낸다.

우리의 작은 운동에도 에너지가 필요하다. 우리가 이 책을 읽는 동안에도 눈과 뇌는 끊임없이 움직이고 있는데 이는 우리가 섭취한 음식물로부터 얻어진 화학에너지가 운동에너지로 전환되어 나타난 것이다. 따라서 우리의 눈 근육이 움직일 때 열을 방출한다.

같은 개념이 대기에도 적용된다. 태양에서 방출된 복사에너지의 약 20억분의 1이 지구표면에 도달하고, 이 에너지 중 일부는 대기와 지표에 직접 흡수된다. 이 에너지는 대기의 운동, 물의 상변화, 물의 증발 및 식물의 성장 등을 위한 에너지가 된다.

에너지의 종류

에너지는 다양한 형태로 존재하여 분류 목적에 따라 다양하게 분류할 수 있다. 그러나 물리적 측면에서 분류하면 **운동에너지(kinetic energy)**, **열에너지(heat energy or thermal energy)** 및 **위치에너지(potential energy)**로 나눌 수 있다.

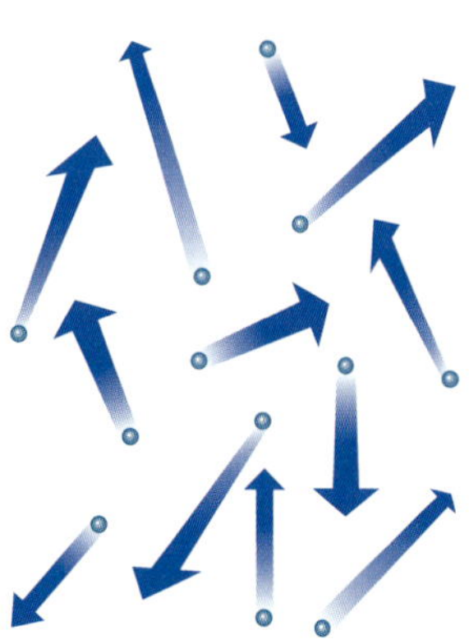
그림 2-1 공기분자의 불규칙한 운동

운동에너지는 물체의 운동과 관련된 에너지로서 다음과 같이 정의한다.

$$E_k = \frac{1}{2}mv^2 \tag{2.1}$$

여기서 m은 물체의 질량, v는 물체의 속력을 나타낸다. 자연계에서 일어나는 운동에너지로는 떨어지는 빗방울, 강을 따라 흐르는 물, 조력 및 풍력 등을 들 수 있다. 물체의 운동에너지는 물체가 가속될 때 증가하고, 마찰에 의해 속도가 감속할 경우에는 감소된다.

열에너지는 온도차에 의해서 이동하는 에너지의 한 형태로 항상 고온에서 저온으로 이동한다. 온도는 분자의 운동에너지 척도로 질량이 동일한 경우 고온의 분자는 저온의 분자보다 운동에너지가 크다. 따라서 한 물체가 고체, 액체 및 기체의 형태로 존재할 경우 분자의 운동에너지가 가장 큰 것은 기체이며, 이로 인해 기체는 불규칙인 자유운동을 한다(그림 2-1 참조). 분자의 운동에너지와 온도와의 관계는

$$\frac{1}{2}m_o\overline{v^2} - \frac{3}{2}kT \qquad (2.2)$$

로 주어진다. 여기서 m_o는 분자의 질량, v는 분자의 속력, 그리고 k는 볼츠만상수(Boltzmann constant), T는 온도를 나타낸다.

위치에너지는 물체에 일을 하여 그 위치를 변화시켜 에너지를 저장할 수 있다. 이 저장된 에너지는 일을 할 수 있는 능력을 가지고 있으므로 위치에너지라고 부른다. 예를 들어 스프링을 탄성한계 이내에서 압축하거나 늘이면 스프링도 원래의 위치에 대해서 위치에너지를 갖는다. 지구상에 있는 모든 물체는 중력을 받는다. 따라서 물체를 어떤 높이에서 중력과 반대 방향으로 들어 올리면 이 물체 역시 위치에너지를 갖는다. 중력에 의한 위치에너지(E_p)는

$$E_p = mgh \qquad (2.3)$$

로 주어진다. 여기서 m은 물체의 질량, g는 중력가속도 그리고 h는 기준면에서 물체까지의 높이를 나타낸다. 예를 들어, 지표면 위의 어떤 고도에 있는 구름입자는 다른 물체와 마찬가지로 중력의 영향을 받아 낙하하려는 잠재적 위치에너지를 갖고 있다. 그것이 빗방울이 되어 지표면으로 떨어질 때 위치에너지가 운동에너지로 전환된다. 빗방울의 고도가 높을수록 떨어질 수 있는 거리는 멀고, 그 위치에너지는 그만큼 커진다. 같은 원리가 수력발전에 적용됨을 알 수 있다.

2.1.2 에너지 전달기구

자연계에서 에너지의 이동방법에는 그림 2-2와 같이 전도, 대류 및 복사가 있다.

전도(conduction)는 분자의 이동없이 직접 접촉면 또는 연결 상태에서 에너지가 이동하는 방법을 말한다. 예를 들어 금속 막대를 알코올 램프로 가열할 때 불꽃에 접한 부분이 따뜻해지고 금속막대의 분자는 에너지를 얻게 된다. 불꽃에 접한 막대의 에너지 중 일부는 근처의 분자로 차례로 옮겨가고 점차 금속 막대의 끝 부

그림 2-2 에너지의 3가지 전달과정

분까지 에너지는 전달된다. 분자의 에너지 전달 메커니즘은 물질의 열전도율에 따라 다르게 나타나며, 금속에서 에너지 전도는 주로 전자에 의해 이루어진다. 전도에서는 에너지가 물체를 따라 이동하더라도 물체를 구성하고 있는 분자들은 이동하지 않는다. 전도는 고체상의 물질에서 가장 효과적인 에너지 이동방법이지만, 지표면에 접한 매우 얇은 공기층에서도 중요한 에너지 전달과정이다.

대류(convection)는 유체의 공간 이동에 의한 에너지의 전달을 말한다. 전도와는 달리, 대류는 매개체의 이동에 의해 에너지의 이동이 일어난다. 물이 끓고 있는 주전자에서 우리는 대류를 관찰할 수 있다. 물 주전자의 바닥에 있는 물은 에너지 공급원과 가장 가까이에 있어서 가장 빠르게 따뜻해진다. 그 결과 바닥의 물은 팽창되어 밀도가 낮아지고 바닥으로부터 상승하게 된다. 이로 인해 상승하는 물이 표면에 있게 되고, 원래 표면에 있던 물은 주전자의 바닥으로 하강하게 된다. 이러한 상승과 하강운동은 질량뿐만 아니라, 순환하는 물에 포함되어 있는 열에너지의 빠른 이동의 원인이 된다.

대기에서 대류도 끓는 물주전자의 경우와 크게 다르지 않다. 낮 동안, 가열된 지표면에 접한 매우 얇은 공기층(1mm 두께)은 점차 따뜻해진다. 이러한 얇은 층류층(laminar layer) 위에서, 아래로부터 가열된 공기는 팽창하기 때문에 **부력**을 받아 상승하게 된다. 주전자에서의 물과 달리, 대기에서는 바람이 불 때 일어나는 연직 혼합인 강제대류(forced convection)라 불리는 과정을 통해 부력이 없어도 대류가 일어날 수 있다.

복사(radiation)는 전달 매개체 없이 에너지가 전자기파 및 입자의 형태로 이동하는 과정을 말한다. 이것은 마치 거리를 두고 떨어져 있는 두 사람 중에서 공을 가지고 있는 한 사람이 상대방에게 바로 공을 던져 주는 것과 같다. 따라서 전도나 대류와는 달리, 복사에 의한 에너지의 전달은 텅 빈 공간을 통해서 일어난다. 사실 지구에서 사용되고 있는 거의 모든 에너지는 태양으로부터 복사의 형태로 지구에 도달한다. 대기의 경우 태양에너지 외에도 적은 양의 우주복사와 지구 내부로부터 지표면을 통해 전달되는 에너지가 있으나 이러한 에너지는 태양으로부터 얻어지는 에너지와 비교하면 극히 적은 양이다.

2.1.3 물체의 복사에너지

복사는 그 온도가 0K보다 더 높은 모든 물체에서 일어난다. 따라서 모든 물체 – 별, 지구, 우리 자신, 그리고 이 책을 포함 – 는 일정하게 복사에너지를 방출하고 있다. 우리는 여러 가지 형태를 가진 복사에너지를 알고 있다. 가시광선(visible ray)이라고 불리는 특정한 형태는 우리가 눈으로 볼 수 있다. 복사에너지의 다른 형태는 우리가 전자렌지로 음식을 따뜻하게 할 때 나타난다. 복사가 음식의 분자들을 진동시키고 그 결과 음식의 온도가 올라간다. 타게 하거나, 피부암 또는 심지어 죽음에 이르게 할 수 있는 자외선과 같이 인간에게 해가 되는 복사의 형태도 있다. 이와 같이 복사는 형태에 따라 다른 영향이 나타나지만, 그것들은 모두 파동의 결과로써 전파된다는 점에서 유사하다.

연못에 던져진 돌에 의해 만들어진 파동을 생각해보자. 파동은 마루와 골이 번갈아 나타나는 수면의 진동에 의해 생긴다. 파동이 지나가면서 나타나는 수면의 규칙적인 상승과 하강을 관찰할 때, 우리는 에너지가 전달되고 있다는 것을 알 수 있다. 복사의 경우, 파동은 전기와 자기의 진동이다. 즉, 복사는 전기적인 파동과 자기적인 파동으로 구성되어 있다. 적당한 기구를 가지고 우리는 이러한 전기적인 변화와 자기적인 변화를 탐지해낼 수 있으므로, 전자기복사라는 개념을 사용한다. 그것을 다르게 생각해보면, 물체의 복사가 일어날 때, 전기장과 자기장이 둘 다 밖으로 방출된다. 공간의 고정된 한 점에서, 전자파와 자기파가 각각 자신의 마루-골 패턴을 가지고 있어서 전기장과 자기장의 강도가 규칙적으로 상승하고 하강한다. 그림 2-3에서 보이는 것처럼 전자파와 자기파는 서로 수직이다. 중요한 사실은, 전기와 자기성분이 밀접하게 연관되어 있어 서로 함께 상승과 하강을 한다는 것이다.

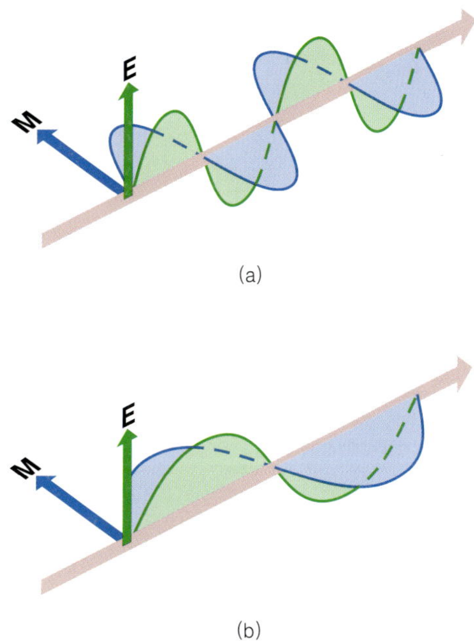

그림 2-3 전자기복사의 파동

복사의 양과 성질

전자기복사를 완벽하게 설명하기 위해, 전달되는 에너지의 양, 형태 및 성질에 대한 정보가 필요하다. 복사량은 파동의 길이 또는 **진폭**과 관련되어 있다. 운반되는 에너지의 양은 파동의 진폭에 직접적으로 비례한다.

복사의 형태는 복사의 또 다른 성질인 파동의 마루와 마루 사이의 거리인 파장과 관련되어 있다. 그림 2-3은 같은 방향으로 움직이는 전자기복사의 파동들을 보여준다. 모두 같은 진폭을 가지고 있지만, 각 파동의 파장은 위쪽 그림의 파동이 더 짧다. 따라서 두 파동은 질적으로 다르며 그 영향도 다르다. 예를 들어, X선 복사는 극히 짧은 파장을 가지고 있어서 매끄러운 종이를 통과할 수 있다. 반면에, 좀 더 긴 파장을 가진 빛은 피부에 흡수된다. 흥미로운 점은 태양복사는 매우 짧은 파장을 가지고 있다는 것이다. 따라서 마이크로미터(또는 마이크론)라고 불리는 작은 단위를 사용하여 파장을 기술한다. 1마이크로미터(μm)는 $1/10^6$m와 같거나, $1/10^3$mm와 같다.

파장과 상관없이 전자기복사는 초당 30만킬로미터의 속력으로 공간을 이동한다. 이와 같은 속력으로 태양에너지는 8분만에 지구까지 도달한다. 더 먼 거리에 있는 천체로부터 오는 에너지가 지구에 도달하는 데는 더 긴 시간이 걸린다. 지구로부터 가장 가까운 별인 센타우루스의 프록시마로부터 복사가 지구에 도달하는 데는 4.3년이 걸린다. 이 시간은 수십억년의 시간이

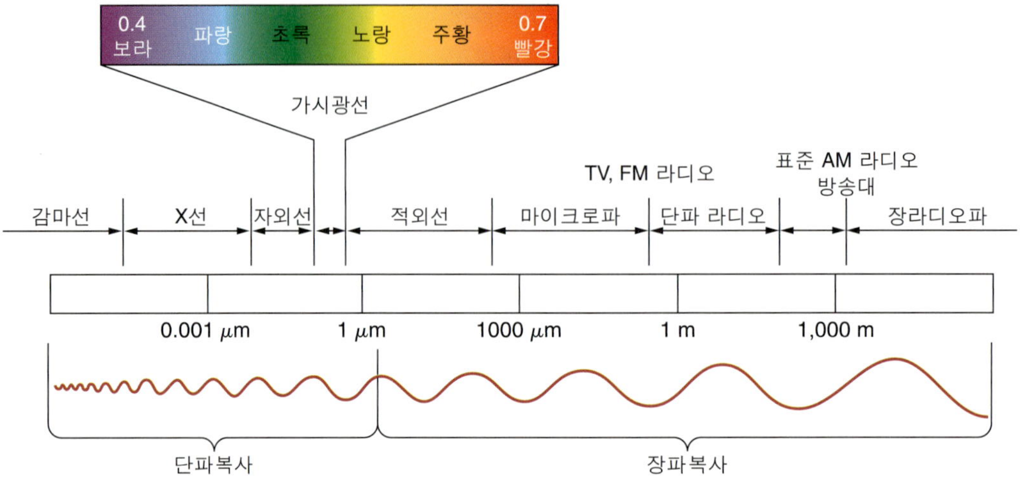

그림 2-4 전자기파의 스펙트럼

표 2-1 전자기파의 파장에 다른 구분

에너지 형태	파장(μm)
감마선	0.0001
X선	0.0001 ~ 0.01
자외선	0.01 ~ 0.4
가시광선	0.4 ~ 0.7
근적외선(NIR)	0.7 ~ 4.0
열적외선	4 ~ 100
마이크로파	100 ~ 10^6(m)
라디오파	10^6m ~

필요한 다른 천체와 비교하면 상대적으로 매우 짧은 시간이다.

전자기에너지는 무수히 많은 파장들로 이루어져 있지만, 그림 2-4와 표 2-1에 나타낸 것처럼 몇 개의 "밴드"로 파장을 분류할 수 있다. 가장 짧은 파장을 가진 밴드는 최대파장이 0.0001마이크로미터인 감마선이다. 연속적으로 좀 더 긴 파장 밴드인 X선, 자외선(UV), 가시광선(VR), 근적외선(NIR), 열적외선(IR), 마이크로파, 라디오파 등이 있다.

방출된 복사의 강도와 파장

모든 물체는 넓은 범위에 걸쳐 많은 파장들에서 복사에너지를 방출한다. 그림 2-5는 태양복사와 지구복사의 단위면적, 단위시간당 모든 파장들에서 방출되는 복사강도를 보여주고 있다. 태양의 단위면적에서는 지구의 동일한 면적에서보다 훨씬 많은 양(약 160,000배)의 에너지가 복사되는 것을 볼 수 있다(방출량 단위에 유의할 것). 태양복사의 강도와 지구복사의 강도를 보여주는 곡선의 형태는 유사하나 방출되는 총 에너지의 양은 지구복사에너지가 현저하게 적고, 복사에너지 강도의 최고점은 더 긴 파장역에서 나타난다.

파장별로 방출되는 복사의 양은 몇 가지 기초적인 물리법칙을 따른다. 이러한 법칙들은 **흑체(black body)**라 불리는 완전한 복사체에만 적용된다. 흑체는 모든 파장의 복사를 완전하게 흡수하고, 완전하게 방출하는 가상적인 물체이며, 흑체라고 해서 그 표면이 반드시 검은 것은 아니다. 지구와 태양은 거의 흑체에 가깝기 때문에 앞서 언급한 법칙들을 적용할 수 있다. 그러나 물체들은 흑체에 가깝거나 또는 그렇지 않을 수도 있다. 특히, 대부분이 기체로 이루어진 대기는 흑체와는 매우 다르다. 이것은 짧은 파장이 높은 에너지를 가지므로 놀랄 일이 아니다. 더 많은 열적 에너지를 가진 뜨거운 물체가 필연적으로 더 짧고, 더 강력한 파장에서 높은 비율의 에너지를 복사한다. 그러므로 태양은 넓은 파장영역에서 복사가 일어나지만 가시광선영역에서 최대강도가 나타난다. 태양복사의 대부분은 **단파복사(shortwave radiation)**라 칭하는 4μm 이하의 파장에서 일어난다. 태양에서 방출된 복사의 경우, 약 44%는 가시광선 영역에 있고, 48%가 근적외선과 열적외선 영역에, 7%가 자외선 영역에 있다.

지표면과 대기로부터 방출되는 복사에너지는 주로 4μm~100μm의 범위에 집중되어 있으며, 대략 10μm에서 최대복사에너지를 방출한다. 최대복사에너지를 방출하는 파장은 지표면과 대기의 온도에 따라 달라질 수 있다. 지구복사를 **장파복사(longwave radiation)**라고 하는 이유는 태양복사에 비해 지구복사는 파장이 더 큰 장파장에 에너지가 집중되어 있기 때문이다.

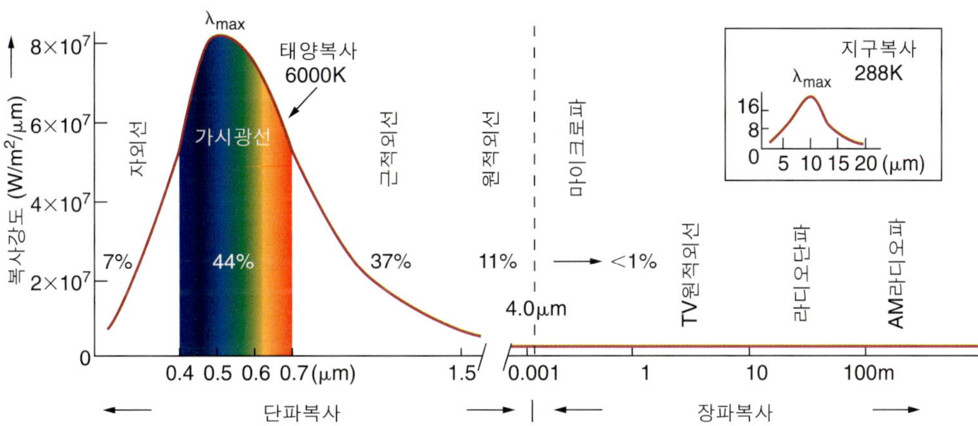

그림 2-5 태양복사와 지구복사

2.1.4 복사의 법칙

플랭크(Planck)의 법칙

주어진 온도(T)에 대해 파장(λ)에 따라 흑체가 방출하는 복사에너지의 강도 분포를 나타낸 것을 **플랭크의 법칙**이라고 하며 다음 식으로 주어진다.

$$E_\lambda = \frac{8\pi hc^2}{\lambda^5} \times \frac{1}{\exp(\lambda hc/kT)-1} \tag{2.4}$$

여기서 E_λ의 단위는 단위파장 범위에 대한 복사에너지 속(flux)으로 그 단위는 $\text{Wm}^{-2}\text{s}^{-1}$ μm^{-1}이다. 플랭크 상수 $h = 6.6262\times10^{34}\text{Js}$이고, $c = 2.998\times10^8\text{ms}^{-1}$으로 진공에서 광속, $k = 1.3806\times10^{-23}\text{JK}^{-1}$으로 볼츠만의 상수를 나타낸다. 그림 2-5에 나타난 태양의 복사에너지 스펙트럼은 표면온도 6,000K에 해당하는 흑체복사에너지의 파장분포, 즉 플랭크의 법칙에 의한 복사 곡선과 일치한다. 따라서 태양을 흑체로 고려할 수 있다. 식 (2.4)에 광속 = 파장 × 진동수(즉 $c = \lambda\nu$)의 관계식을 적용하면 플랭크의 법칙은 진동수의 함수로 나타낼 수 있다.

빈(Wien)의 법칙

파장에 따른 흑체복사에너지의 분포, 즉 플랭크 곡선에서 최대복사강도에 해당하는 파장과 온도와의 관계식을 빈의 법칙이라고 한다. 빈의 법칙은 다음 식으로 주어진다.

$$\lambda_{\text{max}}(\mu\text{m}) = \frac{2900}{T} \tag{2.5}$$

여기서 λ_{max}는 복사강도가 최대인 파장이다. 그림 2-5에서 보면 표면온도가 6,000K인 태양의 최대복사가 일어나는 파장은 0.5μm이나 지구의 경우는 10μm 부근이다. 빈의 법칙은 고온의 물체의 복사강도가 최대인 파장은 저온의 물체보다 더 짧다는 것을 말해준다.

스테판-볼츠만(Stefan-Boltzmann) 법칙

온도가 절대온도 0K보다 높은 물체가 단위시간에 단위면적을 통해서 방출하는 복사에너지의 양은 절대온도의 4승에 비례한다는 것이 스테판-볼츠만 법칙이다. 스테판-볼츠만 법칙은 플랭크의 복사식 (2.4)를 전 파장에 대해서 적분하여 다음 식을 얻는다.

$$I = \sigma T^4 \tag{2.6}$$

여기서 I는 복사의 강도(Wm^{-2})이고, 플랭크 곡선의 면적에 해당한다. σ는 스테판-볼츠만 상수($5.67\times10^{-8}\text{Wm}^{-2}\text{K}^{-4}$)이며, T는 흑체의 표면온도(K)이다. 흑체의 복사량은 흑체 표면온도의 4승에 비례하기 때문에, 온도가 2배가 되면 방출되는 에너지는 16배가 된다. 지구 표면의 평균온도(약 288K, 15°C)를 사용하여 스테판-볼츠만 방정식을 풀면 390Wm^{-2}가 방출되는 것을 알 수 있다. 한편, 약 6,000K의 온도를 가진 태양의 표면에서는 약 7,300만Wm^{-2}를 방출한다.

실제로 흑체는 자연계에 존재하지 않음에도 불구하고, 방출될 수 있는 최대 복사량을 추정하는데 유용한 이상적인 모델이다. 대부분의 액체와 고체들은 주어진 온도에서 가능한 최대 복사량에서 일정 비율만을 방출하는 **회색체(gray body)**이다. 물 등 몇몇의 물질들은 에너지를 복사하는 것이 매우 효율적이나 알루미늄 등은 비효율적이다. 흑체복사에 대한 상대적인 물질들의 에너지 복사 비율을 그 물질의 방출률(emissivity)이라고 부른다. 방출률은 0부터 1까지의 범위를 가지고, 그리스 문자 입실론(ϵ)으로 표기한다. 흑체가 아닌 어떤 물체의 방출률을 고려한 스테판-볼츠만 법칙은 다음과 같이 나타낼 수 있다.

$$I = \epsilon\sigma T^4 \tag{2.7}$$

회색체에 대한 스테판-볼츠만 법칙은 방출률과 온도의 두 가지 함수로 복사량을 나타내고, 대부분 물체의 표면은 0.9 이상의 방출률을 가지고 있다.

키르히호프(Kirchoff)의 법칙

키르히호프의 법칙은 물체에서 열역학 평형이 유지되는 경우, 주어진 파장에서 흡수율과 방출률이 동일하다는 것이다. 따라서 좋은 흡수체는 좋은 방출체라 의미가 된다. 키르히호프의 법칙은 다음의 식으로 주어진다.

$$a_\lambda = \epsilon_\lambda \tag{2.8}$$

여기서 a_λ는 주어진 파장에서 흡수율이고, ϵ_λ는 방출률이다. 흑체의 경우 $a_\lambda = \epsilon_\lambda = 1$이다. 키르히호프 법칙의 한 예로써 아스팔트를 들 수 있다. 여름철 낮 동안에 태양광을 받으면 아스팔트는 토양보다 더 빨리 가열되고, 밤에는 토양보다 더 빨리 냉각된다. 이와 같이 아스팔트가 토양보다 더 빨리 가열되고 냉각되는 것은 아스팔트의 복사에너지에 관한 특성이 토양과 다르기 때문이다.

그림 2-5에서와 같이 온도가 높은 태양은 온도가 낮은 지구에 비해 모든 파장에서 더 많은 에너지를 복사한다. 예를 들어, 태양은 약 0.5μm 파장에서 가장 효과적으로 에너지를 복사하고, 10μm에서는 거의 복사하지 않는다. 반면에 지구는 거의 장파복사만 방출하지만 동일한 파장에서 태양의 복사보다 현저하게 적다.

2.2 태양복사와 복사평형

태양은 생명을 유지시키는 데 필요한 에너지를 공급해 주며, 하늘에 걸린 시계의 역할과 계절변화의 원인이 된다. 태양은 태양계의 중심에 있으며 지구로부터 1억 5000만 킬로미터, 즉 1천문단위(1AU, Astronomical Unit)에 있는 항성이다. 태양의 크기는 직경이 13.92×10^5km(지구직경의 109배)이고, 질량은 1.99×10^{30}kg(지구질량의 약 33만배)인 거대한 가스체로서, 광도(luminosity)는 3.865×10^{26}W이다. 태양의 밀도는 1.41gcm^{-3} 정도에 불과하여 주로 이온화 된

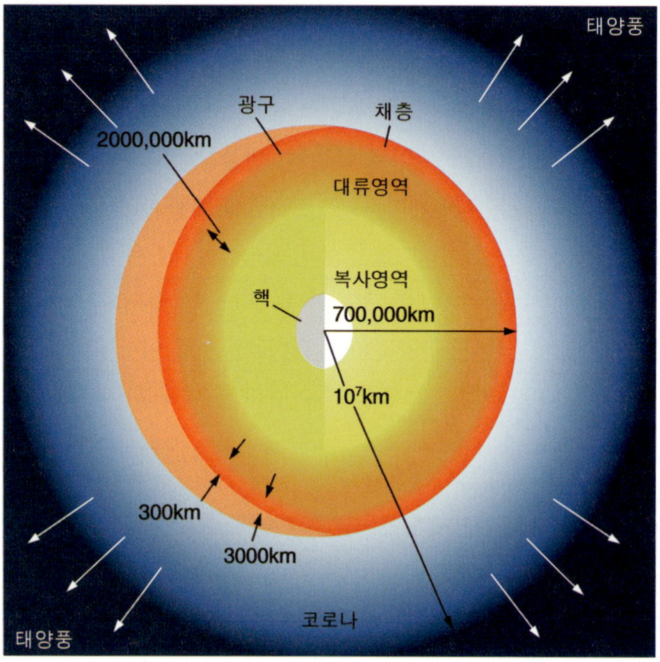

그림 2-6 태양의 구조

H와 He 가스로 구성되어 있다. 태양의 구조는 표면으로부터 대류층, 복사층 및 중심핵으로 되어있고(그림 2-6 참조), 중심으로 갈수록 압력이 증가하여 H가 He으로 변하는 열핵반응이 일어나 에너지가 생산되고 있다. 핵에서 생성된 에너지는 복사의 형태로 그림 2-6의 복사영역을 통과해서 그 상단에 도달한다. 그리고 이곳에서 에너지는 대류에 의해 광구의 최하층까지 도달하며, 이 영역을 대류영역(convection zone)이라고 한다. 이 영역에서는 태양 기체의 용승이 광구(photosphere)라는 얇은 태양 표면으로 에너지를 전달해준다. 광구의 유효온도는 5770K이며, 태양에너지의 대부분을 복사하는 층으로, 우리가 실제로 태양 표면(solar disk)으로 보는 부분이다. 복사가 광구로부터 지구까지 약 8분만에 전달되지만, 태양 내에서의 복사에너지의 전달은 매우 느려서 중심핵에서 방출된 에너지가 광구 밑부분까지 전달되는데 약 100만년의 시간이 걸린다. 따라서 지구에 도달한 태양에너지는 매우 오래된 것일 수 있다.

광구는 태양 표면의 대기층으로 그 상부에 채층과 코로나가 존재한다. 광구의 온도와 밀도는 깊이에 따라 증가한다. 따라서 태양의 가장자리는 중심보다 덜 밝게 보이는 주연감광(limb darkening)현상이 나타난다. 하층 광구가 상층 광구보다 밀도가 높고 뜨거워서, 매우 많은 에너지를 복사한다.

태양에서 가장 온도가 높은 부분은 플레어(flare)이다. 플레어는 자기적 불안정 때문에 광구 표면을 가로지르는 매우 뜨거운 불빛으로, 중심부에서의 온도는 10^8K에 달하고, 이러한 현상들은 폭발적이어서 태양 표면에서 엄청나게 큰 폭탄이 폭발하는 것과 비슷하다. 플레어는 불과 몇 분 동안만 존재하지만, 엄청나게 많은 에너지를 X선과 자외선의 형태로 방출한다. 채층은 보통 눈에 보이지 않으나 일식 때 달이 밝은 광구부분을 가리면 채층이 보인다. 또한, 일식 때 달이 광구와 채층을 다 보이지 않게 하면, 코로나가 잘 나타난다. 이 층에서는 전자기에너지를 복사하고, 특히 코로나는 양성자, 전자 및 입자들을 방출하는데, 이를 합하여 태양풍(solar wind)이라고 부른다. 이러한 입자들은 지구의 자기장에 의해 붙잡히고, 전리층에서 기체들과 반응하여 오로라를 만들어내며, 비정상적인 태양풍은 라디오와 텔레비전파의 전달을 방해한다.

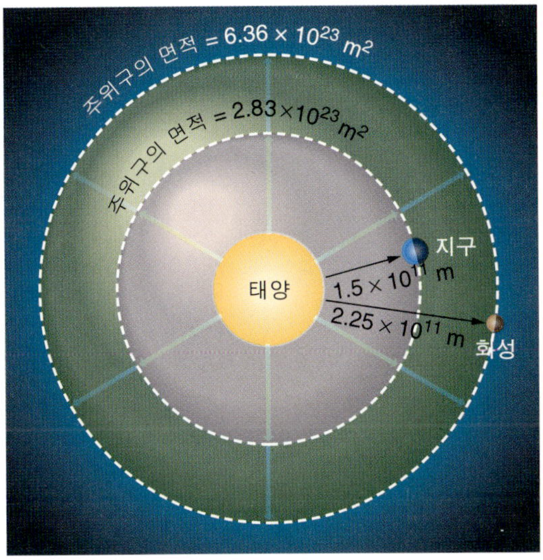

그림 2-7 태양과 지구의 위치 관계

2.2.1 태양상수

지구와 태양간의 거리가 극도로 뜨거운 태양에너지로부터 우리를 보호해주고 있다고 생각하고 있다. 그러나 우주공간을 통해서 이동한 전자기복사에너지는 지구로 이동하는 동안 그 물리적 특성이 변하지 않는다. 즉 우주 공간을 통해서 이동한 에너지는 태양 표면을 떠났을 때와 같은 양, 동일한 파장으로 전파된다. 그러나 태양으로부터 거리가 멀어질수록, 복사는 큰 면적으로 분배되므로 복사강도는 감소한다.

반지름이 지구와 태양 사이의 평균거리, 1.5×10^{11}m에 해당하는 태양을 완전하게 둘러싸고 있는 구체를 고려해보자(그림 2-7 참조). 태양으로부터 거리가 증가할수록, 복사강도는 거리의 제곱에 비례해서 감소한다. 이러한 관계를 역제곱법칙(inverse square law)이라고 한다. 태양의 광도(복사에너지, 3.865×10^{26}W)를 태양을 둘러싼 가상의 구의 면적($4\pi r^2$)으로 나누면, 평균 지구-태양 거리에서 들어오는 태양에너지에 대해 수직인 면이 받는 태양에너지량을 결정할 수 있다. 이렇게 지구 대기권의 최상단면에 수직으로 들어오는 태양복사에너지는

$$S_c = \frac{3.865 \times 10^{26}\text{W}}{4\pi(1.5 \times 10^{11}\text{m})^2} = 1{,}367\text{Wm}^{-2} \tag{2.9}$$

이다. 이 값을 **태양상수(solar constant)**라고 한다. 따라서 태양상수(S_c)는 지구 대기권의 최상단에서 태양복사에 수직인 단위면적이 1초 동안 받는 복사에너지의 양으로 정의할 수 있다.

일사에 대한 대기의 영향

대기 상층 표면에 도달한 태양복사는 대기를 바로 통과하지 못하고 흡수와 산란(scattering) 과정에 의해서 감쇄된다. 대기는 태양복사의 일부분을 직접 흡수하고 열을 얻는다. 산란된 태양복사의 일부분은 우주로 되돌아가거나 지표 쪽으로 전방 산란된다.

흡수나 산란되지 않은 대부분의 태양복사는 대기를 통과하여 직달복사의 형태로 지표면에 도달하여 흑체의 성격을 갖는 지구 표면에 흡수되거나 일부분은 다시 우주로 반사되어 나간다.

이와 같은 흡수, 산란 및 복사를 통한 에너지 전달과정은 대기의 온도분포에 직접적으로 영향을 준다. 또한 이러한 과정은 맑은 날 하늘이 파란 이유나, 일몰 때 노을과 같은 대기 현상의 설명을 가능하게 한다.

흡수

대기의 기체, 입자 및 작은 물방울들에 의한 흡수(absorption)는 입사되는 일사의 강도를 감소시킨다. 즉 흡수를 통해 에너지를 전달하는 것이다. 흡수를 통한 에너지의 전달은 흡수체가 에너지를 얻어 가열되는 반면에 지표면에 도달되는 에너지의 양을 감쇄하는 효과가 있다.

대기가 흡수하는 태양복사는 파장에 따라 다르다. 예를 들어, 파장이 짧은 자외선복사는 성층권 오존에 의해서 거의 대부분 흡수되나, 가시광선은 대기가 거의 흡수하지 못한다. 이러한 선택흡수(selective absorption)는 우리생활에 매우 중요하다. 만일 대기가 입사되는 모든 태양복사를 흡수한다면 하늘은 완전히 캄캄할 것이고, 인공적인 빛도 마찬가지다. 따라서 우리가 매우 멀리까지 볼 수 있는 것은 대기가 특히 가시광선을 별로 흡수하지 않는다는 증거이다.

태양에서 방출된 복사의 거의 반을 차지하는 장파장의 근적외선복사는 대기 중의 이산화탄소와 수증기에 의해서 흡수된다. 이것이 사막에서 양지가 너무 뜨겁게 느껴지고 그늘이 너무도 반가운 이유이다. 한편, 습윤한 지역에서는 양지와 그늘 사이의 온도 차이는 작다. 이는 습도가 높을 때 수증기가 근적외선복사의 상당부분을 흡수해서 피부를 따뜻하게 하는 가용 에너지량을 줄이기 때문이다. 반면에 건조한 날은 수증기가 부족하기 때문에 더 많은 양의 근적외선복사가 대기를 통과하여 온도가 높아진다.

반사와 산란

반사(reflection)는 복사가 물체에 부딪쳤을 때 흡수되지 않고 되돌아나가는 과정이다. 우리가 물체를 볼 수 있는 것은 우리의 눈이 물체로부터 반사되는 가시광선복사를 감지할 수 있기 때문이다. 모든 물질이 가시광선을 반사하지만 물질에 따라 그 정도가 다르다. 깨끗한 눈은 가시광선을 잘 반사하는데 반해서 석탄은 일부분만을 반사한다. 물체에 입사한 복사에너지에 대해 반사한 에너지량의 비를 반사도(albedo)라 하며, 표 2-2와 같이 물체에 따라 다르다.

모든 물체는 그 성질이 서로 다르기 때문에 모든 파장의 빛을 동등하게 반사하지 않는다. 예를 들어, 셔츠가 녹색부분의 파장을 효과적으로 반사한다면 그것은 녹색으로 보일 것이다.

빛은 물체의 표면에서 여러 방향으로 반사될 수 있다. 빛이 거울면에 부딪쳐 똑같은 강도의 빔으로 다시 반사되는 것은 거울면반사(specular reflection)라 한다. 대조적으로 빔이 여러 다른 방향으로 반사될 때 확산반사(diffuse reflection) 또는 산란이라고 한다. 산란이 발생하면 거울에서 상을 보는 것과 같은 상을 볼 수 없다. 따라서 비록 깨끗한 눈 표면의 반사도가 100%가 되더라도 우리는 눈 위에서 거울과 같은 상을 볼 수 없다.

넓은 고체 표면뿐만 아니라 기체 분자, 입자 및 작은 물방울들도 복사를 산란시킨다. 태양복사의 상당량이 대기에 의해 우주로 산란되지만, 또한 같은 양이 지표면으로 온다. 이처럼 지표면에 도착한 산란된 에너지는 확산일사이고 그것은 직달일사와 전혀 다르다.

그림 2-8은 직달일사가 확산일사로 바뀌는 산란 과정을 묘사한 것이다. 직달일사가 차단된 곳

표 2-2 지표면의 상태와 반사도

지표면의 상태	반사도(%)
신적설	80~85
눈	50~60
모래	20~30
초원	20~25
마른 지표면	15~25
젖은 지표면	10
숲	5~10
물(일몰, 일출시)	50~80
물(낮동안)	3~5
적운	70~80
층운	25~50
지구와 대기전체	30

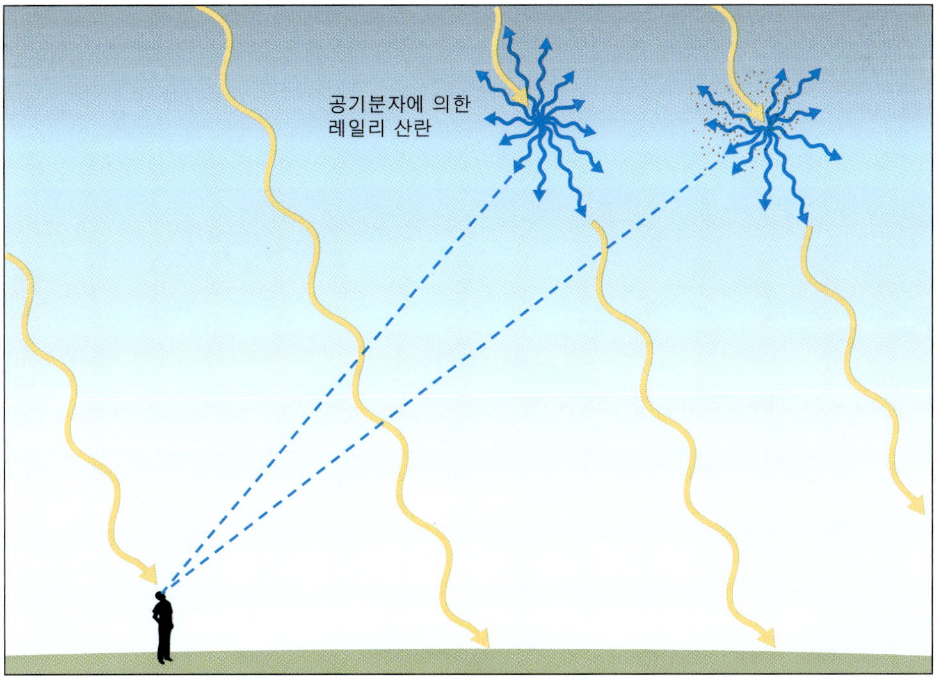

그림 2-8 레일리 산란

에는 그늘이 생기지만, 확산일사로 인해 약한 빛이 전달되므로 완전히 어둡지는 않다. 기체 분자, 입자 및 작은 물방울에 의해 이루어지는 확산일사는 복사의 이동방향이 바뀐 산란 과정이다.

대기에 의해서 산란되는 복사강도는 입사되는 전자기파의 파장에 대한 산란 물질(공기 분자나 부유물질)의 크기에 따라 다르다. 일반적으로 산란은 레일리 산란, 미 산란 및 비선택적 산란으로 구분한다.

레일리 산란

입사되는 복사파의 파장이 산란 입자의 크기보다 약 1/10 이하로 작은 경우의 산란을 **레일리 산란(Rayleigh Scattering)**이라고 한다. 레일리 산란은 대기에서 각각의 기체 분자에 의해서 일어나지만 태양복사의 전 파장에 대해서 동등하게 영향을 미치지는 않으며, 짧은 파장 쪽으로 편향되어 나타난다. 레일리 산란은 특히 가시광선에 효과적이고 가장 짧은 파장의 빛에 효과적이다. 따라서 파란 빛은 상대적으로 긴 파장인 붉은 빛보다 공기 분자에 의해서 더 효과적으로 산란된다. 게다가, 레일리 산란은 전방과 후방 양쪽으로 복사를 산란시킨다. 이와 같은 레일리 산란의 특성은 맑은 날의 푸른 하늘, 우주에서 볼 때 대기의 옅은 파란색 및 일몰과 일출시의 붉은 색의 원인이 된다.

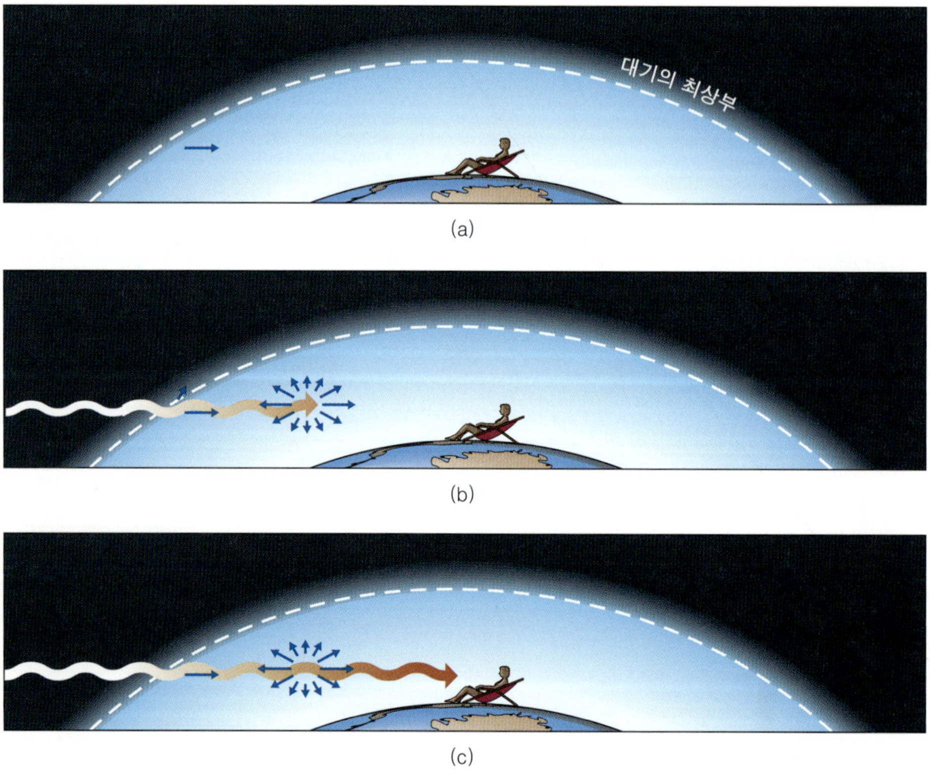

그림 2-9 일출과 일몰시에 태양빛은 더 먼 대기층을 지나기 때문에 붉게 보인다. 이는 태양빛의 짧은 파장이 더 많이 산란되어 나타나는 현상이다. 결과적으로 입사된 태양빛은 거의 대부분 긴파장(붉은색 계열)으로 구성된다.

그림 2-9는 이와 같은 현상이 어떻게 일어나는지를 보여준다. 태양이 거의 지평선 위에 있을 때 태양 빛은 정오에 통과하는 거리보다 더 먼 거리의 대기를 통과해야 하고 더 먼 거리는 레일리 산란의 양을 증가시킨다. 직달 빔이 대기의 먼 경로를 통과하는 동안에 복사의 가장 짧은 파장은 감쇄되어 직달일사 중에서 긴 파장의 비율이 증가한다. 일반적으로 태양 부근의 하늘은 녹색과 푸른색(더 짧은 파장) 빛의 감쇄 때문에 붉은 색을 띤다.

미 산란(Mie scattering)

미 산란은 산란 입자의 크기가 파장과 비슷하거나 더 큰 경우에 일어난다. 대기는 대류활동이 활발하기 때문에 항상 부유 에어로졸을 포함하고 있다. 이것은 대기오염 농도가 높은 경향을 지닌 도시에서 뿐만 아니라 농촌 지역에서도 마찬가지이다. 레일리 산란과 달리 미 산란은 전방산란이 현저하고 상대적으로 작은 에너지가 후방으로 산란된다. 게다가 미 산란은 레일리 산란에서 나타나는 것처럼 짧은 파장의 복사가 산란되는 경향이 거의 나타나지 않는다. 따라서 안개 낀 날이나 에어로졸 농도가 높은 오염이 심한 날은 하늘이 회색으로 보이는데 이것은 태양복사 스펙트럼의 가시광선 영역의 빛이 지표면 방향으로 충분히 산란되기 때문이다.

미 산란은 또한 일몰과 일출시에 레일리 산란만 발생하는 경우보다 노을을 더 붉게 만든다. 따라서 대기오염이 심한 경우에 종종 화려한 일몰이 발생한다. 산불이나 화산폭발 등은 미 산란을 강화시킬 수 있다. 밀레의 만종이나 이삭 줍는 여인의 배경이 붉은 것에 대하여 당시에 화산폭발로 인한 오염이 심했을 것으로 추정하는 학자도 있다.

비선택적 산란

구름 중에서 강수입자는 부유입자보다 상당히 크다. 따라서, 강수입자는 렌즈처럼 더 많거나 적은 양의 빛을 다른 방향으로 산란시킨다. 독립된 물방울은 여러 개의 태양복사 파장을 각각 다르게 굴절시킨다. 무지개는 물방울이 태양복사 각 파장의 굴절 정도가 달라서 여러 색의 띠로 나타난다. 그러나 전체적으로 구름은 입사되는 복사의 전 파장의 빛을 거의 동등하게 반사시킨다. 이것이 구름이 희거나 회색으로 보이는 이유이다. 이와같이 어떤 특정한 파장도 존재하지 않기 때문에 구름에 의한 산란은 비선택적 산란(selective absorption)으로 불린다. 구름은 비선택적 산란에서 가장 중요한 요소이고 에너지의 많은 양을 반사시켜 우주 공간으로 되돌리므로 입사되는 전체 태양복사에 상당한 영향을 미친다.

투과

태양복사가 진공 상태의 우주를 이동하는 동안 그것의 강도, 방향 혹은 파장을 변화시키는 요인은 없다. 그러나 대기로 들어오면 복사의 일부분만 대기를 통과하여 지표면에 도달한다. 대기에 의해 차단되는 양은 대기의 상태에 따라 크게 변한다. 맑고 건조한 날 대기는 입사되는 태양복사의 80% 이상을 산란이나 흡수 없이 직달복사의 형태로 투과(transmission)시킨다. 이

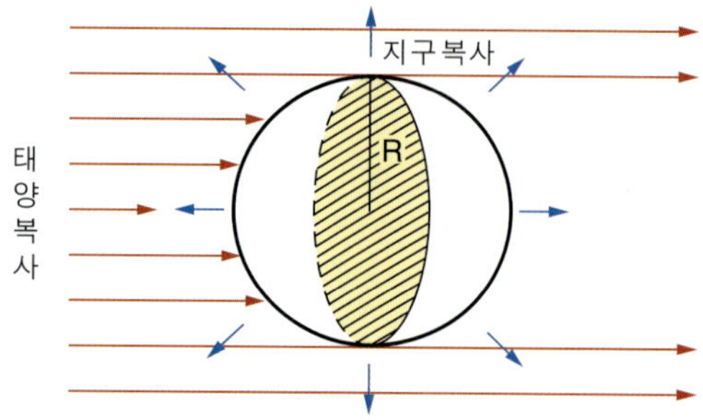

그림 2-10 태양복사에 대한 지구의 단면적

와는 대조적으로 흐리거나 안개 낀 날에는 태양복사 중에서 적은 양만이 직달복사의 형태로 지표면에 도달한다. 이런 날은 지표면에 도달하는 복사량은 감소되고 직달복사는 확산, 산란의 형태로 변하여 이동한다.

2.2.2 지구의 복사평형

태양의 주위를 공전하는 지구의 공전궤도는 완전한 원이 아니기 때문에 지구가 받는 일사량에는 약간의 계절적인 변화가 있다. 또한, 태양은 지속적으로 활동하기 때문에 복사량은 일정하지 않다. 그러나 이와 같은 약간의 변동에도 불구하고 대기의 꼭대기에서 지구가 받는 태양복사량과 지구에서 외계로 나가는 일부 태양복사와 지구복사량의 합은 균형을 이루고 있다. 즉, 대기 상단에 입사한 태양복사량과 이 복사량이 대기를 통과하고, 대기와 지표면에 의해 흡수되고, 산란 및 복사되어 다시 우주로 되돌아가는 복사량은 평형을 이루고 있다. 이를 지구의 복사평형이라고 한다. 만일 지구의 복사평형이 유지되지 않을 경우 대기와 지표에 의해서 흡수되는 복사량이 기온에 큰 영향을 미쳐 이상기후가 나타나게 된다.

지구의 복사평형을 보다 쉽게 설명하기 위하여 그림 2-10에서 지구가 받는 태양복사에너지량을 생각해보자. 지구의 단면적(πR^2)에 태양상수(S_c)를 곱해주면 지구가 1초 동안에 받는 총 에너지($\pi R^2 S_c$)가 된다. 이 총 에너지를 지구의 표면적($4\pi R^2$)으로 나누어 주면 단위면적의 지표가 평균적으로 받는 에너지량(E_{ave})은

$$E_{ave} = \frac{1}{4} S_c = 341.8 \mathrm{Wm}^{-2} \tag{2.10}$$

으로 주어진다. 식 (2.10)에 주어진 에너지량을 대기의 꼭대기에 들어오는 100단위로 가정하고 대기, 지표면의 흡수, 산란 및 복사량을 그림 2-11에서 비교하여 보자. 여기에 주어진 값은 연평균, 전 지구평균이다.

태양복사의 대기, 지표면 전달

태양복사 100단위 중 전구를 평균하여 대기는 25단위를 흡수한다. 25단위 중에서 7단위는 성층권 오존에 의해서 흡수되는 자외선복사이고, 나머지 18단위는 수증기를 포함한 대류권 기체에 의해서 흡수되는 근적외선복사이다. 따라서 대기에 의해서 흡수되는 복사의 대부분은 가시광선복사가 아니다. 또한 사용 가능한 단파복사는 구름에 의해서 거의 흡수되지 않는다. 그러나 구름은 주로 산란과 반사에 의해서 입사되는 복사에 영향을 미친다. 구름 입자는 입사되는 에너지의 많은 비율을 후방으로 산란시킨다. 이로 인해 반사도가 높은 구름은 우주에서도 쉽게 확인할 수 있다. 구름은 입사되는 태양복사 중에서 평균 19단위를 반사시켜 우주로 되돌

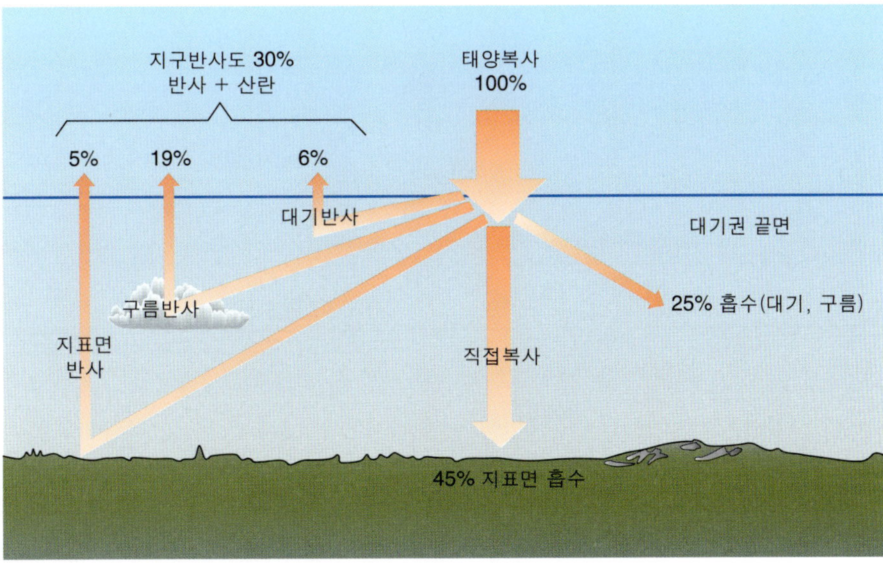

그림 2-11 태양복사의 대기와 지표면 흡수와 반사

려 보낸다. 또한, 대기 중의 기체나 에어로졸에 의해서 후방 산란되는 복사는 6단위이다. 이 때 레일리 산란이 미 산란보다 더 크다. 이는 대부분의 미 산란이 지표면으로 향하기 때문이다. 구름의 반사와 대기 중의 기체 및 에어로졸에 의한 산란을 합하면 우주로 25단위만큼 되돌아간다. 즉 대기의 반사도가 25%이다.

대기의 흡수나 후방 산란 후에 일사의 50단위는 지표면에 도달할 수 있다. 그러나 지표면에 도달한 복사는 지구의 표면이 완벽한 흑체가 아니기 때문에 전부 흡수되는 것은 아니다. 지표면에 입사되는 50단위 중에서 5단위는 우주로 반사되어 나간다. 따라서 전체적으로 태양복사 중에서 총 30단위(대기로부터 25단위, 지표면으로부터 5단위)가 반사나 산란되어 우주로 되돌아가기 때문에 지구의 반사도(행성알베도)는 30%가 된다. 지표면에서 반사되는 일사의 양은 대기에 의해서 후방 산란되는 것보다 훨씬 더 적기 때문에 우주에서 볼 때 지구는 지표면 반사보다 대기반사로부터 더 많은 빛을 낸다.

결국, 대기가 25단위를 흡수하고, 지표면에서는 45단위를 흡수하게 된다. 지표면이 45단위를 흡수하는 것으로 복사가 끝난다면 지표면이 지속적으로 가열되기 때문에 지구는 용광로가 될 것이다. 지구는 흑체에 가깝기 때문에 습득한 에너지를 여러 형태로 방출하여 그 균형을 이루게 된다. 지표면과 대기는 지속적으로 에너지를 교환한다(그림 2-11 참조).

지표면 - 대기 사이의 에너지 교환

지표면과 대기는 그 온도에 따라 장파 영역(주로 열 적외선)에서 복사에너지를 방출한다. 지표면에 의해서 방출된 장파복사는 대기에 의해서 대부분 흡수된다. 이것은 대기의 온도를 증가시키고, 대기는 흡수한 에너지보다 더 많은 에너지를 장파복사로서 모든 방향으로 방출하는데,

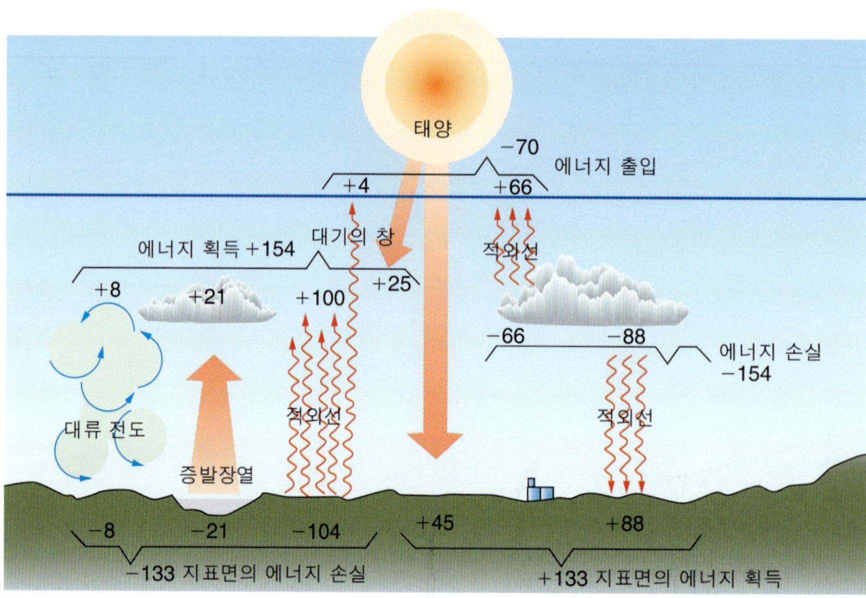

그림 2-12 지표면-대기-우주 사이의 에너지 교환

지표면은 이 복사의 상당부분을 되돌려 받는다. 이것은 지표면을 더욱 가열시키고 지표면으로부터 장파복사의 방출을 증가시키고 대기를 다시 가열시키는, 즉, 상하부로 일정한 에너지 전달을 가지는 무한한 에너지 교환 순환이 일어난다. 그림 2-12는 대기와 지표면 사이에 교환되는 전 지구 평균장파복사량을 설명한 것이다.

지표면으로부터 장파복사는 104단위이나 그 중 대기가 흡수하는 양은 100단위이다. 맑은 날은 대기는 주로 수증기와 이산화탄소가 지구로부터의 장파복사를 흡수한다. 수증기, 이산화탄소를 포함한 다른 온실기체들이 장파복사 대부분의 파장을 흡수하지만 지구의 장파복사 중 8~12μm 영역은 대기에 의해 흡수되지 않고 우주로 투과되어 나간다. 대기에 의해서 쉽게 흡수되지 않는 이 파장 영역을 **대기의 창(또는 적외선의 창, atmospheric window)**이라 한다. 이 창을 통하여 지표면으로부터 우주로 나간 양이 4단위이다.

대기는 창 영역에서 장파를 흡수하지 않고 통과시키지만, 얇은 구름은 거의 모든 장파복사를 쉽게 흡수한다. 이것은 흐린 날 밤이 맑은 날 밤만큼 빠르게 냉각되지 않는 이유이다. 구름이나 온실가스에 의해 흡수된 에너지는 지표면으로 하향 장파복사를 방출하여 지표면에 담요와 같은 역할을 해서 열을 보유하는 것을 돕는다.

한편, 그림 2-12에서 대기에 의해서 방출된 총 복사에너지는 154단위이고, 그 중에서 88단위는 지표면으로, 66단위는 우주로 나간다. 이 과정에서 대기가 잃은 장파에너지는 지표면 장파복사로부터 흡수한 100단위보다 많다. 이 차이를 **순 장파복사(net longwave radiation)**라 한다. 대기의 경우에 순 장파복사는 −54단위(100−154)이다. 마찬가지로, 지표면은 대기의 장

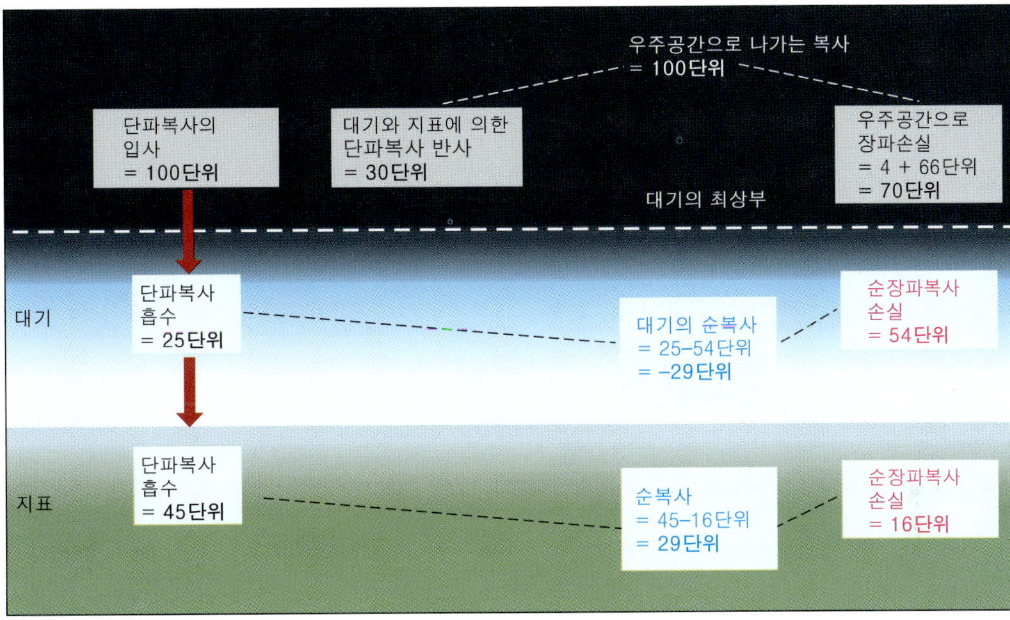

그림 2-13 지구의 순 복사평형

파복사 중에서 88단위를 받지만 복사되는 양이 104단위로 더 크기 때문에 순 장파복사는 –16단위(88–104)이다. 이 양이 대기나 지표면을 가열시킨다. 따라서 대기 및 지표면의 장파와 태양복사인 단파를 통한 에너지의 이동을 **순 전파장 복사**(net all-wave radiation), 또는 **순 복사**(net radiation)로 정의하기도 한다. 그림 2-13은 지구의 **순 복사평형**(radiation balance)을 보여주는 것이다. 대기는 태양복사 중에서 25단위를 흡수하지만 열복사로 54단위의 순 손실을 겪기 때문에 29단위의 순 손실이 발생한다. 지표면은 태양복사의 45단위를 흡수하지만 16단위의 장파 손실이 생기므로 결과적으로 29단위의 순 복사 잉여가 발생한다. 즉, 대기에서 에너지의 순 손실은 지표면에 의해서 획득되는 잉여 에너지와 일치한다. 만약 복사가 단순히 에너지 교환만을 의미한다면 지표면에 흡수된 잉여 복사 에너지로 인하여 지구는 영구적으로 가열되고, 반면에 대기는 냉각될 것이다. 그러나 이런 일은 전도와 대류로 열이 전달되기 때문에 발생하지 않는다. 이 두 가지 과정에 의한 에너지의 순 전달은 지표면에서 순 복사 잉여를 제거하고, 동시에 대기의 순 복사 손실을 상쇄시킨다.

지표면 근처에서 전도는 에너지 전달에 중요한 역할을 한다. 낮 동안 복사된 태양에너지는 지구 표면에 의해서 흡수되고 온도경사는 지표면과 접한 대기층에서 크게 나타난다. 결국 층류경계층(laminar boundary layer)이라 부르는 매우 얇은 지표면 기층에서 에너지경사를 만들고 많은 양의 에너지가 전도된다. 층류경계층을 통해 전도된 에너지는 대류라는 혼합과정에 의해서 대기의 나머지 부분에 분배된다. 전도와 대류로 전달되는 에너지의 형태는 현열(sensible heat)과 잠열(latent heat)이 있다.

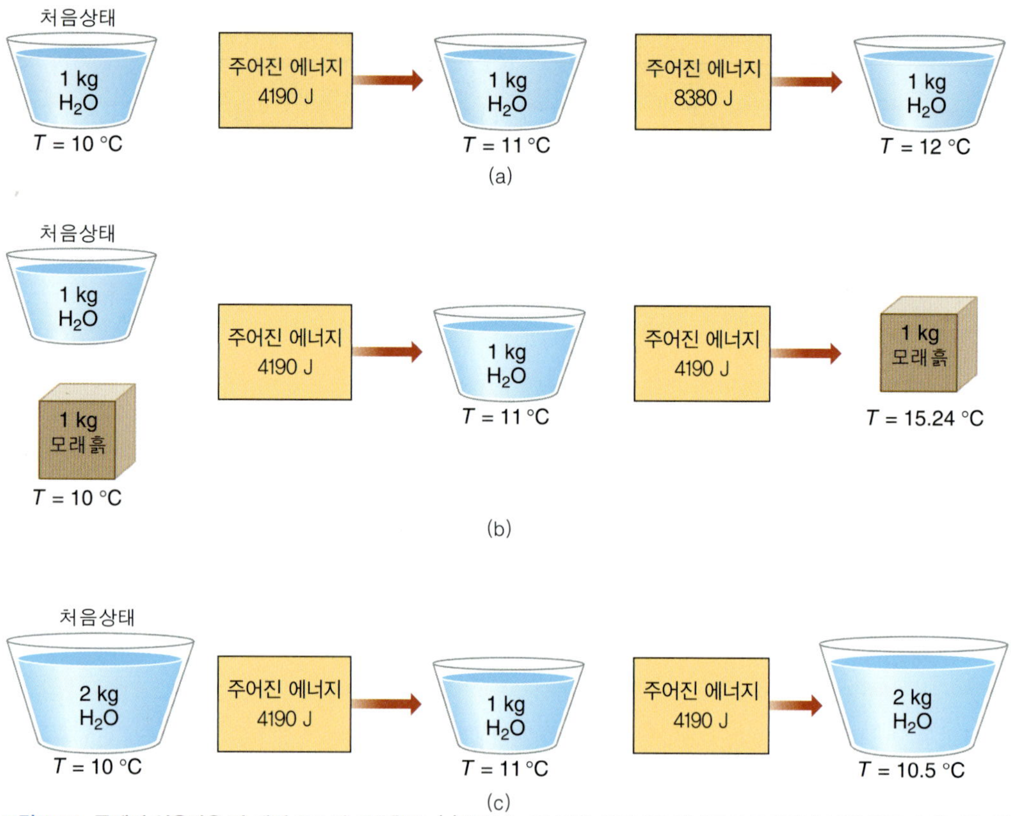

그림 2-14 물체의 열용량은 몇 개의 요소에 의존한다. (a)에서 1kg의 물에 4190J의 에너지가 들어가면 물의 온도가 1℃ 증가하는 반면에 두 배의 에너지가 들어가면 두 배 이상으로 가열된다. 물체의 비열은 또한 에너지가 유입된 결과로 나타나는 온도 변화량에 영향을 미친다. (b)에서 4190J의 에너지를 넣으면 모래 흙 1kg은 1kg의 물의 경우보다 5배 이상의 온도 증가를 가져온다. 또한 질량은 주어진 에너지에 의한 온도 변화에 영향을 준다. (c)에서 2kg의 물의 경우에는 온도 증가가 1kg 경우의 반이라는 것을 주의하자.

현열은 층류경계층을 통해서 전도의 형태로 전달되고 대류에 의해서 상향으로 전파된다. 이런 매커니즘을 통해서 지표면에 대한 순 복사 과잉의 29단위 중에서 8단위가 대기로 전달되고 이것을 통해서 그들은 순 복사 손실이 상쇄되는 것을 돕는다. 남은 21단위는 잠열에 의해 전달된다. 잠열은 물체의 상변화에 필요한 에너지이다(그림 2-14 참조).

전 지구평균을 고려할 경우 잠열의 형태로 대기로 전달되는 에너지의 양은 21단위이므로 잠열이 현열보다 더 중요한 열전달 방법임을 알 수 있다.

2.2.3 온실효과

태양복사가 100단위임에도 대기 및 지표면에서의 출입은 각각 154와 133으로 나타났다. 즉 태양복사보다 높은 에너지가 지표면-대기계에 존재한다. 이처럼 대기를 따뜻하게 하는 작용을 보통 온실효과(greenhouse effect)라 부르는데, 엄밀하게 말해서 대기를 온실에 비유하는 것은 올바르지 못하다. 온실의 경우, 온실을 만드는 유리는 들어오는 단파복사는 투과시키고, 밖으로 나가는 장파복사는 차단하는 성질을 갖고 있다. 이러한 유리의 성질 때문에 빠져나가는 복사보다 온실 안의 복사량이 더 많게 되어 온실 안의 온도가 더 높게 된다. 대기는 대부분의 태양복사를 투과시키고 지표면이 방출하는 막대한 양의 장파복사를 흡수한다는 점에서 온실과 거의 비슷하다고 생각할 수 있다. 그러나 대류의 영향을 고려한다면 대기는 온실과 다르다. 온실은 장파복사로 잃어버리는 에너지를 줄이는 것뿐만 아니라 대류에 의한 현열과 잠열의 방출도 막는다. 그러나 대기 중의 온실기체는 잠열과 현열의 전달을 차단하지 않는다. 따라서 '온실효과'보다는 '대기효과(atmospheric effect)'라 부르는 것이 더 정확하다.

만약 지구 장파복사를 흡수하는 온실기체가 대기 중에 존재하지 않는다면 지구는 평균적으로 매우 추워질 것이고 낮과 밤의 기온차도 더 커질 것이다. 온실기체와 구름이 존재하지 않는다고 가정한다면, 평균 지표면온도는 현재의 15°C 보다 훨씬 낮은 −18°C가 된다고 한다. 지표면에서 방출하는 장파복사를 흡수하고, 다시 지표면으로 복사에너지를 방출하는 대기의 온실효과로 인해 지구는 따뜻함을 유지하고 있는 것이다. 최근에 많은 연구결과에서 이산화탄소와

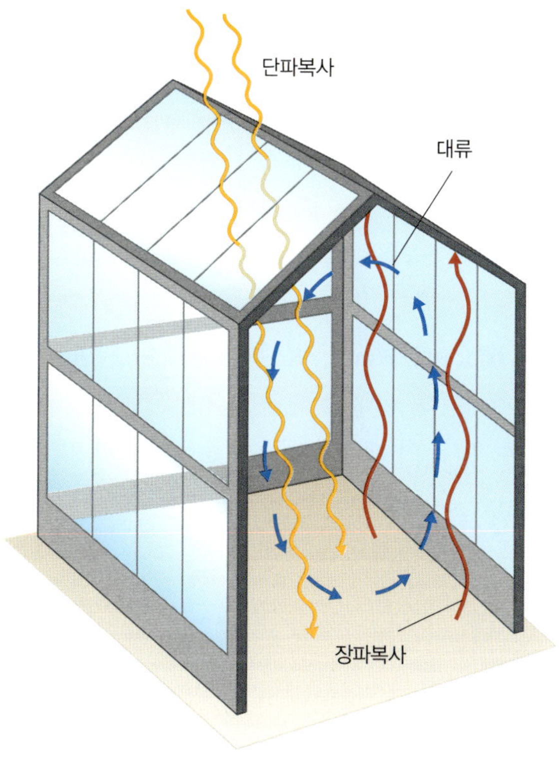

그림 2-15 유리는 태양복사는 통과시키지만 밖으로 나가는 장파복사에 대해서는 불투명하다. 또한 지면에서 대류에 의해 전달되는 열도 차단한다. 그래서 온실 안의 공기는 밖보다 더 따뜻해진다. 대류를 통한 열의 이동을 차단하는 것은 온실이 대기와 다른 점이다. 그래서 온실효과라는 표현을 대기에 적용하는 것은 적절하지 않다.

메탄 같은 인간활동에 의한 온실기체의 증가에 따라 지속적으로 기온이 상승될 수 있음을 심각하게 제기하고 있다. 지구온난화가 온실기체의 증가로 인한 것이라고 확언할 수는 없지만, 현재 기후변화에서 온실기체의 중요성을 부정할 수는 없을 것이다(그림 2-15 참조).

지구 평형온도

만약 지구에 대기가 없어 온실기체가 존재하지 않는다면 지구는 현재보다 훨씬 더 추워질 것이다. 우리는 지금까지 설명한 이론들을 통해 온실효과의 크기를 쉽게 계산할 수 있다. 대기가 없다고 가정했을 때 지구의 평형온도를 계산하여 현재 관측되는 온도와 비교하면 대기가 지구 온도에 얼마나 중요한 역할을 하는지 알 수 있을 것이다.

먼저, 지구는 장파복사를 하는 흑체라고 가정하자. 지구의 반사도는 30%이고, 태양상수는 약 1367Wm^{-2}이다. 지구가 태양광선을 수직으로 받는다면 단위면적당 1367Wm^{-2}의 에너지를 받는다. 그러나 지구는 평면이 아니라 구이다. 수직하게 받는 면적은 πR^2이고, 사용하는 면적은 전구면적에 해당되기 때문에 $4\pi R^2$이 되어 실질적인 전구 평균 복사강도는 수직한 평면의 1/4이 된다. 따라서 지구가 받는 태양복사는 단위면적당 1367/4, 즉 341Wm^{-2}이다. 지구의 반사도가 30%이므로 들어오는 복사의 70%는 흡수된다. 즉, 지구가 흡수하는 복사에너지는 1367Wm^{-2}$\times$0.25$\times$0.7 = 239.2Wm^{-2}이다. 지구는 흑체이므로, 얻은 만큼 에너지를 방출한다. 그리고 흑체가 방출하는 복사의 세기는 스테판-볼츠만 법칙에 따라 정해진다.

그런데, 대기가 없을 때 지구가 방출하는 복사의 세기는 흡수하는 복사와 같은 239.2Wm^{-2}가 되어야 한다. 따라서 식 (2.6)으로부터 다음과 같이 유효온도(effective temperature), T_e를 구할 수 있다.

$$T_e = \sqrt[4]{\frac{I}{4\sigma}} \tag{2.11}$$

여기서 식 (2.11)에 $\sigma = 5.67\times10^{-8}\text{Wm}^{-2}\cdot\text{K}^{-4}$과 $I = 239.2\text{Wm}^{-2}$을 대입하면, 유효온도는 254.9K(−18.3℃, 0℉)로 주어진다. 이 값을 평균 지표면 온도와 비교하면 평균 지표면 온도가 33℃ 더 높다는 것을 알 수 있다. 이 계산은 매우 단순하기는 하지만 대기의 온실효과를 쉽게 이해할 수 있는 방법이다.

2.3 계절

태양복사는 거의 일정하지만 지구상에서 일년 동안 받는 에너지는 시·공간적으로 큰 변동이 나타난다. 에너지의 이러한 변화로 계절이 나타난다. 에너지의 시·공간적 변화는 지구의 자전축의 경사 및 공전에 기인한다.

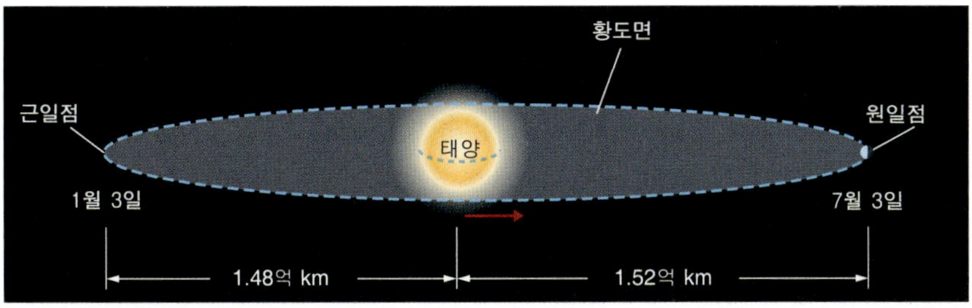

그림 2-16 지구는 태양의 주위를 완전한 원이 아닌 타원궤도로 공전하는데, 1월 3일에는 태양과 가장 가까운 근일점에 위치하고, 7월 3일에는 가장 먼 원일점에 위치한다.

지구의 공전과 자전

그림 2-16에서와 같이 지구는 공전궤도면을 따라 365.24일마다 1회씩 태양을 중심으로 공전한다. 공전궤도는 타원형이므로 지구와 태양 사이의 거리는 일년 중 계속 변한다. 지구는 1월 3일쯤에 태양에 가장 가까운 **근일점(perihelion**, 지구-태양 거리: 1.48억km)에 위치하고, 7월 3일쯤에는 가장 먼 **원일점(aphelion**, 지구-태양 거리: 1.52억km)에 위치하여, 근일점에서의 복사 강도는 원일점에서보다 약 7%가 강하다. 그러나 이 차이는 계절 변화의 원인이 되기에는 미약하다.

한편, 지구는 공전과 동시에 **자전(rotation)**을 한다. 지구는 자전축을 중심으로 매 24시간마다 1회씩 자전을 한다. 이 축은 공전궤도에 대하여 23.5° 기울어져 있다. 또한, 자전축은 항상 북극을 향해 같은 방향으로 기울어져 있어, 북반구가 일년의 반은 태양을 향하고 있고, 다른 반은 반대 방향을 향하게 된다. 태양을 향한 반구의 방향 변화는 태양복사를 결정하여 실제적인 계절변화의 원인이 된다.

지점(Solstices)과 분점(Equinoxes)

그림 2-17은 태양에 대한 지구의 방향에 따른 실제 계절변화를 보여준다. 일년 중 6개월은 북반구가, 다른 6개월은 남반구가 더 많은 햇빛을 받게 된다. **하지점(6월 22일, summer solstice)**에서는 태양은 북반구의 가장 고위도(23.5°N)에 위치하고, 북반구를 향하게 된다. 이때가 북반구에는 가장 많은 복사와 낮이 긴 여름이고, 남반구에서는 겨울이 된다. 반대로 **동지점(12월 22일, winter solstice)**에서는 태양은 남반구의 가장 고위도(23.5°S)에 위치하고, 남반구를 향하게 된다. 이때가 남반구에는 가장 많은 복사와 낮이 긴 여름이며, 북반구에서는 겨울이다. 이 두 지점 사이에 태양이 북반구와 남반구를 오가며 적도면과 교차하는 시기를 각각 **춘분점(3월 21일, vernal** 또는 **spring equinox)**과 **추분점(9월 23일, autumnal equinox)**이라 한다. 두 분점에서는 태양은 적도 상공에 위치하여 두 반구는 낮과 밤의 길이가 12시간으로 동일(equal night를 의미하는 equinox라는 단어)하고, 같은 양의 에너지를 받는다.

태양이 두 반구의 가장 고위도인 23.5°N(S)에서 다시 회귀하기 때문에 두 위도를 남·북 회귀선(tropic)이라 부른다.

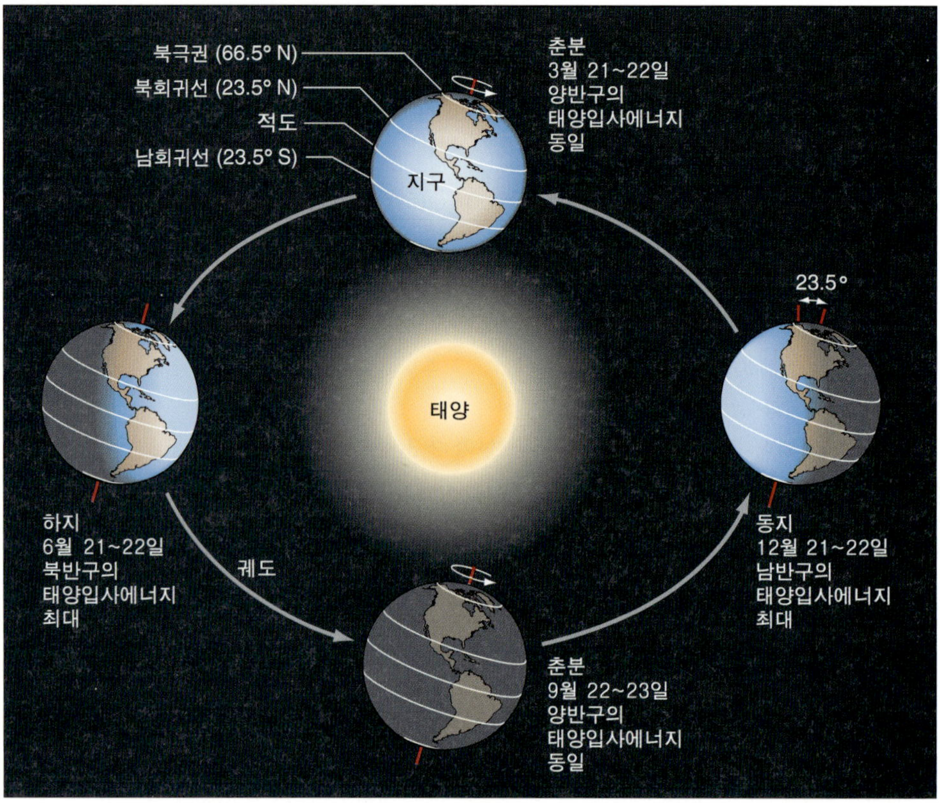

그림 2-17 태양의 주위를 공전하는 지구

태양을 향한 지구의 방향 변화는 낮의 길이, 태양 빛이 지표면과 이루는 각, 일사가 통과하는 대기의 거리 등에 영향을 주어 지표면이 받는 복사에너지를 결정하고, 이 에너지가 대기를 가열하여 기온으로 나타난다.

낮의 길이(period of daylight)

지구 자전축이 기울어져서 낮과 밤의 길이가 변화되어 지구가 받는 에너지에 영향을 미친다. 지구의 자전축과 공전궤도면이 90° 기울어져 있으면 전 남 · 북반구에서는 각각 6개월동안 지속적인 낮과 밤이 나타난다. 그러나 23.5° 기울어져 있기 때문에 66.5°N,S(90°−23.5°) 이상의 위도에서만 24시간 지속되는 낮이나 밤이 나타난다. 이 위도선이 북극권(Arctic circle)과 남극권(Antarctic circle)이다(그림 2-18 참조). 태양이 하지점에 있을 때 북극권 이북에서는 24시간의 낮이 나타난다. 북극권에서 적도쪽으로 갈수록 낮의 길이는 감소한다. 이때 남극권 이남에서는 24시간 밤이 지속된다. 태양이 동지점에 있을 때는 남 · 북반구에서 반대현상이 나타난다.

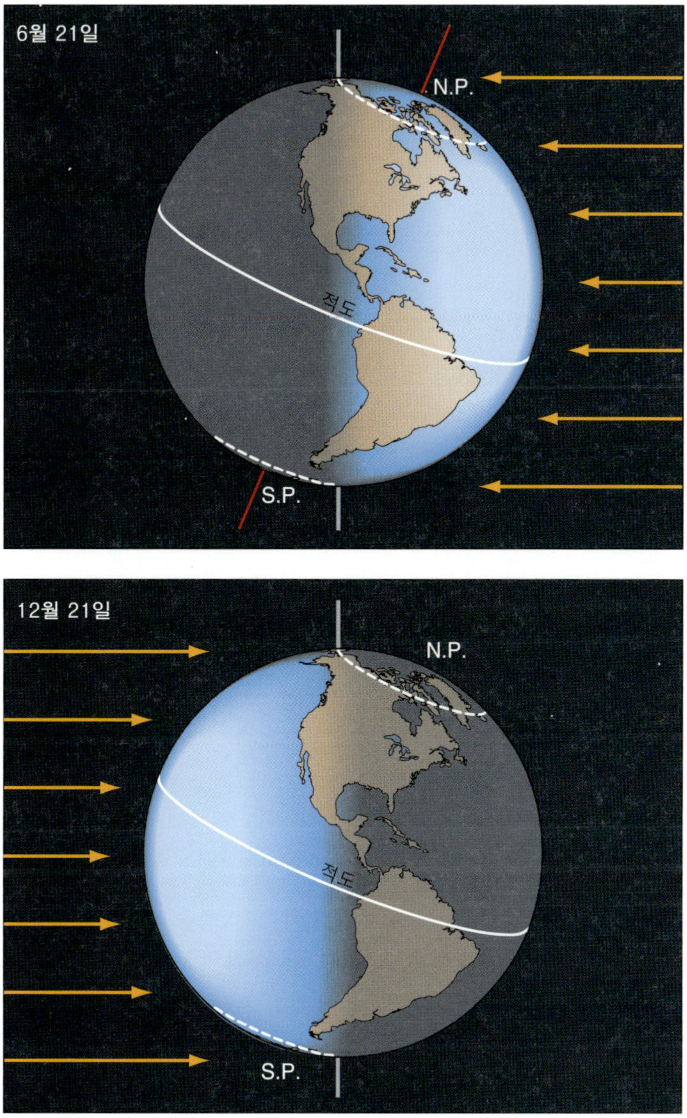

그림 2-18 하지 때(6월 21일) 66.5°N 이상의 북반구에서는 낮이, 66.5°S 이상의 남반구에서는 밤이 24시간 지속된다. 동지(12월 21일)에는 반대의 현상이 나타난다. 이러한 위도를 북극권과 남극권이라 부른다.

태양각(Solar Angle)

태양이 수평선으로부터 낮게 떠 있는 이른 시간에는 태양빛으로부터 크게 따뜻함을 느끼지 못한다. 그러나 태양이 하늘 높이 떠 있을 때는 더 따뜻함을 느낀다. 이러한 변화는 복사속의 빔 퍼짐의 감소 때문이다. 빔 퍼짐(beam spreading)은 그림 2-19에서와 같이, 태양 고도각의 감소에 따라 복사가 분배되는 표면적의 증가를 나타낸다. 퍼짐이 커질수록 복사강도는 약해진

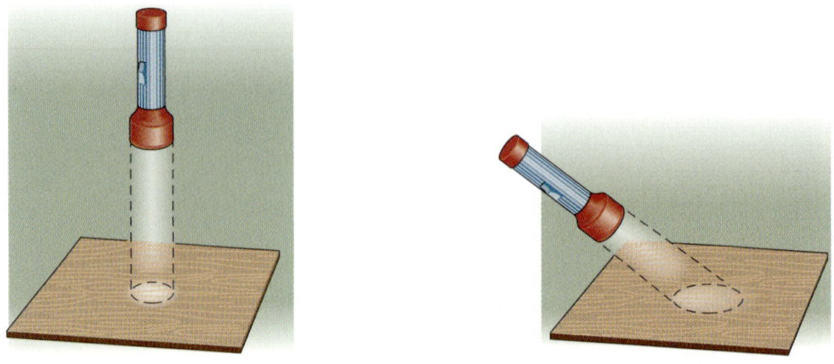

그림 2-19 **지표면에 입사하는 복사에너지의 강도는 입사각에 영향을 받는다. 수직한 조명 (a)가 더 많은 양을 가열시킨다.**

다. 그림 2-19(a)에서, 빛이 90°의 각도로 들어와서 빔은 작은 면적에 집중되고 표면을 가열할 수 있는 능력이 증가한다. 그림 2-19(b)에서는, 빛이 비스듬히 표면에 들어와서 빔이 넓은 면적에 분배되어 단위면적당 에너지가 줄어든다. 따라서 빛이 더 높은 각도로 들어오면, 표면을 밝히고 따뜻하게 하는데 더 효과적이다.

어떤 지점에서 정오에 태양의 남중고도 또는 태양각은 당시의 태양의 적위를 안다면 쉽게 구할 수 있다. 태양의 남중고도(h)는 그림 2-20에서 얻어진 다음 식으로 구한다.

$$h = 90 - \phi + \delta \tag{2.12}$$

여기서 ϕ는 지점의 위도이고, δ는 당시의 태양의 적위이다. 예를 들어, 우리나라 서울(35°N)에서 적위가 +23.5°인 하짓날 태양의 남중고도는 78.5°(90°−35°+23.5°)이고, 적위가 −23.5°인 동짓날은 31.5°이다. 일년 중에서 정오 태양각의 변화는 빔 퍼짐으로 인한 지표면에 도달하는 일사강도 변화와 일조시간의 큰 원인이 되고, 계절의 원인으로 중요한 역할을 한다.

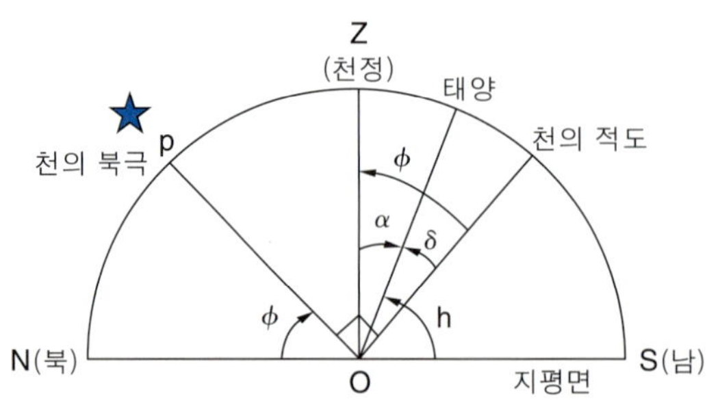

그림 2-20 **태양의 고도, 위도, 적위와의 관계. 천의 적도와 북극은 지구적도와 북극을 천구상에 연장한 것이다.**

빔 감쇄

태양빛이 지표면에 도달하기 전에 통과하는 대기층의 길이는 빔의 감쇄에 영향을 준다. 그림 2-21(a)에서와 같이 수직하게 대기층에 입사하는 빔은 그림 2-21(b)의 경우처럼 비스듬하게 입사하는 빔에 비하여 상대적으로 짧은 거리를 이동한다. 따라서 빔의 감쇄가 적게 나타난다. 태양 고도는 북반구에서 동지 때 가장 낮기 때문에 빔 감쇄가 가장 많이 나타난다. 표 2-3은 계절별 태양의 적위와 복사량의 관계를 설명한 것이다.

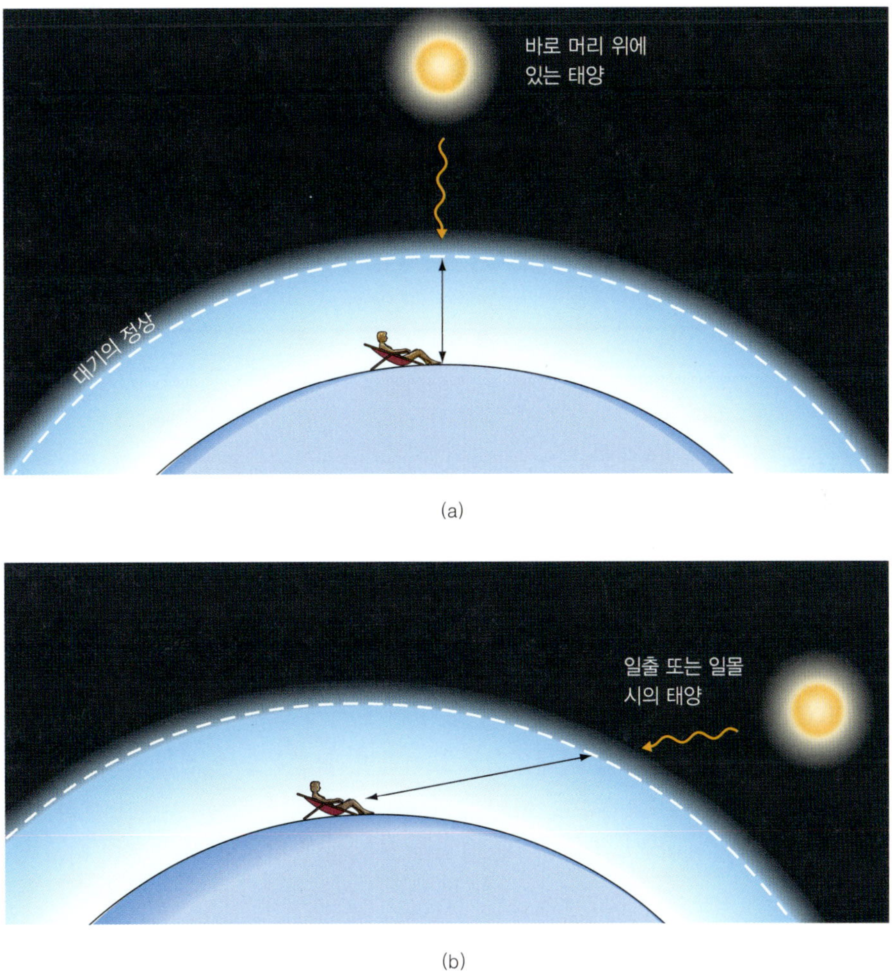

그림 2-21 정오와 같이 태양의 고도가 높으면(a) 일출과 일몰시의 태양 고도가 낮은 시각(b)에 비해 빔이 더 짧은 대기층을 통과하기 때문에 대기에 의한 빔의 손실이 적게 나타난다.

표 2-3 계절별 태양의 적위 및 복사량

계절	태양의 적위와 복사
하지	a. 태양의 적위 : 23.5°N b. 북반구 모든 위도에서 이에 대응하는 남반구 위도보다 더 많은 에너지를 받는다. c. 북극권 이북의 모든 지역은 24시간 낮이고, 남극권의 이남의 모든 지역은 24시간 밤이다. d. 적도는 12시간의 밤과 낮이 나타난다. e. 북반구에서 태양복사 빔은 남반구보다 더 적은 양의 대기를 통과한다.
동지	a. 태양의 적위 : 23.5°S b. 남반구 모든 위도에서 이에 대응하는 북반구 위도보다 더 많은 에너지를 받는다. c. 남극권의 이남의 모든 지역은 24시간 낮이고, 북극권의 이북의 모든 지역은 24시간 밤이다. d. 적도는 12시간의 낮과 밤이 나타난다. e.남반구에서 태양복사 빔은 북반구보다 더 적은 양의 대기를 통과한다.
춘 · 추분	a. 태양의 적위 : 0° b. 지구의 모든 지역은 12시간 동안 낮과 밤이 나타난다. c. 양 반구는 같은 양의 일사를 받는다.

2.4 지구의 온도분포

물체의 에너지는 여러 형태로 표현된다. 온도도 그 중 하나이다. 온도는 일반적으로 따뜻한 정도를 표시하나 물리적으로는 물질을 구성하는 분자의 운동에너지를 수치로 표현한 것으로, 질량이나 부피와는 무관한 개념이다. 예를 들어, 우리가 대중목욕탕에 가면 약 40℃ 내외의 열탕과 80~90℃나 되는 사우나실 중 열탕의 온도가 더 뜨겁게 느껴지는 것이 이를 설명한다.

온도는 일반적으로 표준온도와 절대온도로 표시하며, 표준온도는 섭씨온도(Celcius, ℃)와 화씨온도(Fahrenheit, ℉)로 표시하고, 이는 물의 끓는 점과 어는 점을 기준으로 한 온도 척도이다. 또한 절대온도는 켈빈온도(Kelvin, K)와 란킨온도(Rankine, °R)가 있으며 이는 절대영도를 기준으로 한 온도척도이다(표 2-4 참조).

각 척도별 온도는 다음의 식으로 구할 수 있다.

$$C = (F-32)/1.8$$

$$F = 1.8C+32$$

$$K = C+273.15$$

$$R = F+459.7$$

표 2-4 온도의 척도 비교

구분	Celcius, ℃	Fahrenheit, ℉	Kelvin, K	Rankine, °R
끓는 점	100	212	373.15	671.7
어는 점	0	32	273.15	491.7
절대영도	−273.15	459.7	0	0

2.4.1 온도의 측정

일반적으로 사용하는 온도계는 액체의 선팽창 원리를 이용하여 만든 것이다. 가장 정확하고 많이 사용하는 온도계는 수은을 사용한 수은 온도계로, 수은은 상온에서 유일하게 액체로 존재하는 금속이다. 좀 더 편리하게는 염색한 알코올 온도계를 사용하기도 한다. 그 외에 금속의 팽창을 이용한 온도계, 전기저항을 이용한 온도계 등이 있으며, 이를 디지털화 하거나 자기온도계 등을 사용하고 있다. 또한 사용 목적에 따라 최고온도계, 최저온도계 등도 개발하여 사용하고 있으며, 설치장소 및 관측 성격에 따라 여러 형태의 온도계를 개발하여 사용하고 있다.

최고온도계와 최저온도계는 관측하고자 하는 기간 동안(일반적으로 1일) 지속적으로 방치하여두면 최고온도계는 상승만을, 최저온도계는 하강만을 하기 때문에 관측시간이 종료된 후 온도를 읽으면 최고기온과 최저기온을 알 수 있다. 이는 최고와 최저가 나타나는 시각을 알 수 없다는 단점이 있다. 따라서 이를 보완한 것이 자기온도계이다.

백엽상

의미있는 기온을 측정하기 위해서는 항상 그늘에서 측정해야 한다. 이는 온도계가 직접 태양빛에 노출될 경우 태양복사를 흡수하여 주변온도보다 온도계가 더 높은 온도를 나타낼 수 있기 때문이다. 기온은 온도계의 온도가 아니라 대기의 온도이기 때문에 온도계는 항상 그림 2-22와 같은 백엽상 안에 두어야 한다.

백엽상은 복사에너지가 기기에 미치는 영향을 최소화 하기 위한 설계 기준에 따라 만들어진다. 백엽상은 알베도를 최대화하여 흡수하는 복사량을 줄이기 위해 흰색으로 칠해야 한다. 외벽은 막힌 벽보다는 작은 나무 조각으로 만들어 공기가 자유롭게 드나들 수 있도록 해야 한다. 이는 백엽상 내에 열이 축적되는 것을 방지한다. 백엽상의 문은 열었을 때 직사광선이 들어오지 않도록 북쪽(북반구의 경우)을 향하도록 만들어야 한다. 마지막으로 백엽상은 온도계가 지상으로부터 1.52m로 규격화 된 높이에 위치하도록 설치되어야 한다.

그림 2-22 온도측정 기기들은 태양복사로 직접 가열되는 것을 막기 위하여 백엽상 안에 보관한다. 백엽상은 흰색의 나무조각으로 공기의 이동이 자유롭게 벽을 만들고, 문은 북쪽을 향하게 만든다.

우리나라 기상청에서는 매시간 전국에 설치된 AWS(Automatic Weather System)를 통하여 기온을 측정하고 있다.

순 복사와 온도

지구로 들어오고 나가는 복사평형은 물리적 법칙에 의해 결정된다. 만약 태양복사가 갑자기 증가하고 지구의 온도가 올라간다면 지구는 더 많은 장파복사에너지를 우주 밖으로 방출하게 될 것이다. 태양으로부터 오는 에너지가 지구가 방출하는 에너지보다 많은 경우 지구의 온도는 계속 상승하게 될 것이고, 따라서 지구가 우주로 방출하는 에너지도 증가하게 될 것이다. 결국 지구가 외부로 방출하는 에너지와 외부에서 받는 에너지가 같아지게 될 때까지 지구의 온도는 상승하게 되고, 그 때의 온도가 지구의 새로운 평형온도가 될 것이다. 그림 2-12에서 볼 수 있는 각각의 요소들의 값들은 변하게 되겠지만, 지구 전체적으로 들어오고 나가는 양의 총합은 0으로 그대로 유지될 것이다.

한편, 지구로 들어오고 나가는 복사에너지는 하루동안 일어나는 온도변화의 원인이기도 하다. 구름 없는 화창한 날, 24시간 동안 어떠한 일들이 벌어지는지 생각해보자. 해가 뜰 때, 태양은 지평선 바로 위에 있기 때문에 태양의 고도가 낮아 태양광이 대기를 투과하는 경로가 길어지게 되고, 그로 인해 지표면에 도달하는 태양복사에너지의 강도는 약해진다. 정오에는 태양이 남중하기 때문에 지표면이 받는 태양복사에너지는 하루 중 가장 많다. 정오부터 일몰시까지는 태양의 고도가 점차 낮아지고 태양복사에너지도 점차 줄어들게 된다. 그런데 하루 중 가장 기온이 가장 높은 시간은 보통 정오가 아니라 2시부터 4시 사이이다. 이는 태양의 고도가 최대가 되는 시간으로부터 좀 더 시간이 흐른 후이다.

태양복사에너지의 강도가 최대가 되는 시각과 기온이 가장 높은 시각에 약간의 간격이 있는 것을 이해하기 위해서는 장파복사, 대류, 전도를 통한 지면으로의 에너지 전달을 고려해야 한다. 지표면이 잃어버리는 에너지보다 얻는 에너지가 많으면 지표온도는 상승하게 된다. 정오 이후 태양복사에너지가 줄어들게 되더라도 지표면의 에너지 수지는 온도가 낮아지기 시작하는 오후까지 양의 값을 유지한다. 정확히 언제 온도가 낮아지게 되는지는 태양으로부터 가열되는 양, 바람, 토양 수분, 지면의 열용량과 전도율 등 그 지역적 조건에 달려있다.

비슷한 현상은 연간 온도변화에서도 나타난다. 북반구에서는 하지 때 가장 많은 태양복사에너지를 받지만, 가장 기온이 높은 때는 아니다. 하지로부터 약 4~6주 동안에는 지구로 들어오는 복사에너지가 지구가 방출하는 복사에너지보다 많다. 결국 순 복사(net radiation)는 계속 양의 값을 갖게 되어 지구는 최고 온도에 도달하는 7~8월까지 계속 더워지게 된다.

2.4.2 위도에 따른 변화

그림 2-23은 들어오고 나가는 복사의 양이 위도에 따라 달라지는 것을 보여주고 있다. 38°

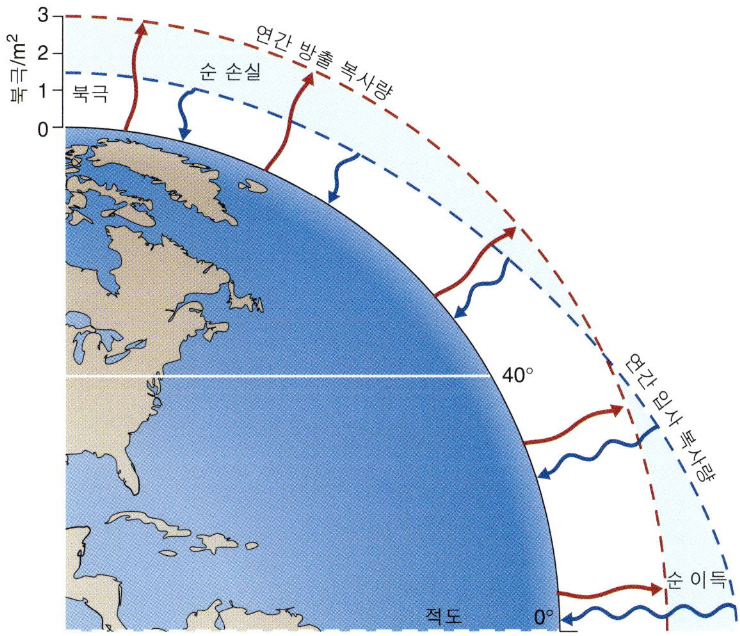

그림 2-23 대기와 지표면을 합한 연평균 순복사량, 약 38°S~38°N에서는 일년 동안 받는 복사에너지가 내보내는 복사에너지보다 많고, 그 이상의 위도에서는 반대가 된다.

N~38°S 사이에서는 일년 동안 받는 에너지가 주는 에너지보다 많고, 38°N,S~90°N,S에서는 받는 에너지가 주는 에너지보다 적다. 이러한 에너지 잉여지역과 부족지역의 경계선은 계절에 따라 이동한다. 북반구의 여름철에는 약 15°S 이북의 대부분의 지역에서 받는 에너지가 주는 에너지보다 더 많다. 반대로 북반구의 겨울에서는 15°N 이남의 대부분의 지역에서 주는 에너지보다 받는 에너지가 더 많다.

다른 작용이 없다면, 38°S~38°N 사이에서는 에너지 잉여가 나타나 열대지역과 아열대지역은 점차적으로 뜨거워 질 것이고, 그 밖의 고위도지역은 에너지 부족으로 점차 추워질 것이다. 그러나 그런 일은 결코 발생하지 않는다. 이는 저위도지역의 잉여 에너지는 수평운동 즉, 이류(advection) 등으로 극지방의 부족한 에너지를 보충해주기 때문이다. 이러한 저위도에서 고위도로의 열 수송은 1차적으로 전 지구적 바람계(75%)가 담당하고, 그 다음으로는 그림 2-24에서와 같은 해류(25%)가 담당한다.

바람계가 생성되는 이유는 지역별 에너지 불균형으로 인해 기압차가 발생하기 때문이다.

대기는 기압이 높은 곳에서 낮은 곳으로 이동하려는 성질을 가지고 있으며, 대기의 이동은 수평바람으로 나타나게 된다. 또한 바람은 해수면을 끌어당겨 주된 바람 방향과 같은 방향을 갖는 해류를 발생시킨다. 이러한 바람과 해류는 내부에 열을 가지고 이동하면서 전 지구적으로 에너지를 재분배시킨다.

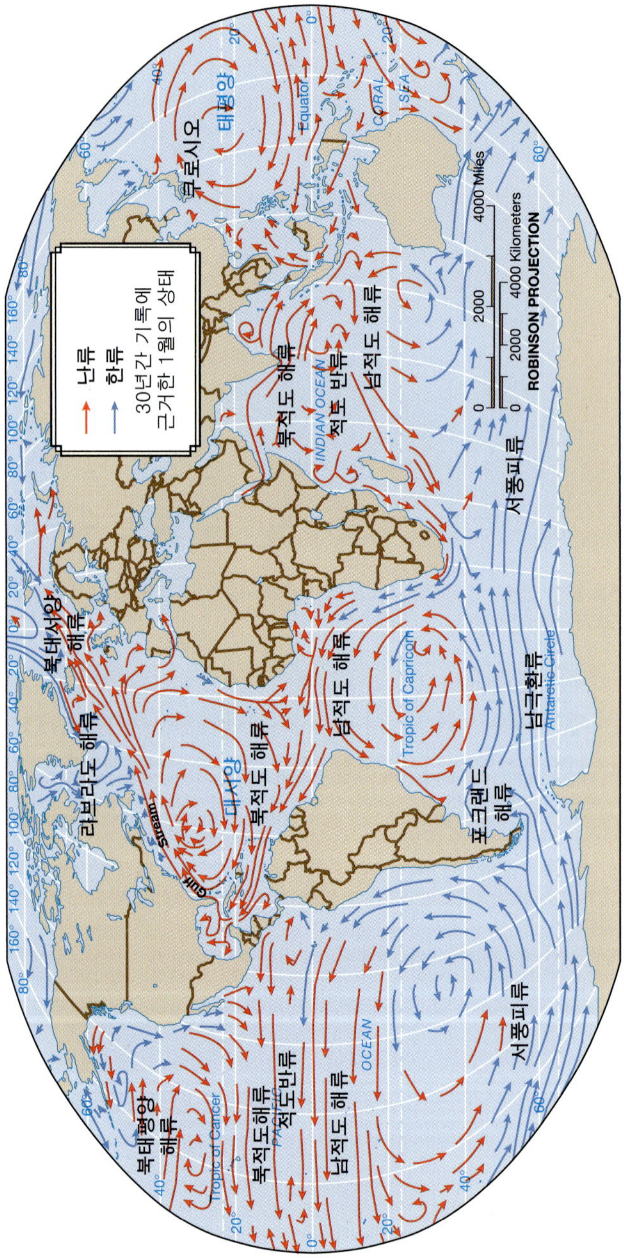

그림 2-24 해류의 순환. 고위도로 향하는 난류는 적색으로, 저위도로 향하는 한류는 청색으로 표시하였다.

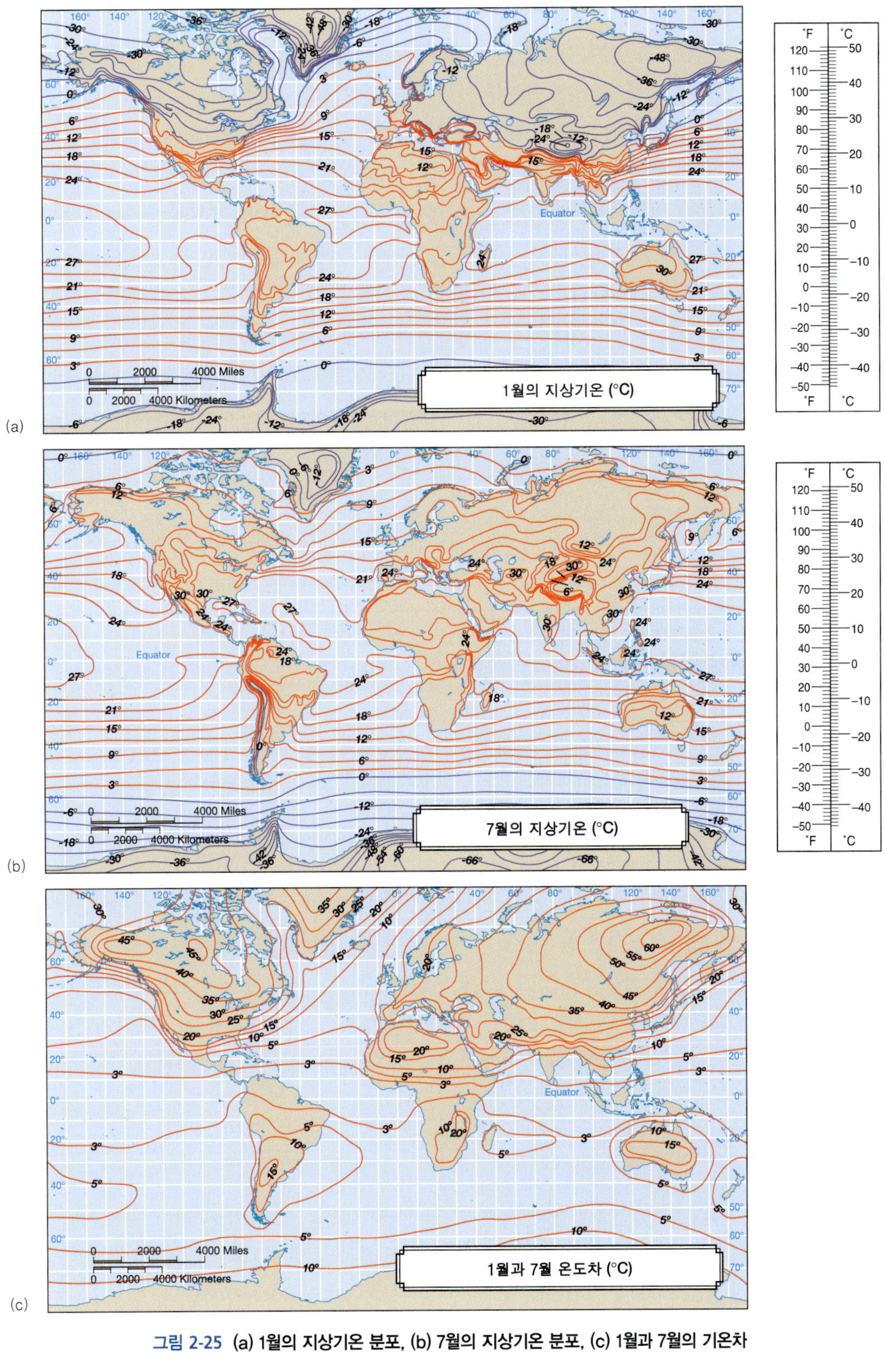

그림 2-25 (a) 1월의 지상기온 분포, (b) 7월의 지상기온 분포, (c) 1월과 7월의 기온차

전 지구 온도 분포

복사에너지 잉여 또는 부족의 가장 직접적이고 확실한 결과가 바로 기온의 변화이다. 그림 2-25는 1월과 7월의 온도 분포와 그 차이를 나타내는 것이다.

지도 위에 보이는 선들은 같은 온도를 갖는 지점들을 연결한 **등온선(isotherm)**이다. (a)와 (b)에 전 지구적 온도 분포의 몇몇 형태가 나타나 있다. 첫째, 저위도에서 고위도로 갈수록 온도가 낮아진다. 둘째, 겨울반구에서 남북 온도경도가 더 크게 나타난다(북반구는 1월, 남반구는 7월). 겨울반구에서는 위도에 따라 태양의 남중고도와 하루의 길이가 동시에 짧아지기 때문에 남북 온도경도가 더 커지게 된다. 반면에 여름반구에서는 고위도로 갈수록 태양의 남중고도는 낮아지지만 하루의 길이는 더 길어지기 때문에 상대적으로 남북 온도경도가 약해지게 된다. 셋째, 겨울반구에서는 육지에서의 등온선이 극방향으로 휘어져 있고, 여름반구에서는 육지에서의 등온선이 적도 방향으로 휘어져있다는 것이다. 즉, 여름에는 육지의 온도가 주변 바다의 온도보다 더 높고, 겨울에는 바다의 온도보다 주변 육지의 온도가 더 낮다. 마지막으로, 북반구의 겨울 등온선 (a)가 남반구의 겨울 등온선 (b)보다 더 간격이 좁은 것을 볼 수 있다. 이는 북반구에서 육지가 많은 부분을 차지하고 있기 때문이다. 또한 (c)를 보면 육지의 온도변화가 바다보다 더 큼을 알 수 있다. 이는 대륙과 육지의 열용량차에 기인한다.

2.4.3 기온에 영향을 주는 요소

여러 지리적인 요인들이 복합적으로 전 지구적인 온도 분포에 영향을 준다. 그 요인들에는 위도, 고도, 대기 순환 패턴, 지역적 조건, 대륙분포, 해안선을 따라 흐르는 해류의 특성 등이 있다.

위도

적도에서 고위도로 향할수록 연평균온도가 점점 낮아진다. 위도는 단지 평균온도에만 영향을 주는 것이 아니라 계절 패턴에도 영향을 준다. 앞서의 설명과 같이 위도와 시기에 따라 태양복사의 양은 변한다. 적도지방에서는 낮의 길이와 태양의 남중고도의 연중변화가 상대적으로 크지 않기 때문에 연중 받는 에너지도 크게 변하지 않는다. 적도에서 고위도로 갈수록 태양의 남중고도가 47°나 변하고, 태양의 고도가 가장 낮을 때 낮의 길이도 가장 짧아지게 된다. 따라서 적도에서 고위도로 갈수록 들어오는 복사에너지(온도)의 연중변화는 커지게 되고, 기온의 연교차도 커진다.

고도

대기의 기층은 특정한 고도(altitude, 평균해수면으로부터의 고도)를 갖는다. 이는 지표면의 높이인 해발고도(elevation)와 다른 뜻이다. 예를 들어, 해발 1,000m에 위치한 어떤 도시의 지면으로부터 1,000m 높이에 위치한 대기는 2,000m의 고도(altitude)를 갖는다. 이러한 차이점 때문에 해수면으로부터의 높이와 지면으로부터의 높이가 각각 기온에 어떤 영향을 주는지 구분하여 살펴보아야 한다.

앞장에서의 설명한 바와 같이 대류권에서는 해수면으로부터의 고도가 높아질수록 기온은 하강한다.

그림 2-26은 서로 다른 세 지점에서 낮과 밤의 기온의 차이를 설명하고 있다. A 지점은 해수면으로부터 2m에 위치해 있고, B 지점은 A 지점 바로 위 3,000m에 위치해 있고, C 지점은 해수면으로부터는 3,000m에 위치해 있지만 지면으로부터는 2m에 위치해 있다.

낮 시간동안, A 지점은 지면에서 흡수하는 태양복사에 반응하며, 이후 장파복사와 대류를 통

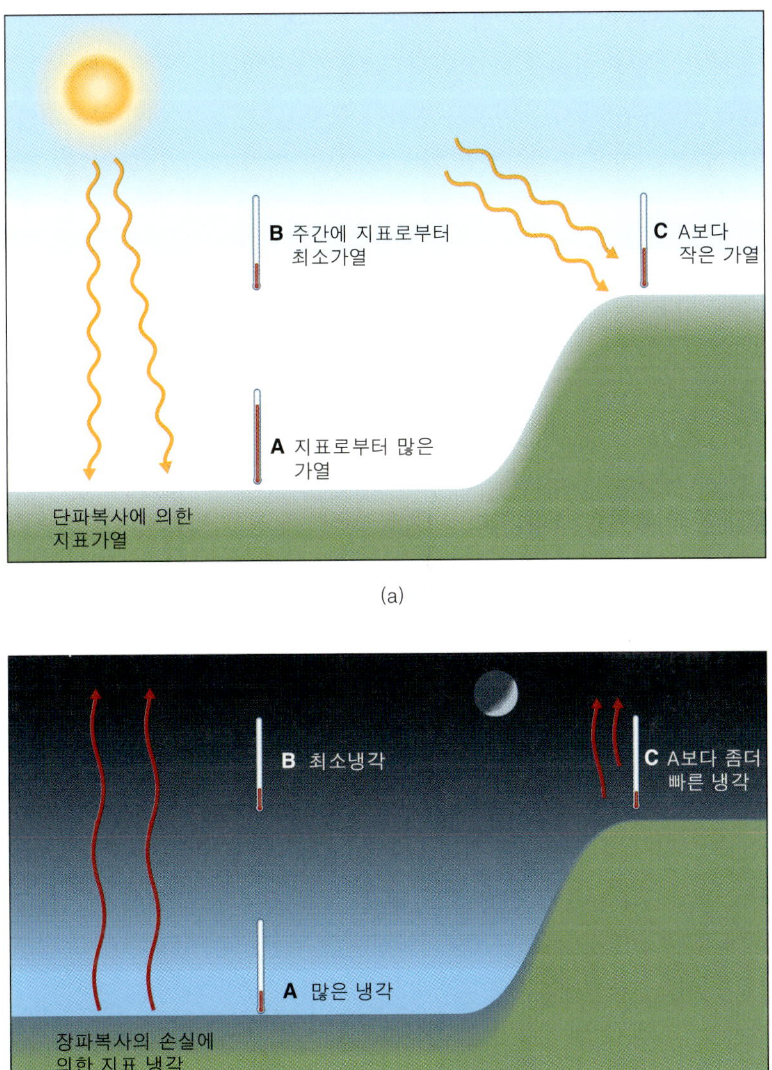

그림 2-26 해발고도와 지표면으로부터의 높이가 일 기온 변화에 미치는 영향

해 지면에서 위로 전달되는 에너지에 의해 온도가 올라가게 된다. 지면으로부터 상당히 떨어진 B 지점에서는 거의 온도변화가 없다. C 지점은 B와 같은 고도에 위치하고 있지만, 주요 에너지원인 지면 가까이에 있어서 온도가 상승하게 된다.

밤이 되면, A 지점 아래의 지면은 장파복사를 방출하면서 차가워지게 된다. 지면으로부터 2m 높이의 공기는 그 밑의 지표면의 온도가 차가워짐에 따라 같이 차가워지게 된다. B 지점은 지면과의 거리가 멀기 때문에 온도 하강이 거의 없다. C 지점은 공기가 희박하여 지표에서 방출하는 장파복사를 효율적으로 흡수하지 못하기 때문에 A 지점보다 더 급속하게 냉각되게 된다.

종종 고지대의 건조한 대기는 빠른 증발에 의해 냉각이 강화된다. 그래서 높은 산에서 캠핑할 때 뜨거운 음식은 곧 차가운 돌처럼 변한다는 사실에 주의해야 할 것이다. 이는 낮은 고도보다 높은 고도에서 증발은 강하고 복사흡수는 약하기 때문이다.

지면에서 멀리 떨어진 곳에서는 기온의 변화가 크지 않고, 높은 해발고도 지면에서 약간 위에 있는 대기는 같은 고도에 위치하지만 지면으로부터 멀리 떨어진 곳의 대기보다 온도의 변화가 더 크다. 밤에 지표면에서 많은 장파복사를 방출하면서 지표 가까운 대기가 위쪽 공기보다 더 차가워지는 경우가 있는데 이는 드문 일이 아니다.

대기 순환

지구상에 기류와 평균기압의 유기적인 패턴은 온도에 직접적인 영향을 미치는 온난한 공기와 찬 공기의 이동에 큰 영향을 미친다. 이러한 대규모 대기 순환은 온도에 간접적으로 영향을 주는 구름 발달에도 영향을 준다. 예를 들어, 대부분의 아열대 지역(위도 20°~30°)은 구름이 적은 편이어서 태양광이 지표면까지 도달하는 동안 손실되는 양이 많지 않다. 반대로 적도지역에서는 오후에 자주 구름이 덮여 태양광이 많이 차단된다. 이러한 이유로 적도가 아닌 아열대 지역에 지구에서 가장 높은 기온이 나타난다. 이 밖에도 많은 대기 순환 패턴이 온도에 영향을 준다.

육지와 바다의 차이

대기는 주로 아래에서부터 가열되므로 지면 형태는 기온에 많은 영향을 준다. 가장 대표적인 영향은 육지와 바다의 차이에 의해 생긴다. 바다는 에너지를 많이 얻거나 잃을 때에도 오랫동안 따뜻함과 차가움을 유지하면서, 육지보다 온도를 잘 보존한다. 우리나라의 여름철 해안지역과 내륙지역의 평균기온을 비교하면 해안지역이 내륙지역보다 낮다. 그러나 겨울철에는 반대로 나타난다. 또한 연교차는 내륙지역이 해안지역보다 높게 나타난다. 이는 두 지역의 복사에 대한 물리적 성질 때문이다.

바다가 육지보다 온도를 더 잘 보존하는 이유로는 다음과 같은 4가지 이유가 있다.

1. 바다의 비열이 육지의 비열보다 5배나 더 크다.
2. 바다의 표면에서 받는 태양복사는 수십 미터를 투과하기 때문에 에너지가 큰 질량에 분배된다. 반대로 육지는 불투명하여 태양복사에 의해 지표면 근처 매우 얇은 층만 가열된다.

3. 물의 증발로 인해 바다 표면이 가열되는 것을 상당히 줄일 수 있다. 이는 물이 증발될 때 많은 에너지를 사용하기 때문이다.
4. 땅과 달리 바다는 상하, 좌우로 쉽게 섞일 수 있다. 그래서 온도가 낮은 지역으로 에너지가 전달되어 보충해 줄 수 있다.

난류와 한류

앞서 그림 2-24는 난류(warm current)와 한류(cold current)를 보여주고 있다. 난류는 중위도 대양의 서쪽에서 북쪽으로 흐르면서 엄청난 양의 에너지를 운반하고 있다. 비슷하게 중위도 대양의 동쪽에서는 한류가 흐르고 있다. 해수 온도가 높은 지역에서는 열이 대기로 전달되어 기온을 높이게 된다. 그러므로 난류가 있는 대륙의 동안은 한류가 탁월한 대륙의 서안보다 높은 온도를 갖게 된다.

우리나라의 경우 쿠로시오 난류와 북태평양 한류는 해안지방에서 서로 상호작용을 일으켜 온도 패턴에 영향을 준다.

2.4.4 기온에 대한 국지적 영향

지표면 경사의 방향이나 가파름과 같은 특정한 지역적 요인이 그 지역 온도에 영향을 미친다. 북반구에서는 남쪽으로 경사진 곳이 다른 방향의 경사보다 낮 시간의 태양광선이 보다 더 연직에 가깝기 때문에 많은 에너지를 받아 높은 지표온도를 갖게 한다. 보통 남쪽으로 향하는 경사 지역이 가열되면 그 반대쪽인 북쪽으로 향하는 경사를 매우 건조하게 만든다. 식생의 패턴은 미기후(microclimate) 변화에 반응하게 되는데, 북쪽을 향하는 사면에는 건조한 지역에서도 잘 자라는 식생이 차지하게 된다.

수목이 우거진 지역은 식생이 거의 없는 지역과 다른 온도를 갖는다. 키가 크고 밀집된 나무들은 지표면을 가열하는 태양광선을 차단한다. 또한 잎에서 많은 양의 증발이 일어나며, 밤에는 지표면으로부터 나가는 장파복사를 가둬두는 역할을 한다. 이러한 식생의 작용으로 낮에는 기온이 낮아지고, 밤에는 따뜻해지게 된다.

평균기온과 일교차

우리는 생활하면서 우리 주변의 것들은 통계적으로 설명하기도 한다. 평균이나 고유한 값들의 개념은 상당히 정확하지만, 이따금 적용하는데 복잡해지는 경우가 있다. 예를 들어 일평균 기온을 정할 때에도 우리는 딜레마에 빠지게 된다. 정확한 평균을 구하기 위해서 하루 동안 얼마나 많이 기온을 측정해야 할까? 한시간 간격, 일분 간격 아니면 일초 간격으로 측정할 수 있고, 각각의 측정 결과에 따른 평균값은 서로 달라진다.

일평균 기온은 하루의 최고기온과 최저기온의 평균으로 정의된다. 이러한 방법을 사용하면 최고온도계와 최저온도계를 가지고 있는 어느 곳에서든지 구할 수 있고, 24시간 동안 연속적

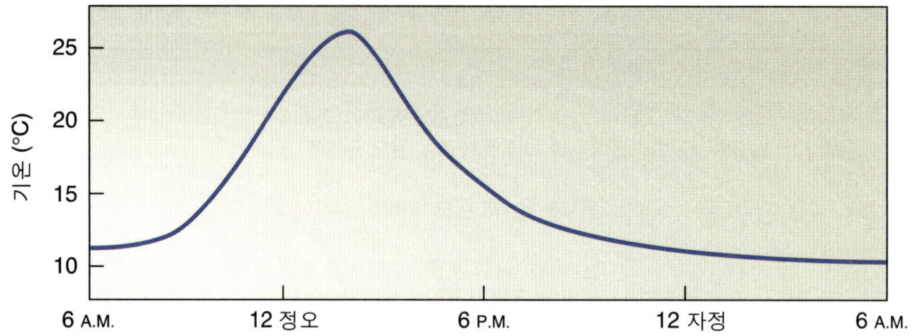

그림 2-27 **일 기온변화 경향**

인 관측이 필요없다는 이점이 있다. 단점으로는 어느 통계적 오차(bias)가 일어날 수 있다는 것이다. 그림 2-27은 어느 특정한 날 하루 동안의 온도 변화 패턴을 나타낸 곡선이다. 밤 시간의 기온은 거의 최저기온과 가까운 기온이 유지되는 반면, 최고기온과 비슷한 기온을 갖는 시간은 몇 시간 안 되는 것을 알 수 있다. 만약 일평균 기온을 하루를 24등분하여 매시간 측정한 기온을 평균하여 구한다면, 최고기온과 최저기온을 평균한 값보다 더 낮은 기온을 보일 것이다. 이러한 오차가 있음에도 불구하고 최고기온과 최저기온을 평균하는 방법은 일평균 기온을 구하는 방법으로 통용되고 있다.

일교차(diurnal range)는 단순하게 최고기온에서 최저기온을 빼면 구할 수 있다. 한 달 동안의 일평균 기온을 모두 더하여 그 달의 날 수로 나누면, 월평균 기온으로 구할 수 있다. 같은 방법으로 일년 동안의 월평균 기온을 모두 더하여 12로 나누면 연평균 기온을 구할 수 있다. **연교차(annual range)**는 가장 높은 월평균 기온과 가장 낮은 월평균 기온의 차로 구한다.

전 지구적 기온의 극값

어떤 지역의 기후특성을 표현하는 데는 평균기온보다 최고, 최저기온이 더 효과적일 수 있다. 세계 최고기온 기록은 리비아의 El Agia에서 1922년 관측된 58°C이며, 최저기온 기록은 1983년 남극대륙의 Vostoc Research Station에서 관측한 −89°C이다. 그 관측소는 수천미터 빙하의 정상에 위치해 있어, 고위도, 대륙, 희박한 공기 등 여러 요소가 복합되어 최저기온에 영향을 주었다. 북미지역에서의 최저기온 기록은 1947년 2월 캐나다 유콘(Yukon)의 샤그지방(Shag)에서 관측된 −63°C이다. 그러나 기록된 것보다 극한 기온이 관측소가 없는 지역에서 나타났을 것이다.

기온과 인간의 관계

기온은 인간의 생활환경으로서 매우 중요하다. 전 지구적인 인간의 거주분포가 단순하게 기온에 의존하는 것은 아니지만 그 분포에서도 잘 알 수 있다. 또한 기온은 인간의 불쾌감에 주요한 영향을 미치지만, 고온 또는 저온으로 인한 불쾌감은 다른 기상인자에 의하여 배가 될 수 있다. 한편으로는 기온은 모든 기상재난과 관련된 중요한 함수가 되기도 한다.

만약 온도가 낮을 때 바람이 불면 고요한 상태일 때보다 현열을 더 많이 잃어버리기 때문에 더 빨리 체온이 떨어지게 된다. 그래서 바람이 부는 −2℃가 바람 없이 고요한 −40℃보다 더 차갑게 느껴진다. 이러한 결과로, 온도가 낮을 때 기상 예보는 실제 온도와 함께 바람에 의해 냉각된 온도, 즉 실제 사람이 느끼는 체감온도(wind chill temperature index, 또는 wind chill temperature)를 이야기하는 것이 보통이다.

최초의 체감온도는 1945년 남극에서 이루어진 낮은 온도 연구에 기반을 두고 있다. 처음 연구는 바람과 낮은 온도가 인간에게 미치는 복합적인 영향을 정량화 하고자 한 것이 아니었다. 그럼에도 불구하고 그 연구에서 유도된 바람 냉각지수는 반세기가 넘도록 널리 쓰여 왔으나 그 지수의 부정확성이 지적되고 있다. 매우 추운 환경에 살고 있는 사람은 낮은 온도를 많이 경험하기 때문에 게시된 체감온도가 실제 느끼는 온도와 맞지 않다고 생각한다. 그래서 미국과 캐나다 기상청의 연구자들을 중심으로 자원 실험자들에 의한 검증에 기반을 둔 새로운 바람 냉각지수를 2001년 11월에 발표하였다. 표 2-5는 이 실험에 따른 새로운 체감온도표이다.

표 2-5 바람의 냉각에 의한 체감온도(℃)

풍속 ($kmhr^{-1}$)	기온(℃)									
	5	0	−5	−10	−15	−20	−25	−30	−35	−40
5	4	−2	−7	−13	−19	−24	−30	−36	−41	−47
10	3	−3	−9	−15	−21	−27	−33	−39	−45	−51
15	2	−4	−11	−17	−23	−29	−35	−41	−48	−54
20	1	−5	−12	−18	−24	−31	−37	−43	−49	−56
25	1	−6	−12	−19	−25	−32	−38	−45	−51	−57
30	0	−7	−13	−20	−26	−33	−39	−46	−52	−59
35	0	−7	−14	−20	−27	−33	−40	−47	−53	−60
40	−1	−7	−14	−21	−27	−34	−41	−48	−54	−61
45	−1	−8	−15	−21	−28	−35	−42	−48	−55	−62
50	−1	−8	−15	−22	−29	−35	−42	−49	−56	−63
55	−2	−9	−15	−22	−29	−36	−43	−50	−57	−63
60	−2	−9	−16	−23	−30	−37	−43	−50	−57	−64
65	−2	−9	−16	−23	−30	−37	−44	−51	−58	−65
70	−2	−9	−16	−23	−30	−37	−44	−51	−59	−66
75	−3	−10	−17	−24	−31	−38	−45	−52	−59	−66
80	−3	−10	−17	−24	−31	−38	−45	−52	−60	−67

이 새로운 바람 냉각지수는 기존의 지수와 매우 다른 값들을 가지고 있는데, 기존의 것보다 바람에 의한 냉각이 덜 심하다. 예를 들어 −15°C와 풍속 65kmhr^{-1}의 경우 기존의 식으로 체감온도를 계산하면 −43°C이다. 그러나 새로운 지수에 의하면 체감온도는 −30°C로 기존의 식으로 계산한 것보다 13°C가 더 높아졌다.

새롭게 많이 개선되었지만 아직도 단점은 남아있다. 예를 들어 태양빛으로 인한 잠재 가열효과는 새로운 체감온도 계산에서 고려되지 않았다. 그렇지만, 새로운 바람 온도 지수는 춥고 바람이 부는 날 어떤 옷을 입고 어떤 활동을 할 것인지에 대해 안내해 줄 수 있다. 기상 재난 중에 혹한으로 인한 재난이 가장 크다는 것을 고려한다면 이는 매우 중요함을 알 수 있다.

바람이 낮은 기온을 더 낮게 느끼게 하는 것처럼, 높은 습도는 기온이 높은 날에 찌는 듯한 더위를 느끼게 한다. 그래서 높은 기온에 높은 습도의 영향이 복합되어 불쾌지수가 계산된다. 일반적으로 널리 사용되는 불쾌지수를 구하는 식은 **불쾌지수 = 0.72(기온 + 습구온도) + 40.6**이다. 불쾌지수가 70~75인 경우에는 약 10%, 75~80인 경우에는 약 50%, 80 이상인 경우에는 대부분의 사람이 불쾌감을 느낀다고 하나 정확한 기준은 아니다.

복습문제

1. 대기에서의 복사의 흡수와 산란이 어떻게 지표면에서 받는 태양복사에 영향을 미치는지 설명하시오.
2. 장파복사를 가장 효과적으로 흡수하는 2가지 기체는 무엇인가?
3. 거울면반사와 확산반사는 어떻게 다른가?
4. 하늘을 파랗게 보이게 하는 레일리 산란의 특징은 무엇인가?
5. 미 산란이 레일리 산란과 구분되는 다른 점은 무엇인가?
6. 지구의 행성 알베도 값은 얼마인가?
7. 복사 잉여지역과 부족지역간의 에너지 전달을 담당하는 2가지는 무엇인가?
8. 레일리 산란은 장파복사에서 보다 단파복사에서 더 많이 일어난다. 이것은 심지어 몸을 햇볕에 그을리기 위하여 태양쪽으로 바로 향하는 것의 중요성에 어떻게 영향을 미칠 수 있는지는 설명하시오.
9. 우리의 눈은 단지 0.4에서 0.7μm 사이의 파장에 대해 민감하다. 우리의 눈이 0.2에서 0.4μm 사이의 파장도 인식할 수 있다면 맑은 날 하늘이 다르게 보이겠는가? 직달복사에 대한 확산복사의 비는 어떻게 될까?
10. 눈이 녹는 것은 숲속의 공지보다 나무가 바로 인접해 있는 삼림이 우거진 지역에서 더 급속히 일어난다. 어떤 유형의 에너지 이동이 이런 효과를 유발할 수 있는가?

11. 사막지역이 더 높은 기온에도 불구하고 여름철에 순 복사 값은 사막지역보다 산림지역에서 더 높을 수 있다. 어떻게 이것이 가능한가?
12. 어느 과수 농민은 '기온이 0℃의 어는점보다 약간 높은 저온을 밤새 유지할 것이나 바람 냉각온도(체감온도)는 굉장히 낮아질 것'이라는 예보를 들었다. 바람 냉각은 서리 피해의 가능성을 증가시킬 것인가? 그렇다면, 또는 아니라면 그 까닭은?
13. 복사 전달에서 파장이 왜 중요한가? 복사에 대해 논의할 때 에너지의 전달량 또는 전달률을 기술하는 것은 왜 충분하지 않은가?
14. 켈빈온도가 화씨나 섭씨온도보다 많은 과학적 응용에서 뛰어난 이유는 무엇인가?
15. 북극권과 남극권의 중요성은 무엇인가?
16. 태양의 위치 변화가 지표면 위의 복사강도에 어떻게 영향을 미치는지 대해서 설명하시오.
17. 지구의 자전속도가 실제와 다르다면 행성이 받는 전체 에너지양에도 변화가 있을까?
18. 적도 근처지역은 전형적으로 열대와 멀리 떨어진 지역보다 계절성이 떨어진다. 왜 그런지 설명하시오.
19. 북위 45°에서 정오에 태양각은 남쪽 지평선으로부터 45°이다. 북쪽을 향한 45°의 경사에서 태양의 입사각은 얼마인가? 표면의 경사는 빔 폭과 대기경로길이 둘 다에 영향을 주는가?

CHAPTER 03

대기의 수분

대기의 수분은 주로 수증기와 구름 내의 물방울과 얼음입자로 되어 있다. 대기의 수분함량은 장기간에 걸쳐 평균하면 거의 일정하지만 일반적으로 장소와 시간에 따라 변한다. 이 장에서는 물의 증발, 수증기의 포화와 습도, 이슬, 안개 그리고 구름의 종류에 대해 설명한다.

3.1 물의 증발과 포화

수증기의 포화과정을 이해하기 위하여 그림 3-1과 같이 순수한 물이 들어 있는 밀폐된 용기를 생각하라. 용기 내의 물과 공기와의 접촉면은 완전한 평면이다. 그림 3-1(a)와 같이 수면에는 수증기가 투과하지 못하도록 차단막이 있고, 그 위쪽 공간에는 수증기가 없다. 그림 3-1(b)는 차단막을 제거했을 때 어떤 일이 일어나는 지를 보여준다. 차단막이 제거되면 수면 근처 물 분자 중의 일부는 증발로 수증기가 되어 위쪽 공간으로 이동한다. 이렇게 물 분자들이 액체 표면에서 이탈하여 기체로 바뀌는 과정을 증발(evaporation)이라고 한다. 이와 반대과정은 응결(condensation)이라고 하며, 수증기 분자가 액체상태의 물로 바뀌는 것이다. 증발 초기에는 증발이 응결보다 활발해서 위쪽 공간의 수증기량이 시간에 따라 증가하지만, 나중에는 그림 3-1(c)와 같이 증발률과 응결률이 같아지게 된다. 그 결과 수면 위의 공간에는 수증기량이 일정하게 되는데 이와 같은 평형 상태를 포화(saturation)라고 한다.

한편 위에서 설명한 액체 상태의 물과 수증기 간의 상(phase)의 변화가 얼음과 수증기간에도 적용된다. 얼음에서 액체 상태를 거치지 않고 바로 기체인 수증기로 변화하는 것을 승화(sublimation)라고 하며 반대로 수증기가 바로 얼음으로 변화 하는 것을 침적(deposition)이라고 한다.

대기는 항상 수증기를 포함하고 있지만 포함할 수 있는 수증기의 양은 그림 3-1(c)와 같이 그 한계가 있다. 대기의 전체 압력에서 수증기에 의한 압력을 수증기압(e)이라고 하며 다음의 상태방정식으로 나타낸다.

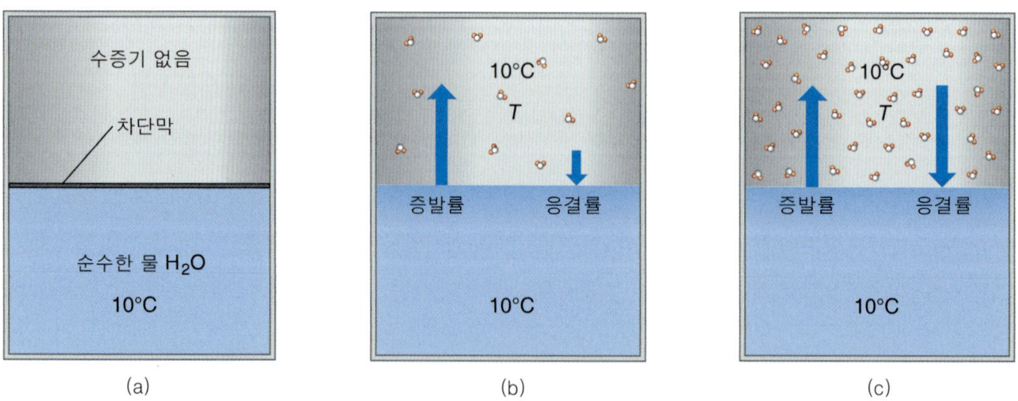

그림 3-1 물의 증발과 포화

$$e = \rho_v R_v T \tag{3.1}$$

여기서 ρ_v는 수증기의 밀도(kgm^{-3}) 그리고 R_v는 수증기에 대한 비기체상수이며, 그 값은 $R_v = 461(JK^{-1}kg^{-1})$이다. T는 수증기의 온도(K)를 나타낸다.

수증기가 주어진 온도에서 포화상태일 때의 수증기압을 **포화수증기압**(e_s)이라고 하고 수증기압의 단위는 보통 hPa(hecto-pascal) 또는 mb(millibar)를 사용한다. 여기서 1hPa = 100Pa이며, 1Pa는 $1m^2$의 단위 면적에 1N의 힘이 작용할 때의 압력으로 그 단위는 Nm^{-2}이다.

그림 3-2는 온도에 따른 포화수증기압의 변화곡선을 나타낸 것이다. 그림에서 보는 바와 같이 온도에 따른 포화수증기압은 지수함수와 같은 형태로 증가한다. 온도가 0°C 이하의 경우 포화수증기압이 온도에 따라 완만하게 증가하지만 온도가 증가할수록 가파르게 증가한다. 온도에 따른 포화수증기압(e_s)은

$$e_s(T) = e_{so}\exp[A(T - T_0)/TT_0] \tag{3.2}$$

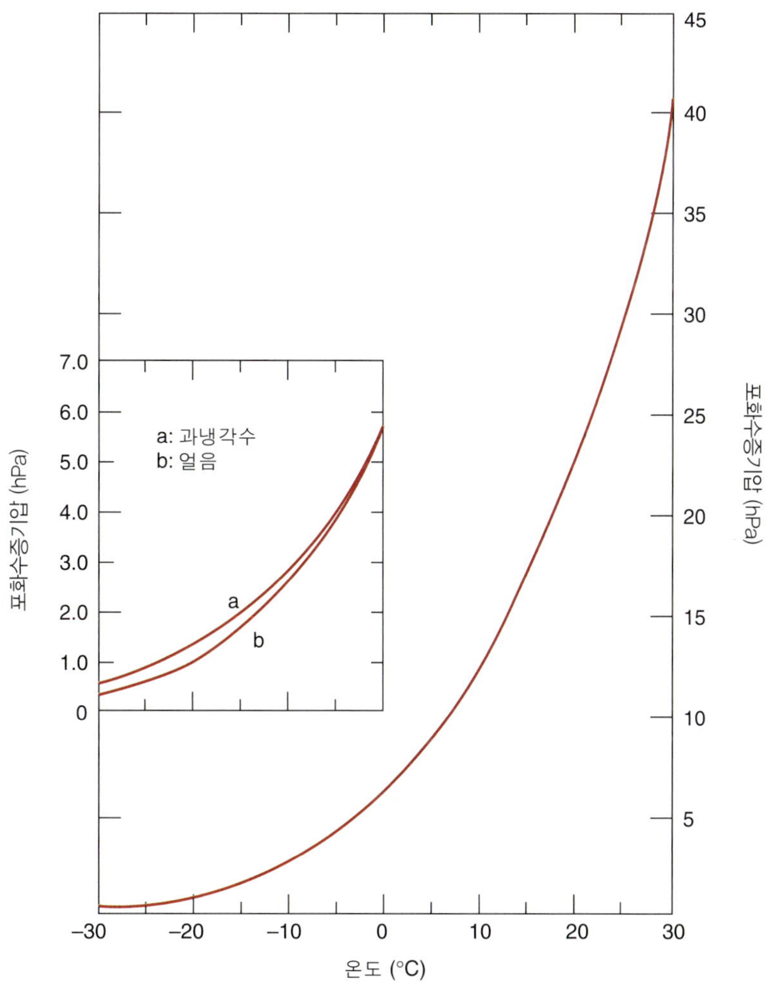

그림 3-2 온도에 따른 물의 포화수증기압의 변화

으로 근사할 수 있다. 여기서 e_{so}는 T_0 = 273K에서의 포화수증기압으로 e_{so} = 6.11hPa이다. 상수 A는 응결잠열(L)을 수증기의 기체상수로 나눈 것으로 $A = L/R_v$와 같다. 식(3.2)에 의하면 10°C에서 포화수증기압은 12.27hPa이다.

그림 3-2에서 살펴보면 주어진 온도에 대하여 과냉각수에 대한 포화수증기압(a)이 얼음에 대한 포화수증기압(b)보다 높다. 그 이유는 얼음을 구성하는 물 분자들간의 결합력보다 과냉각수를 구성하는 물 분자간의 결합력이 더 작기 때문이다. 그 결과 과냉각수에서 물 분자들의 이탈이 더 쉽게 일어나며, 포화수증기압은 더 커진다.

3.2 습도와 습도측정

대기의 구성 성분 중 수증기를 제외한 공기를 건조공기(dry air), 그리고 건조공기와 수증기를 합쳐서 습윤공기(moist air)라고 한다. 습도는 대기 중에 수증기가 포함된 정도, 즉 습한 정도를 나타낸 것으로 다음 네 가지 방법으로 기술된다.

3.2.1 습도의 종류

- **절대습도:** 절대습도(absolute humidity)는 수증기의 공간 밀도(spatial density)를 나타낸 것이며 공기 $1m^3$의 부피에 포함된 수증기의 g수로 표시한다. 식(3.1)에 수증기에 대한 기체상수 $R_v = 461.5 Jkg^{-1}K^{-1}$을 대입하고 수증기압($e$)을 hPa, 그리고 T를 절대온도로 표시할 경우 절대습도는

$$A.H.(gm^{-3}) = \frac{217\,e}{T} \tag{3.3}$$

와 같이 나타낼 수 있다. 식(3.3)에 의하면 기온이 0°C, 포화수증기압이 6.11hPa일 때 포화수증기의 밀도는 $4.85gm^{-3}$이다. 절대습도는 공기 부피 내에 포함된 수증기량을 표현하기 때문에 공기가 팽창하거나 수축할 때 그 값이 변하게 된다. 절대습도는 이러한 단점 때문에 습도를 나타내는 다른 지수보다 널리 사용되지 않는다.

- **비습:** 비습(specific humidity)은 과학적 목적 이외에는 그리 널리 사용되지 않지만 대기의 습기를 표현하는 유용한 지수이다. 비습(q)은 주어진 체적에 포함되어 있는 공기 질량에 대한 수증기의 질량비로 다음과 같이 나타낸다.

$$q = \frac{m_v}{m} = \frac{m_v}{m_v + m_d} \tag{3.4}$$

여기서 m_v는 수증기의 질량, m은 공기의 질량, 그리고 m_d는 건조공기의 질량이다. 예를 들면 $1m^3$의 체적에 수증기를 포함한 공기질량이 1kg이고, 이중에 수증기가 5g이 포함되어

있다면 비습은 5gkg^{-1}이다. 절대습도와 달리 비습은 공기가 팽창하거나 수축할 때 변하지 않는 장점이 있다. 그 이유는 공기 1kg이 팽창하여도 질량은 변하지 않으므로 이에 대한 수증기의 비율도 그대로이다. 그러나 팽창과정에서 수증기가 응결할 때는 비습은 감소한다. 한편 주어진 대기온도에서 비습의 최대값을 포화비습(saturation specific humidity)이라고 한다(그림 3-3).

- **혼합비:** 혼합비(mixing ratio)는 비습과 매우 유사하다. 혼합비는 건조공기의 질량에 대한 수증기 질량의 비로 다음과 같이 주어진다.

$$r = m_v/m_d \tag{3.5}$$

수치로 보면 혼합비와 비습은 거의 비슷한 값을 가진다. 이것은 공기 중의 수증기량이 매우 적어서 분모가 다르더라도 거의 비슷한 비를 나타내기 때문이다. 예를 들면 비습이 5gkg^{-1}이면 혼합비는 5g/0.995kg = 5.03gkg^{-1}이 된다. 수증기의 함량 지수로서의 혼합비는 비습과 같은 장점을 가진다. 대기의 주어진 온도에서 최대 가능한 혼합비를 포화혼합비(saturation mixing ratio)라 한다.

- **상대습도:** 현재의 기온에서 대기가 포함할 수 있는 포화수증기량에 대해 실제 대기가 포함하고 있는 수증기량과의 비를 상대습도(relative humidity)라고 하며, 보통 백분율(%)로

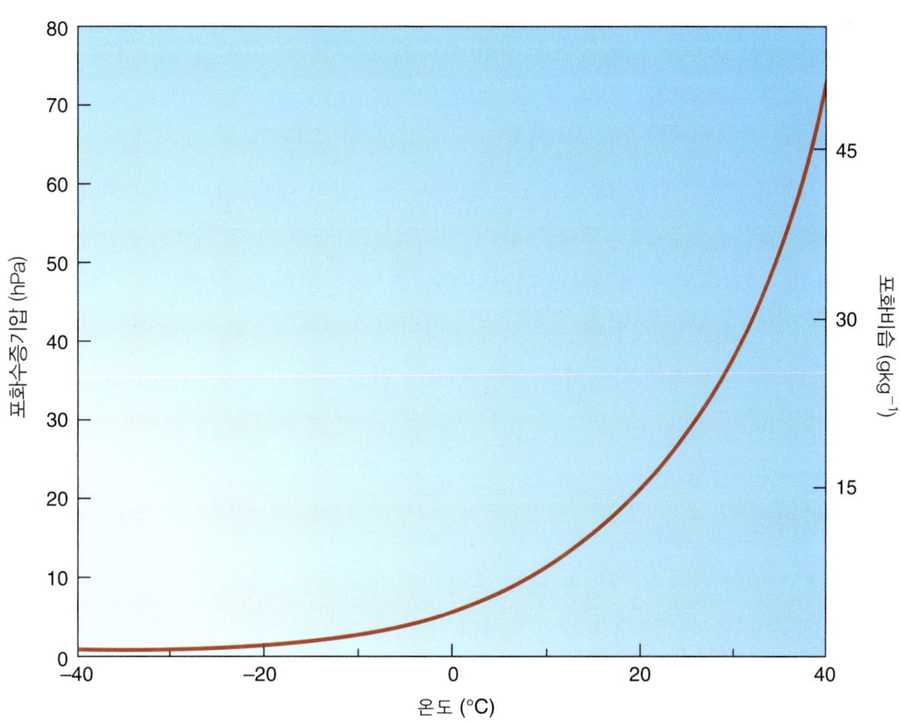

그림 3-3 포화수증기압과 포화비습

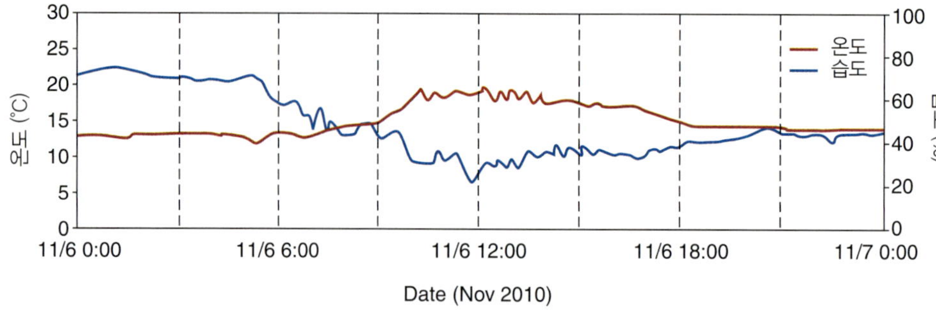

그림 3-4 상대습도의 일변화 (2010년 11월 6일 0시~7일 0시)

$$RH(\%) = \frac{e}{e_s(T)} \times 100 \tag{3.6}$$

와 같이 나타낸다. 여기서 $e_s(T)$는 대기의 온도 T에서 포화수증기압을 나타내며, e는 현재 대기의 수증기압을 나타낸다. 식 (3.6)에서 보는 바와 같이 수증기압이 일정하여도 기온에 따라 $e_s(T)$가 바뀌므로 상대습도도 달라진다. 상대습도의 변화요인은 공기 중의 수증기량과 기온의 변화이다. 실제로 하루 중 대기의 수증기량 변화는 작으므로 상대습도의 일변화에 영향을 미치는 변수는 주로 기온이다. 한편 상대습도를 혼합비(r)과 포화혼합비(r_s)로 다음과 같이 근사할 수 있다.

$$RH(\%) \approx \frac{r}{r_s(T)} \times 100 \tag{3.7}$$

의미상으로 상대습도는 주어진 온도에서 최대로 함유할 수 있는 수증기량에 대한 현재 수증기량의 비를 나타낸다.

그림 3-4는 서해의 남부해상에 위치한 고기압의 영향으로 맑은 가을 날씨의 새벽 05:20분까지 박무 현상만 있었을 때 제주도 고산에서 관측한 상대습도와 온도와의 관계를 나타낸 그래프이다. 상대습도는 그림 3-4와 같이 일반적으로 해가 뜨기 전 이른 새벽에 가장 높은 값을 갖는다. 이것은 수증기량이 많아서가 아니라 단순히 하루 중 다른 시간에 비해서 온도가 더 낮기 때문이다. 낮 시간에는 온도가 올라가면서 포화비습이 증가하기 때문에 상대습도는 감소한다. 그러나 때에 따라서는 습한 공기나 건조한 공기의 이류(advection)로 상대습도가 크게 변할 때가 있다.

3.2.2 습도측정

수증기는 대기 중의 다른 기체들과 함께 혼합되어 있으면서, 그 함량이 매우 작아 측정을 위해서는 매우 복잡하고 정교한 장비가 필요하다. 습도를 측정하는데 가장 간단하고 널리 쓰이는 장비는 **걸이형 건습구 온도계(sling psychrometer)**이다(그림 3-5a). 한 쌍의 온도계로 구성되어 있으며, 그 중 하나는 구부를 물이 벤 거즈로 감싸고 있고, 나머지 하나는 구부를 그대로 공

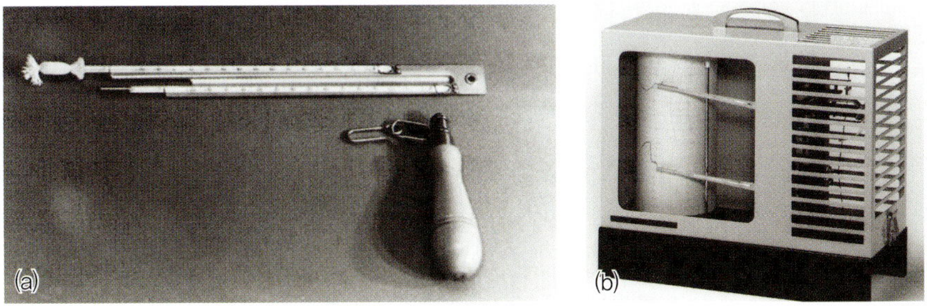

그림 3-5 걸이형 건습구 온도계와 자기 습도계

기에 노출시켜 간단히 기온을 측정한다. 이 두 개의 온도계들을 각각 **습구(wet bulb)**와 **건구 온도계(dry bulb thermometer)**라 하고, 주위공기를 순환시키기 위해 습도계를 돌려줄 수 있는 회전 장치가 부착되어 있다. 만약에 공기가 불포화 상태라면 잠열이 흡수되어 물은 습구로

표 3-1 건구온도와 건습구온도차에 의한 상대습도

	건습구 온도차(°C) (건구온도 − 습구온도)																					
건구온도(°C)	1	2	3	4	5	6	7	8	9	10	11	12	13	14	15	16	17	18	19	20	21	22
−20	28																					
−18	40																					
−16	48	0																				
−14	55	11																				
−12	61	23																				
−10	66	33	0																			
−8	71	41	13																			
−6	73	48	20	0																		
−4	77	54	32	11																		
−2	79	58	37	20	1																	
0	81	63	45	28	11																	
2	83	67	51	36	20	6																
4	85	70	56	42	27	14																
6	86	72	59	46	35	22	10	0														
8	87	74	62	51	39	28	17	6		상												
10	88	76	65	54	43	33	24	13	4		대											
12	88	78	67	57	48	38	28	19	10	2		습										
14	89	79	69	60	50	41	33	25	16	8	1		도									
16	90	80	71	62	54	45	47	29	21	14	7	1										
18	91	81	72	64	56	48	40	33	26	19	12	6	0									
20	91	82	74	66	58	51	44	36	30	23	17	11	5									
22	92	83	75	68	60	53	46	40	33	27	21	15	10	4	0							
24	92	84	76	69	62	55	49	42	36	30	25	20	14	9	4	0						
26	92	85	77	70	64	57	51	45	39	34	28	23	18	13	9	5						
28	93	86	78	71	65	59	53	45	42	36	31	26	21	17	12	8	4					
30	93	86	79	72	66	61	55	49	44	39	34	29	25	20	16	12	8	4				
32	93	86	80	73	68	62	56	51	46	41	36	32	27	22	19	14	11	8	4			
34	93	86	81	74	69	63	58	52	48	43	38	34	30	26	22	18	14	11	8	5		
36	94	87	81	75	69	64	59	54	50	44	40	36	32	28	24	21	17	13	10	7	4	
38	94	87	82	76	70	66	60	55	51	46	42	38	34	30	26	23	20	16	13	10	7	5
40	94	89	82	76	71	67	61	57	52	48	44	40	36	33	29	25	22	19	16	13	10	7

부터 증발하고 온도가 낮아진다. 잠시 공기를 순환시킨 후에는 증발에 의한 열 손실양이 주위로부터 들어온 현열로 인해 상쇄되고 없어진다. 그 후에 습구는 장비가 아무리 오랫동안 회전하더라도 일정한 온도를 유지한다.

건구온도와 습구온도의 차를 **건습구 온도차(wet bulb depression)**라 하며, 공기 중의 수증기량에 따라 달라진다. 만약에 공기가 완전히 포화되어 있다면, 습구온도로부터 증발은 일어나지 않고, 잠열 손실도 없으며 습구온도와 건구온도는 같다. 반면에 습도가 낮으면, 습구로부터 증발량이 많아지고 평형이 될 때까지 온도는 떨어진다. 그 때 표 3-1을 사용하여 건습구 온도차에 대한 온도를 찾아서 두 온도 값이 만나는 값을 읽으면 상대습도를 구할 수 있다.

어떤 건습구 온도계는 두 온도계의 구부에 공기를 순환시키는 송풍기를 가지고 있다. 이러한 **통풍 건습계(aspirated psychrometers)**는 온도계를 매달아야 하는 수고를 덜어준다. 또 다른 습도계로 **자기 습도계(hygrothermograph)**가 있다. 자기 습도계는 두 개의 금속으로 이루어진 긴 막대(바이메탈)와 회전하는 원통으로 이루어져서 온도와 습도를 계속 기록할 수 있다(그림 3.5b).

3.3 포화과정과 안개형성

불포화공기는 수증기의 첨가, 이슬점 온도까지의 공기의 냉각, 찬 공기와 온난하고 습한 공기의 혼합, 그리고 단열 팽창에 의한 공기의 냉각으로 포화에 도달할 수 있다. 안개는 이러한 과정에 의해 공기가 포화될 때 형성된다.

3.3.1 안개의 생성

(1) 수증기의 첨가에 의한 포화

그림 3-6에서 실선의 곡선은 포화수증기압 곡선을 나타낸다. 따라서 포화수증기압 곡선의 윗부분은 과포화상태를, 그리고 아랫부분은 불포화상태를 나타낸다. 여기서 A점(24°C)에 있는 불포화공기를 포화시키는 방법을 생각해 보자. 첫째는 24°C에서 불포화상태이므로 포화상태가 되도록 온도가 24°C인 수증기를 보충해 주는 것이다. 이 과정은 그림 3-6에서 화살표 A → C 방향에 해당된다. 이에 관한 예로서는 욕실에서 따뜻한 물로 샤워를 할 때 수증기의 첨가에 의한 포화가 발생한다. 물론 욕실의 공기 온도는 샤워기의 물의 온도와 다르지만 샤워기의 따뜻한 물은 욕실의 공기 속으로 증발되고, 이로 인해 공기가 포화에 도달한다. 만일 욕실에서 수증기의 과포화가 발생할 때는 거울과 욕실의 벽면에서 수증기의 응결이 일어난다. 자연적인 상태에서 떨어지는 빗방울의 증발은 강수가 발생하는 구름의 바로 아래 지표부근의 공기를 포화시킬 수 있다. 이 경우에는 강수운 아래에 있는 지표에 강수안개(precipitation fog)가 생성된다.

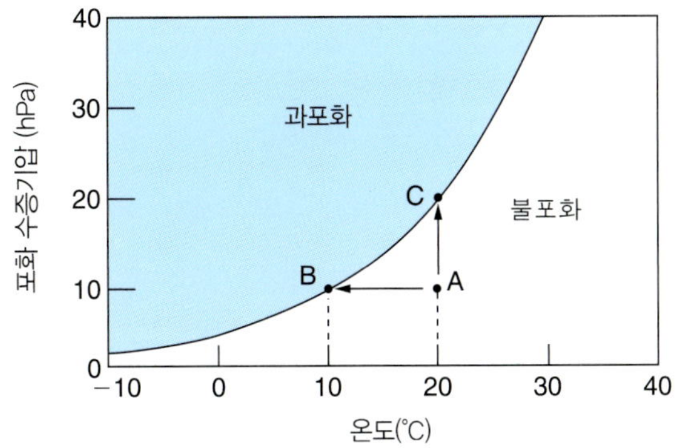

그림 3-6 **불포화공기의 포화과정**

(2) 냉각에 의한 포화

지표면에서 이슬의 형성이나 안개의 형성은 기압이 거의 일정한 상태, 즉 등압과정에서 기온의 하강에 따른 수증기의 응결에 의한 현상으로 설명할 수 있다. 등압과정에서 냉각에 의한 포화는 그림 3-6에서 두 번째 포화과정으로 수증기량을 일정하게 유지하고 온도를 낮추어 포화에 이르게 하는 방법이다. 이 경우 포화과정은 A → B 방향으로 진행되며 포화가 되는 온도를 이슬점 온도(dew point temperature)라고 한다. 그림 3-6에서 이슬점 온도는 약 10℃이다.

물리적으로 이슬점 온도는 등압과정에서 현재의 수증기압이 냉각을 통해 물에 대한 포화수증기압으로 바뀔 때의 온도로 정의한다. 따라서 이슬점 온도(T_d)는

$$e = e_{sw}(T_d) \tag{3.8}$$

으로 나타낼 수 있다. 여기서 e_{sw}는 평면의 물에 대한 포화수증기압이다. 한편 기온이 0℃ 이하로 낮아지게 되면 지면에 서리가 생기게 되는데 이때의 온도를 서리점 온도(frost-point temperature)라고 한다. 서리점 온도(T_f)는 이슬점 온도와 같이

$$e = e_{si}(T_f) \tag{3.9}$$

로 주어진다. 여기서 e_{si}는 얼음에 대한 포화수증기압을 나타낸다. 서리점 온도는 등압과정에서 불포화공기가 냉각되어 얼음에 대해 포화가 되는 온도이다. 서리는 수증기의 응결에 의해서 형성된 수적이 얼어서 형성되는 것이 아니고, 기온이 0℃ 이하의 포화 대기에서 지표에 있는 물체 위에 수증기가 침적(deposition)되어 형성된다. 날씨가 맑고 구름이 없는 상태에서 지표 부근의 상대습도가 높을 때 장파복사에 의한 냉각으로 야간에 지표 부근의 대기에 형성되는 복사안개는 공기의 냉각에 의한 포화과정으로 설명할 수 있다. 안개는 대기에서 일어나는 수증기의 응결이며, 이슬과 서리는 지표에 있는 물체 표면에서 일어나는 수증기의 응결과 침적 현상이다.

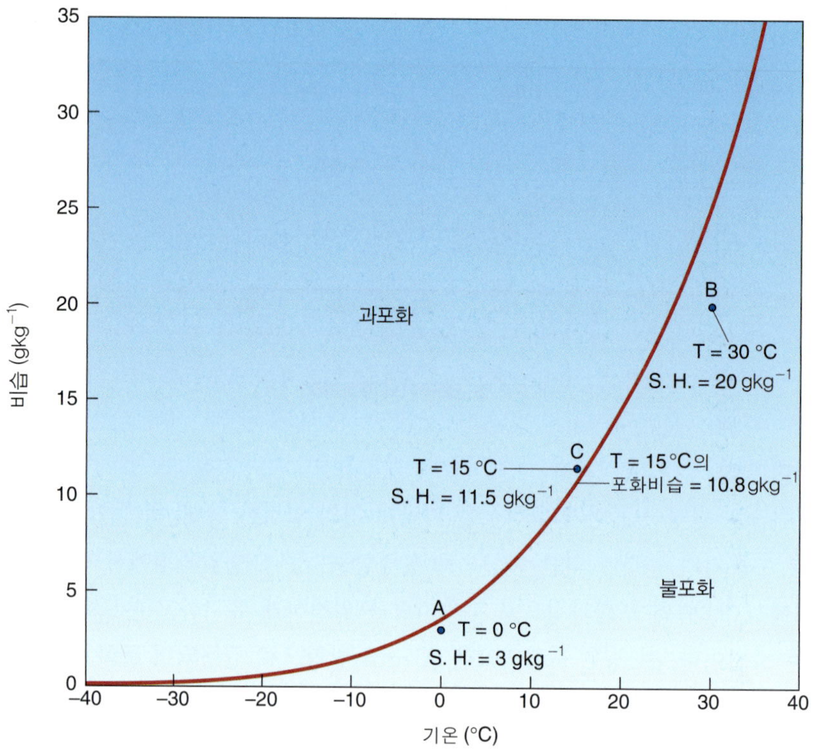

그림 3-7 온도와 비습이 다른 두 공기의 혼합에 의한 과포화

(3) 성질이 다른 두 공기의 혼합에 의한 포화

세 번째 포화과정은 찬 공기와 따뜻하고 습한 공기의 혼합에 의한 것으로 그림 3-7에서와 같다. 불포화상태의 두 개의 공기덩이를 생각해 보자. 공기덩이 A의 온도는 0℃, 비습(S. H.)은 3gkg^{-1}이고, 공기덩이 B는 30℃, 비습(S. H.)은 20gkg^{-1}이다. 이 두 공기덩이를 혼합하면 평균온도는 15℃, 평균비습은 11.5gkg^{-1}이 된다. 여기서 유의할 것은 15℃에서 포화비습은 10.8gkg^{-1}이므로 혼합공기의 비습보다 작다. 따라서 혼합공기는 과포화상태가 되어 포화상태에서 초과된 수증기량 0.7g이 응결된다.

성질이 다른 두 공기의 혼합으로 일어나는 포화의 예로 매우 국지적이지만 추운 날 입김을 들 수 있다. 입김은 우리가 숨을 내쉴 때 나오는 매우 습하고 따뜻한 공기가 바깥의 차고 건조한 공기와 혼합되면서 형성된다.

3.3.2 이슬과 서리

맑고 바람이 없는 밤에 지표 부근의 물체들은 적외선의 장파복사를 방출함으로써 급속히 냉각된다. 이 경우 지면과 그 주위 물체들은 주변 공기보다 훨씬 차가워지기도 한다. 이러한 차가운 지면과 접촉하는 대기는 전도에 의해 냉각되며, 때에 따라서는 이슬점까지 냉각된다. 나뭇

그림 3-8 풀잎과 꽃에 형성된 영롱한 이슬

그림 3-9 풀잎에 형성된 서리

가지, 나뭇잎, 풀잎 등이 이슬점 온도 이하로 냉각되면 그림 3-8과 같이 그 위에 수증기가 응결하기 시작하여 작은 물방울, 즉 **이슬(dew)**이 된다. 이슬은 강우량이 적은 기간 동안에는 식물이나 곤충에 중요한 수분을 공급한다.

춥고 바람 없이 맑은 날 아침에 이슬점 온도가 0°C 이하로 내려가면 그림 3-9와 같이 지상에 하얀 **서리(frost)**가 내린다. 서리가 발생하는 경우 수증기는 액체 상태를 거치지 않고 곧장 얼음으로 변하는데 이 과정을 **침적(deposition)**이라 한다. 흰색의 정교한 빙정들로 이루어진 서리는 나뭇가지와 같은 모양을 하고 있어 언 이슬과는 쉽게 구별된다.

3.3.3 안개의 유형

안개(fog)는 지면과 접하고 있는 층운의 한 종류로 그 두께가 수 m에서 지표 위 수십 m로 확장할 수도 있다. 안개의 형성조건으로는 (1) 기온이 이슬점 이하로 하강, (2) 증발에 의한 수증기량의 증가, (3) 물리적 성질이 다른 두 공기의 혼합을 들 수 있다. 안개는 이중에서 어느 하나의 조건보다는 두 개 또는 세 개의 조건이 만족되어 형성되기도 하며 안개 형성의 주된 요인이 어느 것인가에 따라 그 명칭이 주어진다. 모든 안개는 대기의 온도가 이슬점까지 냉각되기 때문에 발생하는 것으로 복사안개, 이류안개, 활승안개, 김안개 등이 있다.

(1) 냉각에 의한 안개

- **복사안개:** 복사안개(radiation fog, 때로는 지표안개라고도 불림)는 야간에 장파복사로 차가워진 지표와 접하고 있는 대기의 온도가 이슬점까지 하강할 때 발달한다(그림 3-10). 따라서 복사안개는 **비단열 냉각(diabatic cooling)**과정에 의해 형성된다. 이슬처럼, 복사안개는 야간에 구름이 없어 지표로부터 장파복사가 보다 쉽게 대기 중으로 빠져 나갈 때 형성되기 쉽다. 이슬과 달리 안개는 완벽하게 바람이 없는 것보다 약 2.5ms^{-1} 이하의 약한

그림 3-10 복사안개

바람이 불 때 더 잘 형성된다. 약한 바람은 저층 대기의 적당한 혼합을 촉진시키는데, 때에 따라서는 공기층에서의 혼합이 응결을 가능하게 하기 때문이다. 풍속이 $2.5ms^{-1}$보다 크면 난류가 역전층내의 따뜻한 공기와 찬 공기를 혼합시켜 기온이 이슬점까지 하강하는 것을 막는다. 따라서 이 경우에는 안개가 형성될 가능성이 낮다.

대부분의 복사안개는 일출 후 몇 시간 내에 소산되기 시작한다. 안개를 통과한 햇빛이 지면을 가열하면 이로 인해 그 위에 있는 공기가 가열되고 기온이 증가함에 따라 안개 입자들은 차츰 증발한다. 입자들의 증발이 지표근처에서 매우 빠르게 일어나기 때문에, 실제로 연직으로 이동하지 않음에도 불구하고 안개가 상승하는 것처럼 보이게 된다.

복사안개가 잘 발달하면 유입되는 태양복사의 많은 부분을 대기로 산란시켜 지표에 도달하는 에너지의 양을 감소시킨다. 이로 인해 야간에 형성된 안개가 낮 동안 지속될 수 있는데, 특히 낮이 짧고 태양의 고도가 낮은 겨울철에 이러한 현상이 잘 일어나며 상황에 따라 소산되지 않고 며칠 동안 지속되기도 한다.

- **이류안개:** 이류안개는 상대적으로 따뜻하고 습윤한 공기가 더 차가운 지표 위를 수평적으로 이동할 때 생긴다. 해양에서의 이류안개(advection fog)는 상대적으로 온난한 해류에 있는 습윤한 공기가 차가운 해류 위를 통과할 때 형성된다. 여기서 **이류(advection)**는 대기의 수평이동을 뜻한다. 따뜻한 공기가 차가운 표면 위를 통과함에 따라 열이 아래로 이동하면서 그 공기의 하부가 냉각된다. 이 경우에 만일 공기 온도가 이슬점 이하로 충분히 냉각되면 안개가 형성된다. 이런 안개는 상당한 거리를 이류할 수 있고 발생한 지역의 풍하 측에 장시간 지속된다.

이류안개 가운데서 유명한 것은 여름동안에 미국 샌프란시스코 만에서 발생하는 안개이다. 상대적으로 온난한 태평양상의 대기가 동쪽으로 이동하면서, 남쪽으로 흐르는 좁고 차가운 캘리포니아 해류 위를 통과한다. 이 경우 해안에서 떨어진 해양에서 안개가 형성되

그림 3-11 여름철 부산의 해운대 부근에 발생한 이류안개

고, 이 안개는 샌프란시스코를 향해 동쪽으로 이동한다. 이로 인해 샌프란시스코 만의 맞은편인 오클랜드와 버클리는 온난하고 맑은 반면, 샌프란시스코는 안개로 덮이는 일이 흔하게 발생한다.

우리나라 서해안에서 발생하는 해무나 연안무의 경우 4월과 10월 사이에 집중적으로 발생하며, 특히 7월에 가장 많이 발생한다. 그림 3-11은 여름철 부산의 해운대 부근에 발생한 이류안개의 모습을 보여준다.

- **활승안개:** 공기의 냉각으로 인한 안개의 세 가지 형태 중에서, 활승안개(upslope fog)만이 단열냉각에 의해 형성된다. 공기가 완만하게 경사진 지표를 따라 위로 올라감에 따라 팽창에 따른 냉각으로 형성되는 안개가 활승안개이다.

(2) 증발에 의한 안개

대기 보다 온도가 높은 수면에서 증발로 대기가 포화되어 형성되는 안개를 **증발안개 (evapora tion fog)**라고 하며 이를 다시 김안개와 전선안개로 구분할 수 있다.

- **김안개:** 김안개 또는 증기안개(steam fog)는 찬 공기가 따뜻한 물 위를 이동할 때 물 표면에서 수증기가 그 위에 있는 찬 공기를 포화시킬 수 있을 만큼 충분히 공급될 때 형성된다. 실제로 김안개는 수증기를 포함한 공기가 위로 올라가면서 찬 공기와 혼합·포화되어 형성된다. 이런 의미에서 김안개를 증발–혼합안개(evaporation-mixing fog)라고 하는 것이 보다 더 적합하다.

- **전선안개:** 전선안개(frontal fog)는 한랭전선 보다 주로 온난전선에서 발생한다. 온난전선의 경우 그 전면에 강수가 발달하였을 때 강수 입자가 증발하거나, 한랭전선이 바로 통과한 후 강수 입자가 증발하면서 지면과 접하고 있는 대기층을 포화시켜 전선안개가 형성된다. 이

처럼 강수 입자의 증발이 안개를 형성하므로 이를 **강수안개(precipitation fog)**라고도 한다.

3.4 대기의 안정도와 구름의 유형

3.4.1 단열과정

실제 대기에서 공기덩이와 주위와의 열 출입과 관련된 과정에는 전도, 복사, 마찰 등이 있다. 이러한 과정은 공기덩이의 온도를 변화시키며 비단열과정이라고 한다. 한편, 공기덩이와 주위와 열의 출입이 없는 과정을 단열과정(adiabatic process)이라고 하며, 단열과정은 구름의 형성과 발달을 설명하는데 매우 유용한 개념이다. 열역학 제1법칙을 이용하여 단열과정의 의미를 살펴보자.

그림 3-12와 같이 단위질량의 공기가 들어 있는 하나의 풍선을 고려하자. 풍선에 열량 Δq를 가했을 때 열량 중 일부는 내부에너지의 증가(풍선에 들어 있는 공기의 온도상승)에 사용되고, 나머지는 공기덩이가 주위공기에 대해 한 일(풍선이 팽창)에 사용된다. 이때 풍선의 표면적을 A라고 하면 팽창으로 인한 체적의 증가는 $\Delta V = A\Delta r$로 주어진다. 가해진 열 Δq와 공기덩이가 한 일을 Δw로, 내부에너지의 변화량을 Δu로 표현하면

$$\Delta q = \Delta u + \Delta w = c_v \Delta T + p\Delta V \tag{3.10}$$

로 쓸 수 있다. 이 방정식은 열역학 제1법칙의 수학적 표현으로 에너지 보존법칙을 나타낸다. 여기서 정적비열(c_v)과 온도의 변화(ΔT)의 곱은 내부에너지의 변화(Δu)를 나타낸다. 그리고 압력(p)과 체적변화(ΔV)의 곱은 공기가 팽창하면서 주위에 한 일(Δw)을 나타낸다. 단열과정인 경우 $\Delta q = 0$이므로 식(3.10)은

$$c_v \Delta T = -p\Delta V \tag{3.11}$$

으로 주어진다. 식(3.11)은 공기덩이가 단열 상승하여 팽창($\Delta V > 0$)하면 그 온도가 하강($\Delta T < 0$)하고, 반대로 단열 하강하여 수축($\Delta V < 0$)하면 그 온도가 상승($\Delta T > 0$)함을 보여준다. 단열 상승 시에 공기덩이의 온도가 내려가는 것은 공기덩이가 주위공기에 대해서 일을 하여 내부 에너지가 감소하기 때문이며, 단열 하강 시에 공기덩이의 온도가 상승하는 것은 주위공기가 공기덩이에 일을 하기 때문이다.

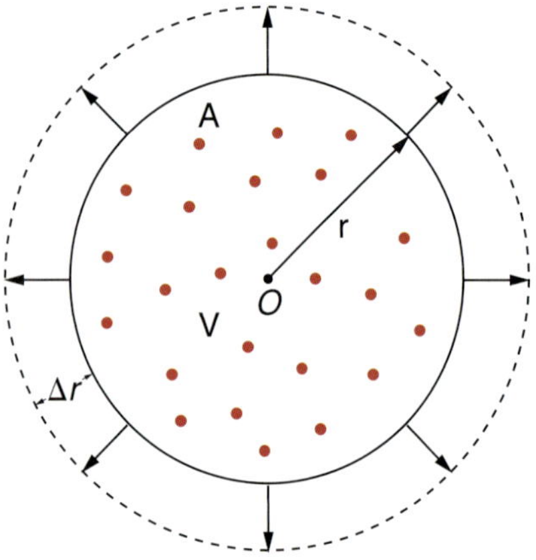

그림 3-12 가열에 의한 공기의 팽창

3.4.2 대기의 안정도

대기 중에서 공기덩이가 상승하는 경우, 그 상승 속도와 최대 상승 고도는 대기안정도에 따라 달라지며, 대기의 안정도는 기온의 연직 분포와 단열 상승, 또는 단열 하강하는 공기덩이의 온도를 비교함으로써 알 수 있다. 대기의 안정도는 대기오염 물질의 확산, 난류의 발생, 뇌우의 발생 등과 직접적인 관계가 있다.

대기안정도는 정지 상태에 있는 불포화 공기덩이를 어떤 고도에서 그림 3-13과 같이 연직으로 Δz 만큼 단열상승(또는 단열하강)시켰을 때 변위된 위치에서 주위공기의 온도와 공기덩이의 온도를 비교하여 결정한다. 공기덩이가 Δz 만큼 상승했을 때 공기덩이의 온도(T_p)와 주위공기온도(T_e)는 각각 식(3.12)와 (3.13)으로 나타낼 수 있다.

$$T_p(z + \Delta z) = T_o - \gamma_d \Delta z \tag{3.12}$$

$$T_e(z + \Delta z) = T_o - \gamma \Delta z \tag{3.13}$$

여기서 T_o는 평형고도(z)에서 공기덩이와 주위공기의 온도를 나타낸다. 그리고 γ_d와 γ는 각각 건조단열감률과 주위공기의 온도감률이다.

식(3.12)와 (3.13)에서 대기의 안정도는 상승 고도에서 부력에 의한 공기덩이의 운동 상태에 따라 다음과 같이 구분할 수 있다.

$$\begin{array}{llll} T_p - T_e > 0 & : & \gamma > \gamma_d & : \text{불안정} \\ T_p - T_e < 0 & : & \gamma < \gamma_d & : \text{안정} \\ T_p = T_e & : & \gamma = \gamma_d & : \text{중립} \end{array} \tag{3.14}$$

식(3.14)는 대기층의 정적안정도를 기층의 연직기온감률(γ)과 공기덩이의 건조단열감률(γ_d)을 이용하여 나타낸 것이다. 그림 3-13에서 불안정의 경우는 γ와 γ_d가 만나는 $T_p = T_e$인 평형고도에서(위 또는 아래로) 변위를 할 경우 공기덩이의 온도가 주위보다 높아(낮아) 양(음)의 부

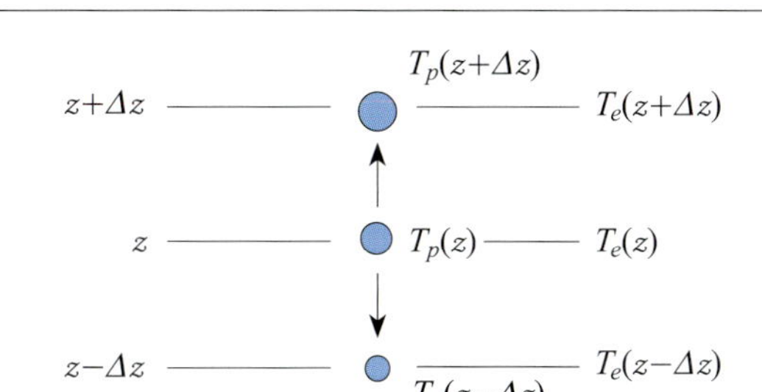

그림 3-13 대기의 안정도 분석

력에 의해서 원래의 위치에서 점점 더 멀어진다. 한편 그림 3-13에서 안정의 경우는 평형고도에서 공기덩이를 위(아래)로 변위시켰을 경우 공기덩이의 온도가 주위의 온도보다 낮아(높아) 원래의 위치로 되돌아가려는 복원력(restoring force)이 작용한다. 그러나 중립인 경우는 평형고도에서 위 또는 아래 어느 방향으로 변위시켜도 주위온도와 공기덩이의 온도가 같아져서 변위된 그 위치에 머물게 된다.

3.4.3 안정도와 구름의 연직 발달

대기 중에서 구름의 연직 발달을 결정하는 가장 중요한 요인은 기층의 안정도이다. 구름은 포화상태의 공기로 되어 있으므로 구름의 연직 발달조건을 분석하려면 포화공기의 안정도를 분석하여야 한다. 포화공기의 안정도는 기온감률(γ)과 습윤단열감률(γ_s)를 비교하여 결정하며 그 기준은 다음과 같다.

$$\begin{aligned} \gamma > \gamma_s &\quad : \quad \text{불안정} \\ \gamma < \gamma_s &\quad : \quad \text{안정} \\ \gamma = \gamma_s &\quad : \quad \text{중립} \end{aligned} \tag{3.15}$$

한편 식(3-14)와 (3-15)를 함께 고려하면 중립을 제외한 나머지 대기상태는 다음과 같이 나타낼 수 있다.

$$\begin{aligned} \gamma > \gamma_d &\quad : \quad \text{절대불안정} \\ \gamma_s < \gamma < \gamma_d &\quad : \quad \text{조건부불안정} \\ \gamma < \gamma_s &\quad : \quad \text{절대안정} \end{aligned} \tag{3.16}$$

식(3.16)에서 γ의 평균값은 대류권에서 6.5°Ckm^{-1}이지만 대기상태에 따라 다르다. 그리고 γ_s의 값은 4~7°Ckm^{-1}이며, γ_d의 값은 9.8°Ckm^{-1}이다. 식(3.16)에 주어진 기준을 고도에 따른 기온감률, 건조단열감률 그리고 습윤단열감률을 이용하여 나타내 것이 그림 3-14이다.

구름은 대기의 안정도에 따라 크게 적운형 구름과 층운형 구름으로 나눌 수 있다. 적운형 구

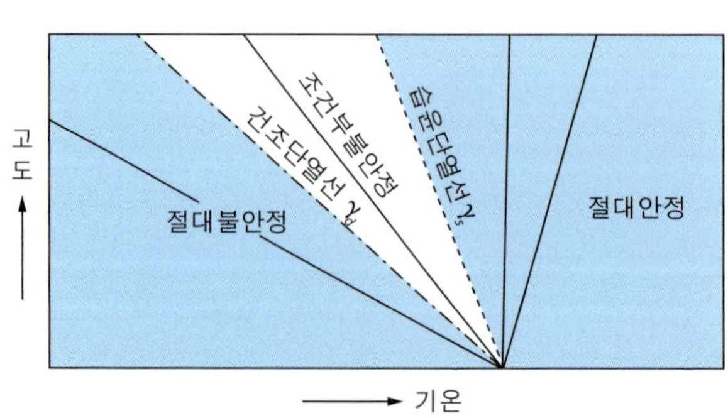

그림 3-14 대기의 절대안정, 조건부불안정, 절대불안정. 그림에서 실선들은 기온 곡선이며 서로 다른 대기상태를 나타낸다.

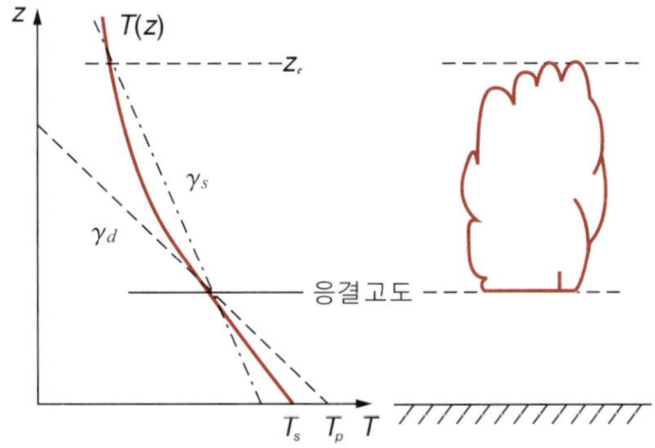

그림 3-15 적운 형성 시의 대기상태

름은 그 밑면이 편평하며 정상부는 둥글게 부픈 모양으로 불안정한 기층에서 발달하고, 수평 방향보다는 연직 방향으로 더 발달되어 있다. 이와는 달리, 층운형 구름은 연직 방향보다는 수평 방향으로 더 발달하고 넓게 퍼져 있는 것이 특징이며, 안정한 기층에서 발달한다.

그림 3-15는 적운 형성 시의 대기상태로, 그림에서 실선 $T(z)$는 기온곡선을, γ_d는 건조단열선, γ_s는 습윤단열선, 그리고 T_s와 T_p는 각각 지표에서 대기온도와 부력을 가진 공기덩이의 온도를 나타낸다. 이 경우 공기덩이는 주위공기에 비해 온도가 높기 때문에 단열상승하게 된다. 이 때 상승하는 공기덩이는 불포화공기이므로 그 온도는 γ_d선을 따라 감소한다. 공기덩이는 응결고도에서 포화되면서 구름이 형성되고 이후의 공기덩이의 온도는 γ_s선을 따라 감소하게 된다. 그리고 공기덩이의 온도와 주위온도가 같은 평형고도(z_e)에 이르게 되면 적운의 연직 성장은 멈춘다. 그림 3-15에서 응결고도와 평형고도 사이 대기층에서는 습윤단열감률이 평균 기온감률 보다 더 작아서 기층이 불안정함을 알 수 있다.

그림 3-16은 층운 형성 시의 대기상태로서 응결고도 하부에서 공기덩이의 상승 과정은 적운 형성과정과 동일하다. 다만 차이점은 응결고도 위에 온도가 고도에 따라 증가하는 기온 역전층 (A-B)으로 인해 구름 발달이 억제되어 더 이상 연직으로 발달되지 못하고 수평으로 넓게 발달하는 형태의 층운이 만들어진다는 것이다. 이처럼 하층 대기가 동일한 상태여도 응결고도 위쪽 상층대기의 안정도에 따라서 구름의 모양이 크게 달라질 수 있다.

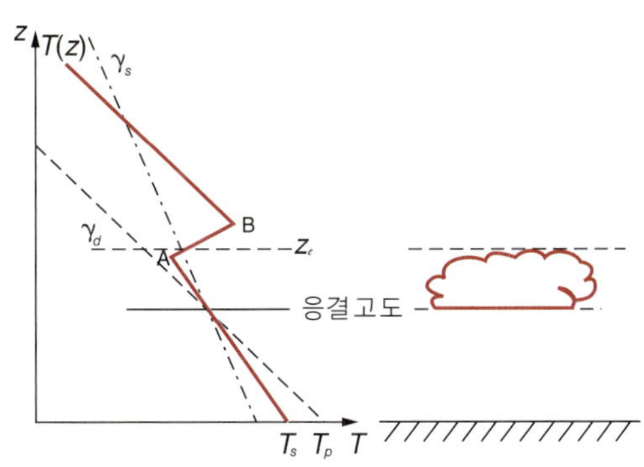

그림 3-16 층운 형성 시의 대기상태

3.4.4 구름의 유형

구름은 다양한 모양과 크기를 가지며, 지표면 또는 높은 상공에서 발생한다. 대부분의 구름은 대류권내에서 발생하지만, 어떤 구름들은 성층권, 심지어는 중간권에서도 발생한다. 구름은 그 유형에 따라 수적, 빙정 그리고 이 두 입자의 혼합으로 구성될 수 있다. 구름층은 얇거나 두껍게 될 수 있으며 수적이나 빙정을 많이 또는 적게 포함할 수 있다. 처음으로 널리 통용된 구름 분류체계는 1803년 영국의 Luke Howard에 의해 만들어졌다. 이 분류체계는 구름을 다음과 같이 4가지 기본 범주로 나눈다.

1. 권운(Cirrus) – 매우 얇고, 술이 적은 깃털 같은 얼음구름
2. 층운(Stratus) – 층상 구름
3. 적운(Cumulus) – 연직으로 발달하는 구름
4. 난운(Nimbus) – 비 또는 눈을 내리는 구름

현재의 분류체계는 Howard의 유형을 수정한 것으로, 4개의 두 범주간의 조합(예를 들어, 권층운은 권운과 층운의 특성을 가진다)도 고려하였다. 그 결과 고도와 형태에 따라 구름을 10가지 기본운형으로 분류하고 있다. 표 3-2와 그림 3-17은 중위도에서 구름을 고도와 운형에 따라 분류한 기본 10종 운형을 보여준다. 표에 주어진 운저고도는 평균값으로, 위도와 계절 그리고 대기상태에 따라서 달라질 수 있다.

(1) 상층운

상층운(high cloud)은 일반적으로 6000m 이상의 고도에 존재한다. 이 구름은 대부분 빙정

표 3-2 구름의 10가지 기본운형

구분	운형	운저고도 (중위도)	구름 입자	모양
상층운	권운(Ci)	6km 이상	빙정	섬유질의 흰색 베일, 말꼬리 모양
	권적운(Cc)		빙정	잔물결 또는 흰색의 둥글게 부푼 모양으로 긴 줄 형성, 물고기 비늘모양
	권층운(Cs)		빙정	우유 빛 하늘, 햇무리, 달무리 형성
중층운	고층운(As)	2~6km	빙정, 또는 수적(과냉각 수적)	넓은 하늘에 회색 또는 청회색 구름, 해나 달이 희미하게 보임(엷은 해)
	고적운(Ac)			흰색 또는 회색의 부풀어 오른 모양, 띠 또는 줄을 형성
하층운	층적운(Sc)	2km 이하	수적	연직으로 약간 발달한 하층의 층상운, 때로는 조각, 둥근 형태로 나타남
	층운(St)		수적	하늘 전체를 가리는 짙은 회색의 구름
	난층운(Ns)		주로 수적	짙은 회색 구름으로 비나 눈을 동반
연직운	적운(Cu)	연직범위 1~5km	수적	경계가 뚜렷하고 부풀어 오른 돔 또는 탑, 꽃양배추 모양을 함, 구름의 기저가 어둡게 보임
	적란운(Cb)	1~16km	과냉각수적, 빙정	구름의 정상부가 모루모양을 함, 천둥, 번개와 강수 때로는 우박과 토네이도 동반

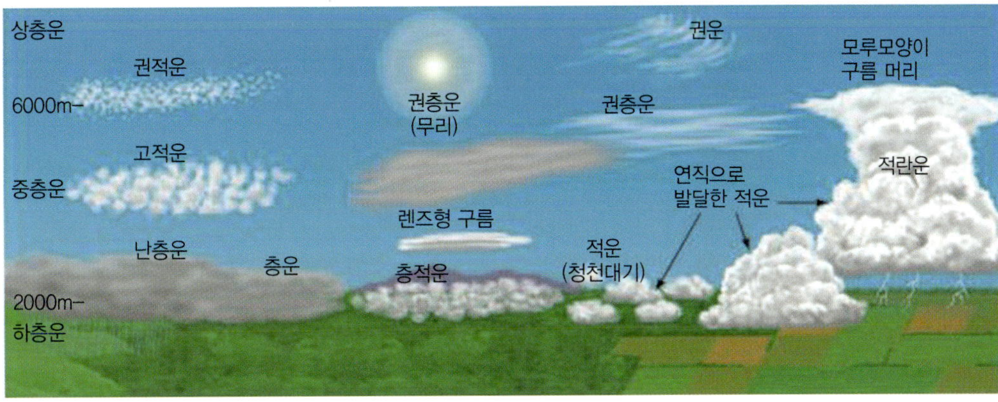

그림 3-17 **10종 운형의 모식도**

으로 이루어져 있으며 그 이유는 다음과 같다. 대류권 내 평균기온은 평균 해수면상에서 15°C 이며, 고도가 증가함에 따라 6.5°Ckm^{-1} 비율로 감소한다. 그 결과 상층운의 평균기온은 항상 −35°C보다 높지 않다. 따라서 과냉각 수적 보다는 빙정이 존재할 확률이 더 높다.

상층운 중 가장 단순한 것이 권운(Cirrus: Ci)이며 빙정들이 부착되어 가늘고 길게 늘어뜨려져 있다(그림 3-18). 권운의 평균 두께는 약 1.5km이며 물 함량은 매우 낮아서 약 0.025gm^{-3} 정도이다. 권운 속에 포함된 빙정의 전체 질량은 작지만, 각각의 빙정은 8mm 정도의 길이를 가진다. 이 빙정들의 낙하속도가 약 0.5ms^{-1} 이상 되면 상승기류를 능가하여 그림 3-19와 같이 **꼬리구름(fall streaks 또는 virga)**을 이루면서 하강한다.

빙정이 따뜻하고 건조한 아래로 떨어지면서, 꼬리구름은 점차적으로 승화하여 높은 고도에서 소멸한다. 그림 3-19(b)에서 낙하중인 빙정의 흔적이 곡선으로 보이는 이유는 구름 밑에서 지면으로 갈수록 수평 풍속이 감소하기 때문이다. 이로 인해 그림에서 보는 바와 같이 높은 곳에 빙

그림 3-18 **권운**

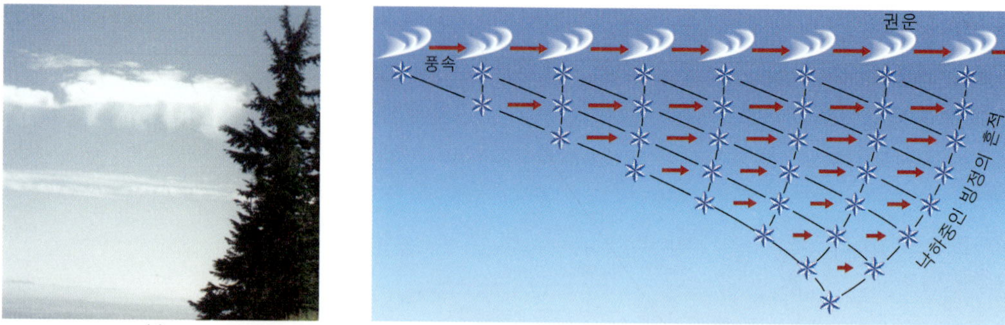

(a) (b)

그림 3-19 꼬리구름: (a) 운저로 흘러내린 꼬리 구름, (b) 꼬리구름의 모식도

정들이 그 아래 있는 빙정들보다 수평적으로 더 빨리 이동하므로 꼬리구름이 곡선으로 나타난다.

권층운(Cirrostratus)은 권운처럼 완전히 빙정으로만 형성되어 있으며 태양이나 달 주변에 둥근 호 모양의 **무리(halo)**를 형성한다(그림 3-20). 이러한 무리는 빛이 빙정을 통과할 때 굴절되어 형성되며, 이에 관해서는 제4장의 구름의 광학특성에서 자세히 다룬다. **권적운(Cirrocumulus)**은 가장 아름다운 구름들 중 하나이다. 이 구름은 빙정으로 형성되어 있으며, 각각 부푼 모양의 구름들이 긴 줄들을 이루고 있다(그림 3-21). 권적운은 바람시어, 즉 풍속 그리고 풍향 중 어느 하나가 고도에 따라 변하는 조건에서 형성된다. 바람시어는 종종 폭풍이 진행하는 전방에 형성되므로, 권적운은 강수를 미리 알리는 전조자(precursor) 역할을 한다. 또 때로는 등이 푸른 고등어의 비늘과 닮아서, 권적운을 "고등어 하늘(mackerel sky)"이라는 말로 표현하기도 한다.

(2) 중층운

중층운(middle cloud)은 지표면에서 고도 2000m와 6000m 사이에 발생하며, 보통 수적으로

그림 3-20 권층운에 의해 형성된 달무리

그림 3-21 권적운

구성된다. 중층운은 다시 고층운(Altostratus: As)과 고적운(Altocumulus: Ac)으로 분류된다. **고층운**(Altostratus: As, 그림 3-22)은 권층운에 대응되는 중층운으로 권층운보다 더 폭넓게 분포하고 주로 수적으로 구성되어 있으며 달이나 태양을 완전히 가리지 못하므로 고층운에 가려진 달이나 태양을 보면 희끄무레한 우유 빛이지만 윤곽은 선명하게 보이는데 이를 엷은 달, 그리고 엷은 해(watery sun)라고 한다. 고층운은 입사하는 태양광의 대부분을 우주공간으로 산란시켜 지표면에 도달하는 태양광의 양을 감소시켜준다. 권층운과 고층운의 차이점은 고층운이 발달 시에는 그림자가 없다는 것이다. 더욱이 고층운 뒤에 있는 태양 또는 달을 보면 무리(halo) 대신에 밝은 점을 볼 수 있다.

고적운(Altocumulus)은 긴 띠 모양이나 부푼 모양(그림 3-23)의 줄을 지어 있거나 또는 양떼가 모여 있는 모양을 한 구름이다. 종종 회색빛을 띠기도 하며, 구름의 일부분이 다른 부분보

그림 3-22 고층운

그림 3-23 고적운

다 더 어둡기도 하다. 주로 빙정보다 수적으로 구성되기 때문에, 권적운만큼 아름답지는 않다.

(3) 하층운

하층운(low cloud)은 운저의 고도가 2km 이하인 구름을 말하며 층운(stratus), 난층운(nimbostratus), 층적운(stratocumulus)이 여기에 속한다. 층운(그림 3-24)은 광범위한 영역의 안정한 공기가 상승할 때 형성되는 층상운이다. 층운은 회색구름으로 광범위한 지역에 분포하며 강수가 거의 없으나 때로는 안개나 이슬비(drizzle)를 동반한다. 층적운은 낮게 떠 있는 뭉게구름으로 흰색이나 회색을 띈다. 층운과 달리 층적운은 보통 하늘에 한 줄로 늘어서거나 덩어리모양으로 보이기도 한다. 층적운에서는 강수가 거의 없다. 난층운은 짙은 회색 구름이며, 보통 비나 눈을 내린다. 난층운과 관련된 강수는 대개 약하거나 중간 정도의 세기지만 강수지

그림 3-24 층운

그림 3-25 난층운

역이 넓고 지속적이다(그림 3-25). 난층운의 운저고도는 표 3-2에서 2km 이하로 되어 있지만 때에 따라서는 4~5km 이상인 경우도 있다. 많은 경우 강수로 인해 난층운의 운저고도는 뚜렷하게 분간하기 어렵다.

(4) 연직운

연직운은 그 밑면은 대기의 하층에 있으면서 운정(cloud top)이 중층 또는 상층까지 뻗혀 있는 구름으로 적운과 적란운이 있다. 연직으로 발달한 구름은 적운형 구름(Cumuliform cloud)이라고 하며 대기가 절대불안정이거나 조건부불안정일 때 발생한다. 구름 내부의 연직속도는 보통 수 ms^{-1}이지만, $50ms^{-1}$를 초과할 때도 있다. 즉, 어떤 적운형 구름내의 상승기류가 약한 허리케인에서 볼 수 있는 수평바람보다 더 빠를 수 있다는 것이다. 액체수 함량(liquid water content)은 대체로 $1gm^{-3}$으로, 층운형 구름보다 수배 크다.

그림 3-26 넙적적운 또는 갠날적운

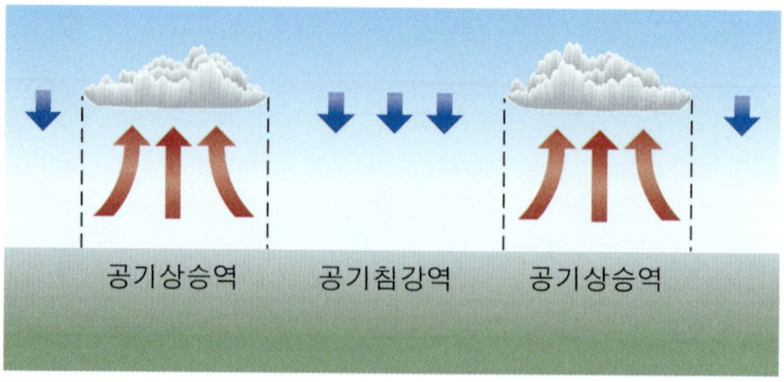

그림 3-27 연직운의 발달과 상승 · 하강기류 형성

적운(cumulus)은 연직적인 발달 정도에 따라 몇 개의 소집단(subgroup)으로 나눈다. 그림 3-26의 구름을 넙적적운(cumulus humilis) 혹은 갠날적운이라고 하는데 지표면에서의 국지적인 가열에 의해서 형성되며 구름의 밑면은 편평하다. 이 구름은 강수를 유발하지 않고(따라서 "갠날적운"이라고 한다) 구름이 형성된 후 지표에서 계속 수증기 공급이 구름을 유지할 만큼 충분하지 않으면 얼마 후에 증발해 버릴 수 있다. 갠날적운에서 구름과 구름사이에 구름이 없는 부분에는 그림 3-27과 같이 눈에 보이지 않는 하강기류가 존재하며 이로 인해 대기의 국지순환(circulation)이 일어난다.

웅대적운(cumulus congestus)은 10종 운형에는 포함되어 있지 않지만 갠날적운 보다 좀 더 강하게 발달한 구름으로 적란운으로 발달하기 이전 단계이다. 넙적적운과는 달리, 웅대적운(그림 3-28)은 여러 개의 탑으로 구성되며, 각각의 탑들은 몇 개의 상승기류 세포들로 이루어져 있다. 그래서 외관상으로 다양한 높이로 구성된 수많은 기둥들로 이루어진 요새처럼 보인다. 이러한 구름의 강한 연직 발달은 구름이 불안정한 대기에서 형성되었다는 것을 의미한다. 하나의 웅대적운의 각각의 탑들은 수 시간 정도의 수명을 가지며 새롭게 형성된 탑들에 의해서 연속적으로 대치된다. 이 구름의 연직범위가 크기 때문에, 웅대적운의 꼭대기와 바닥의 온도차가 크며,

그림 3-28 힘차게 솟아오르는 웅대적운

심지어 더운 날에도 이러한 구름의 상층부는 0°C 이하의 온도를 가질 수 있다. 액체상태의 물방울들은 상승기류에 의해 구름의 차가운 윗부분으로 옮겨지더라도 즉시 얼지는 않는다. 대신에, 이 물방울들이 얼마 동안은 과냉각된 상태로 남아 있을 수 있는데 결국 이 과냉각된 물방울이 얼어서, 액체상태의 구름에 빙정이 우세해진다. 이러한 구름의 일부가 완전히 빙정으로 바뀌면, 즉 빙정화(glaciation)되면, 물방울로 이루어진 구름과는 다르게 가장자리가 뚜렷하지는 않다. 대신에, 이러한 부분은 외관상으로 액체상태의 구름부분과 쉽게 구분되어 색이 엷게 보인다. 그림 3-28 구름의 상층부분은 빙정화의 좋은 예다.

그림 3-29 성장단계의 적란운

적란운(cumulonimbus)은 그림 3-29와 같이 모든 구름들 중 가장 강한 상승기류(~15ms^{-1})에 의해 형성되는 뇌운(thunder cloud)이다. 적란운은 천둥과 번개를 동반하며 때로는 우박을 내리기도 한다(그림 3-30, 3-31). 따뜻하고 습한 불안정한 대기에서 발달하는 적란운의 운저고도는 지표에서 수백m 정도이고, 꼭대기는 성층권 하부까지 도달할 수 있다. 다시 말해서, 적란운은 대류권의 거의 전체 두께 그리고 그 이상의 두께를 차지할 수 있다. 적란운은 모루구름(anvil cloud)이라고도 하는데 그 이유는 구름의 외관상 모양이 대장간에서 사용하는 모루와 비슷하기 때문이다. 전체가 빙정으로 이루어진 모루는 하부 성층권의 안정한 대기 때문에 더 이상 상승하지 못하고 수평으로 퍼지는데 이때 성층권 하부에서의 강한 바람에 의해 구름이 바람 진행 방향으로 뻗으며 확장된다.

적란운에는 매우 강한 상승기류가 존재하지만, 수평 방향으로 균일하지는 않다. 가장 빠른 상승공기는 이 구름의 상층 약 3분의 1정도에서 발견되고, 그 아래에서는 상승운동이 약하다. 더욱이 구름이 그 주위공기의 흡입(entrainment) 때문에 일반적으로 구름의 가장자리를 따라 나타나는 상승기류는 구름 내부의 상승기류보다 약하다. 적란운에서는 공기가 하강운동하는 하강기류 영역도 있다. 여객기가 이와 같은 구름을 통과해서 비행할 수는 있지만 연직 바람의 급격한 변화는 항공기와 탑승자를 위태롭게 할 수 있으므로 여객기 조종사들은 적란운을 통과하기 보다는 그 주위를 돌아서 비행한다.

그림 3-30 우박에 의한 농작물 피해

그림 3-31 수평방향으로 발달한 낙뢰

복습문제

1. 표준대기(1013.2hPa, 15°C)에서 공기밀도를 계산하고 물의 밀도와 비교하시오.
2. 주어진 온도에서 과냉각수에 대한 포화수증기압이 얼음에 대한 포화수증기압 보다 큰 이유를 설명하시오.
3. 그림 3-6을 참고하여 불포화공기가 포화될 수 있는 3가지 방법을 설명하시오.
4. 추운 날 갑자기 따듯한 방안으로 들어오면 안경에 김이 서리지만, 여름에는 안경에 김이 서리지 않는다. 그 이유를 설명하시오.
5. 기압이 1000hPa, 기온이 −30°C에서 상대습도 90%인 경우와 동일한 압력에서 기온이 15°C에서 상대습도가 70%일 때 실제로 대기의 수증기량은 어느 쪽이 더 많은가?
6. 혼합비와 비습을 설명할 때의 측정 단위는 무엇인가? 왜 이 두 가지가 거의 같은가?
7. 혼합비와 비습은 건조단열과정에서 공기덩이가 팽창하여도 보존된다. 그 이유를 설명하시오.
8. 공기가 포화될 수 있는 일반적인 3가지 방법은 무엇인가?
9. 이슬이 잘 생성될 수 있는 대기상태와 생성과정을 설명하시오.
10. 대기열역학 제1법칙을 설명하고 단열과정에서 계의 온도변화와 압력변화간의 관계를 설명하시오.
11. 이류안개와 김안개의 차이점에 대해서 설명하시오.
12. 습윤단열감률이 건조단열감률보다 더 작은 이유를 설명하시오.
13. 대기가 절대안정, 조건부불안정, 절대불안정이 되는 조건을 그림을 그려서 설명하시오.
14. 층운형 구름과 적운형 구름이 발달할 때 대기의 기온 분포가 어떻게 다른지 설명하시오.
15. 상층운, 중층운, 하층운의 종류를 들고 그 특징을 설명하시오.
16. 넙적적운, 웅대적운, 적란운을 어떻게 구별할 수 있는지 설명하시오.

CHAPTER 04

구름의 발달과 강수

구름과 강수에 의한 일기변화는 우리 생활과 밀접한 관계가 있다. 구름은 수증기를 포함한 대기가 상승하여 포화될 때 형성된다. 하늘에 구름이 있어도 항상 강수가 있는 것은 아니다. 이 장에서는 구름의 발달, 강수입자의 형성과정, 그리고 강수 유형에 대해서 설명한다.

4.1 공기덩이의 상승기구

구름은 대부분의 경우 대류와 강제상승에 의한 대기의 연직운동의 결과로 형성되지만 여기서는 대류만 고려한다. 대류는 공기덩이와 주위 공기와의 밀도 차에 의한 부력으로 발생하는 공기덩이의 연직운동이다. 부력을 이해하기 위해서 그림 4-1과 같이 밀도 ρ_e, 온도가 T_e인 대기 중에 있는 불포화 공기덩이를 고려한다. 이 경우 중력가속도를 g라고 하면 체적 V, 밀도가 ρ_p인 공기덩이에 아래 방향으로 미치는 중력은 $\rho_p Vg$이다. 한편 아르키메데스의 원리에 의해 공기덩이에 미치는 상향의 부력은 $\rho_e Vg$이다. 따라서 공기덩이가 연직운동 시에 주위 공기로 인한 저항을 무시할 경우 공기덩이에 대한 연직방향의 운동방정식은 다음과 같이 주어진다.

$$ma_b = \rho_e Vg - \rho_p Vg \tag{4.1}$$

여기서 m은 공기덩이의 질량이고, a_b는 부력에 의한 공기덩이의 연직가속도이다. 공기덩이의 질량은 $m = \rho_p V$이므로 부력에 의한 공기덩이의 연직가속도는 다음과 같이 주어진다.

$$a_b = \frac{\rho_e - \rho_p}{\rho_p} g \tag{4.2}$$

식 (4.2)에 의하면 $\rho_e > \rho_p$이면 $a_b > 0$이므로 공기덩이가 연직으로 상승하는 양의 부력(positive buoyancy)을 받게 되고, $\rho_e < \rho_p$인 경우에는 $a_b < 0$이므로 연직으로 하강하는 음의 부력(negative buoyancy)을 받는다.

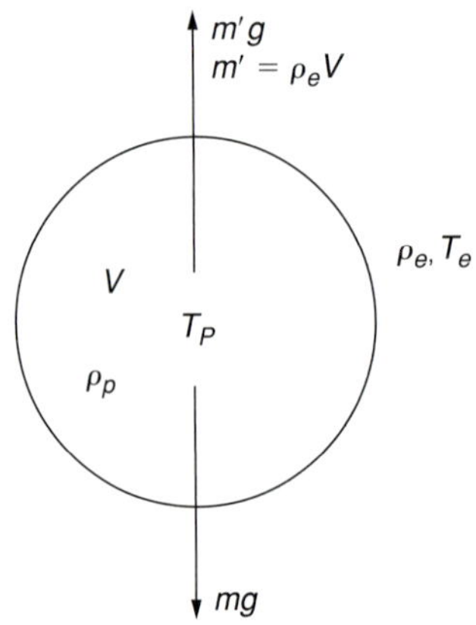

그림 4-1 공기덩이에 미치는 부력

실제로 대기관측에서 공기밀도 보다는 통상적으로 기압, 온도와 습도를 측정하므로 식 (4.2)를 온도로 나타낸다. 이를 위해 공기덩이의 내부압력과 주위 공기의 압력이 순간적으로 동일하다고 가정한다. 그리고 공기덩이의 온도가 T_p, 주위 공기의 온도 T_e에서 상태방정식을 적용하면 식 (4.2)는 다음과 같이 주어진다.

$$a_b = \left(\frac{T_p - T_e}{T_e}\right)g \tag{4.3}$$

식 (4.3)에 의하면 $T_p > T_e$인 경우에는 $a_b > 0$, 즉 공기덩이의 온도가 주위 공기의 온도보다 큰 경우에는 공기덩이에 양의 부력이 작용한다. 그리고 $T_p < T_e$인 경우에는 $a_b < 0$이므로 공기덩이에 음의 부력이 작용한다.

대기 중에서 부력에 의한 공기덩이의 상승은 단열과정으로 근사할 수 있을 만큼 빠른 속도로 상승한다. 따라서 처음에는 공기가 불포화상태이지만, 제3장에서 설명한 바와 같이, 상승하면서 단열 냉각되는 공기는 포화에 도달하게 되어 수증기가 응결하면서 구름이 형성된다.

4.2 대기의 상승기구

구름 발달은 다음의 4가지 기구(mechanism), 즉 국지적 대류, 대기의 수평수렴, 산을 따라 공기가 강제 상승하는 지형에 의한 치올림, 전선에 의한 대류와 치올림에 의해 이루어진다.

(1) 국지적 대류

자유대류(free convection)는 지표면 부근에서의 국지적으로 공기가 가열될 때 일어나며, 종종 구름과 강수를 형성할 만큼 충분히 강한 상승기류와 연관되어 있다. 그림 4-2와 같이 가열된 지표에서 부력을 가진 공기는 줄기흐름(plume)이나 열기포(thermal)의 형태로 위로 상승하는 것으로 가정하고 있다. 줄기흐름은 부력을 가진 공기가 가열된 지면과 연결되어 있으나 열

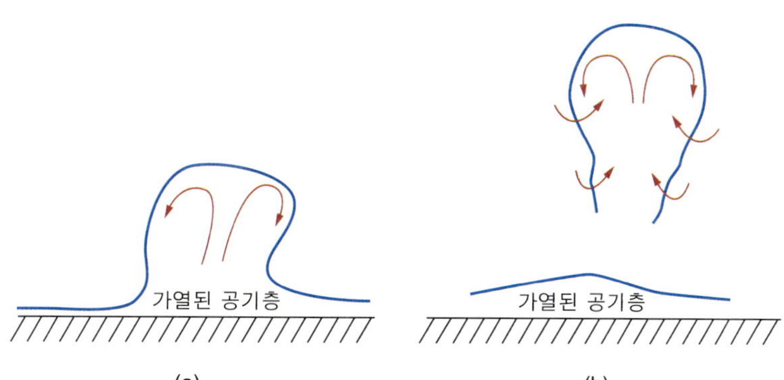

그림 4-2 줄기흐름과 열기포: (a) 줄기흐름, (b) 열기포

기포는 가열된 지표면 공기와 분리되어 있다.

실제로 줄기흐름이나 열기포는 우리 눈에는 보이지 않지만 응결고도에 도달하게 되면 수증기가 응결하면서 구름으로 나타난다. 한편 구름이 한 곳에 오래 지속되려면 줄기흐름이나 열기포가 계속 형성되어 구름의 발달을 도와주어야 한다. 만일 열기포가 강한 바람에 의해 그 형성 지점에서 멀리 떨어진 건조한 곳으로 이동하는 경우에 구름은 열기포에 의한 수증기의 공급이 단절되어 구름 입자는 증발하게 되고 구름은 소멸된다.

(2) 수렴

역학적 의미에서 수렴(convergence)은 대기 운동의 결과로 어느 한 지점에 공기가 누적되는 현상을 말하며 수평수렴과 연직수렴으로 나눌 수 있다. 여기서는 구름 발달과 관련된 수평수렴을 살펴보자. 대기의 수평수렴은 크게 두 가지 경우에 나타난다. 첫째는 지표 부근에 저기압이 형성되어 있을 때 사방에서 공기가 저기압 중심으로 이동하면서 수렴한다. 둘째는 지면과 거의 나란하게 운동하는 대기가 지표면의 거칠기 또는 기복(起伏)으로 인해 수렴한다. 예를 들면 해면에 나란하게 불던 바람이 해안으로 상륙할 때는 지면의 영향으로 풍속이 감소하면서 육지에서 공기의 수렴이 일어난다(그림 4-3 참고).

대기 수렴에서 고려해야 할 점은 공기가 한 곳에 축적되는 과정에서 공기의 밀도가 거의 증가하지 않는다는 것이다. 그 대신 대기의 수렴으로 이동해 온 공기는 지면으로 들어갈 수 없으므로 결국 상승하게 된다. 상승하는 공기는 단열팽창에 의해 온도가 낮아지면서 응결고도에 도달하게 되면 구름을 형성한다.

(3) 지형에 의한 치올림

그림 4-4와 같이 수평으로 이동하는 공기가 산이나 언덕을 만나게 되면 그 지형의 경사면을 따라 강제 상승하는 것을 지형성 치올림(orographic uplift) 또는 지형 효과라고 한다. 지형으로 인한 강제 상승으로 형성된 구름을 지형성 구름 또는 지형운(orographic cloud)이라고 한다. 지형성 구름의 경우 강수량은 풍상측이 풍하측보다 많다. 그 이유는 산의 풍상측에서는 수증기가 응결해서 구름이 형성, 발달로 많은 강수가 발생하는 반면에, 산을 넘어 풍하측을 지나

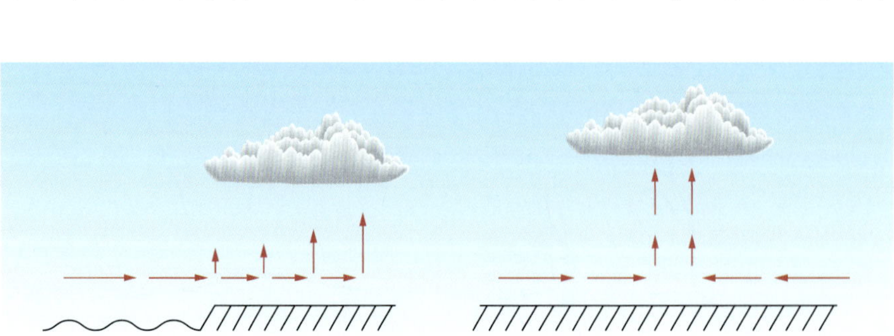

그림 4-3 수평수렴에 의한 구름 형성

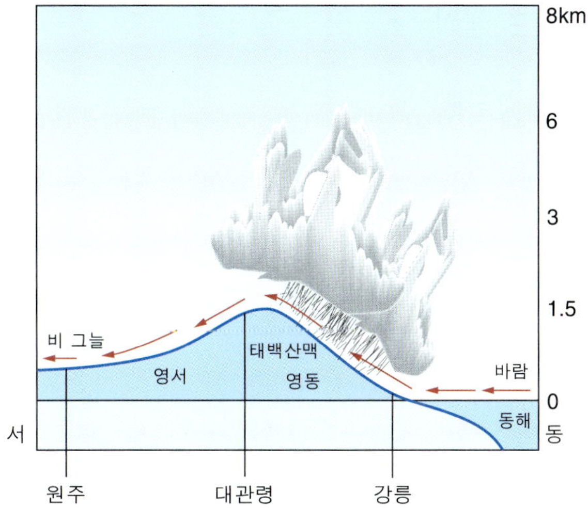

그림 4-4 지형성 구름과 비 그늘

가는 상대적으로 적은 수분을 함유한 공기는 산의 경사면을 따라 내려가면서 단열압축 되어 공기의 온도가 상승하여 포화될 가능성이 낮기 때문이다. 그리고 이로 인해 강수량이 현저하게 적은 지역이 형성되는데 이를 비 그늘(rain shadow)이라고 한다. 그림 4-4와 같이 동해에 불어오는 바람이 태백산맥을 타고 상승하면서 구름이 형성되는 영동지방에는 비가 내리지만 영서지방에는 비 그늘이 형성되어 상대적으로 비가 적게 내리게 된다.

(4) 전선에 의한 치올림

전선(front)은 물리적 성질(온도와 습도)이 다른 두 기단이 만나는 경계를 의미하며, 실제는 두 기단의 전이역(transition zone)이다. 예를 들면 온난기단과 한랭기단이 만나는 경계가 전선이며 전선은 크게 그림 4-5와 같이 한랭전선과 온난전선으로 구분할 수 있다. 한랭전선은 한대지방에 있는 찬 공기가 온난한 공기가 있는 지역으로 이동하면서 형성된다. 이 경우 찬 공기가 온난 공기 아래로 스며들면서 온난 공기를 강제 상승시킨다. 이 공기가 강제 상승을 계속할 경우 단열팽창에 의해 온도가 낮아지면서 응결고도에서 구름이 형성된다. 한편 온난전선에서는 온난한 공기가 찬 공기 위로 상승하면서 단열팽창에 의해 냉각되고 포화 상태에 도달하면서 구름이 형성된다.

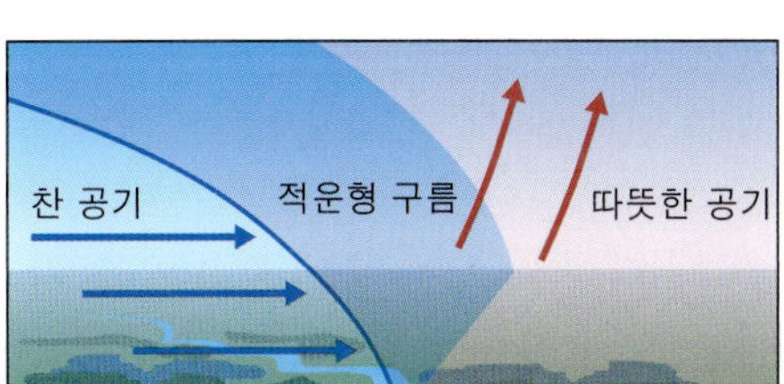

그림 4-5 전선에 의한 구름 형성

4.3 구름 입자의 형성과 성장

(1) 수적과 빙정의 형성

수적과 빙정의 형성은 구름 형성의 첫 단계로서, 수적은 수증기의 응결에 의해서 형성되는 반면에, 빙정은 수증기의 침적(deposition)과 과냉각 수적의 동결에 의해서 형성된다. 이와 같이, 대기 중의 수증기 또는 과냉각 수적이 상(phase)변화에 의하여 작은 수적이나 빙정이 되는 것을 **핵생성(nucleation)**이라고 한다. 일반적으로 상대습도가 100%가 되면 대기 중에서 수증기 응결이 자연적으로 일어나는 것처럼 보이지만, 이것은 대기 중에 응결핵이 있는 경우에만 가능하다. 만일 응결핵의 도움 없이 과포화상태의 순수한 수증기만으로 수적이 형성되려면 상대습도가 적어도 400% 이상 되어야 한다. 수적과 마찬가지로, 수증기의 침적에 의한 빙정의 형성도 상대습도 100%의 조건에서는 대기 중의 빙정핵없이 불가능하다. 또한 구름의 과냉각 수적도 빙정핵에 의한 핵 생성이 일어나지 않을 경우 −40°C까지 상변화 없이 그대로 존재할 수 있는 것으로 알려져 있다.

구름 입자와 강수 입자를 제외한 대기 중에 떠 있는 토양 입자, 해염, 화산 분출물, 자동차와 공장의 굴뚝 등에서 나온 매연 입자, 대기 중에서 광화학 반응을 통해서 만들어진 작은 입자들을 **에어로졸(aerosol)**이라고 한다. 이들 에어로졸 입자들 중에서 응결핵은 해염과 같이 수분을 잘 흡수하는 성질, 흡습성을 가지는 반면에, 빙정핵은 점토 입자, 화분, 박테리아와 같이 수분을 잘 흡수 하지 않는 성질 비흡습성 또는 소수성(hydrophobic)을 가진다. 대기 중의 에어로졸 입자로서 응결핵과 빙정핵의 차이점은 응결핵은 주로 흡습성을 가지는데 비하여 빙정핵은 소수성을 가지며 그 수가 응결핵에 비해서 매우 적다.

에어로졸의 지름은 대체로 0.01~10μm 정도이지만 이보다 더 큰 것도 있다. 지표 부근의 $1cm^3$의 공기 속에 포함된 에어로졸의 수는 시간과 장소에 따라 큰 차이가 있으나, 평균적으로 해양에서는 10^3개cm^{-3}, 대륙에서는 10^4개cm^{-3}, 그리고 대기 오염이 심한 대도시에서는 10^5개cm^{-3} 정도이다. 그러면 이 중에서 구름 응결핵의 수는 얼마나 될까? 실제로 대기 중의 응결핵의 수는 일정하지 않다. 그 까닭은 대기의 상대습도가 높아짐에 따라 응결핵의 역할을 하는 에어로졸의 수가 증가하기 때문이다.

구름에서 실제로 관측되는 상대습도는 대개 101% 이하로, 비교적 낮은 수증기의 과포화상태에서 구름이 형성된다. 상대습도 101%에서 예상되는 응결핵의 수는 해양의 대기 중에서 약 100개 cm^{-3}이고, 대륙의 대기 중에서 약 1000개cm^{-3}로서 이는 전체 에어로졸의 약 10%에 해당한다.

(2) 응결에 의한 수적성장

공기덩이가 상승하면서 단열냉각에 의해 포화가 되면 응결핵을 중심으로 수적이 생성된다. 그러나 응결고도에서 위로 30~40m 정도 상승하면 비록 과포화상태이어도 더 이상 새로운 수

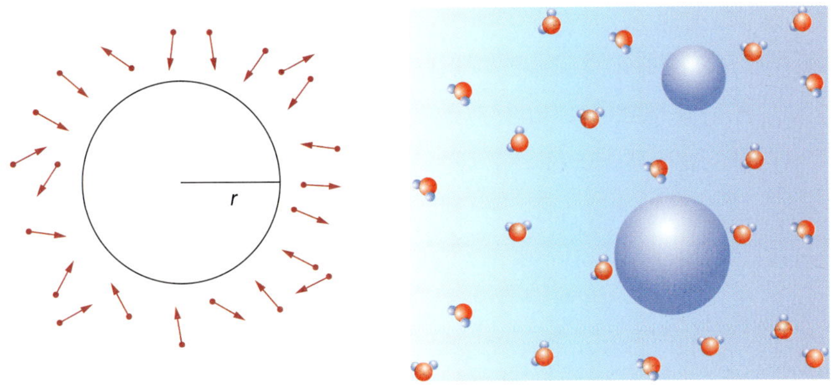

그림 4-6 수증기의 응결에 의한 수적 성장

적이 생성되지 않는다. 그 대신 기존의 수적이 수증기의 확산으로 계속 성장한다. 과포화상태에서 수증기의 확산에 의한 수적의 성장률은 다음과 같이 주어진다.

$$\frac{dr}{dt} \propto \frac{\rho_{v\infty} - \rho_{vr}}{r} \tag{4.4}$$

여기서 r과 t는 각각 수적의 반경과 시간을 나타낸다. 그리고 $\rho_{v\infty}$는 수적 주위의 수증기의 밀도, 그리고 ρ_{vr}은 수적 표면에서 수증기의 밀도를 나타낸다(그림 4-6 참고). 식 (4.4)에서 다음 두 가지를 고려할 수 있다. 첫째는 수적 주위의 수증기의 밀도가 수적 표면의 수증기 밀도보다 큰 경우($\rho_{v\infty} > \rho_{vr}$)로 수적 표면에서 응결이 일어나며 수적이 성장한다. 그 이유는 수증기 분자는 그 밀도가 높은 곳에서 낮은 곳으로 확산되기 때문이다. 한편 수적 표면의 수증기의 밀도가 주위보다 큰 경우 ($\rho_{v\infty} < \rho_{vr}$)에는 수증기의 확산이 수적에서 그 주위로 일어나 수적이 증발한다.

식 (4.4)에서 두 번째로 고려할 수 있는 것은 수적의 생성 초기에는 시간에 따른 응결 성장률(dr/dt)은 수적의 반경에 반비례한다. 따라서 수적형성 초기에는 응결핵의 크기에 따라서 수적의 크기가 다르지만 시간이 지나감에 따라 수적의 크기가 비슷해진다. 이것은 마치 사람이 어른이 되기 이전에 어린 때는 빨리 성장하고 나이가 들수록 성장이 더딘 것과 같다. 그 결과 나중에 나이는 크게 차이나지만 키는 비슷해지는 것과 같다.

구름 수적의 응결 성장에 관한 연구에 의하면 반경 20μm까지는 응결에 의해서 매우 효율적으로 성장하지만 반경 20μm 이상에서는 응결에 의한 수적 성장이 매우 느리다. 그 이유는 수적의 성장률이 r에 반비례하기 때문이다. 그리고 구름 내부가 과포화상태이긴 하지만 수증기량이 제한되어 있어서 많은 수적이 생성 초기와 같이 성장하기에는 충분하지 않기 때문이다. 그렇다면 반경 20μm 정도의 수적이 어떻게 반경 1000μm의 빗방울로 성장할 수 있을까? 강수 발달에 관한 연구 결과에 의하면, 수증기의 응결만으로는 크기 1μm 정도의 응결핵이 구름의 지속 시간 이내에 크기 1mm의 우적으로 성장하는 것은 불가능하며, 우적은 수적간의 충돌에 의한 성장의 결과임이 밝혀졌다. 이에 대한 설명은 다음 절의 강수발달과정에 주어져 있다.

(3) 빙정의 성장과 모양

빙정은 기온이 0°C 이하인 경우 과포화상태에서 수증기의 침적에 의해 형성되지만 그 모양은 온도와 습도에 따라 다르다. 그러나 자세한 모양은 다르지만 공통적인 특징은 그림 4-7과 같이 6각형 구조(hexagonal structure)를 갖는다. 한편 빙정의 성장방정식은

$$\frac{dm}{dt} \propto C(\rho_{v\infty} - \rho_{vr}) \tag{4.5}$$

으로 주어진다. 여기서 m은 빙정의 질량이며 C는 빙정의 모양에 따라 결정되는 빙정의 크기와 형태를 고려한 인자이다. 수적의 응결 성장과 같이 식 (4.5)에서 $\rho_{v\infty} > \rho_{vr}$인 경우에는 빙정이 성장하고, $\rho_{v\infty} < \rho_{vr}$인 경우에는 빙정이 증발하여 크기가 감소한다.

이론적인 연구는 빙정 역시 침적에 의한 성장만으로 강수 입자(눈)로 성장하는 데에는 구름의 생존기간보다 더 긴 시간이 요구됨을 보여준다. 따라서 침적에 의한 성장기구 이외의 다른 성장기구가 필요하다. 침적과정으로 성장한 빙정이 어떻게 강수 입자로 발달하는지에 대해서는 다음 절에 설명되어 있다.

눈의 결정 구조는 그림 4-7에서 보는 바와 같이 매우 아름답다. 프랑스의 철학자이며 수학자인 린네 데카르트(RenéDescartes)는 눈의 결정 구조를 육안으로 관측하여 1637년에 처음으로 상세히 기록하였다. 그 후 17세기 중반에 현미경을 이용하여 로버트 후크(Robert Hooke)가 눈 결정을 관찰하고 스케치하여 육안으로 파악할 수 없는 눈 결정의 복잡하면서도 섬세한 대칭구조를 보여주었다. 그리고 미국의 농부 윌슨 벤틀리(Wilson Bentley)는 1885년 최초의 눈 결정 사진을 찍는데 성공했으며 무려 5000점이 넘는 눈 결정 사진을 남겼다.

처음으로 실험실에서 인공으로 눈 결정을 만든 사람은 일본의 물리학자 우키치로 나카야(Ukichiro Nakaya: 1954)이다. 그는 눈 연구를 통해 눈 결정의 대칭성과 다양성을 이해하는데 커다란 기여를 하였다. 그의 연구는 눈 결정의 기본 유형을 결정하는 1차 요인은 온도이고, 기본 유형에 구조의 복잡성을 일으키는 2차 요인은 수증기의 과포화정도임을 보여 주었다. 예를 들면 그림 4-7에서 6각형의 기본구조를 가진 눈 결정이 판상(plate) 또는 기둥모양(column)으로 성장하는가는 온도에 의해 결정된다. 한편 빙정이 성장시의 주위 습도는 눈 결정의 복잡성과 관계가 있다. 습도가 낮은 경우에는 눈 결정은 단순한 모양으로 나타나지만 습도가 증가할

그림 4-7 빙정의 여러 가지 형태 (Kobayashi and Furukawa, 1991)

수록 눈 결정은 복잡성을 띠면서 아름다움이 더해진다. 따라서 눈 결정의 형태를 보면 그 결정이 성장한 환경, 즉 구름에 관한 정보를 얻을 수 있다.

4.4 강수발달과정

강수발달은 크게 두 가지 과정, 즉 구름 입자간의 충돌 · 병합에 의한 성장과 **베르셰론(Bergeron)**과정으로 구분할 수 있다. 구름 입자간의 충돌 · 병합은 입자의 크기에 따른 낙하속도의 차이에 기인한 것이며, 베르셰론(Bergeron)과정은 과냉각수적과 빙정의 공존하는 층에서 포화수증기압의 차이에 의한 것이다.

4.4.1 온난운의 강수발달

구름 정상부의 기온이 0°C보다 높은 구름을 **온난운(warm cloud)**이라 하는데, 열대 지방이나 여름철 중위도 지방에서 흔히 발달한다. 온난운은 구름 전체가 수적만으로 되어 있으므로 수적간의 충돌 · 병합에 의해서만 우적이 형성된다. 이렇게 형성된 비를 **온난우(warm rain)**라고 하며, 온난우의 발달 과정에 관한 이론인 **병합설(coalescence theory)**은 1950년대에 보웬(Bowen)과 랭뮤어(Langmuir)에 의해 제안되었다. 수적간의 충돌 · 병합과정을 좀 더 자세히 기술하면 다음과 같다.

(1) 수적의 충돌 · 병합

수적의 낙하속도는 정지상태의 대기를 가정할 경우, 주위공기에 의한 부력, 중력, 그리고 공기에 의한 저항력에 의해 결정되며, 이 때 수적의 연직 운동은 뉴턴의 제2법칙에 의하여 다음과 같이 주어진다.

$$m\vec{a} = \vec{F_b} + \vec{F_g} + \vec{F_d} \tag{4.6}$$

여기서 m은 수적의 질량이며, $\vec{a}$는 수적의 가속도이다. 그리고 $\vec{F_b}$는 주위 공기가 수적에 미치는 부력, $\vec{F_g}$는 수적에 미치는 중력, $\vec{F_d}$는 주위 공기가 수적이 운동 중에 작용하는 저항력(drag)을 나타낸다.

식 (4.6)에서 지표 부근의 공기 밀도를 1kgm^{-3}, 물의 밀도를 10^3kgm^{-3}으로 고려하면, 수적에 미치는 부력은 중력의 1/1000이다. 따라서 식 (4.6)에서 수적의 운동을 결정하는 주요인은 중력과 저항력이라 할 수 있다. 수적이 낙하 초기에는 중력이 저항력보다 크므로 수적은 지표를 향해 가속운동을 하게 된다. 이로 인해 수적의 낙하속도도 증가하지만, 낙하속도가 증가함에 따라 저항력도 함께 커진다. 그 결과, 수적의 낙하속도가 어느 정도 증가하고 나면 저항력과 중력이 평형을 이루어 수적의 가속도는 0ms^{-2}이 된다. 이 때, 수적은 일정한 속도로 대기 중에

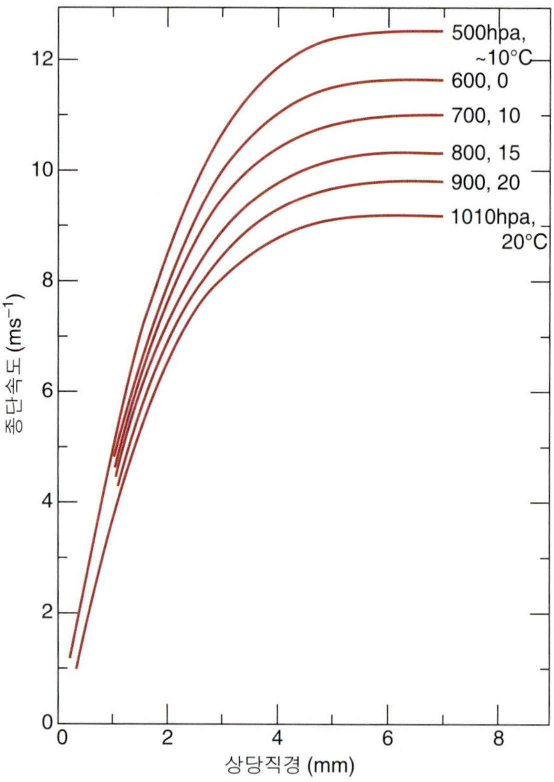

그림 4-8 수적의 상당직경과 종단낙하속도

서 낙하하게 되며, 이 때의 속도를 수적의 종단속도(terminal velocity)라고 한다.

그림 4-8은 수적의 크기에 따른 종단속도의 변화를 보여준다. 그림에서 세로축의 상당직경(equivalent diameter)은 수적의 모양이 구형이 아닌 경우에 그 모양을 구형으로 가정했을 때의 수적의 직경이다. 수적과 강수 입자의 종단속도가 그림 4-8에서 보는 바와 같이 직경에 따라 크게 다른 까닭은, 수적에 미치는 공기의 저항력이 수적의 크기와 모양에 따라 다르기 때문이다.

크기가 다른 구름 입자들에 대한 종단속도를 그림 4-9에서 비교해 보면 흥미로운 점을 알 수 있다. 종단낙하속도가 가장 작은 것은 수적을 형성하는 응결핵이다. 응결핵은 매우 작아서 감지할 수 없을 정도의 속도로 낙하한다. 좀 더 큰 입자인 구름방울은(강수로 낙하하지 않는) 보통 반경이 대략 10~50μm이며, 이 입자의 낙하속도는 대략 1~25cms^{-1}이다. 이와는 대조적으로 그림에서 훨씬 더 큰 빗방울의 낙하속도는 650cms^{-1}로 구름방울보다 25배나 빠르다.

지금까지는 정지상태의 대기에서 수적의 운동을 살펴보았다. 그러면 대기 중에 상승기류가 존재할 경우 수적이나 우적의 운동은 어떻게 되는지 알아보자. 상승기류가 수적에 미치는 힘의 방향은 중력의 방향과 정반대이므로 상승기류는 수적의 하강 운동을 감소시킨다. 따라서, 상승기류(w_a)가 존재할 경우 수적의 낙하속도(V_f)는 아래의 식으로 주어진다.

$$V_f = V_t - w_a \tag{4.7}$$

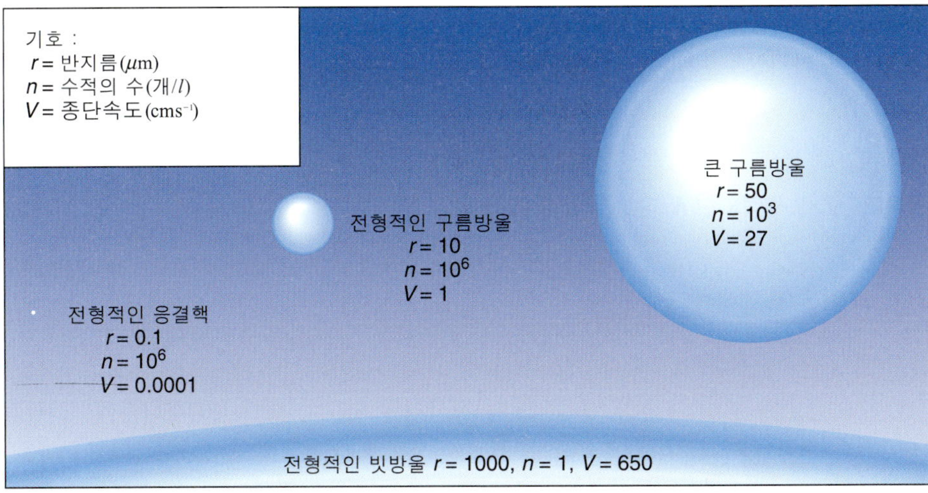

그림 4-9 구름 입자의 전형적인 크기

여기서 V_t는 수적의 종단속도를 나타낸다. 식 (4.7)에 의하면 종단속도가 상승기류의 속도보다 클 경우에는 수적은 낙하하지만, 이와 반대로 상승기류의 속도가 종단속도보다 클 경우에는 수적은 오히려 상승함을 알 수 있다. 따라서, 구름이 떠 있을 수 있는 것은 대기 중에 항상 상승기류가 존재하기 때문이다.

강수의 발달에 관한 연구 결과에 의하면, 수증기의 응결만으로는 크기 1μm 정도의 응결핵이 현재 관측에서 알려진 구름 형성에서 강수발달까지의 시간(대략 30분) 이내에 크기 1mm의 우적으로 성장하는 것은 불가능하며, 이론적으로 우적은 수적간의 충돌에 의한 성장의 결과임이 밝혀졌다.

온난운의 수적성장 과정은 수증기의 응결과 수적간의 충돌에 의한 2단계로 구분되며, 각 단계에서 수적의 성장률은 수적의 크기와 매우 밀접한 관계가 있다. 일반적으로 수적의 반지름이 20μm보다 작은 경우에는 수증기의 응결에 의한 성장이 수적 간의 충돌 · 병합에 의한 성장을 능가하는 반면, 수적의 반지름이 20μm보다 큰 경우에는 충돌 · 병합에 의한 성장이 응결에 의한 성장을 능가하는 것으로 알려져 있다. 따라서 온난운에서 우적이 형성되려면 먼저 반지름이 20μm 이상 되는 수적이 형성되어야 한다.

큰 수적(반지름: r_2)과 작은 수적(반지름: r_1)이 공존하는 구름에서 수적간의 충돌에 의해 작은 수적이 큰 수적에 병합될 경우, 시간(t)에 따른 큰 수적의 반지름의 증가, 즉 큰 수적의 성장률(dr_2/dt)은 큰 수적의 낙하속도(U_2)와 작은 수적의 낙하속도(U_1)의 차(U_2-U_1)에 비례하며 다음과 같이 나타낼 수 있다.

$$\frac{dr_2}{dt} \propto A\,(U_2 - U_1) \tag{4.8}$$

여기서 A는 큰 수적과 작은 수적의 크기를 고려한 충돌 단면적으로 $A = \pi(r_1 + r_2)^2$이다. 구름에서 우적이 효과적으로 단시간 이내에 형성되려면 작은 수적에서 큰 수적에 이르는 수적 크기 분포의 폭이 넓어야 한다. 그 까닭은 그림 4-8에서 보는 바와 같이, 수적의 낙하속도는 그 크기에 따라 달라지므로 수적의 크기 분포의 폭이 넓을수록 단시간 내에 우적의 형성이 가능하기 때문이다. 열대 해양성의 온난운은 구름이 생긴지 30분 이내에 강수가 시작되는 경우가 많이 있는데, 그 원인은 해양성 구름에서 수적의 크기 분포의 범위가 대륙성 구름에서 보다 크기 때문인 것으로 해석되고 있다.

4.4.2 혼합운의 강수발달

구름의 정상부의 온도가 0°C보다 낮은 구름을 그림 4-10과 같이 두 가지 유형으로 나눌 수 있다. 그림 4-10(a)와 같이 구름의 기저온도와 정상부의 온도가 함께 0°C보다 낮은 구름을 **한랭운 또는 찬구름(cold cloud)**이라고 하며, 구름의 정상부의 온도는 0°C보다 낮으나 기저온도가 0°C보다 높은 구름을 덜찬구름 또는 **서늘구름(cool cloud)**이라고 한다. 찬구름과 서늘구름에서는 일반적으로 0°C 고도 이상의 구름층에서 과냉각수적과 빙정이 공존하며, 이와 같은 구름을 혼합운(mixed cloud)이라고 한다.

서늘구름은 일반적으로 중위도와 고위도 지방에서 발달하는 구름으로, 그 하부는 수적으로 되어 있고 상층은 주로 빙정으로 되어 있으며, 그 중간층에는 과냉각 수적과 빙정이 공존한다. 서늘구름의 경우 수적으로 구성된 0°C 고도 이하의 구름층이 두터운 경우에는 온난우가 발달할 수 있다. 한편 서늘구름에서 0°C 고도 이하의 구름층이 얇은 경우에 강수 발달은 베르셰론(Bergeron)과정과 구름 입자간의 충돌과정으로 설명할 수 있다.

(1) 베르셰론 과정

서늘구름의 강수발달 과정을 설명하는데 이용되는 베르셰론(Bergeron)과정을 빙정과정(ice-crystal process)이라고도 한다. 빙정과정을 이해하기 위하여 먼저 그림 4-11을 이용하여 다음과 같은 실험을 고려하자. 그림 4-11(a)와 같이 상자가 칸막이로 분리되어, 양쪽 부분의 공기가 서로 통하지 않는 상태에서 오른쪽 칸은 −10°C의 과냉각수에 대하여 수증기로 포화되어 있고, 왼쪽 칸은 −10°C인 빙정에 대하여 포화되어 있다고 가정하자. 이 경우 그림 4-11에 의하면, 오른쪽 칸의 포화수증기압은 약 2.86hPa이고, 왼쪽 칸의 포화수증기압은 약 2.59hPa로서,

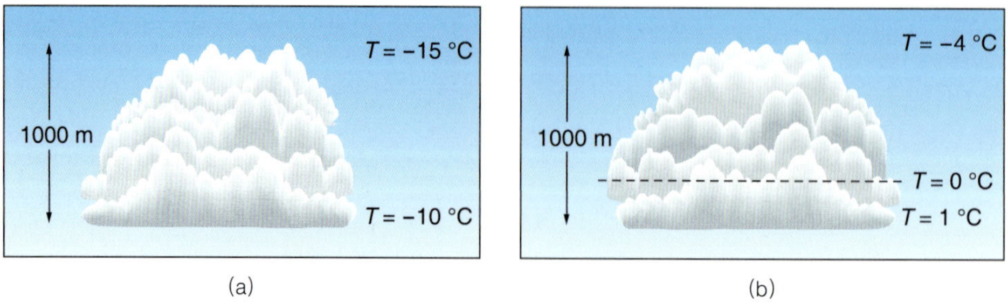

그림 4-10 찬구름(a)과 서늘구름(b)

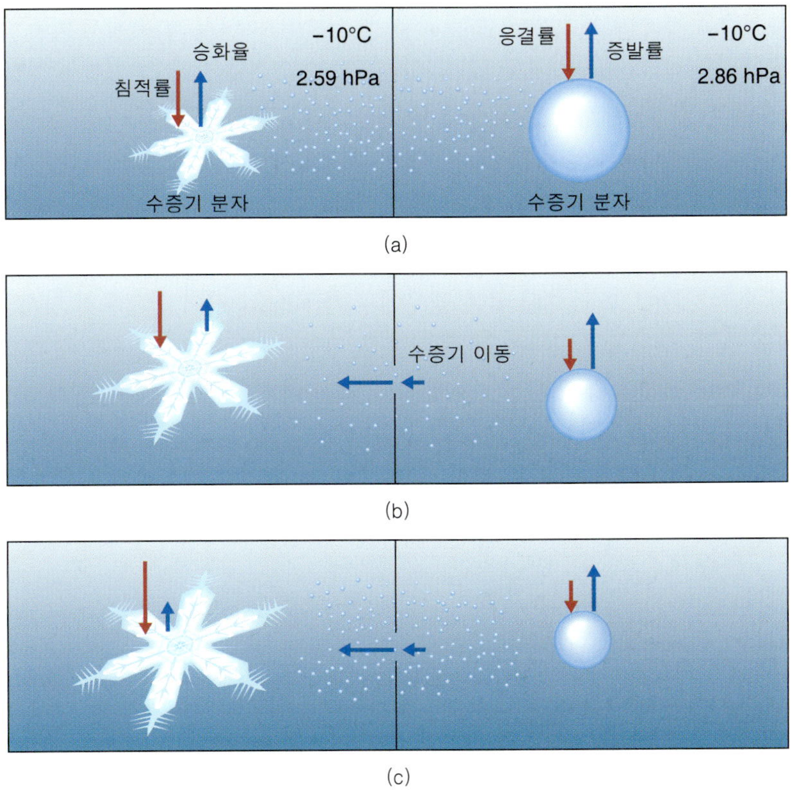

그림 4-11 베르셰론(Bergeron) 과정에 의한 빙정의 성장

오른쪽 칸의 수증기압이 오른쪽 칸보다 0.27hPa 높다. 따라서 그림 4-11(b)와 같이 칸막이에 작은 구멍을 내어 양쪽 칸의 공기가 서로 통하도록 하면, 수증기는 포화수증기압이 높은 곳에서 낮은 곳으로, 즉 과냉각수에서 빙정 쪽으로 이동하게 된다. 그 결과, 얼음이 있는 왼쪽 칸은 수증기의 과포화상태가 되어 얼음 표면에서 수증기의 침적(deposition)으로 인해 얼음은 차츰 커지는 반면, 과냉각수가 있는 오른쪽 칸은 수증기의 이동으로 인하여 불포화상태가 되며 이로 인해 과냉각수는 계속 증발하여 물이 줄어들게 된다. 이 과정을 과냉각수과 빙정이 공존하는 구름에 적용하면, 과냉각 수적은 그 표면에서 물의 증발로 인하여 그 크기가 차차 작아지는 반면, 빙정은 그 표면에서 수증기의 침적으로 인하여 계속 성장하게 된다.

수증기의 침적으로 인한 빙정의 성장은 일반적으로 매우 약한 강수를 일으키는 정도이다. 빙정이 성장함에 따라 빙정의 질량 증가는 구름 속에서 낙하하면서 수적이나 다른 빙정들과 충돌을 일으킨다. 충돌은 빙정의 성장률을 급격히 가속시키는 두 가지 중요한 과정들은 상고대화(riming)와 부착(aggregation)이다.

(2) 상고대화 및 부착에 의한 성장

한랭운의 입자간에 충돌에 의한 강수발달 과정은 상고대화(riming)와 부착(aggregation)이며, 성장 방정식은 입자간의 속도 차이에 의한 것으로 식 (4.8)와 비슷하다. 상고대화는 빙정이 구름 속에서 떨어질 때 과냉각 수적과 충돌한 후에 과냉각 수적이 빙정 위에서 얼어 버리는 현상을 말하며 결착(accretion)이라고도 한다. 상고대화는 빙정을 급속히 성장시키며, 이로 인해 낙하속도가 증가하여 상고대화를 더욱 증진시킨다.

부착(aggregation)은 두 개의 빙정이 충돌하여 합쳐져서 더 큰 빙정을 형성하는 것이다. 부착은 빙정의 표면이 건조한 경우보다 물로 얇게 피복(coating)되어 있을 때 쉽게 일어난다. 이러한 물의 피복(water coating)은 구름의 온도가 0°C보다 그리 낮지 않을 때 일어날 가능성이 높다. 따라서 운저가 0°C 고도 보다 낮은 경우에 부착(adhesion)이 한랭운의 강수발달에 매우 중요한 역할을 한다. 따라서 큰 눈송이가 초겨울 눈처럼, 따뜻할 때 더 자주 생길 가능성이 높다. 상고대화와 부착은 빙정에 수증기의 침적보다 훨씬 빨리 빙정을 성장시킨다. 이러한 세 가지 과정의 결합(빙정과정, 상고대화, 부착)으로 초기 빙정 형성 후 약 30분 이내에 고체상태의 강수입자가 만들어지게 된다.

4.5 강수유형과 강수측정

열대 지방에서 강수는 비의 형태로 나타나지만 중위도 지방에서는 강수 입자가 낙하하면서 통과하는 곳의 온도와 습도의 연직분포에 따라 고체 혹은 액체 상태로 나타난다. 강수측정은 강수량과 강수강도를 추정하기 위해서 반드시 필요하며 여러 가지 측기가 이용된다.

4.5.1 강수유형

비(rain)

구름에서 떨어져 지상에 도달하는 물방울을 빗방울이라고 한다. 그러나 대기과학에서 비는 직경이 0.5mm 이상인 수적을 말하며, 이보다 작은 것은 이슬비(drizzle)라고 한다. 빗방울의 크기는 대부분의 경우 5mm 이하이다. 그 이유는 빗방울의 형태를 유지하는 것은 물의 표면장력과 빗방울이 낙하하는 도중에 표면에 작용하는 공기 저항력이 균형을 이룰 때이다. 그러나 빗방울이 낙하 도중에 공기에 의한 저항력이 표면장력을 능가하게 되면 큰 수적이 여러 개의 작은 수적으로 분열된다. 분열된 작은 수적은 다시 충돌 · 병합 과정에 의해 성장한다. 한편 낙하 중인 수적이 구름을 떠나 불포화상태의 대기를 통과하게 되면 수적의 표면에서 계속 증발이 일어나고, 이로 인해서 수적의 크기는 감소한다. 이 과정에서 수적이 지표에 도달하기 전에 완전히 증발하게 되면 꼬리구름(virga)를 형성한다(그림 3-19 참고).

빗방울의 모양이 눈물처럼 생겼다고 생각하는 경우가 있다. 그러나 실제로 작은 빗방울의 모양은 구형이다. 그러나 빗방울이 점점 커지면서 낙하속도가 증가하게 되면 낙하하는 아랫부분에 저항력이 커진다. 그 결과 빗방울은 밑면은 평편하고 윗면이 구형에 가까운 모양으로 되어 전체 모양은 타원과 거의 비슷하게 된다.

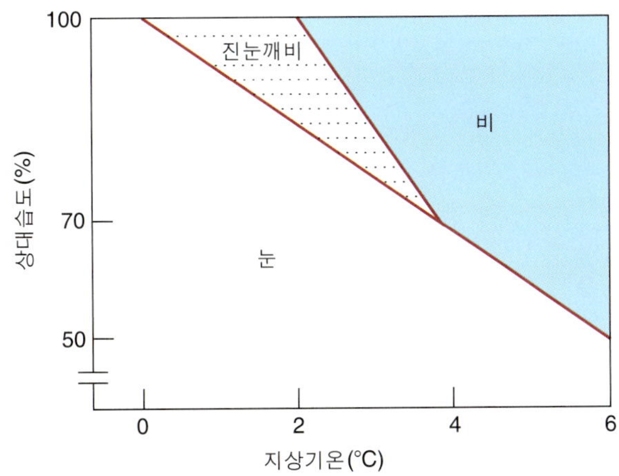

그림 4-12 강수 입자상의 판별 다이어그램

눈(snow)

구름에서 성장한 얼음 입자가 낙하하여 지면에 도달한 것을 눈이라고 한다. 눈은 크게 눈송이(snow flake)와 싸락눈(graupel)으로 나눌 수 있다. 눈송이는 빙정과 빙정간이 충돌 · 부착에 의하여 성장한 얼음 입자로 수십 개의 빙정으로 이루어져 있다. 한편 싸락눈은 상고대화에 의하여 형성되며 직경은 5mm 정도이고 낙하속도는 약 2.5ms^{-1}이다. 싸락눈은 강수의 한 형태로 지상에 내리기도 하지만 우박의 핵으로 작용할 수도 있다.

눈은 지상기온이 0°C인 경우에는 녹아서 비로 된다고 생각할 수 있다. 그러나 실제 관측에 의하면 주어진 온도에서 상대습도가 낮을수록 눈이 될 가능성이 높다. 그림 4-12는 일본에서 관측 자료를 분석하여 얻은 강수유형이 기온과 상대습도에 따른 분포이다. 그림에 의하면 기온과 상대습도에 따라서 눈 입자가 녹아서 비가 되거나 진눈깨비가 된다. 수치예보 자료(지상기온, 상대습도)를 이 다이어그램에 적용하면 지상에서 강수 유형을 결정할 수 있다.

우박(hail)

우박은 둥근 공 모양 또는 불규칙한 모양을 한 직경 2mm 이상인 고체 상태의 강수 입자로 항공기, 농작물, 가축과 인명 등에 커다란 피해를 준다. 우박은 강한 상승기류와 많은 구름 액체수량(liquid water content)을 가진 적란운에서 형성된다. 강한 상승기류는 우박이 구름 속에 장시간 떠 있으면서 성장할 수 있도록 하는 역할을 한다. 그리고 많은 액체수량은 단시간에 싸락눈에서 우박으로 성장할 수 있도록 해준다. 우박의 크기는 보통 1cm(큰 콩알)~5cm(골프공) 정도이지만, 크기가 20cm 이상 되는 것도 관측된다. 우박이 지상에 떨어질 때 큰 피해를 주는 것은 빠른 낙하속도 때문이다.

표 4-1에서 보는 바와 같이 직경이 3cm인 우박의 종단낙하속도는 35ms^{-1}(시속 126km)이다. 따라서 사람이나 가축이 우박을 맞게 되면 목숨을 잃을 수 있다. 우박의 단면을 살펴보면

표 4-1 우박의 종단속도

$$v_t = 20\sqrt{r} \quad (r : \text{cm},\ v_t : \text{ms}^{-1})$$

반경(cm)	종단속도(ms^{-1})
0.1	6
1.0	20
2.0	28
3.0	35

그림 4-13 성장과정을 보여주는 우박의 단면도

그림 4-13과 같이 투명한 층과 우윳빛 층이 동심원 구조로 번갈아 나타난다. 우박의 이와 같은 구조는 우박 표면에서 과냉각수의 결빙속도로 설명할 수 있다. 우박은 구름 속에서 상승과 하강을 번갈아 하면서 과냉각 수적과 충돌 · 성장한다. 이 과정에서 두 가지 경우를 고려할 수 있다. 0°C보다 매우 낮은 구름 상부에서 과냉각수적이 우박과 충돌 시에는 과냉각수적이 급속히 동결한다. 그 결과 얼음층의 기포에 있는 공기가 미쳐 빠져 나가지 못하여 그대로 남게 되고, 이로 인해 불투명한 우윳빛 층이 형성된다. 한편 온도가 상대적으로 "높은" 하부에서는 과냉각수적이 우박 표면에 퍼지면서 천천히 얼음으로 바뀐다. 그 결과 얼음 층에 기포가 형성되지 않아서 얼음은 투명한 층이 된다.

진눈깨비와 어는 비

진눈깨비(sleet)는 빗방울이 동결해서 형성된 반투명의 구형의 얼음 입자이다. 진눈깨비는 그림 4-14와 같이 구름에서 낙하할 때는 눈송이지만 온도가 0°C보다 낮은 층을 통과하면서 동결되어 형성된다. 진눈깨비가 형성되려면 그림 4-14에서 보는 바와 같이 빗방울이 상층보다 더 차가운 지표부근의 대기층을 통과해야 하므로 지상에 역전층이 형성되어 있어야 하며 이는 보통 온난전선의 존재와 관련이 있다.

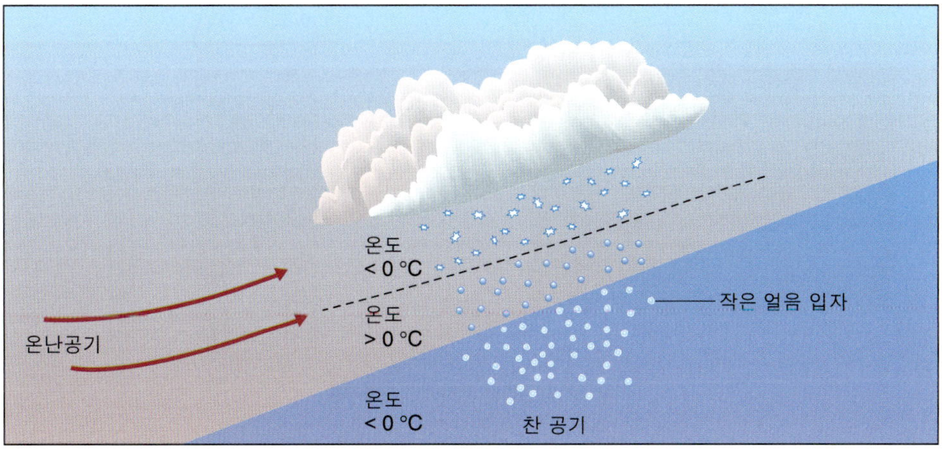

그림 4-14 기온분포와 진눈깨비의 형성

어는 비(freezing rain)는 과냉각수적으로 이루어진 약한 비나 이슬비가 0°C 이하의 대기층을 통과하여 지표에 내리면서 시작된다. 빗방울이 지표에 부딪히면, 표면에 수막(water film)이 형성된다. 그리고 잠시 후에는 수막이 미끄러운 얼음으로 바뀐다. 따라서 어는 비가 철도 위에 내릴 때는 마찰력의 감소로 아주 위험한 상황을 초래한다. 그리고 얼음의 무게가 누적되면 가는 나무 가지와 전화선, 전선이 갑자기 무게를 견딜 수 없어서 끊어지고 땅으로 떨어진다. 실제로 어는 비는 수백 km^2에 걸쳐 교통, 통신을 마비시킬 수 있다.

4.5.2 강수의 측정

강수는 크게 강우(비)와 강설(눈)로 구분하여 측정한다. 실제로 강우나 강설을 측정하는 기구에는 여러 유형이 있으며 모두 장 · 단점을 가지고 있다.

(1) 강우 측정

- **우량계**: 강우는 보통 우량계(rain gauge)로 측정한다. 우량계의 규격은 일정하지 않으며 세계기상기구(WMO)가 권고한 기준의 범위 내에서 각 나라마다 표준 우량계를 제작하여 강우를 측정하고 있다. 현재 한국기상청이 정한 **원통형 표준 우량계**는 물받이 입구 지름이 20cm, 표면적이 314cm^2, 전체높이 60cm, 저수통 높이가 40cm이다(그림 4-15). 한편 세종 23년(1441년)에 발명한 세계 최초의 측우기는 원통형 우량계로서 그 당시로는 최첨단 우량계이다.

  원통형 우량계에 의한 강우 관측은 가장 원시적인 방법으로 강우 시작과 종료 시각을 직접 눈으로 관측해야 한다. 따라서 무인 관측이나 원격 자동 관측이 불가능한 것이 단점이긴 하지만 적은 비용으로 정확한 우량의 관측 값을 얻을 수 있는 것이 장점이다.

  전도형 우량계(tipping-bucket gauge)는 원통형 우량계와 같이 빗물이 깔때기를 통해 집수(集水)되지만 깔때기를 통과한 빗물은 한 쌍으로 된 삼각형 모양의 두 개의 전도 용기(tipping bucket) 중 하나에 모인다. 이 용기, 즉 버켓(bucket)에 일정한 양의 물이 채워지

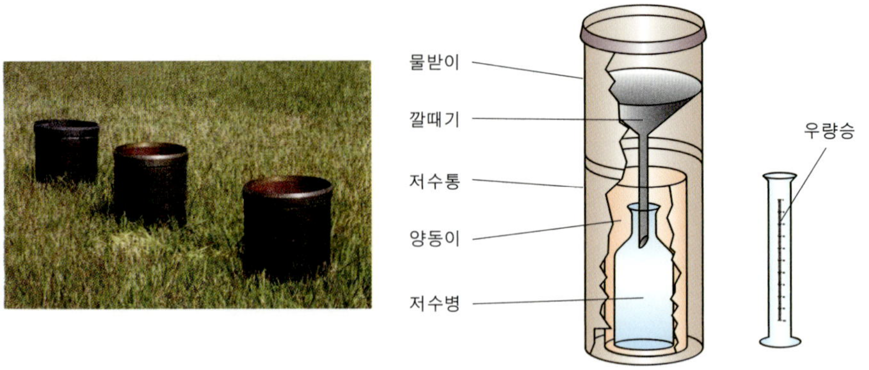

그림 4-15 **원통형 우량계와 내부구조**

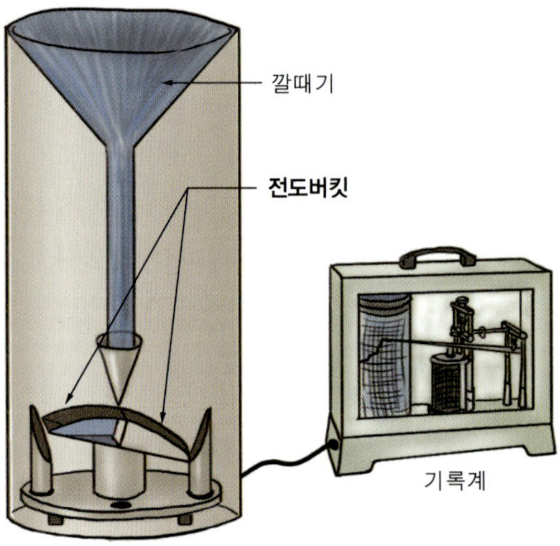

그림 4-16 **전도형 우량계**

면 빗물의 무게에 의해서 기울어지면서 물이 쏟아져 용기가 비게 된다. 그리고 이어서 비어 있던 다른 용기가 바로 세워 지면서 빗물이 다시 채워진다(그림 4-16).

전도형 우량계는 축을 중심으로 용기가 기울어질 때마다 컴퓨터에 전류를 유도하여 용기가 기울어진 시간을 정확히 기록한다. 따라서 단위 시간당 용기가 기울어진 횟수와 전도 용기의 용량을 이용하면 강우 강도를 산출할 수 있다. 따라서 전도형 우량계는 원격 관측에 이용되는 장점이 있지만 많은 강수시 강수 유실이 있다는 것이 단점이다. **저울형 우량계(weighting-bucket rain gauge)**는 전도형 우량계와 마찬가지로 새로운 강우량의 합산을 항상 기록한다. 이 우량계는 우량계에 모여진 강우의 무게를 높이로 환산하여 강우량을 측정한다.

그림 4-17 관측노장에 설치된 적설판

(2) 강설관측

강설량 측정은 두 가지 방법으로 이루어진다. 하나는 지면에 쌓인 적설량의 깊이를 측정하는 방법과 다른 하나는 일정시간에 쌓인 눈을 모두 녹였을 때 물의 깊이에 해당하는 눈의 높이와 물당량(water equivalent)으로 나타낸다. 강설에 의한 강수량 추정은 우량계를 이용한 강우량 측정보다 정확도가 훨씬 낮다. 그 이유는 적설은 눈 자체의 무게에 의해 눈이 다져질 뿐만 아니라 지표복사 등으로 그 일부가 녹을 수 있고 그리고 지면에 쌓인 눈의 깊이는 바람과 지형의 영향으로 균일하지 않고 위치에 따라 다르기 때문이다. 따라서 현재 기상청에서는 그림 4-17과 같이 노장에 3개의 적설판을 설치하여 눈의 깊이를 측정하고 이를 평균하여 눈의 깊이를 나타낸다. 물당량에 의한 강수량은 표집한 눈을 녹이거나 또는 눈과 물을 일정한 비율(대략 10:1)로 환산하여 추정한다.

최근 기상청에서는 초음파 적설관측기를 이용하여 적설의 높이를 산출하고 있다. 초음파 적설관측기의 원리는 초음파를 발사한 후 눈의 표면에서 반사되어 되돌아오는 시간을 측정하여 적설의 높이를 측정한다. 초음파의 속도는 0°C일 때 331.45ms^{-1}이다. 초음파 적설관측기는 직접관측이 어려운 산악지역 등에 설치하여 안정적인 관측을 하는데 유용하다.

4.5.3 기상레이더

광범위한 지역에 비나 눈에 의한 강수량을 측정하는데 기상레이더가 이용되고 있다. 기상레이더(weather radar)는 강력한 전파의 펄스(pulse)를 방사한 후 구름 입자나 강수 입자에 의해 산란되어 되돌아오는 전파를 수신하며, 이를 레이더 에코(echo)라고 한다. 그리고 수신한 에코를 분석하여 강수강도에 이용되는 레이더 반사도 인자(radar reflectivity factor)와 강수 입자의 도플러 속도를 측정한다.

기상레이더 관측을 통한 강우강도의 측정은 다음의 레이더 반사도 인자(Z)와 지상우량계의 강우강도(R)의 관계식, 즉 $Z-R$ 관계식을 이용한다.

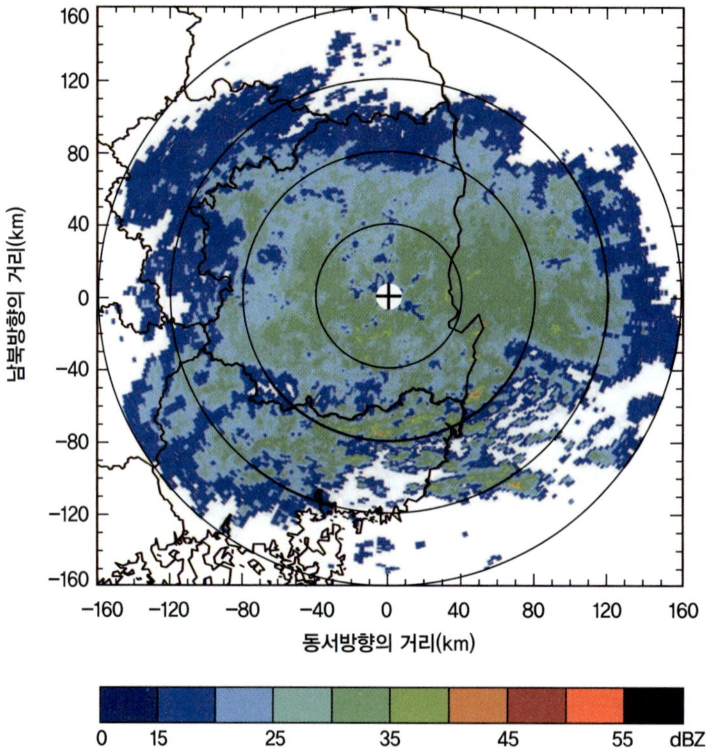

그림 4-18 레이더 반사도인자의 영상(관측고도각 0.5°). 원의 중심은 레이더의 위치를 표시한다.

$$Z = aR^b \tag{4.9}$$

여기서 a와 b는 레이더 반사도 인자와 지상 강우강도의 관측치를 통계적으로 처리하여 얻어지는 상수이다. Z의 단위는 mm^6m^{-3}이며, R의 단위는 mm^{-1}이다. 실제 기상레이더 관측에서는 Z는 그림 4-18과 같이 dBZ 값으로 주어지며, Z의 값을

$$Z(\text{dBZ}) = 10\log Z(\text{mm}^6\text{m}^{-3})^{-1} \tag{4.10}$$

와 같이 상용대수를 취한 후 무차원의 dBZ 값으로 나타낸다. 기상레이더 관측에서 Z의 크기를 에코(echo)강도라고 한다. 보통 강우의 경우 Z 값은 강우강도에 따라 증가하며, 그 범위는 통상적으로 20~50dBZ이다(그림 4-18 참고).

기상레이더에 의한 강수량 측정은 산악지방, 해양 또는 직접으로 우량계를 이용한 직접적인 강우관측이 어려운 지역의 강우량을 측정하는데 매우 유용하다. 그러나 원격탐사에 의한 간접적 측정이므로 많은 측정오차가 있으며, 이를 줄이기 위하여 많은 연구가 진행되고 있다.

4.6 구름과 대기의 광학 현상

자연에서 보는 무지개, 저녁노을, 그리고 햇무리 등 아름다운 현상은 모두 빛에 의한 것이다. 이외에도 신기루, 광환(corona), 별의 반짝임 등 많은 광학적 현상들이 대기 중에 나타난다.

4.6.1 빛의 성질

전자기파의 스펙트럼 중에서 우리 눈이 감지할 수 있는 부분을 빛(light)이라고 한다. 빛은 굴절, 반사, 분산, 회절 등의 특성을 가지며 이로 인해 대기 중에서 여러 가지 광학적 현상을 만들어 낸다. 여기서는 대기에 의한 현상과 수적과 빙정에 의한 현상으로 구분하여 대기의 광학 현상을 기술한다.

(1) 대기에 의한 현상

빛이 한 매질에서 성질이 다른 매질로 들어갈 때 빛의 속력이 변하기 때문에 나타나는 현상을 굴절이라고 한다. 봄날 아지랑이나 별의 반짝임 그리고 물이 담긴 컵 속에 연필을 넣고 밖에서 보면 연필이 굽어보이는 현상은 모두 빛의 굴절에 의한 현상이다. 빛이 굴절률은 물질에 따라 다르며 다음과 같이 정의한다.

$$n = \frac{c}{v} \tag{4.11}$$

여기서 c는 빛의 진공에서의 속도이고 v는 매질에서의 빛의 속도이다. 해수면 부근에서 대기의 굴절률은 약 1.0003이다. 이것은 빛의 속도가 진공에서 보다 대기 중에서 0.03% 작다는 것을 의미한다. 대기의 굴절률은 대기의 밀도, 온도, 수증기량에 따라 달라진다.

그림 4-19는 밀도가 작은 매질에서 밀도가 큰 매질로 빛이 통과할 때의 굴절을 보여 준다.

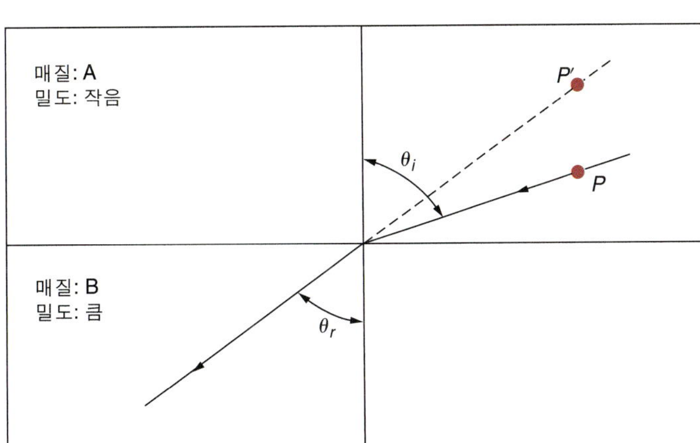

빛의 굴절 (θ_i: 입사각, θ_r: 굴절각)

그림 4-19 매질의 밀도 차이에 의한 빛의 굴절

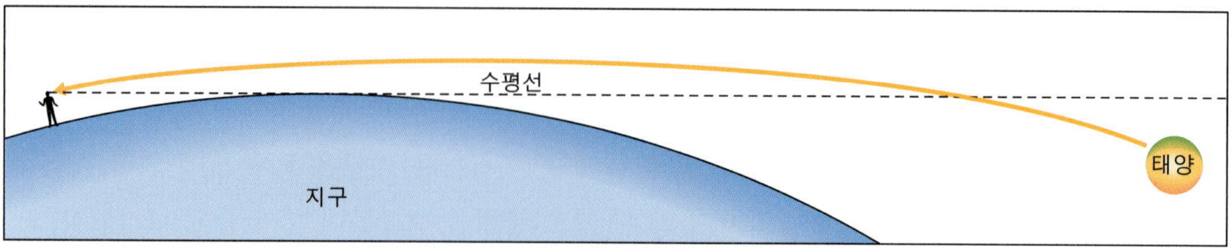

그림 4-20 **빛의 굴절이 일출과 일몰에 미치는 영향**

그림에서 보면 굴절각(θ_r)이 입사각(θ_i)보다 작다. 그 결과 밀도가 큰 아랫부분에 있는 사람이 보면 실제로 점 *P*에 있는 물체는 굴절된 빛의 연장선(점선) 상의 *P'*에 있는 것처럼 보인다. 일반적으로 대기의 밀도는 지표에서부터 높이가 증가할수록 지수 함수적으로 감소한다. 따라서 그림 4-19와 같은 현상이 일어난다. 예를 들면 지평선 부근에 있는 별이 실제보다 더 높이 떠 있는 것처럼 보인다. 한편 별이 반짝이는 것은 두 가지 이유 때문이다. 첫째는 별이 너무 멀리 있어서 하나의 점광원(point light source)으로 보이며, 둘째는 대기의 난류 때문이다. 대기의 불안정으로 형성되는 난류로 인해 온도와 밀도가 다른 대기층이 여러 개 나타난다. 그 결과 별빛이 이러한 대기층을 통과하면서 방향에 따른 굴절률의 변화로 우리 눈에 도달하는 빛의 양이 짧은 순간에도 계속 변한다. 이러한 현상을 별의 반짝임(twinkling) 또는 섬광(scintillation)이라고 한다. 행성들은 별과 같이 점광원이 아니므로 반짝이지 않는다. 대기의 굴절로 인해 태양은 대기가 없을 때보다 아침에 더 일찍 뜨고 저녁에 더 늦게 진다. 그 이유는 그림 4-20에서 보면 태양은 지평선 보다 밑에 있다. 따라서 대기가 없다면 일몰 상태이지만, 대개의 굴절로 인해 태양은 지평선 위에 있는 것처럼 보인다.

일출과 일몰시에 태양이 붉게 보이는 것은 태양의 고도가 낮아서 정오 때보다 우리 눈에 오는 빛이 더 두꺼운 대기층을 통과하기 때문이다. 대기 중에서 공기 입자에 의한 레일리 산란(Rayleigh scattering)은 단파장의 보라색, 청색, 녹색 등을 장파장의 오렌지색, 적색보다 더 많이 제거한다. 그 결과 일출과 일몰시에 우리 눈에 도달하는 빛은 대부분 오렌지색과 적색이며, 이로 인해서 태양은 붉게 보인다.

- **신기루(mirage):** 신기루는 대기 중에서 빛의 비정상적인 굴절로 인해 물체의 상이 물체보다 상방 또는 하방으로 위치가 달라지며, 상은 굴절의 정도에 따라 바로 선 상이나 거꾸로 된 상이 나타나는 현상이다. 신기루에는 아래 또는 하방 신기루(inferior mirage)와 위 또는 상방 신기루(superior mirage)가 있다. 아래 신기루는 그림 4-21(a)와 같이 지표 바로 위에 있는 대기 최하층의 가열된 공기로 인해 급격한 연직 기온감률을 가지는 경우에 발생하며 물체의 높이가 실제보다 낮게, 거꾸로 보인다. 상이 거꾸로 보이는 이유는 그림 4-21(b)에서와 같이 강한 굴절이 있는 경우 나무 꼭대기에서 반사된 일부 빛이 지표 부근의 매우 뜨거운 대기층을 통과하여 지면 부근에서 위로 굴절한 빛이 우리 눈으로 들어오기 때문이다. 한편 그림 4-21(b)에서 나무 꼭대기에서 반사된 빛의 일부는 대기의 약한 굴

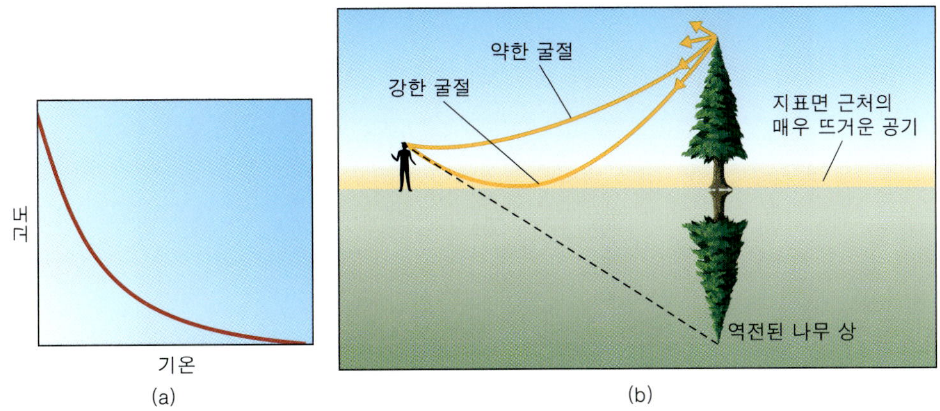

그림 4-21 아래 신기루 형성시의 기온 분포와 물체의 상

절 층을 통과하는 경우에는 지면 부근에서 위로 굴절이 일어나지 않는다. 그 결과 이 빛은, 그림 4-21에는 주어져 있지 않지만, 선 실제 나무의 바로 선 상을 보여준다. 이로 인해서 관측자는 바로 선 나무의 실제 영상과 그 아래 거꾸로 된 나무의 상을 함께 볼 수도 있다.

위 신기루는 그림 4-22(a)와 같이 지상 역전층이 형성되어 있거나 지표부근에서 고도에 따른 기온감률이 통상적인 경우보다 더 작게 감소할 경우 발생하며 그 모양은 아래 신기루보다 복잡하다. 그림 4-22(b)는 위 신기루 형성을 보여주는 한 예로서 그림에서 보는 바와 같이 물체의 상이 지면에 있는 물체보다 위에 위치하며 역전되어 있다. 상이 역전되어 나타나는 이유는 나무의 최하부와 최상부에 반사된 빛의 두 경로가 도중에서 교차하면서 위, 아래가 바뀌었기 때문이다. 이로 인해 관측자가 보는 물체의 상은 실제 물체보다 더 높은 곳에 위치한다. 한편 대기의 연직 온도분포가 복잡한 경우에는 물체의 상이 일부는 바로 서 있고, 일부분은 역전되어 보이는 경우가 있다. 이 경우에는 그림 4-23과 같이 성채(castle)와 같은 복잡한 위 신기루를 만드는데, 이를 파타 모르가나(Fata Morgana)라고 한다.

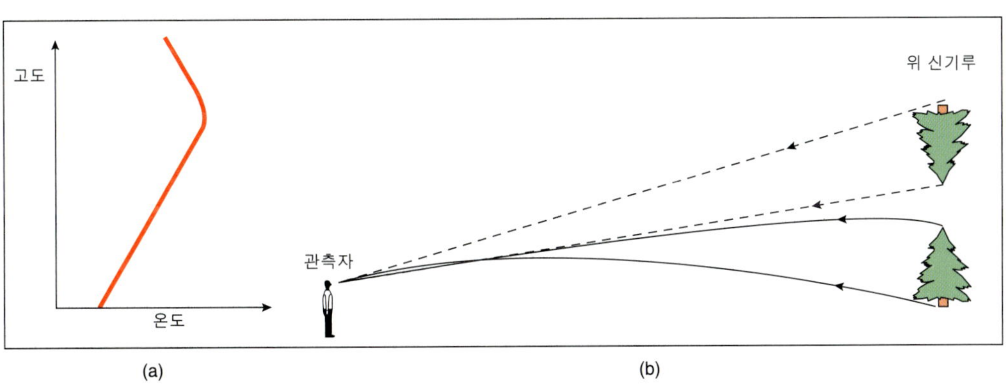

그림 4-22 지표 역전층(a)과 위 신기루 형성(b)

그림 4-23 위 신기루(파타 모르가나)

(2) 수적과 빙정에 의한 광학 현상

수적에 의한 광학 현상으로는 무지개, 광환(corona), 광륜(glory)을 들 수 있다. 한편 빙정에 의한 광학 현상으로는 무리(halo), 무리해(sun dog) 그리고 해기둥(sun pillar)이 있다.

- **무지개:** 대기의 광학 현상 중에서 가장 아름다운 것 중의 하나인 무지개는 대기중에 떠 있는 수적에 의한 태양광의 굴절, 반사, 분산에 의한 현상이다. 무지개를 보려면 하늘 한 쪽에 태양이 빛나고 있어야 하고, 그 반대쪽에는 상공에 비로 생긴 작은 수적이 떠 있어야 한다. 그리고 태양의 고도가 낮은 경우 태양을 등지고 서면 무지개를 볼 수 있다. 우리가 대부분 보는 무지개는 선명한 1차 무지개(primary rainbow)이며, 때에 따라서는 1차 무지개보다 희미한 2차 무지개(secondary rainbow)도 나타난다.

  그림 4-24는 1차 무지개와 2차 무지개의 형성과 색 배열을 나타낸 모식도이다. 그림 4-24에서 1차 무재개의 색 배열을 보면 가시광선 중에서 파장이 긴 빨간색이 바깥쪽에 그리고 안으로 가면서 파장이 가장 짧은 파란색이 가장 안쪽에 위치한다. 2차 무지개의 색 배열은 1차 무지개와 반대로 되어 있다. 1차 무지개는 그림 4-24에서 보는 바와 같이 태양광이 수적 표면에서 2회 굴절, 그리고 수적 내부에서 1회 반사가 일어나는 과정에서 태양광의 파장에 따라 분산되어 형성된다. 즉 태양광이 수적에 입사하면서, 그리고 수적에서 대기로 굴절되어 나오는 과정에서 수적은 프리즘(prism)처럼 햇빛을 분산시킨다. 2차 무지개는 1차 무지개와 유사한 방법으로 형성되지만 수적 내부에서 2회 반사가 일어나는 것이 다르다. 2차 무지개가 1차 무지개보다 희미한 이유는 수적 내부에서 두 번째 반사가 일어날 때 빛의 일부가 굴절되어 수적을 투과해서 나가기 때문이다(그림 4-25).

- **무리, 무리해, 해기둥:** 태양이나 달 주위에 권층운에 의해 형성되는 빛의 고리를 무리(halo)라고 한다. 관측자의 눈이 고리의 중심을 지나는 선과 고리를 지나는 선과의 각도에

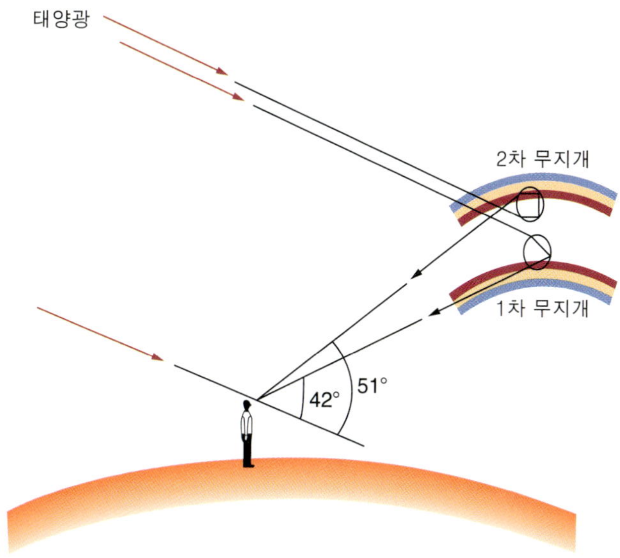

그림 4-24 1차 무지개와 2차 무지개의 형성과정

그림 4-25 1차 무지개와 2차 무지개의 형성

따라 22°무리와 46°무리로 구분하며, 46°무리보다 22°무리가 더 많이 관측된다. 22°무리와 46°무리는 모두 빙정에 의한 빛의 굴절에 의한 현상이지만 주된 차이점은 빛이 6각형의 빙정을 통과하는 경로이다. 그림 4-26에서 보는 바와 같이 22°무리는 빛이 6각 빙정의 한 측면에 입사하여 굴절한 후 빛의 직진 방향에 있는 측면을 통과하면서 형성된다. 이 경우 빛이 입사방향과 굴절 후 진행방향이 이루는 각이 22°이다. 한편 46°무리는 빛이 그림과 같이 빙정의 측면에 입사하여 굴절 한 후 가까운 윗면이나 아랫면을 통과한다. 우리에게는 보통 흰색의 고리로 보이지만 빛의 분산이 작은 붉은색은 고리 안쪽 부분에 분산이 큰 푸

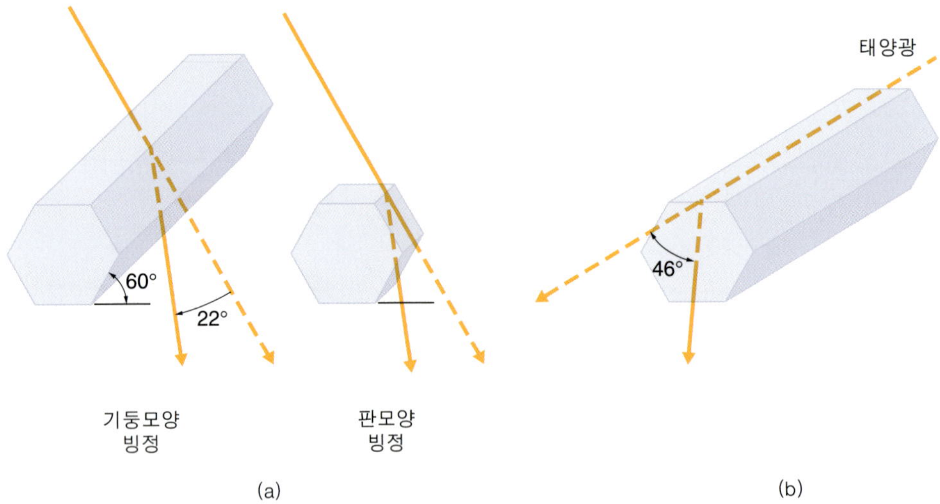

그림 4-26 빙정에 의한 빛의 굴절과 22°(a)와 46°(b) 무리의 형성

그림 4-27 무리해의 형성(a)과 그 모습(b)

른색은 고리의 바깥쪽에 위치한다. 무리를 형성하는 빙정의 직경은 대체로 15~25μm이다. 직경이 30μm 이상이 되는 판 모양의 빙정들이 수평으로 정렬되어 있을 때 그림 4-27(a)와 같이 태양의 양쪽 22°의 위치에 밝게 빛나는 부분이 나타나는데 이를 환일현상 또는 무리해(sun dog)라고 한다. 해기둥(sun pillar)은 수평으로 정렬된 판 모양의 결정에 의해 햇빛이 반사되어 일출 또는 일몰시에 나타난다. 그림 4-28과 같이 태양빛의 밝은 기둥처럼 지평선 위로 뻗치면서 그 안에 몇 개의 밝은 태양과 같은 것을 포함하고 있다.

- **광환과 광륜:** 달이나 태양이 작은 수적으로 이루어진 얇은 고층운을 통과할 때 동심원 모양의 광환(corona)이 형성된다(그림 4-29). 광환은 빛의 회절(diffraction)에 의한 현상으

그림 4-28 해기둥

그림 4-29 광환

그림 4-30 광륜

로 설명할 수 있으며, 회절은 달빛이나 햇빛이 수적 주위를 통과할 때 약간 휘어지게 한다. 광환의 크기는 수적의 크기에 따라 달라지며, 수적의 크기가 클수록 광환의 크기는 작아진다.

광륜(glory)은 지구상에서 잘 관측이 되지 않지만, 비행기를 타고 구름 위를 날아갈때 그림 4-30과 같이 구름에 비친 비행기의 그림자 주위에 여러 개의 고리로 이루어진 광륜을 가끔 볼 수 있다. 광륜이 형성되었을 때 태양과 광륜은 관측자가 타고 있는 비행기를 중심으로 서로 반대의 위치에 있다. 광륜은 구름을 구성하고 있는 작은 수적에 그림 4-31과 같이 태양 빛이 수적에 입사하면서 그 가장자리에서 굴절, 그 내부에서 반사 그리고 수적을 빠져 나가면서 회절이 일어나면서 형성된다. 단순히 보면 그림 4-31은 1차 무지개의 원리

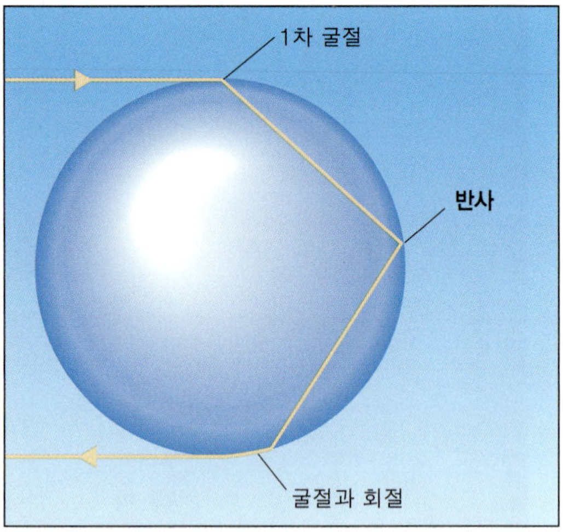

그림 4-31 광륜은 태양빛이 수적을 빠져나갈 때 구름 수적의 가장자리를 따라 회절이 일어나면서 생긴다. 반사로 인해 빛이 굽어져서 태양빛이 수적에 입사하는 방향과 거의 180°를 이루며 되돌아 나가게 한다.

(그림 4-24)와 매우 비슷하다. 그러나 1차 무지개에서는 빛의 수적에 입사한 방향과 대기로 나가는 방향이 다르지만, 광륜에서는 수적이 입사한 빛을 그 내부에서 반사시킨 후 다시 입사한 방향으로 보낸다. 그리고 빛이 수적에서 빠져나올 때 회절이 일어난다. 광륜의 직경은 수적의 크기에 따라 달라지며, 수적의 반경이 작을수록 광륜의 반경은 커진다.

복습문제

1. 공기를 치올리고 구름 형성을 촉진시키는 네가지 과정을 기술하시오.
2. 부피가 일정한 풍선이 대기중에서 상승하고 있다. 이 풍선에 미치는 부력은 증가하는지 감소하는지를 설명하시오.
3. 대기가 절대안정, 절대불안정, 또는 조건부불안정이 되는 상황을 설명하시오.
4. 공기덩이가 계속해서 상승하다가 결국에 가서 멈추게 되는 두 가지 요인은 무엇인가?
5. 흡입에 대해서 설명하고, 구름의 성장에 미치는 영향을 기술하시오.
6. 구름을 높이와 형태에 따라 분류하시오.
7. 고도 외에 고적운과 권적운의 주요 차이점은 무엇인가?
8. 넙적적운과 웅대적운을 어떻게 구분하는가?
9. 적란운의 특징과 위험기상과의 관련성을 설명하시오.
10. 아래 신기루와 위 신기루의 형성과정에 대하여 설명하시오.
11. 무엇이 낙하하는 수적과 빗방울의 종단속도를 결정하는가?
12. 온난운과 한랭운에서 구름입자의 성장 과정이 서로 어떻게 다른가?
13. 응결에 의한 성장이 그 자체만으로 왜 강수 크기의 우적 입자를 만들 수 없는가?
14. 충돌과 병합이 구름 방울의 크기를 어떻게 증가시키는지를 설명하시오.

15. 과냉각 수적과 빙정의 포화수증기압의 차이가 강수 발달에 미치는 영향을 설명하시오.
16. 상고대화(riming)와 부착(aggregation)이란 무엇인가?
17. 소나기의 초기에 왜 큰 빗방울만 나타나는가?
18. 언비가 형성되기 위해 역전층이 필요한 이유를 설명하시오.
19. 우박의 얼음층이 여러 개로 구성되어 있는 이유를 설명하시오.

CHAPTER 05 기압과 바람

바람은 무더운 날 열을 식혀주기도 하고 겨울밤의 추위를 더욱 매섭게도 만든다. 이렇게 날씨와 관계 깊은 바람은 기압의 연직 및 수평적 분포 차이에 의해 만들어진다. 기압의 차이는 구름과 강수의 발달에도 영향을 미친다. 이 장에서는 기압과 기압의 분포에 대한 기본적인 개념을 설명하고 여러 가지 힘의 균형에 따른 바람의 유형을 소개한다. 또한 저기압과 고기압이 발생하는 원리와 기압과 다른 기상요소와의 관계에 대해 알아보며 이를 바탕으로 마지막장에서는 악기상에 관하여 살펴본다.

5.1 대기에 미치는 힘

물체가 운동하기 위해서는 그 물체에 힘이 작용되어야 한다. 힘은 크기와 방향을 갖고 있는 벡터로서 물체는 힘이 작용하는 방향으로 운동하게 된다. 뉴턴(Newton)의 제2법칙인 가속도 법칙에 의하면 어떤 물체에 힘이 작용할 때 그 물체는 힘의 방향으로 가속된다. 이 법칙은 다음 식으로 표현된다.

$$\text{힘} = \text{질량} \times \text{가속도} \tag{5.1}$$

이와 같이 공기에도 힘이 작용되면 공기는 힘의 방향으로 가속되기 시작하여 바람이 생기게 된다. 그러면 공기를 움직이게 하는 대기 힘 중에는 어떤 것들이 있는지 살펴보자. 공기는 다음 다섯 가지 힘에 의해 움직인다: 중력, 기압경도력, 전향력(코리올리힘), 원심력, 마찰력. 이 중에서 중력, 기압경도력 및 마찰력은 진짜 힘이고 전향력과 원심력은 겉보기힘이다.

5.1.1 중력

중력은 지구가 물체를 끌어 당기는 힘이다. 보통 중력을 만유인력과 혼용하고 있으나 엄격히 말하면 중력은 만유인력과 원심력을 벡터적으로 합한 힘이다. 그러나 여기서 원심력이 상대적으로 그리 크지 않아 만유인력을 중력으로 대신 사용한다. 그러므로 중력은 지면에 직각인 아래 방향으로 향하고 그 크기는 근사적으로 질량 곱하기 중력가속도($9.8 ms^{-2}$)이다. 보통 힘은 단위질량당 힘으로 표현하므로 단위질량당 중력(G)은 중력가속도와 같게 된다. 만일 중력이 공기에 작용하는 유일한 힘이라면 모든 공기가 중력에 의해 아래로 떨어졌을 것이다. 그러나 그와 같은 일은 일어나지 않는다. 그 이유는 다음에 나오는 기압경도력의 연직 성분이 중력과 크기가 거의 같고 방향은 서로 반대이기 때문이다.

5.1.2 기압과 기압경도력

지구를 둘러싸고 있는 대기는 거대한 양의 기체 분자들로 구성되어 있다. 이 기체 분자들은 접해 있는 모든 표면에 연속적으로 충돌하면서 힘을 미치는데, 이 때 단위 면적의 표면에 가해지는 힘을 기압이라고 한다. 기압은 기온과 밀도에 따라 변한다. 밀도가 일정할 때 기온이 상승하면 기체 분자의 속도가 증가하고 표면에 부딪치는 힘이 커져서 결국 기압이 증가하게 된다. 또한 기압은 밀도에 비례하여 변한다. 따라서 기압(p), 기온(T), 밀도(ρ) 사이의 관계는 다음 식으로 표현된다.

$$p = \rho RT \tag{5.2}$$

이 식을 이상 기체 법칙 또는 상태방정식이라 부른다. 여기서 기압 p를 Pa(pascal), 밀도 ρ를 $\mathrm{kgm^{-3}}$, 기온 T를 절대온도 K로 나타내면 기체상수 R은 $287\mathrm{Jkg^{-1}K^{-1}}$)이다.

바람을 일으키는 원천은 기압차이고 주어진 두 지점의 기압차가 클수록 더 강한 바람이 동반된다. 이와 같이 주어진 두 지점 사이의 거리에 대한 기압차를 기압경도라 하는데 이 기압경도에 의해 생기는 힘이 **기압경도력**이다. 기압경도력은 항상 기압이 높은 곳으로부터 기압이 낮은 곳으로 향하며 그 크기는 두 지점 사이의 기압차와 거리 및 공기 밀도에 따라 변한다. 단위질량당 기압경도력(F_{pg})은 수학적으로 다음과 같이 표현된다.

$$F_{pg} = -\frac{1}{\rho}\frac{\Delta p}{\Delta s} \tag{5.3}$$

여기서 음(−)의 부호는 기압경도의 방향과 반대 방향으로 기압경도력이 작용한다는 의미이며 이는 기압이 높은 쪽에서 기압이 낮은 쪽으로 힘이 작용한다는 의미이다. ρ는 공기 밀도이며 Δp와 Δs는 각각 두 지점 사이의 기압차와 거리를 나타낸다. 만약 기압이 짧은 거리에 대하여 급히 변화한다면 기압경도력이 커져서 바람이 강하게 불게 된다. 일반적으로 연직방향의 기압경도는 수평 기압경도보다 매우 크다.

그림 5-1은 해면기압의 분포를 보여주는 일기도로서 전형적인 형태의 고기압과 저기압을 볼 수 있다. 백두산 근처에 있는 고기압의 중심 기압은 1025hPa이고 몽골에 위치한 저기압의 중심 기압은 989hPa이다. 그리고 이들 고기압 중심과 저기압 중심 사이의 거리는 약 2,000km이다. 그러므로 이 두 중심 사이의 기압경도는 1km당 0.018hPa 정도이다. 한편, 기압은 연직 방향으로는 지수함수적으로 감소하는데 약 5.5km 올라감에 따라 절반으로 줄어든다. 예를 들어, 표준대기에서 1013.25hPa의 평균해면기압이 5,640m 고도에서는 500hPa로 감소한다. 이 경우에 연직방향 기압경도는 1km당 약 90hPa이다.

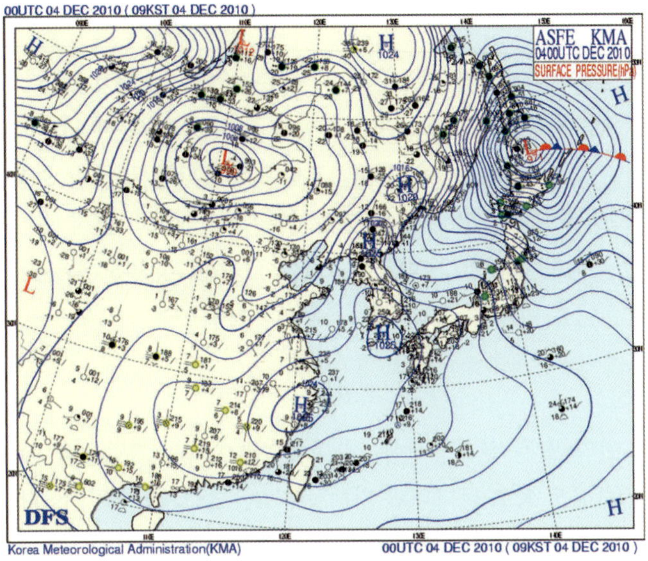

그림 5-1 지상 일기도의 예

5.1.3 전향력

기압경도력은 공기를 기압이 높은 쪽에서 기압이 낮은 쪽으로 움직이게 하므로 그 크기는 바람의 강도를 결정하는 데 사용된다. 그러나 바람의 방향을 논의할 때는 지구의 자전을 반드시 고려하여야 한다. 지구 위에서 움직이는 물체의 지구자전 효과를 설명하기 위하여 그림 5-2와 같이 반시계 방향으로 회전하는 원형 판을 가정한다. 원형 판 위에 놓인 구슬이 직선으로 운동하지만 회전 판 위에는 곡선의 궤적이 그려진다. 즉, 사람이 회전 판 위에 타고 구슬의 운동을 관측한다면 구슬은 오른쪽으로 휘어지는 곡선 운동을 하는 것으로 보인다. 이와 같이 지구의 북반구 위에서 움직이는 모든 물체는 오른쪽으로 휘게 된다. 결국 북반구 위에서 이동하는 물체에 오른쪽 방향으로 가상적인 힘이 작용한다고 할 수 있다.

이 힘은 프랑스 공학자 코리올리(Coriolis)가 처음 수학적으로 설명하였기 때문에 그의 이름을 따서 **코리올리힘** 또는 **전향력**이라고 부른다. 전향력은 이동하는 물체에 직각 방향으로 작용하기 때문에 그 물체의 방향만 바꿀 수 있고 속도에는 영향을 주지 못한다. 단위질량당 전향력(F_{co})의 크기는 다음과 같이 나타낼 수 있다.

$$F_{co} = 2\,V\Omega\sin\phi \tag{5.4}$$

여기서 Ω는 지구자전 각속도, ϕ는 위도, V는 물체의 속력이다. 전향력의 특징을 열거하면 다음과 같다.

1. 운동하는 모든 물체에 작용하며 북반구에서는 직각 오른쪽 방향으로, 남반구에서는 직각 왼쪽 방향으로 작용한다.

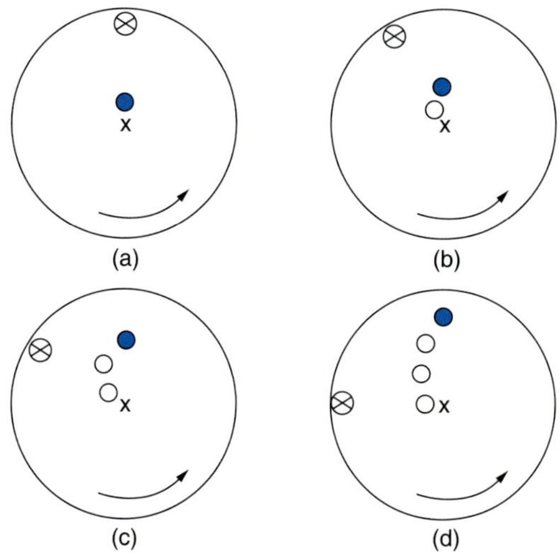

그림 5-2 반시계 방향으로 회전하는 원형 판 위에 놓인 구슬이 처음(a)에 ●의 위치에서 ⊗표를 향하여 일정한 속도로 움직이게 되면 원형 판 밖에서 볼 때는 구슬이 직선 운동을 하는 것으로 보인다. 그러나 원형 판 위에서 같이 회전하는 관측자에게는 (b), (c), (d)에서와 같이 구슬이 오른쪽으로 휘면서 움직이는 것처럼 보인다.

2. 적도에서는 전향력이 없고 위도가 증가함에 따라 증가하여 극에서 최대가 된다.
3. 운동하는 물체의 속력에 비례한다.
4. 운동하는 물체의 방향만 바꾸고 속력은 변화시키지 못한다.

5.1.4 원심력

물체가 곡선 운동을 할 때 물체의 속력이 변하지 않더라도 그 물체는 가속을 받게 된다. 이 가속도를 구심가속도라 한다. 우리가 자동차를 타고 갈 때 자동차를 갑자기 회전시키면 회전의 반대 방향으로 넘어지게 되는데 이 경우에 구심가속도를 경험하게 된다. 움직이지 않는 관측자의 입장에서 보면 가속도가 이 회전을 일으키는데 작용된 것이고, 차에 타고 있는 사람은 앞쪽으로 곧장 가려는 관성을 갖게 된다. 그러나 차에 타고 있는 사람의 입장에서 보면 어떤 힘이 그 사람에게 작용한 셈이다. 이 힘을 **원심력**이라 부른다. 원심력은 구심력과 반대 방향으로 작용하고 그 크기는 구심력과 같다. 구심력은 항상 곡선 운동의 중심을 향하므로 원심력은 그 반대 방향인 바깥쪽을 향한다. 그리고 단위질량의 물체에 작용하는 원심력(F_{ce})의 크기는

$$F_{ce} = \frac{V^2}{R} \tag{5.5}$$

으로 표현할 수 있다. 여기서 V는 속력이고 R은 곡선 경로의 곡률 반경이다. 따라서 원심력은 속력이 증가할수록 그리고 작은 원형 운동일수록 커진다.

5.1.5 마찰력

대기에서 **마찰력**은 지표의 거칠기 때문에 생긴다. 지표는 일반적으로 평평하지 않고 산, 건물, 수목 등으로 지형이 복잡하다. 따라서 이와 같은 복잡한 지형으로 인하여 지표가 거칠어져 그 위에 바람이 불 때 풍속이 감소하게 된다. 이 현상은 지형에 의해 생긴 마찰력이 풍향의 반대 방향으로 공기에 작용했기 때문에 발생한 것으로 볼 수 있다. 수학적으로 단위질량당 마찰력(F_r)은 다음과 같이 간단히 표현된다.

$$F_r = -kV \tag{5.6}$$

여기서 k는 지표의 거칠기를 나타내는 모수(parameter)이고, V는 풍속이다. 그리고 음(−)의 부호는 마찰력이 풍향과 반대임을 가리킨다. 이처럼 마찰력은 지표가 거칠수록 그리고 풍속이 증가할수록 커진다. 따라서 일반적으로 평평한 지면이나 잔잔한 해면 위에서는 마찰력이 작고 나무 또는 건물이 있는 영역이나 산악 지역에서는 상대적으로 마찰력이 크다. 대기에서 마찰력은 지면으로부터 약 1.5km 고도까지의 대기층에서 크게 작용하며 이 층을 행성경계층 또는 간단히 경계층이라 부른다. 반면에 행성경계층 위에서는 마찰력이 아주 작아서 대기가 마찰의 영향을 거의 받지 않고 운동하는데 이 층을 자유대기라고 한다.

5.2 힘의 균형과 바람

앞 절에서 우리는 대기에 존재하는 여러가지 힘의 특징을 살펴보았다. 대기에서 이 힘들이 모두 우세하게 대기의 운동을 지배하지는 않는다. 경우에 따라서는 어떤 특정한 힘이 다른 힘들에 비하여 매우 작아 무시될 수 있다. 이 절에서는 우세한 힘들 사이의 균형을 살펴보고 우세한 힘들끼리 균형을 이루며 부는 특별한 바람의 성질을 고찰하고자 한다.

5.2.1 정역학 균형

지면 근처에서 고도별 기압을 측정하면 10m 올라감에 따라 기압이 약 1hPa씩 감소하는 것을 알 수 있다. 이와 같은 연직방향의 기압경도는 태풍 중심에서 나타나는 수평 기압경도보다 훨씬 더 크다. 그럼에도 불구하고 왜 대기에서 연직방향으로 강한 바람이 관측되지 않을까?

적란운과 같은 구름 내부를 제외한 종관규모 대기 운동에서는 연직속도가 수 $\mathrm{cms^{-1}}$에 불과하다. 그 이유는 무엇일까? 이것은 연직방향으로 힘의 균형이 이루어져 있기 때문이다. 즉 위로 향하는 기압경도력의 크기가 아래로 향하는 중력의 크기와 거의 같기 때문이다. 이와 같이 연직방향의 기압경도력과 중력이 균형을 이룰 때 이를 **정역학 균형** 또는 **정역학 평형**이라 부른다. 정역학 균형이 이루어질 때 연직방향 가속도는 0이고 종관규모 대기에서 연직속도는 약

1cms^{-1} 또는 수 cms^{-1}로 관측된다. 그러나 뇌운 속에서는 정역학 균형이 깨져 수 cms^{-1} 내지 수 ms^{-1}로 관측되기도 한다. 정역학 균형을 수식으로 나타내면 다음과 같다.

$$-\frac{1}{\rho}\frac{\Delta p}{\Delta z} = g \qquad (5.7)$$

여기서 Δp는 연직거리 Δz에 대한 기압차이며 g는 지구표면에서 중력가속도를 나타낸다. 위 식은 아래와 같이 다시 표현할 수 있다.

$$\Delta p = -\rho g \Delta z \qquad (5.8)$$

이 식을 정역학 방정식이라 부른다. 이 방정식은 기압차(Δp)와 고도차(Δz) 사이의 관계식으로 고도 증가에 따라 기압이 감소함을 나타낸다. 이 식을 이용하면 지표 근처에서 10m 상공으로 올라가면 기압이 약 1hPa 감소함을 확인할 수 있다.

5.2.2 지균풍

가장 기본적인 수평방향 힘의 균형은 수평 기압경도력과 전향력 사이에 일어난다. 이 두 힘의 균형을 **지균 균형**(geostrophic equilibrium)이라 부르며 이와 같은 균형을 이루며 부는 바람을 **지균풍**이라 한다. 지균 균형에서는 원심력이 포함되지 않으므로 곡선 운동은 생각할 필요가 없고 직선 운동만 고려하게 된다. 그림 5-3과 같이 직선 등압선으로 이루어진 평면에서 지균풍에 도달하게 되는 원리를 생각해 보자. 북반구에서 공기덩이(그림 5-3에서 작은 원으로 표시)가 가장 왼쪽 위치에 정지해 있을 때 수평방향으로는 그림의 빨강색 화살표와 같이 기압경도력만 받게 된다. 그러면 이 공기덩이는 기압경도력 방향으로 가속되어 속도가 점점 빨라지게 된다. 일단 속도가 생기게 되면 공기덩이는 전향력을 받게 되고, 전향력은 속도에 비례하여 점점 더 증가하면서 오른쪽 방향으로 공기덩이의 진로를 계속 바꾼다. 북반구에서 전향력은 공기덩이의 운동 방향에 직각 오른쪽으로 작용하면서 결국 전향력이 기압경도력과 크기가 같고 방향이 서로 반대가 되는 상황이 된다. 이 때 두 힘은 균형을 이루게 되며 풍속은 더 이상 증가하

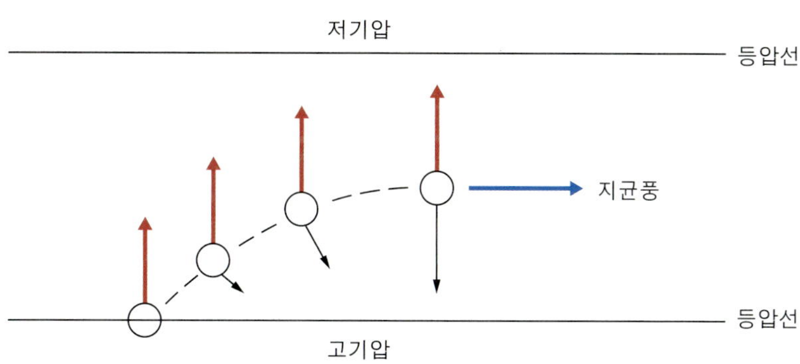

그림 5-3 북반구에서 지균풍이 형성되는 과정. 여기서 빨강색 굵은 화살표는 기압경도력을, 검정색 화살표는 전향력을 가리킨다.

지 않고 일정한 상태를 유지한다. 이렇게 균형을 이루며 부는 지균풍은 등압선에 나란히 불게 되고 북반구에서는 항상 저기압을 왼쪽에 둔 상태로 분다. 비슷한 원리로 남반구에서는 지균풍이 저기압을 오른쪽에 두고 불게 된다. 그러면 지균풍속을 어떻게 구할 수 있을까? 앞에서 언급한 대로 지균 균형은 다음과 같은 식으로 표현할 수 있다.

$$-\frac{1}{\rho}\frac{\Delta p}{\Delta s} = 2V_g\Omega\sin\phi \tag{5.9}$$

여기서 Δp는 이웃한 두 등압선의 기압차에 해당하고 Δs는 이 두 등압선 사이의 거리에 해당하며 V_g는 지균풍속을 의미한다. 따라서 식(5.9)에서 지균풍속은

$$V_g = \frac{1}{2\Omega\rho\sin\phi}\frac{\Delta p}{\Delta s} \tag{5.10}$$

으로 주어진다. 여기서 풍향은 고려하지 않고 풍속만을 고려하여 음(−)의 부호는 생략하였다. 그러므로 지균풍속은 주어진 두 등압선 사이의 간격이 좁을수록 강해진다는 것을 알 수 있다. 실제로 일기도의 등압선 간격이 좁은 곳에서 강한 바람이 존재함을 경험하게 된다. 그리고 저위도로 갈수록 또한 밀도가 낮은 상공으로 갈수록 같은 기압경도에서 지균풍이 강해진다는 사실을 유념하자. 그러나 위도가 0도인 적도에서는 지균풍이 정의되지 않는다는 것을 주목할 필요가 있다.

5.2.3 경도풍

앞에서 설명한 지균풍은 바람이 직선으로 불어야 함을 의미하고 있다. 그러나 실제 대기에서 이것은 극히 드물게 일어난다. 상층에서 부는 바람을 보면 바람이 대체적으로 곡선 경로를 따라 불고 있는데 이러한 현상은 곡선 경로로 움직이는 공기덩이에 제 3의 힘이 존재해야 함을 암시한다. 그 힘이 원심력이다. 이와 같이 곡선 경로로 부는 상층 바람은 수평 기압경도력, 전향력 및 원심력이 균형을 이루며 불게 되며 이 바람을 **경도풍**이라 부른다. 그림 5-4는 북반구

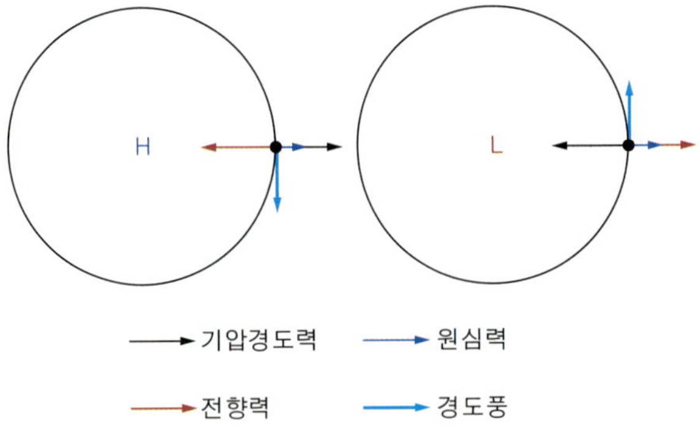

그림 5-4 등압선 간격이 같을 때 북반구 고기압과 저기압에서 부는 경도풍. 기압경도력, 전향력 및 원심력이 균형을 이루고 있다.

고기압과 저기압에서 부는 경도풍과 이에 관련된 힘들을 표현하고 있다. 고기압의 경우, 기압 경도력은 고기압 중심으로부터 바깥쪽으로 향하고 전향력은 공기덩이 운동 방향의 직각 오른쪽으로 향하므로 고기압 중심을 향하게 된다. 그리고 원심력은 항상 원운동에서 바깥쪽을 향하므로 그림과 같이 된다. 그러므로 고기압에서는 기압경도력과 원심력의 합이 전향력과 같고 이 합력과 전향력의 방향이 서로 반대가 되어 세 힘이 균형을 이루며 경도풍이 불게 된다. 한편 저기압에서는 기압경도력이 저기압 중심 쪽을 향하고 전향력은 바깥쪽을 향하며 원심력도 바깥쪽을 향한다. 따라서 저기압의 경우에는 전향력과 원심력의 합이 기압경도력과 같게 되어 이 세 힘이 균형을 이루며 경도풍이 분다.

만일 고기압과 저기압에서 기압경도력이 서로 같다면 즉, 등압선 간격이 서로 같다면, 등압선이 직선일 경우의 지균풍 풍속은 서로 같다. 그러나 등압선이 곡선일 경우의 경도풍 풍속은 등압선 간격이 서로 같을 때 고기압과 저기압에서 서로 같지 않고 고기압에서 더 강하다. 즉 이것은 그림 5-4에서 볼 수 있듯이 등압선 간격이 같을 때 전향력이 저기압에서보다 고기압에서 더 커서 경도풍 풍속이 저기압보다 고기압에서 더 크다는 것을 알 수 있다. (실제 대기에서는 고기압 영역보다는 저기압 영역에서 바람이 더 강하게 부는데, 그 이유는 고기압 중심 부근보다 저기압 중심 부근에서 등압선 간격이 더 좁아 기압경도력이 더 크기 때문이다.) 지균풍 풍속은 기압경도력으로 결정되므로 전향력의 크기를 비교해 볼 때 고기압에서 부는 경도풍 풍속은 지균풍 풍속보다 더 강하고, 저기압에서 부는 경도풍 풍속은 지균풍 풍속보다 더 약하다. 이처럼 지균풍보다 강하게 부는 바람을 **초지균풍**(supergeostrophic wind)이라 부르고 지균풍보다 약하게 부는 바람을 **아지균풍**(subgeostrophic wind)이라 한다. 고기압과 저기압에서 등압선 간격이 서로 같을 때 고기압 영역에서는 초지균풍이, 저기압 영역에서는 아지균풍이 불게 된다.

5.2.4 관성풍

만일 기압이 수평적으로 균일하게 분포되어 있어서 기압경도력이 없으면, 전향력과 원심력이 균형을 이루어 바람이 불게 된다. 이 바람을 **관성풍**(inertial wind)이라 부른다. 이 경우에 두 힘의 관계는

$$2V\Omega\sin\phi = \frac{V^2}{R} \tag{5.11}$$

으로 주어진다. 이 식을 곡률반경 R에 대하여 풀면 다음 식을 얻는다.

$$R = \frac{V}{2\Omega\sin\phi} \tag{5.12}$$

기압경도력이 없으므로 속도 V는 일정하기 때문에, 운동이 크지 않으면(즉 위도 ϕ가 거의 일정하면) 곡률반경 R이 일정하다. 이처럼 공기덩이는 곡률반경 R의 원형 운동을 하게 된다. 북반구에서는 전향력이 운동 방향에 오른쪽 직각 방향으로 작용하므로 관성풍은 시계 방향으

로 불고 남반구에서는 전향력이 반대로 작용하므로 관성풍이 반시계 방향으로 분다. 원형 운동을 하는 관성풍의 주기(P)는 식(5.12)를 이용하면

$$P = \frac{2\pi R}{V} = \frac{2\pi}{2\Omega \sin\phi} = \frac{0.5\text{ 일}}{\sin\phi} \tag{5.13}$$

로 주어진다. 이는 푸코(Foucault) 진자가 180도를 회전하는데 걸리는 시간과 같다. 따라서 이 주기를 흔히 0.5진자일이라고 부른다. 전향력과 원심력은 회전하는 지구에서 유체의 관성에 의해 생기기 때문에 이런 형태의 운동을 관성진동(inertial oscillation)이라고 한다. 그리고 이 운동으로 형성되는 곡률반경이 R인 원을 관성원이라 부른다.

5.2.5 선형풍

만일 수평 운동 규모가 충분히 작다면 전향력은 기압경도력이나 원심력에 비하여 무시될 수 있다. 이 경우에 기압경도력과 원심력이 균형을 이루며 바람이 불게 되는데 이 바람을 **선형풍**(cyclostrophic wind)이라고 부른다. 수식으로 힘의 균형을 표현하면 다음과 같다.

$$-\frac{1}{\rho}\frac{\Delta p}{\Delta s} = \frac{V_c^2}{R} \tag{5.14}$$

식(5.14)를 선형풍속(V_c)에 대하여 풀면

$$V_c = \left(\frac{R}{\rho}\frac{\Delta p}{\Delta s}\right)^{1/2} \tag{5.15}$$

으로 주어진다. 여기서 방향을 나타내는 음의 부호는 생략하였다. 기압경도력과 원심력이 균형을 이루며 바람이 불기 위해서는 항상 저기압을 중심으로 한 원운동을 하게 된다. 그래서 선형풍은 저기압을 중심으로 하여 시계 방향으로 불 수 있고 또는 반시계 방향으로 불 수 있다. 봄철 학교 운동장에서 종종 보게 되는 회오리바람 같은 작은 규모의 선형풍은 시계 방향으로 돌면서 불기도 하고 반시계 방향으로 돌면서 불기도 한다.

5.2.6 마찰풍

위에서는 마찰력을 무시할 수 있는 상층의 바람 유형을 살펴보았다. 이제 행성 경계층과 같이 마찰의 효과가 뚜렷하게 나타나는 곳에서 관측되는 바람의 특징을 알아보자. 마찰의 효과를 보기 위하여 직선 등압선의 경우를 생각한다. 그림 5-5와 같이 기압경도력, 전향력 및 마찰력이 균형을 이루며 부는 바람을 **마찰풍**이라 한다. 이 그림에서 보듯이 마찰력은 바람 방향에 반대로 작용하고 전향력은 북반구에서 풍향에 직각 오른쪽으로 향하고 있다. 결국 전향력과 마찰력의 합력이 기압경도력과 크기가 같고 방향이 반대로 되어 세 힘이 균형을 이루고 있다. 이

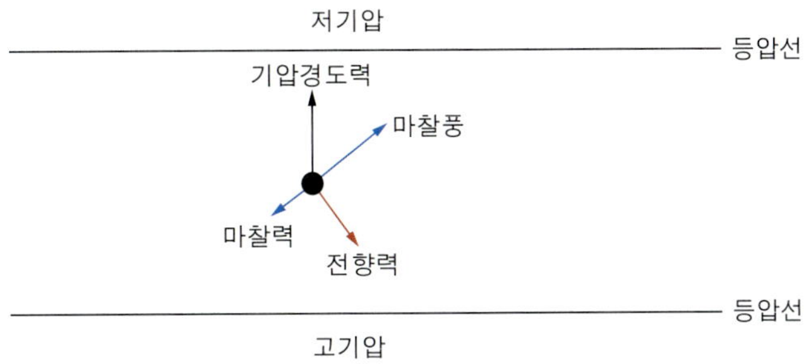

그림 5-5 북반구에서 부는 마찰풍, 기압경도력, 전향력 및 마찰력이 균형을 이루고 있다.

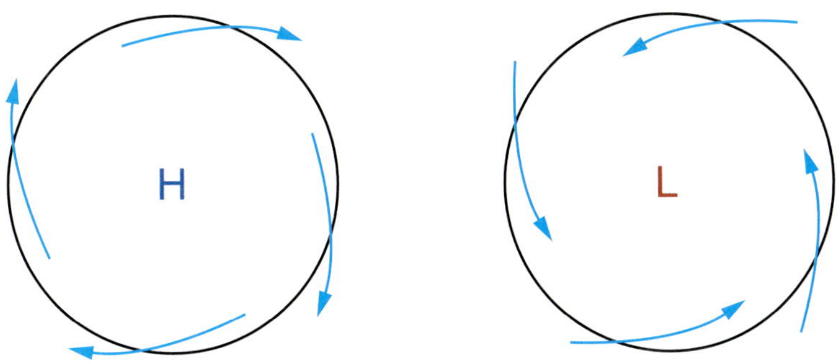

그림 5-6 북반구의 원형 고기압과 저기압에서 부는 마찰풍.

마찰풍을 마찰력이 없는 지균풍과 비교해 보면 마찰의 효과를 발견할 수 있다. 첫 번째 효과는 풍속을 감소시킨다는 것이고 두 번째 효과는 풍향을 변화시킨다는 것이다. 특히 풍향을 저기압 쪽으로 편향시키고 있음을 볼 수 있다. 이와 같이 마찰이 저기압 쪽으로 바람을 편향시키는 것은 원형 운동에서 공기의 연직 운동을 일으키는 요인이기도 하다. 그림 5-6에서 보듯이 북반구 원형 고기압에서 부는 마찰풍은 고기압 중심으로부터 바람이 불어 나가고 원형 저기압에서 부는 마찰풍은 저기압 중심으로 바람이 불어 들어오게 된다. 따라서 고기압 중심 부근에서는 공기가 중심 밖으로 빠져 나가 상공으로부터 채워 주는 하강기류가 생긴다. 한편 저기압 중심 부근에서는 공기가 중심 부근으로 모여들어 상공으로 향하는 상승기류가 유발된다. 지금까지 힘의 균형에 따른 바람의 유형을 살펴보았다. 이것을 요약하면 표 5-1과 같다.

표 5-1 여러 가지 힘의 균형에 따른 바람의 유형

	기압경도력	전향력	원심력	마찰력
지균풍	√	√		
경도풍	√	√	√	
관성풍		√	√	
선형풍	√		√	
마찰풍	√	√	(√)*	√

* 곡선 운동에서는 원심력도 포함된다.

5.3 온도풍

공기는 일반적으로 가열되면 팽창한다. 그림 5-7과 같이 초기에 기온, 기압 및 밀도가 서로 같은 두 공기 기둥 중 하나를 가열하면 가열된 공기 기둥은 팽창하여 상층 면인 900hPa 고도면이 높아진다. 따라서 가열되지 않은 찬 기둥의 900hPa 고도에서 두 기둥 사이에 기압차가 생긴다. 즉 이 고도에서 따뜻한 공기 기둥 쪽의 기압이 찬 기둥 쪽의 기압보다 높게 된다. 같은 원리로 북반구처럼 남쪽이 따뜻하고 북쪽이 찬 경우에 두 등압면 사이의 두께는 남쪽에서 두껍고 북쪽에서 얇다. 그림 5-8은 북반구에서 저위도인 남쪽이 따뜻하고 고위도인 북쪽이 찬 경우에 따뜻한 저위도에서는 등압면 사이의 두께가 두껍고 찬 고위도에서는 그 두께가 얇은 것을 보여 주고 있다. 이로 인하여 등압면이 기울어져서 기압이 높은 저위도에서 기압이 낮은 고위도로 기압경도력이 생긴다. 결국 이 기압경도력은 서쪽에서 동쪽으로 향하는 지균풍을 형성시킨다. 그런데 상층으로 갈수록 등압면이 더 가파르게 기울어져 즉 기압경도력이 더 커져 그림 5-8에서 알 수 있듯이 지균풍이 강해진다. 이처럼 수평 방향의 기온 경도는 상층 지균풍의 연직 변화와 연관되어 있음을 알 수 있다.

일반적으로 북반구 중위도 지방에서는 남쪽이 따뜻하고 북쪽이 차기 때문에 상층으로 갈수록 서풍이 증가하는 현상이 관측된다. 이와 같이 상층과 하층의 지균풍은 보통 차이를 보이는데 이 차를 **온도풍**(thermal wind)이라 부른다. 좀 더 정확히 말하면 온도풍($\overrightarrow{V_{th}}$)은 상층의 지균풍($\overrightarrow{V_{g2}}$)에서 하층의 지균풍($\overrightarrow{V_{g1}}$)을 뺀 바람으로 정의할 수 있다.

$$\overrightarrow{V_{th}} = \overrightarrow{V_{g2}} - \overrightarrow{V_{g1}} \tag{5.16}$$

대류권 상부에 제트류(jet stream)가 생기는 원리도 온도풍으로 설명이 가능하다. 온도풍의

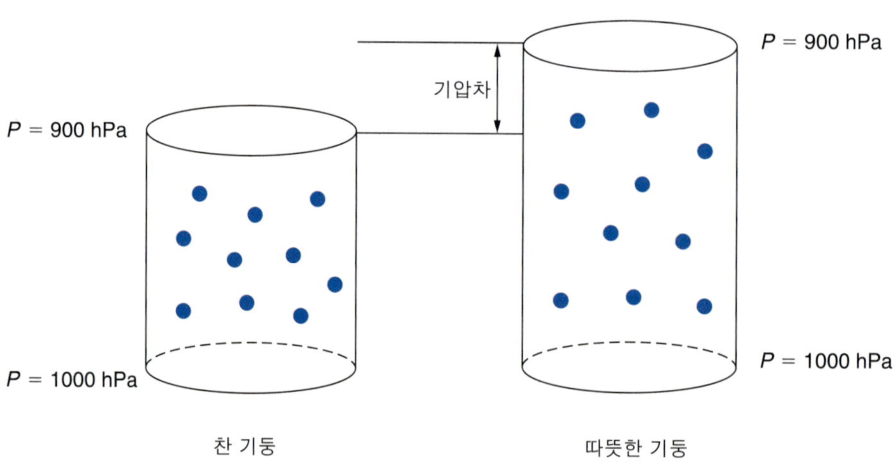

그림 5-7 대기의 가열에 의한 상공의 기압변화. 초기에 기온, 기압 및 밀도가 각각 서로 같은 두 공기 기둥 중 하나를 가열하면 가열된 공기 기둥은 팽창하여 동일 고도에서 가열되지 않은 공기 기둥과 기압차를 만든다.

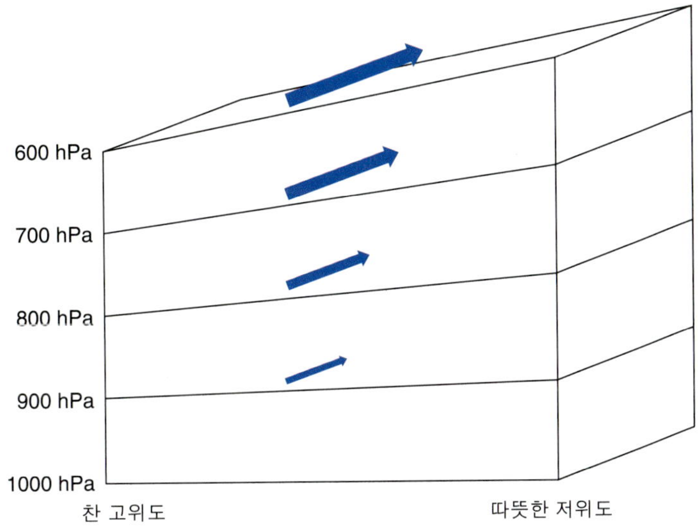

그림 5-8 북반구에서 북쪽으로 갈수록 기온이 낮아질 때 상층으로 갈수록 서풍이 증가한다.

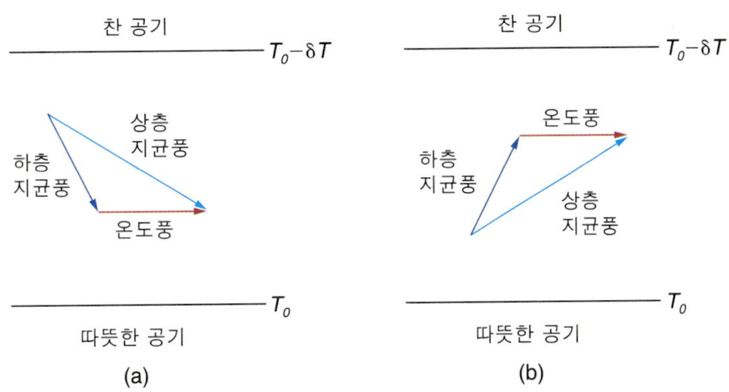

그림 5-9 북반구에서 고도에 따른 지균풍의 풍향 변화와 온도 이류 사이의 관계. (a)는 고도가 증가함에 따라 지균풍의 풍향이 반시계 방향으로 변하는 경우이고 (b)는 고도와 함께 지균풍의 풍향이 시계 방향으로 바뀌는 경우이다.

특성을 살펴보면 온도풍의 방향이 등온선에 나란하다는 것을 알 수 있다. 지균풍이 북반구에서 저기압을 왼쪽에 두고 등압선에 나란히 불듯이 온도풍은 북반구에서 찬 쪽을 왼쪽에 두고 등온선에 나란히 분다. 온도풍은 실제로 부는 바람이 아니라 지균풍의 연직 차로 정의되는 이론적 바람임을 주목하자. 온도풍이 북반구에서 찬 쪽을 왼쪽에 두고 등온선에 나란히 분다는 사실로부터 지균풍이 높이와 함께 풍향이 바뀌는 양상에 따라 온도 이류가 달라진다는 것을 알 수 있다. 그림 5-9는 북반구에서 고도에 따른 지균풍의 풍향 변화와 온도 이류 사이의 관계를 보여 주고 있다. 그림 5-9(a)와 그림 5-9(b)에서 온도풍은 서로 같을지라도 지균풍의 연직 변화와 연관되어 서로 다른 온도 이류를 보인다. 그림 5-9(a)는 지균풍이 상층으로 갈수록 반시계 방향으로 풍향이 바뀌는 경우로서 이 때 지균풍이 하층과 상층에서 모두 찬 쪽으로부터 더운 쪽으로 향하고 있어 한랭 이류가 있음을 알 수 있다. 지균풍이 고도와 함께 풍향이 반시계 방향으로 바뀌는 현상을 **반전**이라 하는데 이 반전 현상이 한랭 이류와 연관되어 있음을 주시하

자. 반대로 그림 5-9(b)는 지균풍이 위로 갈수록 풍향이 시계 방향으로 변하고 있다. 이러한 현상을 **순전**이라고 하며 이것은 온난 이류와 동반되어 나타남을 볼 수 있다. 그러므로 하나의 탐측으로 얻은 바람의 연직 분포 자료로부터 수평 온도 이류를 어림하는 것이 가능하다.

5.4 중위도 저기압

중위도지방의 날씨 변화는 열대지방의 날씨 변화와는 사뭇 다르다. 그것은 중위도지방은 열대지방과는 달리 저기압이 체계적으로 발달했다가 소멸하는 과정을 되풀이하기 때문이다. 중위도 저기압의 형성, 성장 및 소멸 과정에 대한 이론은 1900년대 초에 노르웨이 기상학자 비야크네스(Bjerknes)가 정립하였다. 중위도 저기압은 형성되어 소멸하기까지 먼 거리를 이동하고 넓은 영역에 강수(때때로 악기상)를 동반하는 거대한 시스템이다. 이 시스템은 일주일 또는 그 이상 지속되기도 하는데 이동하면서 광범위한 지역에 기온, 바람 및 하늘 상태에 급격한 변화를 초래한다.

5.4.1 저기압의 일생

오래 전부터 기상학자들은 한대전선을 따라 흐르는 대기의 특성을 알아내서 중위도 저기압의 생성을 설명하려고 하였다. 비록 많은 저기압들이 한대전선을 따라 생성되지만 어떤 때는 큰 산맥의 풍하측과 같이 한대전선과 상관없이 생성되기도 한다. 여기서는 한대전선과 연관된 일반적인 저기압 생성을 논의할 것이다. 그림 5-10은 전형적인 중위도 저기압의 일생을 모식도로 표현

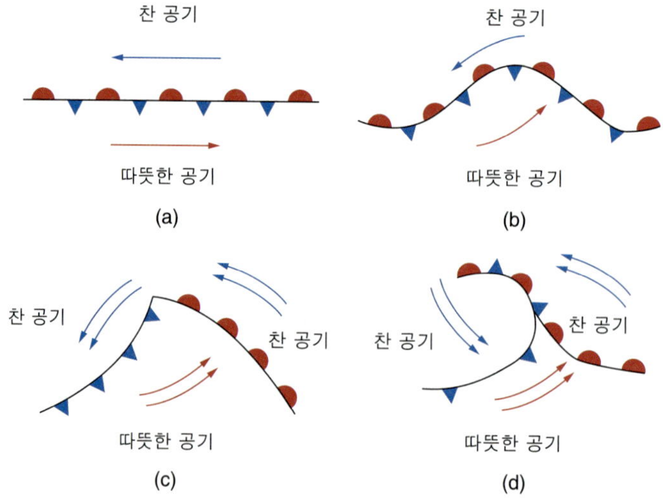

그림 5-10 중위도 저기압의 일생: (a) 발생기, (b) 성장기, (c) 성숙기 및 (d) 쇠퇴기

한 것이다. 일반적으로 중위도 저기압은 발생기, 성장기, 성숙기를 거쳐 쇠퇴기에 이르게 된다.

(1) 발생기

중위도 저기압이 생성되기 시작하는 초기에 북반구에서 북쪽의 찬 공기와 남쪽의 따뜻한 공기 사이 경계에 한대전선이 형성된다. 이 때 그림 5-10(a)에서 보는 것처럼 한대전선을 중심으로 하여 북쪽의 찬 공기는 동쪽에서 서쪽으로 이동하고 남쪽의 따뜻한 공기는 서쪽에서 동쪽으로 이동한다. 이 시기가 중위도 저기압의 발생기에 해당한다.

(2) 성장기

발생기에서 한대전선이 형성되어 찬 공기와 따뜻한 공기는 이 전선을 중심으로 반대 방향으로 이동하게 된다. 이처럼 바람이 전선을 중심으로 서로 반대 방향으로 불게 되면 찬 공기와 따뜻한 공기의 경계가 되는 전선은 불안정해지기 시작한다. 그래서 그림 5-10(b)처럼 전선이 꺾이게 된다. 이와 함께 전선 북쪽의 찬 공기는 전선 서쪽 부분에서 남쪽으로 전선을 밀고, 전선 남쪽에 위치한 따뜻한 공기는 전선 동쪽 부분에서 북쪽을 향해 진행하기 시작한다. 이 시기가 중위도 저기압의 성장기에 해당하는데 이 때에 저기압 시스템 주위에 북반구에서는 반시계 방향의 공기 회전이 생성된다.

(3) 성숙기

중위도 저기압의 성장기를 지나 저기압 중심이 뚜렷해지면 저기압 시스템은 더욱 발달하여 초기의 한대전선은 뚜렷한 한랭전선과 온난전선으로 형태가 바뀌게 된다. 그림 5-10(c)와 같이 한랭전선은 찬 공기가 따뜻한 공기를 밑으로 파고들면서 형성되고 온난전선은 따뜻한 공기가 찬 공기를 타고 오르면서 생성된다. 이 시기를 중위도 저기압의 성숙기라 부른다. 성숙기에 저기압과 관련된 수렴현상이 상승기류와 구름을 형성시키고 한랭전선과 온난전선 부근에서 강수를 일으킨다.

(4) 쇠퇴기

중위도지방에서 성숙기에 형성된 한랭전선과 온난전선은 저기압 시스템과 함께 동쪽으로 이동한다. 그러나 일반적으로 한랭전선의 이동속도는 온난전선의 이동속도보다 빠르다. 이 때문에 한랭전선은 저기압 중심 지역부터 온난전선과 겹쳐지기 시작하여 폐색전선이 형성된다. 이 시기가 중위도 저기압의 쇠퇴기에 해당한다. 그림 5-10(d)는 저기압의 쇠퇴기 모습을 보이고 있는데 여기에서 표현된 폐색전선을 가로질러 양쪽 찬 공기의 온도차는 기존의 한랭전선이나 온난전선의 양쪽에서 생기는 온도차보다 훨씬 더 작다. 시간이 지나면서 결국 폐색은 한랭전선과 온난전선의 전체 부분에서 이루어져 나중에는 공기의 수평 온도차가 사라지게 되고 이것으로 중위도 저기압은 일생을 마친다. 그림 5-11은 화중지방과 몽골에서 발생하여 우리나라를 통과하는 저기압의 이동경로를 나타낸다.

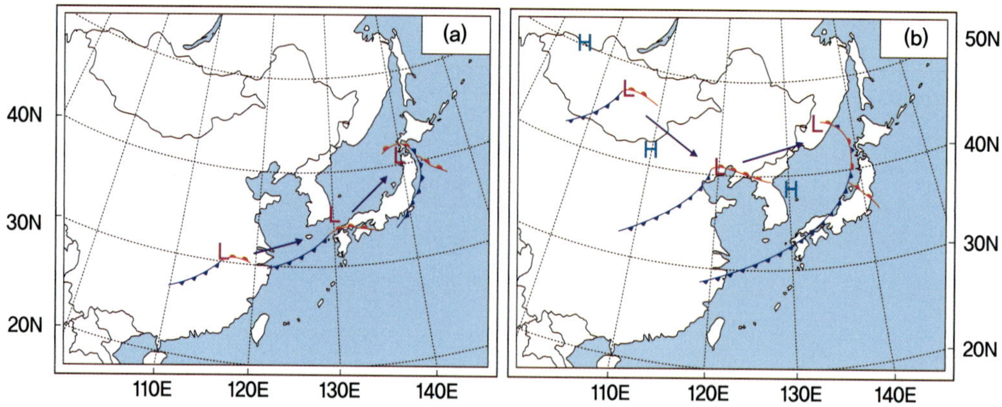

그림 5-11 전선을 동반한 저기압의 이동경로: (a) 화중지방에서 발달된 저기압과 (b) 몽골에서 발달된 저기압 (Lee, 2010).

5.4.2 지상 저기압과 상층 흐름

앞에서 우리는 지상에서 형성되는 중위도 저기압의 일생을 살펴보았다. 이 지상 저기압 형성과 상층의 흐름 사이에는 어떤 관계가 있는지 알아보자. 먼저 상층에 나타나는 큰 흐름인 로스비 파동의 특성을 고찰해 보도록 한다. 그림 5-12에서 보인 로스비 파동(Rossby wave)의 기압골 축에서 공기는 반시계 방향으로 흐르고 기압마루 축에서는 공기가 시계 방향으로 흐르고 있음을 알 수 있다. 이와 같은 유체 흐름에 대한 회전 정도를 소용돌이도라고 한다. 북반구의 경우, 기압골 축에서처럼 반시계 방향으로의 회전은 양의 소용돌이를 가진다고 말하며, 기압마루 축에서의 시계 방향 회전은 음의 소용돌이를 가진다고 말한다. 그림 5-13은 기압골에서의 소용돌이도 변화를 보다 자세히 나타낸 것이다. 구역 1에서 바람은 풍속이나 풍향의 변화가 거의 없이 남동쪽으로 분다. 바람이 거의 직선으로 불기 때문에 소용돌이도는 0이 된다. 마찬가지로 구역 3에서도 풍향 풍속의 변화 없이 바람이 북동쪽으로 거의 직선에 가깝게 불어서 소용돌이가 0이 된다. 그러나 구역 2에서는 반시계 방향으로 바람이 불어서 이 구역에 양의 소용돌이가 뚜렷이 존재함을 볼 수 있다. 그러므로 구역 1과 구역 2 사이와 구역 2와 구역 3 사이

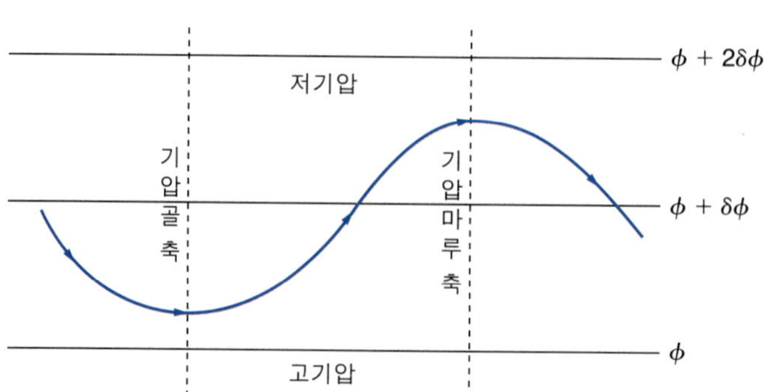

그림 5-12 북반구 로스비 파동에서 나타나는 소용돌이도.

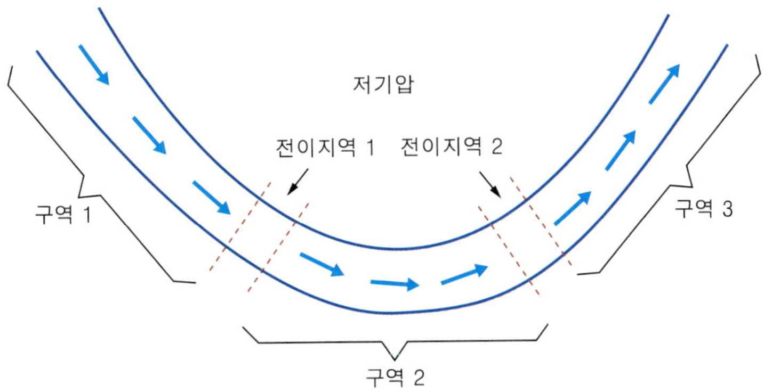

그림 5-13 로스비 파동에서 기압골을 따른 소용돌이도 변화.

에 각각 소용돌이의 전이지역이 생긴다. 전이지역 1에서는 공기가 흐르면서 소용돌이도가 0에서 갑자기 양의 값으로 증가하게 되는데 각운동량 보존 원리에 따라 이 지역에서는 전이지역 면적을 감소시키는 수평 수렴이 동반되어야 한다. 한편 전이지역 2에서는 공기 흐름에 따라 소용돌이도가 양의 값에서 0으로 감소하게 된다. 따라서 이 지역에서는 전이지역 면적을 증가시키는 수평 발산이 동반되어야 한다. 이와 같이 상층의 로스비 파동으로부터 형성되는 수렴 및 발산은 지상의 고저기압을 유발시키는 역할을 한다. 그림 5-14는 이 원리를 잘 보여 주고 있다. 그림 5-13의 전이지역 2에 생긴 상층의 발산은 지상으로부터 공기 상승을 유도하여 지표면에서의 수렴을 발생시킴으로써 지상 저기압을 유발시키게 된다. 이와 비슷한 원리로 그림 5-13의 전이지역 1에 생긴 상층의 수렴은 그 밑에 하강기류를 유도하고 지표면에서 발산을 발생시킴으로써 지상 고기압을 유발시킨다. 이와 같이 상층의 발산 운동으로 유발된 지상 저기압 시스템을 **역학 저기압**(dynamic low)이라고 하는데 이 저기압은 지표면 근처의 국지적 가열로 생기는 **열 저기압**(thermal low)과는 뚜렷이 구분된다.

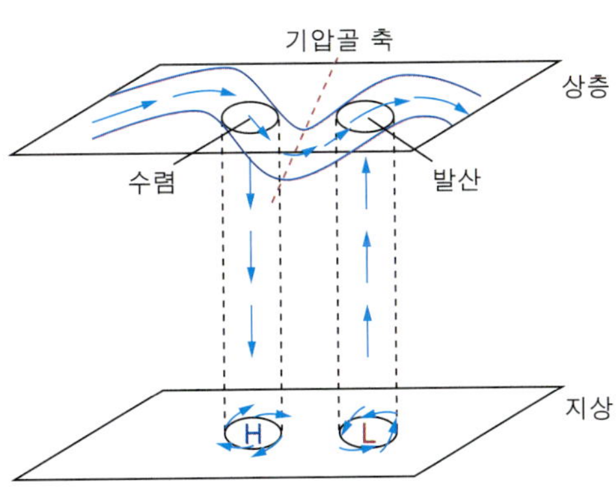

그림 5-14 로스비 파동을 따라 발생하는 상층 발산과 수렴이 각각 지상 저기압과 고기압을 유발시키는 원리.

5.5 제트류

대류권 상부에 풍속이 유난히 강한 영역이 존재함을 발견한 것은 제2차 세계대전 때이다. 당시 미국이 일본을 공습하기 위해 B-29 전투기를 서쪽으로 운행하는 중 비행기를 정지시킬 정도로 아주 강한 서풍을 만났다고 한다. 나중에 관측한 결과 이 지역에 항상 강풍대가 존재하고 있음을 알게 되었고 이처럼 강한 공기 흐름을 **제트류**라 부르게 되었다. 그림 5-15에서 보는 것처럼 북반구 겨울철 200hPa 고도에서는 제트류가 우리나라 근처에서 가장 강하다. 이곳에서 이처럼 강하게 나타나는 것은 200hPa 고도 아래 층에서 남북 방향 기온 경도가 매우 크기 때문이다. 앞에서 설명하였듯이 남쪽이 따뜻하고 북쪽이 찰 때 남북 방향 온도 경도가 크면 온도풍이 커지고 200hPa 고도에서 제트류가 강하게 형성된다. 실제 관측에 의하면 200hPa 고도 위 층에서는 오히려 남쪽이 차고 북쪽이 따뜻하기 때문에 온도풍이 하층과 반대 방향으로 되고 위로 올라 갈수록 서풍 풍속이 감소함으로써 제트류는 200hPa 고도에서 가장 강하게 나타난다. 이 제트류는 보통 한랭전선과 연관되어 권계면 고도 근처에서 나타난다. 이와 같은 제트류를 한대전선 제트라고 하며 줄여서 **한대 제트**(polar jet)라고 부른다. 한대 제트는 겨울철에 가장 강하고 여름철에 가장 약한데 위도 30~50도에 집중적으로 위치하고 있다. 우리나라 부근의 한대 제트는 겨울철에 북위 30도 가까이 남하하지만 여름철에는 북위 50도까지 북상하기

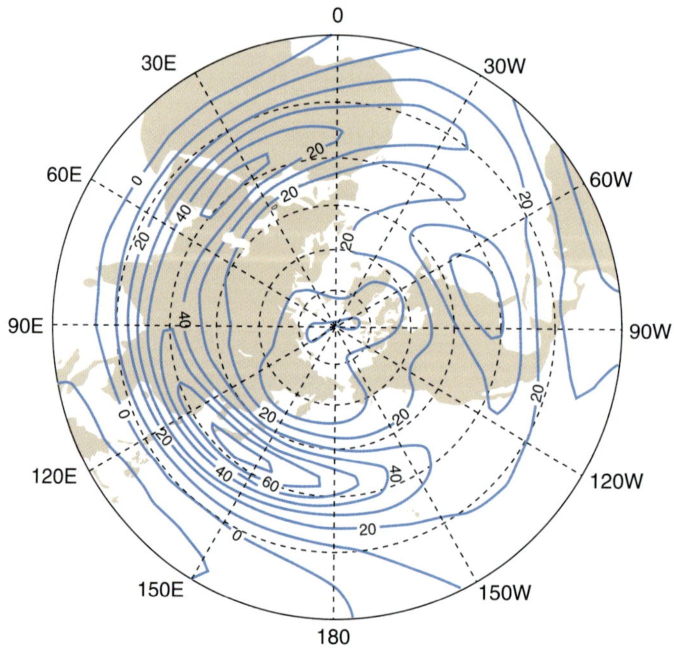

그림 5-15 북반구 겨울철 평균 200hPa 고도 동서 바람 등풍속선. 등치선 간격은 $10ms^{-1}$이다(1979년부터 2008까지 30년간의 NCEP/NCAR 재분석 자료 이용).

도 한다. 겨울철 북반구에서는 경도 평균으로 위도 30도 근처에서 약 $40ms^{-1}$의 강한 제트류가 발생하는데 제트 중심에서의 풍속은 그보다 훨씬 더 크다. 강할 때에는 최고 $100ms^{-1}$까지 도달하는 것으로 알려져 있다. 한대 제트는 하층 순환과 연관되어 있어서 그 강도와 중심 위치 등은 종관 규모의 날씨 분석과 예보에 중요하게 사용된다.

한대 제트 외에도 아열대지방에 생기는 아열대 제트가 있다. 이 제트류의 형성 과정은 다음과 같다. 적도 부근에서 수렴되어 상승한 공기는 권계면까지 도달하여 극 쪽으로 이동하면서 전향력으로 편향되어 북위 약 30도 지역에서 서풍으로 바뀌게 된다. 각운동량을 보존하기 위해 이 공기는 대류권 상부에서 서쪽으로부터 동쪽을 향하여 빠르게 이동한다. 이 빠른 공기 흐름을 **아열대 제트**(subtropical jet)라 부른다. 대류권 상부에서 공기가 계속 아열대 제트 영역으로 불어 들어감에 따라 공기 분자는 그 곳에서 계속 쌓일 수 없기 때문에 공기의 일부는 그 제트 영역을 떠나야 한다. 이 공기는 권계면 근처에 있으므로 권계면 위에 위치한 안정한 성층권으로 상승하지 못하고 지면을 향해 하강하게 된다. 따라서 이 위도대에 아열대 고기압이 형성된다.

제트류는 주로 상층에 형성되지만 대류권 하부에서도 나타난다. 대류권 하부에 나타나는 좁은 영역의 강풍을 **하층 제트**(low level jet: LLJ)라고 한다. 하층 제트는 특정한 장소에서 발생하기도 하고 대기 요란에 동반되어 여러 장소에서 발생하기도 한다. 전자의 예로 미국 럭키산맥 동쪽에 발생하는 하층 제트와 아프리카 동해안의 소말리 제트를 들 수 있고, 후자의 예로는 최성기에 달한 저기압에 동반되어 나타나는 하층 제트와 장마와 같은 전선에 동반되어 발달하는 하층 제트를 들 수 있다.

5.6 고기압

고기압은 일반적으로 거의 이동 없이 한 장소에 머물러 있는 수평 규모가 큰 정체성 고기압이 있는가 하면 주로 중위도 지방에서 상당한 속도로 서쪽에서 동쪽으로 이동하는 수평 규모가 비교적 작은 이동성 고기압이 있다. 정체성 고기압의 예로 한반도 겨울철에 관측되는 시베리아 고기압이나 여름철에 우리나라로 확장해 오는 북태평양 고기압이 있다. 이동성 고기압은 보통 봄철이나 가을철에 우리나라를 지나가며 온화하고 맑은 날씨를 보일 때가 많다. 그림 5-16은 1월과 7월의 평균 해면기압 분포를 보여 주고 있다. 북반구 겨울철인 1월에 대륙에서 고기압이, 해양에서 저기압이 형성되고 여름철인 7월에는 해양에서 고기압이, 대륙에서 저기압이 형성되는 것을 볼 수 있다. 겨울철 시베리아 고기압은 지면의 복사 냉각으로 발달하게 되며 여름철 북태평양 고기압은 해들리 순환의 강화로 아열대지방에 공기 하강으로 인한 단열승온으로 발달하게 된다. 고기압 영역에서는 일반적으로 저기압 영역에 비하여 기압 경도가 약하여 바람이 약한데 특히 고기압 중심 부근에서는 바람이 매우 약하다. 고기압과 저기압은 상대적 개념으로

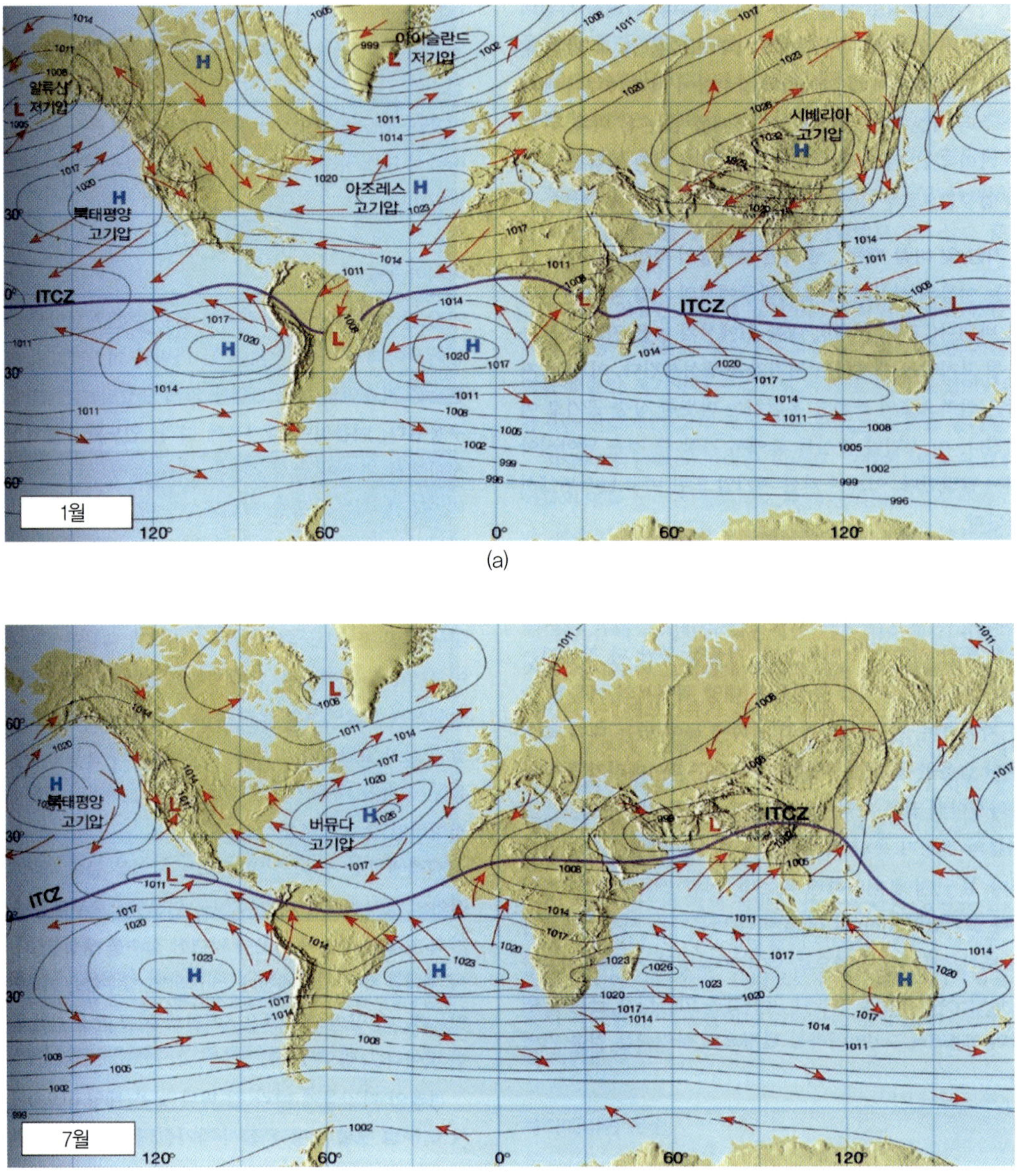

(a)

(b)

그림 5-16 평균 해면기압: (a) 1월, (b) 7월

정의되므로 고기압은 항상 저기압과 함께 존재하게 된다. 중위도지방에서 고기압은 저기압과 함께 하루에 약 10도 경도의 거리로 동쪽으로 이동하는데 이 이동속도는 약 $10\mathrm{ms}^{-1}$의 속력에 해당한다. 중위도지방에서 때때로 약 1주일 주기로 날씨가 변하는 것은 저기압이나 고기압이 통과한 후 다른 저기압이나 고기압이 통과하는데 약 1주일이 걸리기 때문이다. 저기압에서는 그 내부 구조가 매우 뚜렷한 반면 고기압에서는 내부 구조가 일정하지 못한 경우가 많다. 그러나 기온의 수평 분포에 따른 고기압의 연직 구조는 명확하다. 그림 5-17은 기온의 수평 분포에 따른 고기압의 연직 구조를 보이고 있다. 일반적으로 두 등압면 사이의 층두께는 그 층의 평균 기온에 비례하므로 기온의 수평 분포에 따라 고기압의 연직 구조는 달라진다. 그림 5-17(a)에서와 같이 중심이 따뜻하고 주위가 대칭적으로 찬 고기압은 중심에서의 층두께가 주위에서의 층두께보다 더 두꺼워서 고도가 증가할수록 더 강한 고기압이 나타난다. 이와 같은 고기압을 온난 고기압이라 부르는데 온난 고기압은 키가 큰 것이 특징이다. 온난 고기압의 대표적인 예로서 북태평양 고기압과 버뮤다 고기압이 있다. 한편 그림 5-17(b)에서 보듯이 중심이 차고 주위가 대칭적으로 따뜻한 고기압은 중심에서 층 두께가 상대적으로 얇고 주위에서 층 두께가 두꺼워서 중심에서는 고기압의 강도가 위로 갈수록 약해지면서 더 높은 고도에서는 오히려 저기압이 나타난다. 이러한 형태의 고기압을 한랭 고기압이라고 하며 한랭 고기압은 키가 작은 것이 특징이다. 한랭 고기압의 예로서 겨울철 시베리아 고기압을 들 수 있다.

기온의 수평 분포에 따른 고기압의 연직 구조와 비슷하게 저기압의 연직 구조도 살펴보면 그림 5-18과 같다. 그림 5-18(a)처럼 중심에서 따뜻하고 주위에서 대칭적으로 찬 저기압은 지상에서의 저기압 성질이 위로 갈수록 점점 약해지고 높은 상공에서는 오히려 고기압이 나타나기도 한다. 이와 같은 저기압을 온난 저기압이라고 부르고 키가 작은 것이 특징이다. 온난 저기압의 예로서 여름철 시베리아 저기압을 들 수 있다. 반면 그림 5-18(b)에서 보듯이 중심에서 차고 주위에서 대칭적으로 따뜻한 저기압은 상공으로 갈수록 더 강한 저기압으로 나타난다. 이 형태의 저기압을 한랭 저기압이라 부르며 키가 매우 큰 것이 특징이다. 알류샨 저기압과 아이슬란드 저기압이 대표적인 예이다.

정체성 저기압이나 고기압은 중심에 대하여 대략적으로 대칭적인 기온 분포를 나타내지만, 이동성 저기압이나 고기압은 일반적으로 중심에 대하여 비대칭인 기온 분포를 보인다. 그림 5-19(a)는 고기압 중심의 오른쪽이 왼쪽보다 기온이 높은 경우에 대한 고기압의 연직 구조를 보이고 있다. 기온이 높은 쪽의 두 등압면 사이의 층 두께가 두꺼우므로 고기압의 중심축은 고도에 따라 오른쪽 즉, 기온이 높은 쪽으로 기울고 있음을 알 수 있다. 반면 그림 5-19(b)에서 보듯이 저기압 중심의 오른쪽이 왼쪽보다 기온이 높은 경우에는 같은 원리로 저기압 중심축은 상공으로 갈수록 왼쪽 즉, 기온이 낮은 쪽으로 기울게 된다. 이로부터 상층의 고기압 중심 위치는 하층의 고기압 중심 위치에서 따뜻한 쪽으로 치우쳐 나타나고, 상층의 저기압 중심 위치는 하층의 저기압 중심 위치에서 찬 쪽으로 치우쳐 나타나게 됨을 알 수 있다.

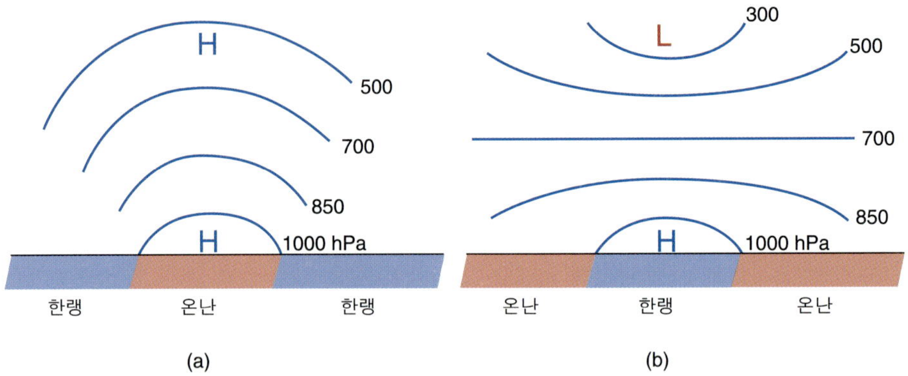

그림 5-17 기온의 대칭적 수평 분포에 따른 고기압의 연직 구조: (a) 중심이 따뜻하고 주위가 찬 고기압인 온난 고기압(hPa)과 (b) 중심이 차고 주위가 따뜻한 고기압인 한랭 고기압(hPa)

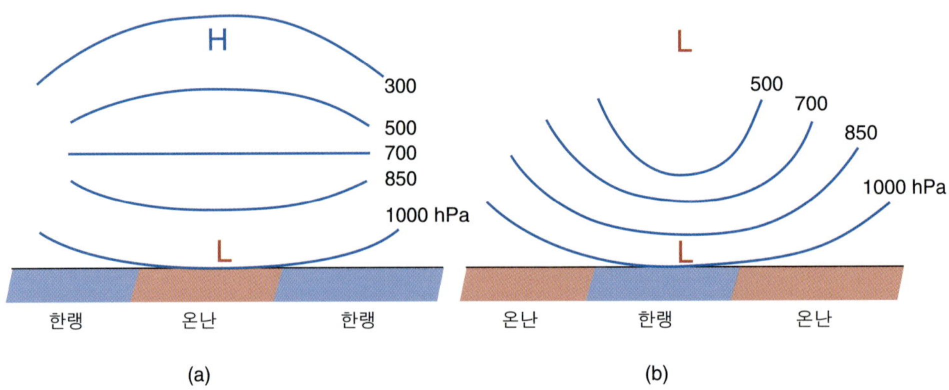

그림 5-18 기온의 대칭적 수평 분포에 따른 저기압의 연직 구조: (a) 중심이 따뜻하고 주위가 찬 저기압인 온난 저기압(hPa)과 (b) 중심이 차고 주위가 따뜻한 저기압인 한랭 저기압(hPa)

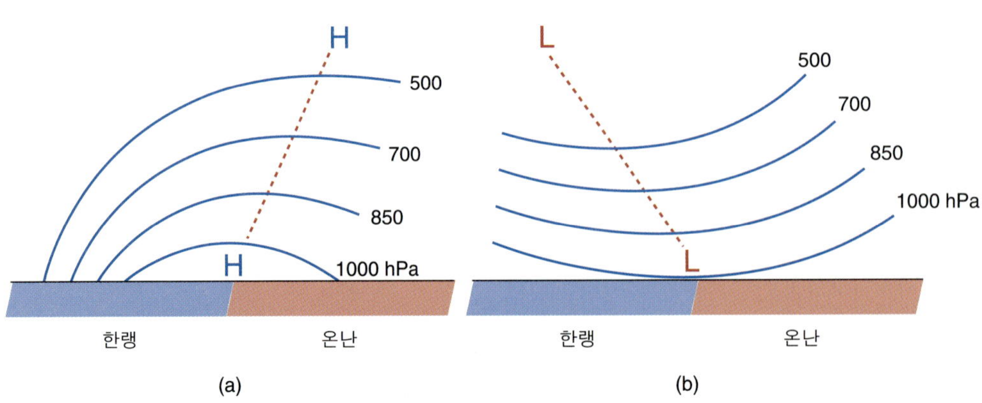

그림 5-19 기온의 수평 분포가 고저기압 중심에 대하여 비대칭인 경우의 (a) 고기압(hPa)과 (b) 저기압(hPa)의 연직 구조

5.7 악기상

대기가 안정할 때는 일반적으로 맑은 날씨를 보이며 대류 활동이 잘 일어나지 않는다. 그러나 태양광선에 의해 지표면이 강하게 가열되는 여름철 낮에는 대류 활동이 활발하게 되고 대기가 불안정한 상태에 놓이게 된다. 이로 인하여 구름이 생기고 불안정한 상태가 심해지면서 뇌우로 발달하고 이로부터 여러 가지 격렬한 기상 현상이 일어난다. 대기의 불안정도가 심해지면서 나타나는 기상 현상을 보면 적운형 구름이 형성되기 시작하여 적란운까지 발달하게 되는데 처음에는 약한 비로부터 차차 강한 소낙비로 바뀌어 간다. 대기가 더욱 불안정해지면 천둥 번개를 동반한 뇌우로 발달하게 되어 점점 격렬한 현상이 나타난다. 즉 우박이 떨어지고 아주 불안정해지면 토네이도까지 발생한다. 이와 같은 여러 가지 격렬한 기상 현상을 통틀어 악기상이라고 한다. 이제 이러한 격렬 기상 현상을 하나씩 살펴보기로 한다.

5.7.1 번개와 천둥

번개와 천둥을 유발하는 뇌우는 전 세계적으로 하루에 약 40,000회 정도 발생하는 것으로 알려져 있다. 뇌우의 발생 빈도는 장소에 따라 크게 다르지만 지구상의 어느 곳에서나 번개와 천둥은 발생할 수 있다. 번개는 산불을 일으키는 등 막대한 재산 피해를 주기도 하지만 많은 인명 피해를 입힌다. 번개의 약 80%는 구름 속에서 전하의 방전으로 발생한다. 이 구름 속 방전은 구름 내 또는 구름과 구름 사이의 전압차가 공기 저항을 압도할 때 발생한다. 그러나 우리가 주로 보게 되는 번개는 구름과 지면 사이의 방전에 의한 것이며 나머지 20%를 차지한다. 그림 5-20은 이 구름-지면 방전에 의한 번개가 발생하는 일련의 과정을 보여 주고 있다. 모든 번개는 초기에 구름 속에서 음전하와 양전하로 전하 분리가 일어나면서 시작된다. 전하 분리가 되면 대부분의 양전하는 구름의 상부로 이동되어 축적되고 음전하는 하부로 이동되어 축적된다(그림 5-20a). 이 때 지면에서는 양전하로 대전되기 시작하고 구름 밑면에 음전하가 충분히 축적되면 구름 하부와 지면 사이에 높은 전압차가 발생한다. 어느 한계에 도달하면 구름 밑면의 음전하가 지면을 향해 움직이기 시작한다. 이와 같이 구름 밑면 근처에서 일어나는 음전하의 초기 방전을 **선구 선도**(pilot leader)라 부른다(그림 5-20b). 일단 선구 선도가 발생하면 전자가 지면을 향하여 선구 선도 속으로 흘러 내려가고 계속해서 아래로 쇄도한다. 이 음전하의 흐름이 구름으로부터 지면까지 전자가 흐를 수 있는 도관을 형성시키는데 이를 **계단 선도**(stepped leader)라 한다(그림 5-20c). 이 계단 선도는 이온화된 공기의 단일 기둥이 아니라 본 줄기로부터 여러 곳으로 갈라진다. 약 1백만 분의 1초만에 구름의 하부로부터 50m 아래로 내려온 후 약 50마이크로 초 동안 휴식기를 갖고 다시 50m 아래로 뻗어 내려온다. 일련의 빠른 하강 이동이 계단식으로 발생하기 때문에 이 이름을 계단 선도라 부른다. 계단 선도가 지면

그림 5-20 번개가 발생하는 일련의 과정: (a) 구름 속에서 전하 분리가 일어나 구름 밑면에 음전하가 축적되기 시작한다. (b) 구름 밑면에 음전하가 증강되면 지면은 양전하로 대전되어 선구 선도가 발생함으로써 번개 형성이 시작된다. (c) 계단 선도가 구름과 지면을 연결시킨다. (d) 되돌이 뇌격이 구름 쪽으로 쇄도한다.

에 도달하면 내려 올 때 만들어진 도관을 따라 전류가 위로 흐르면서 번쩍이는 섬광을 발생시키는데 이를 **되돌이 뇌격**(return stroke)이라 한다(그림 5-20d). 약 20,000암페어로 흐르는 이 전류는 처음에 구름의 하부로부터 아래로 흐르나 지면에 도달할 때 생기는 벼락은 실질적으로 위로 전파한다. 벼락 칠 때 양전하가 구름을 향해 흐르는데 이 전류가 도관 내의 공기를 약 30,000K 또는 태양 표면 온도의 약 5배까지 가열시킨다. 이 엄청난 가열 현상이 도관을 급격히 팽창시키면서 내는 소리가 **천둥**이다. 첫 벼락의 방전은 구름 밑면의 음전하를 모두 중화시키지 못하고 결과적으로 **화살 선도**(dart leader)라 부르는 다른 선도가 0.1초 내에 형성되어 이로부터 후속적인 섬광이 나타난다. 이 화살 선도와 벼락의 과정은 자발적으로 약 4~5번 정도 반복된다.

5.7.2 우박

대기가 점점 더 불안정해지면서 나타나는 현상 중 하나가 **우박**이다. 우박은 공 모양으로 된 얼음 덩어리 형태의 강수 현상으로서 작은 얼음 입자로부터 시작하여 충분한 과냉각 물방울과 빙정이 있는 곳에서는 부착에 의해 오렌지 크기만큼 성장할 수 있다. 그것이 어떻게 가능할까?

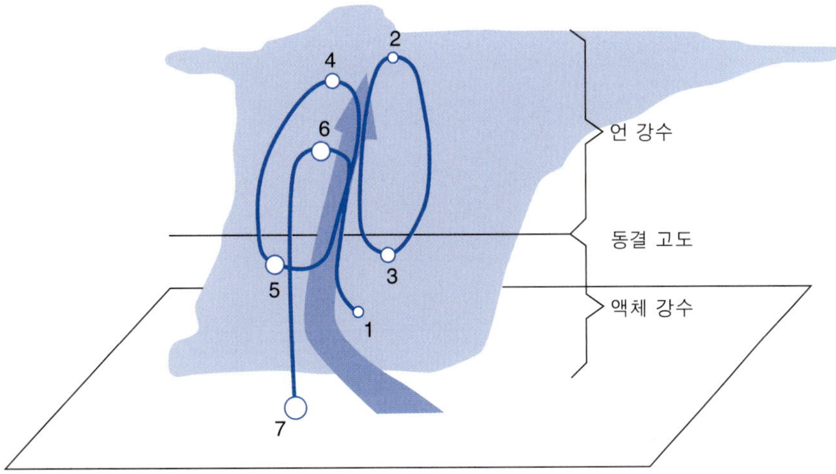

그림 5-21 발달한 뇌우 속에서 우박의 성장

일반적으로 강수 입자 크기는 그것이 얼마나 오래 구름 속에 머물러 있으며 성장하기에 충분한 물이 구름 속에 얼마나 있느냐에 달려 있다. 먼저 우박의 구조상 특징을 살펴보기 위해 우박을 자른 단면을 보면 독특한 점을 발견할 수 있다. 다른 고체 강수와는 달리 우박은 동심원 모양의 얼음 테가 존재한다. 즉 우박 속의 어떤 테는 우유 빛 흰색을 띠고 있고 다른 테는 투명하다. 이와 같은 우박 속의 테 구조가 뇌우 안에서 우박의 성장 과정을 제시하고 있다. 이 테 구조를 설명하기 위해 발달한 뇌우 안에서 우박이 어떻게 성장하는지 생각해 보자. 우박 씨가 되는 작은 얼음 입자가 성장하여 큰 우박 덩어리로 되는데 이 우박 씨는 뇌우의 주 상승기류의 변두리에서 형성되어 상승기류 주위를 맴돈다(그림 5-21의 점 1). 이 씨가 뇌우 안에서 상승하면서 성장하여 약 1mm 크기에 도달한다. 뇌우 속 공기 순환으로 상승기류가 약한 뇌우의 앞쪽으로 씨가 이동되어 주 상승기류의 앞쪽 모서리를 따라 중력에 의해 떨어진다(그림 5-21의 점 2와 점 3). 상승기류는 기울어져 있기 때문에 성장하고 있는 우박은 강한 상승기류가 있는 쪽으로 떨어지고 이 때 온도가 0도 근처인 상태에서 물이 얼음 우박 위에 쌓인다. 이 우박이 다시 상승기류에 의해 위로 이동되면서 우박 위에 쌓인 물이 얼고 고체 강수 입자와 부딪치면 얼음층이 그 위에 형성된다. 이렇게 상승 하강 운동을 반복하면서 우박은 성장하게 된다(그림 5-21의 점 4, 점 5 및 점 6). 결국 어느 정도 성장한 우박은 중력에 의해 땅으로 떨어지게 된다(그림 5-21의 점 7). 이와 같이 우박은 뇌우 속에서 상승 하강 운동을 하면서 서로 다른 크기의 과냉각 물방울과 충돌하여 성장하게 되는데 작은 과냉각 물방울은 우박과 충돌할 때 빨리 얼어 버린다. 이 같은 빠른 빙결은 우박 속에 기포를 만들어 다중 산란 때문에 얼음이 하얗게 보이게 된다. 보다 큰 과냉각 물방울은 천천히 얼어서 기포가 달아날 수 있다. 그래서 큰 과냉각 물방울의 결착은 우박에 투명한 층을 만든다. 이렇게 하여 우박에 테가 생기게 되는데 이 테의 수가 곧 우박의 상승과 하강의 횟수를 나타낸다.

표 5-2 우박의 종단속도

반경(cm)	종단속도(ms^{-1})
0.1	6
1.0	20
2.0	28
3.0	35

대부분의 우박 크기는 콩알만 하지만 어떤 것은 공깃돌 크기만큼 혹은 골프공 크기만큼 성장할 수 있고, 뇌우가 아주 격렬한 상태에서는 야구공만큼 커질 수 도 있다. 미국에서 떨어진 우박 중에는 중량이 0.7kg이 넘고 직경이 14cm인 우박도 발견되었다. 우박은 크기에 따라 낙하속도도 달라지는데 표 5-2는 우박의 크기에 따른 종단속도를 보여주고 있다. 야구공 크기의 우박(반경=3.5cm)은 160g 정도의 중량이고 약 40ms^{-1}의 속도로 낙하한다. 따라서 우박이 엄청난 피해를 줄 수 있다는 것은 쉽게 이해할 수 있다.

5.7.3 토네이도

대기가 매우 불안정해지면 **토네이도**(tornado)라는 극도로 격렬한 기상 현상이 나타난다. 토네이도는 적란운 하부에서 극단적으로 빠르게 회전하는 깔때기 모양의 바람이다(그림 5-22). 거의 대부분의 토네이도가 저기압성(북반구에서 반시계 방향) 회전을 하지만 일부는 시계 방향으로 회전하기도 한다. 강한 토네이도 바람은 좁은 지역에서 비정상적으로 강한 기압경도에 의해 발생한다. 즉 토네이도 중심과 깔때기 주변 사이의 불과 수백 m 거리에서 최대 100hPa의 기압차가 생길 수 있다. 토네이도는 크기와 형태가 다양하기 때문에 일반화하기는 어렵다. 토네이도의 직경은 대부분 축구장 길이 정도이나 때때로 이보다 15배 이상 큰 것도 발생한다. 그 수명은 일반적으로 약 수 분이지만 어떤 것은 수 시간 지속되는 것도 있다. 지상에서 토네이도가 이동하는 속도는 약 50kmh^{-1}이고 소멸하기까지 3~4km 정도 이동한다. 토네이도 내의 풍속은 약한 것이 약 65kmh^{-1}이고 가장 강한 것은 450kmh^{-1}를 초과하는 것도 있다.

토네이도는 전선 경계, 스콜선, 중규모 대류 복합체에서 생길 수 있으나 강한 토네이도는 주로 초대형세포 뇌우에서 발생한다. 토네이도 형성 과정은 아직 완벽하게 이해하지 못하고 있으나 초대형세포 뇌우의 경우 그 발생 메커니즘이 어느 정도 밝혀져 있다. 토네이도 발생의 초기단계에서 직경 10km의 거대한 구름이 느린 수평 회전을 시작한다. 이 회전은 지상 수 km 상공의 두꺼운 구름 내부에서 발생한다. 그 결과 중규모 저기압이라 부르는 큰 소용돌이가 발생하는데 이것이 토네이도 발생보다 약 30분 전에 나타난다. 이와 같은 구름 내부의 회전은 풍향의 연직 변화에 기인한다. 이 경우 지상으로부터 위로 갈수록 풍속이 증가하면서 풍향은 남풍계열

그림 5-22 2005년도 여름 미국 플로리다주 푼타 고르다시 (Punta Gorda, FL) 주택가에 나타난 발달한 토네이도의 모습. (제공: WunderPhotos®/www.wunderground.com)

에서 서풍계열로 바뀐다. 이 연직 바람시어는 수평축을 갖고 회전 운동을 일으킨다. 이 때 강한 상승기류는 회전 운동의 수평축을 기울게 하여 결국 회전축을 연직 방향으로 유도한다. 이것이 구름 내부에서 초기 회전을 유발한다. 회전 면적이 감소하면서 풍속은 강해지고 이 좁은 공기 기둥의 회전이 아래로 확장하고 구름 하부의 일부가 **벽구름**(wall cloud) 형태로 되어 지상으로 내려온다. 그림 5-23은 구름 밑면의 남서쪽 부근에 토네이도 벽 구름이 나타난 이상화된 초대형세포 뇌우를 나타내고 있다. 벽 구름은 대부분 큰 우박이나 폭우가 내리는 거대 세포의 남쪽이나 남서쪽에서 종종 발생한다. **깔때기 구름**(funnel cloud)은 좁고 빠른 소용돌이가 벽 구름의 하부에서 나타날 때 발생한다. 이 깔때기 구름은 토네이도의 모든 특성과 강도를 갖고 있고 지상까지 도달하기 때문에 피해를 입히는 토네이도의 상징 현상이기도 하다. 기상 예보자들이 도플러 레이더 자료로부터 중규모 저기압의 회전 바람을 관측할 수 있게 됨에 따라 레이더 네트워크를 통해 토네이도의 사전 경고 시간을 크게 연장시키고 있다. 그러나 중규모 저기압의 약 50%만이 토네이도를 발생시키고 있고 어떤 중규모 저기압이 토네이도를 발생시키는지 아직 확실히 알려져 있지 않다.

토네이도 추적자들이 토네이도의 이동을 직접 관측하는 아주 드문 경우를 제외하고는 토네이도의 기압 변화와 풍속을 정확하게 관측하는 것은 불가능하다. 그러나 토네이도가 입히는 피해 정도로 그 강도를 분류하는 것은 가능하다. **후지타 스케일**(Fujita scale)은 토네이도 강도 순

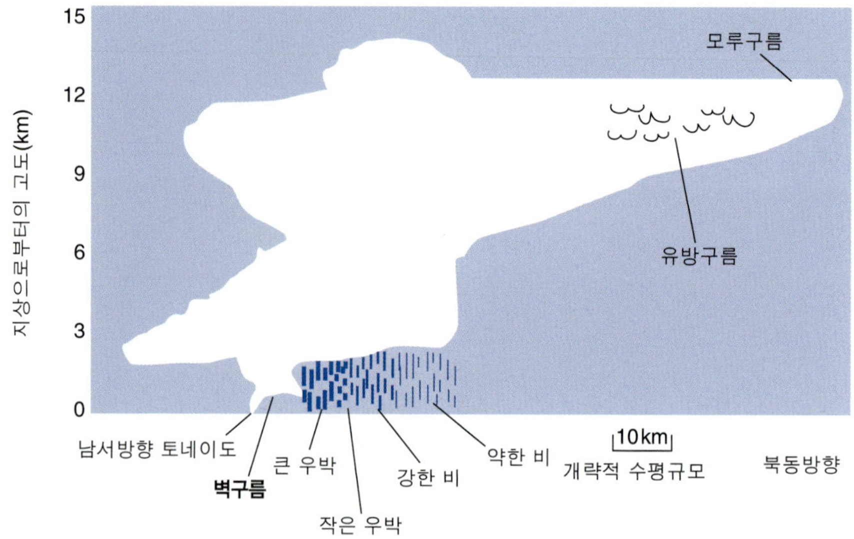

그림 5-23 이상화된 초대형세포 뇌우의 모식도. 구름 밑면 남서쪽 부근에 지면을 향해 돌출된 토네이도를 유도하는 벽구름이 나타나 있다.

위에 따라 강도 기준을 정의하여 널리 사용되고 있다. 표 5-3은 후지타 강도 규모와 그에 따른 피해 정도를 설명해 주고 있다. 토네이도는 강도 수준을 7가지로 나누는데 보통 F수를 0에서 5까지 할당하여 피해 규모를 설명한다. 미국에서 토네이도 발생의 대다수인 69%는 F0~F1인 약한 토네이도 범주에 든다. 토네이도의 약 29%는 F2~F3인 강한 토네이도로서 이 토네이도는 튼튼하게 지은 집까지도 상당히 파괴할 수 있다. 다행히 2%만이 F4~F5인 초강력 토네이도에 든다. 이와 같은 토네이도는 믿기 어려울 만큼의 피해를 일으킨다. 예를 들어 자동차가 들어 올려져 수십 미터를 날아갈 수도 있고 지푸라기가 나무에 박히며 화물열차가 탈선하기도 한다.

지금까지 설명한 토네이도는 육상에서 발생하는 강력한 기상현상이다. 이와 비슷하게 해상에서도 일어나는데 이 현상을 **용오름**(waterspout)이라 한다. 일반적으로 따뜻한 바다 위에서

표 5-3 후지타 강도 규모

강도	풍속(kmh^{-1})	전형적인 피해 규모
F0	<116	약함: 나뭇가지가 부러지고 작은 나무 뿌리가 뽑힘, 신호등과 굴뚝에 피해
F1	116~180	중간: 지붕에 피해, 자동차 전복, 이동식 집 전복
F2	181~253	상당: 지붕이 부서짐, 이동식 집은 완전히 파괴, 큰 나무 뿌리가 뽑힘
F3	254~332	격렬: 열차가 전복됨, 튼튼한 집의 지붕과 벽이 부서짐
F4	333~419	파괴적: 집들이 완전히 파괴됨, 자동차가 들려서 날림
F5	420~512	초강력: 철골 구조물에도 상당한 피해 발생
F6	>513	감지불가: F4, F5급 토네이도의 일부 좁은 지역에서 발생 가능, 이에 의한 피해를 전체 토네이도에 의한 것과 구분하기가 곤란

형성되는 이 용오름은 대부분 토네이도보다 작아서 직경 약 5~100m의 크기를 갖고 있다. 용오름이 토네이도보다 약하지만 풍속이 150kmh^{-1}에 이르기 때문에 선박에 피해를 많이 준다. 몇몇 용오름은 육상에서 기원된 토네이도가 외해로 나가서 발생하기도 하지만 대다수는 바다 수면 위에서 자체적으로 생성된다. 맑은 날 따뜻한 수면이 대기를 가열하고 이것이 불안정을 유발하여 용오름이 발달한다. 불안정한 대기에서 습윤한 공기가 상승하면 단열냉각으로 포화에 이르게 되고 결과적으로 응결 잠열이 용오름의 물기둥을 유지시킨다. 용오름은 모루구름이 발생할 정도의 발달한 적란운에서 발생하지는 않지만 연직으로 상당히 발달한 웅대 적운과 연관되어 발생하기도 한다.

참고사항 「운동방정식」

대기 중에는 여러 가지 형태의 힘이 존재하고 있으며 이 힘들이 공기의 흐름을 좌우한다. 일단 수평 기압경도가 있는 곳에서는 공기덩이가 고기압에서 저기압 쪽으로 움직이기 시작한다. 그러나 공기덩이의 이동 즉 바람의 방향과 속력에 영향을 미치는 다른 힘들이 작용하기 때문에 공기덩이는 고기압에서 저기압 쪽을 향하여 직선상으로 움직이지는 않는다.

뉴턴의 제2법칙인 운동법칙에 의하면 물체의 운동은 그 물체에 작용하는 총 힘, 즉 합력에 좌우되기 때문에 공기덩이의 운동을 이해하기 위해서는 이 공기덩이에 작용하는 모든 힘의 크기와 방향을 고려하여야 한다. 공기덩이의 수평운동에 대해서는 기압경도력, 전향력 및 마찰력의 합으로 설명할 수 있다. 이 세 힘을 종합하여 우리는 운동방정식을 만들 수 있다. 단위질량당 공기덩이에 작용하는 힘을 고려하면 운동방정식은 다음과 같이 나타낼 수 있다.

$$\Delta V/\Delta t = PG + Co + F$$

여기서 $\Delta V/\Delta t$는 가속도, PG는 기압경도력, Co는 전향력, 그리고 F는 마찰력을 나타낸다. (이 형태의 운동방정식에서는 원심력이 겉으로 나타나지 않는다는 것을 주목하라.) 이 식은 공기덩이의 가속도가 기압경도력, 전향력 및 마찰력에 의해 생길 수 있음을 의미한다. 간략하게 다시 말한다면 운동방정식은 어떤 질량을 가진 물체의 가속도가 그 물체에 작용하는 세 힘에 의해 형성되는 가속도의 합과 같다는 것이다. 그러므로 운동방정식은 운동량 보존을 나타낸다. 외부에서 열의 유입이 없으면 온도가 변하지 않듯이 가속도는 특별하게 나타나는 것이 아니고 힘의 합력에 의해서 나타난다. 이 가속도는 운동방정식의 각 항의 상호 작용으로 인하여 개개의 가속도보다 매우 작게 나타난다. 실제로 대규모 대기 운동에서는 운동방정식 좌편의 가속도 값이 매우 작다. 가속도는 상호 미묘한 작용을 하는데, 예를 들면, 마찰은 풍속을 감소시키고 혼합을 통하여 풍속을 균일하게 하려는 경향이 있다. 운동방정식에서 두 가지 점을 유의해야 한다. 첫째, 운동방정식은 공기덩이의 가속도를 나타내는 것이지 속도를 나타내는 것이 아니다. 가속도의 합이 0이라는 것은 풍속이 0이라는 의미가 아니다. 단지 풍향과 풍속이 시간에 따라 변하지 않는다는 뜻이다. 둘째, 운동방정식의 가속도는 수평으로 작용된다. 그러므로 이 방정식은 수평 방향의 정보만 제공할 뿐이지 연직 방향의 정보를 제공하지는 않는다. 물론 연직 방향의 운동에도 뉴턴의 제2법칙이 적용될 수 있다. 그러나 이 책에서 운동방정식은 연직 방향 운동을 고려하지 않는다. 운동방정식은 기본적으로 대기의 원시 방정식이라 불리는 물리과정을 설명하는 하나의 방정식이다.

복습문제

1. 중력과 만유인력은 어떻게 다른가?
2. 기압경도력, 전향력 및 원심력은 바람에 어떤 영향을 미치는지 설명하시오.
3. 대기 운동에 미치는 지면 마찰의 효과를 설명하시오.
4. 대기의 대규모 운동에서 연직속도가 매우 약한 이유는 무엇인가?
5. 정역학 균형을 설명하시오.
6. 지균풍과 경도풍의 차이는 무엇인가?
7. 선형풍의 특징을 설명하시오.
8. 온도풍은 어떤 바람인지 설명하시오.
9. 등압면 일기도에서 등고선 값이 큰 영역을 고기압 영역이라고 하는 이유는 무엇일까?
10. 온도이류를 바람의 순전과 반전으로 설명하시오.
11. 권계면 근처에서 제트류가 형성되는 이유를 설명하시오.
12. 중위도 저기압의 일생을 설명하시오.
13. 상층 로스비 파동이 지상 고저기압을 유발시키는 원리를 설명하시오.
14. 대기에 존재하는 제트류에는 어떤 것들이 있는가?
15. 전지구적으로 항구적인 고기압과 저기압은 어떤 것들이 있는가?
16. 온난 고저기압과 한랭 고저기압의 연직 구조를 비교하시오.
17. 번개가 발생하는 과정을 설명하시오.
18. 우박의 단면에서 테가 보이는 이유는 무엇인가?
19. 종단속도란 무엇인가?
20. 토네이도는 어떻게 형성되는지 설명하시오.

CHAPTER 06

대기대순환

대기대순환(general circulation)은 지구 대기에서 존재하는 가장 큰 규모의 흐름 패턴을 의미하며, 대기 순환의 평균장이다. 이러한 평균장은 지구를 둘러싼 대기의 기압이나 바람을 시간과 공간에 대하여 평균한 것을 의미한다. 이 장에서는 대기대순환의 이론적 설명과 함께 세계 곳곳의 기상 및 기후가 대기대순환과 어떠한 관계를 맺고 있는가를 살펴보고자 한다.

6.1 평균 자오면 순환

지구 전체를 평균할 때 태양열의 입사량은 지구로부터의 방출량과 대략 같다. 그러나 위도별로 보면 자오면 방향(남북 방향)으로 태양열의 입사량과 지구복사의 방출량의 차이가 생겨, 열대지방에서 과잉인 반면 극지방에서는 부족하게 된다. 이와 같은 불균형을 해소하기 위해 대기는 더운 공기를 극지방으로, 찬 공기를 열대로 이동시켜면서 대기대순환이 발생한다. 간단한 것 같지만 실제 지구상에서 공기의 흐름은 복잡하다. 이해를 돕기 위해 우선 대순환의 복잡한 속성 일부를 제거하고 인공적으로 설정한 모델을 살펴보기로 한다.

(1) 단세포 모델

단세포 모델은 지구표면이 물로 균일하게 덮여 있고 태양은 적도의 연직 상공에 있으며 지구는 자전하지 않는다는 가정 아래서 대기대순환에 관한 설명을 시도하고 있다. 즉, 이 모델은 육지와 바다의 차등 가열을 고려하지 않는다. 이러한 가정 하에서 볼 때 대기의 대순환은 그림 6-1에서 보듯이 남반구와 북반구에서 각각 열에 의해 형성된 하나의 거대한 대류세포 모습이라 볼 수 있다. 이 세포를 이와 같은 제안을 처음으로 한 18세기 Hadley(George Hadley,

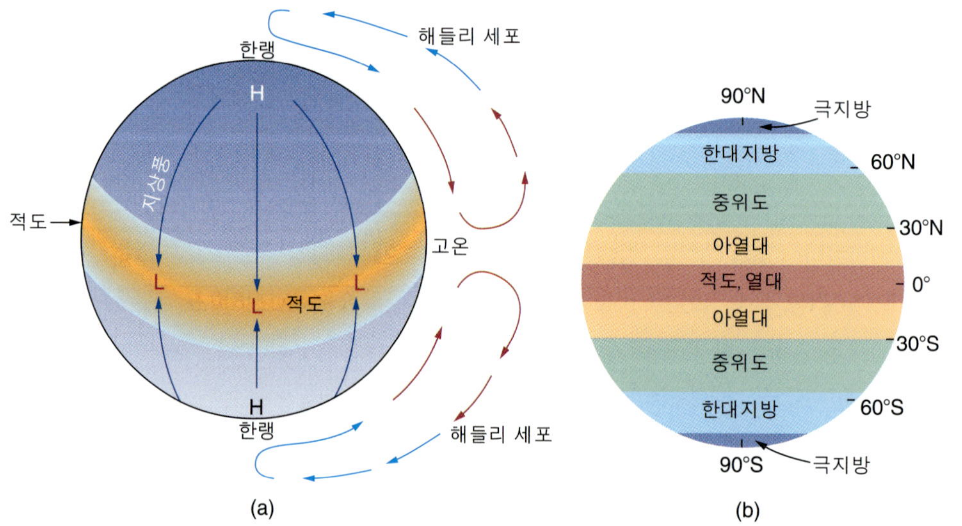

그림 6-1 단세포 모델에 의한 대기대순환. 지구표면이 물로 균일하게 덮여 있고 태양은 적도의 연직상공에 있으며 지구는 자전하지 않는다는 가정하고 있다.

1735)의 이름을 따 **해들리 세포(Hadley cell)**라 한다. 이 같은 대기순환 구조는 기본적으로 태양에너지의 위도 분포를 고려한 것이다. 열대지방의 과도한 가열은 대기의 상승으로 광범위한 지상 저기압을 형성하는 반면 극지방의 과도한 냉각은 지상 고기압을 형성한다. 그 결과 수평기압경도에 따라 극지방의 찬 지상공기는 열대지방 쪽으로 흐르고, 상층에서는 열대지방의 더운 공기가 극 쪽으로 이동한다. 이로 인해서 적도 지상 부근에서는 대기가 상승하고 극지방 상공에서는 대기가 하강하며, 극에서 열대로 가는 기류는 대기 하층, 열대에서 극으로 가는 기류는 대기 상층에 위치하게 된다. 에너지 이동에서 보면 열대지방의 과잉에너지 일부는 현열과 잠열 형태로 극지방의 에너지가 부족한 곳으로 이동한다.

해들리는 대기순환에 대한 기본적인 개념으로 질량의 연속성, 지구 자전의 보존 등을 내세우며 적도의 더운 공기가 상승하고 고위도 지역의 찬 공기가 하강하여 하나의 세포를 이룬다는 이론을 기본으로 하였다. 즉, 적도에서의 강한 가열에 의하여 공기는 상층 대기 쪽으로 연직 상승하여 양극을 향하여 발산하고, 찬 지역에서 지표로 다시 가라앉아 적도쪽으로 되돌아가는 하나의 순환 패턴이 일어난다고 제안하였다. 다시 말해 열의 불균등은 지속적인 대규모운동을 일으켜 적도의 더운 공기는 상승하고 극에서의 찬 공기는 하강하는 그림 6-1과 같은 열적인 **직접 순환 세포(direct cell)**가 발생한다고 하였다.

단세포 모델에 의하면 북반구의 경우 지상에서는 북풍, 상공에서는 남풍이 발달한다. 그러나 여러 지역에서 기압과 바람관측이 수행되면서 실제기압 배치와 바람분포가 단세포 모델과 크게 다르다는 것이 알려졌으며, 이로 인해 새로운 모델의 필요성이 제기되었다. 따라서 관측에서 얻어진 바람과 기압분포 그리고 지구자전의 전향력을 고려한 **삼세포 모델(three-cell model)**이 1865년 미국의 기상학자 William Ferrel에 의해 제안되었다.

(2) 삼세포 순환

지구의 자전을 고려한 삼세포 모델은 그림 6-2(a)에서처럼 세 개의 순환세포로 구성되어 있다. 이 모델은 열대지방이 과도한 열을 받는 반면 극지방은 열이 부족한 점과 극에는 지상고기압이 자리하고 적도에는 여전히 광범위한 지상 저기압이 존재한다는 점에서 앞의 단세포 모델과 유사하다. 그러나 남반구와 북반구에서 모두 한 개의 세포 대신 세 개의 세포가 에너지 재배치 역할을 하고 있다는 점에서 단세포 모델과는 차이가 있다. 적도에서 남북위도 30°까지 대기의 순환은 해들리 세포의 그것과 매우 흡사하다. 이 모델에서 적도상공대기에 무슨 일이 일어나고 있는지 좀 더 주의 깊게 살펴보자(그림 6-2).

앞서 보인 바와 같이 열대지역 해수면 위의 대기는 뜨겁고 수평 기압경도와 바람은 약하여 이 지역을 **적도 무풍대**라고 부른다. 여기서 더운 공기는 상승하면서 종종 응결을 일으켜 막대한 잠열을 방출하며 거대한 적운을 발달시킨다. 이 잠열은 공기에 부력을 가하고 해들리 세포를 움직일 에너지를 제공한다. 상승공기는 장벽과 같은 역할을 하는 대류권계면에 이르면 극을 향해 옆으로 이동한다. 이때, 코리올리 힘은 북반구에서는 극으로 향하는 대기의 흐름을 오른쪽으로, 남반구에서는 왼쪽으로 전향시켜 양 반구 상공에 모두 편서풍을 일으킨다. 이 편서풍은 남북위도 30°와 60°에서 최대풍속을 발휘하고 제트류를 형성한다.

열대에서 극으로 이동하는 상공의 대기는 복사에 의해 일정하게 냉각하며 동시에 중위도에

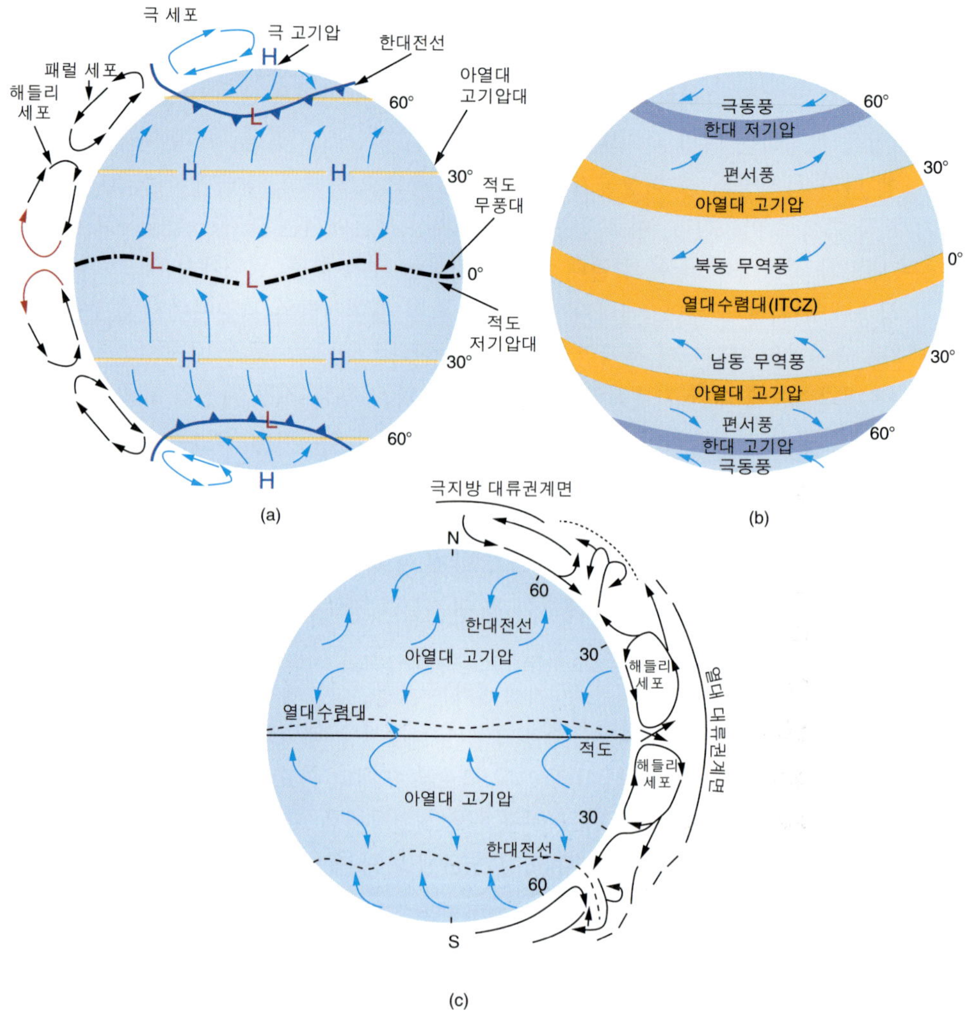

그림 6-2 대기대순환의 삼세포 모델: (a) 삼세포 모델에서 연직순환세포 모형과 전선의 위치, (b) 지상의 기압배치와 풍계, (c) 실제 순환에 근사한 삼세포 모델. (a)와 (c)의 근본적인 차이점은 패럴 세포의 경우 (c)에서는 지표와 상층의 바람이 모두 편서풍이다.

접근함에 따라 수렴하기 시작한다. 상공 대기의 이 같은 수렴(축적)은 지상 대기의 질량을 증가시키며 따라서 지상 기압이 높아진다. 이와 같이 남북위도 30° 내외의 상공에서 발생하는 수렴으로 생긴 지상 고기압을 **아열대 고기압(subtropical high)**이라고 한다. 고기압 상공의 비교적 건조한 수렴대기는 서서히 침강하면서 압축과 동시에 승온한다. 이와 같이 대기가 침강할 때 대체로 하늘은 맑고 지상기온은 따뜻하다. 세계의 주요 사막은 이런 곳에 위치한다. 해양에서의 고기압 중심은 약한 기압경도로 미약한 바람이 불 뿐이다. 구전되는 이야기에 따르면, 신세계를 찾아 나선 범선들은 이 해역에 이르러 멈춰 서게 되었고, 식량과 보급품은 동이 나서 굶어 죽게 된 선원과 승객들은 말을 잡아먹거나 바다로 던져버리기도 했다고 한다. 이러한 이유로 이 해역을 때로는 **말위도(아열대 무풍대)**라고 부른다.

아열대 무풍대에서 지상 대기의 일부는 적도 쪽으로 되돌아간다. 그러나 코리올리 힘 때문에 똑바로 역류하는 대신 북반구에서는 북동풍으로, 남반구에서는 남동풍으로 분다. 이와 같이 일정한 방향으로 부는 바람에 따라 신세계를 향한 범선들의 항로가 열리게 됐다. 이 때문에 불여진 이름이 **무역풍(trade wind)**이다. 적도부근에서 **북동무역풍**은 **열대수렴대(intertropical convergence zone)**라고 하는 경계를 따라 **남동무역풍**과 수렴하게 된다. 이 수렴대에서 대기는 상승하여 다시 세포 순환을 계속하게 된다.

한편 위도 30°에서 지상공기가 모두 적도 쪽으로 되돌아가는 것은 아니다. 일부는 북극과 남극으로 향하고 일부는 동쪽으로 전향하여 **탁월 편서풍**, 또는 간단히 **편서풍(westerly)**을 형성하기도 한다. 그러나 실제로는 고기압역과 저기압역이 수시로 이동하므로 이러한 지상대기흐름이 깨질 수도 있다. 남반구 중위도 지역의 대부분은 바다로 덮여 있는데 여기서는 서쪽으로부터 꾸준하게 바람이 분다.

이 온화한 바람은 극으로 가면서 극에서 내려오는 한랭대기를 만나게 된다. 기온차가 심한 두 기단은 쉽게 혼합되지 않고 **한대전선(polar front)**을 형성한다. **한대 저기압(subpolar low)**이라고 하는 이 저기압대에서는 지상대기가 수렴하여 상승하면서 폭풍우가 발달한다. 상승대기의 일부는 고공에서 회귀선 위도로 되돌아가 아열대고기압 근처의 지표로 다시 하강한다. 회귀선 위도로부터 지상대기가 한대전선 쪽으로 흘러가면 중위도 세포는 완성된다. 우리는 이 세포를 William Ferrel(미국 기상학자)의 이름을 따 **패럴 세포**라고 한다.

한대전선 뒤에서는 극지방을 출발한 찬 공기가 코리올리 힘에 의해 전향되어 극동풍(polar easterlies)을 형성한다. 겨울철에는 찬 공기를 지닌 한대전선이 중위도 및 아열대까지 남하하여 돌발한파가 몰아치기도 한다. 이 전선을 따라 상승공기의 일부는 극을 향해 이동하면서 코리올리 힘에 의해 전향되어 고공에서 서풍으로 바뀐다. 상공의 대기는 궁극적으로 극에 도달하고, 서서히 지상으로 내려앉아 한대전선에 되돌아가 약한 **극세포(polar cell)**를 완성하게 된다.

이상의 과정을 그림 6-2를 보고 요약할 수 있다. 지상에는 두 개의 고기압역과 두 개의 저기압역이 표시되어 있다. 고기압역은 위도 30° 부근과 극에 자리잡고 있으며 저기압역은 적도와 한대전선 부근의 위도 60° 근처에 위치해 있다. 저기압역과 고기압역 주위의 바람형태에 근거하여 전세계 지상풍의 그림을 그릴 수 있다. 무역풍은 아열대 고기압에서 적도로 불고 아열대 고기압으로부터 한대전선 쪽으로는 편서풍이 불며, 극에서 한대전선 쪽으로는 **극동풍**이 분다.

지금까지 살펴 본 삼세포 모델은 실제 관측 바람 및 기압과 어떻게 비교될까? 우리가 아는 바로는 그림 6-2(c)와 같이 중위도 상공의 바람은 서쪽에서 동쪽으로 즉, 편서풍이 분다. 그러나 그림 6-2(b)의 삼세포 모델에서 중위도 세포는 상공의 대기가 적도 쪽으로 이동하면서 전향력의 영향으로 동풍이 형성되는 것으로 나타내고 있다. 모델과 실제 대기에서의 관측 결과 사이에서 이와 같은 차이가 발생하기는 하지만 이 모델은 실제 지상의 바람 및 기압분포와 매우 흡사하다.

6.2 바람 시스템의 특성

앞에서 바람을 생성하는 기본적인 힘 중에 중요한 기압경도력을 배운 적이 있다. 이 절에서는 대기대순환에 의하여 특징적인 기압 패턴의 모습과 계절적 차이를 이용하여 바람 시스템이 형성되는 과정과 특성을 살펴보자.

(1) 기압패턴

우리는 대륙과 해양, 산악과 빙하로 덮인 실제 세계를 관측을 통하여 그림 6-3과 그림 6-4에서처럼 1월과 7월의 평균 해면기압 및 바람의 분포를 얻을 수 있다. 이들 기압계는 연중 약간의 변화만 보이기 때문에 **반영구 고 · 저기압**이라 한다. 그림 6-3을 보면 1월 중 북반구에 네 개의 반영구 기압계가 자리잡고 있음을 알 수 있다. 대서양 동부 북위 25°와 35°사이에 **버뮤다-아조레스 고기압** 또는 **버뮤다 고기압(Bermuda high)**이 있고 태평양에 **태평양 고기압(Pacific high)**이 있다. 이들은 대기의 순환으로 상공의 대기가 수렴하여 발달하는 아열대 고기압이다. 이들 고기압을 중심으로 지상풍은 시계 방향으로 불어 나가기 때문에 무역풍은 남쪽으로, 탁월편서풍은 북쪽으로 불게 된다.

육지가 비교적 적은 남반구에서는 육지와 바다의 차이에 의한 영향이 덜하므로 아열대 고기압은 잘 발달하며 뚜렷한 순환을 가진다. 한대전선이 형성되는 위도 40°와 65° 사이의 지역에는 두 개의 반영구적인 아한대 저기압이 자리잡고 있다. 북대서양에는 **그린랜드-아이슬랜드 저기압** 또는 **아이슬랜드 저기압(Icelandic low)**이 있고 북태평양 알류샨 열도 상공에는 **알류샨 저기압(Aleutian low)**이 있다. 동쪽으로 움직이는 무수한 폭풍이 특히 이 저기압들의 활동대에서 겨울철 수렴하는 경향을 보인다. 남반구에서는 아한대 저기압이 끊임없이 기압골을 형성, 지구를 완전히 둘러싼다.

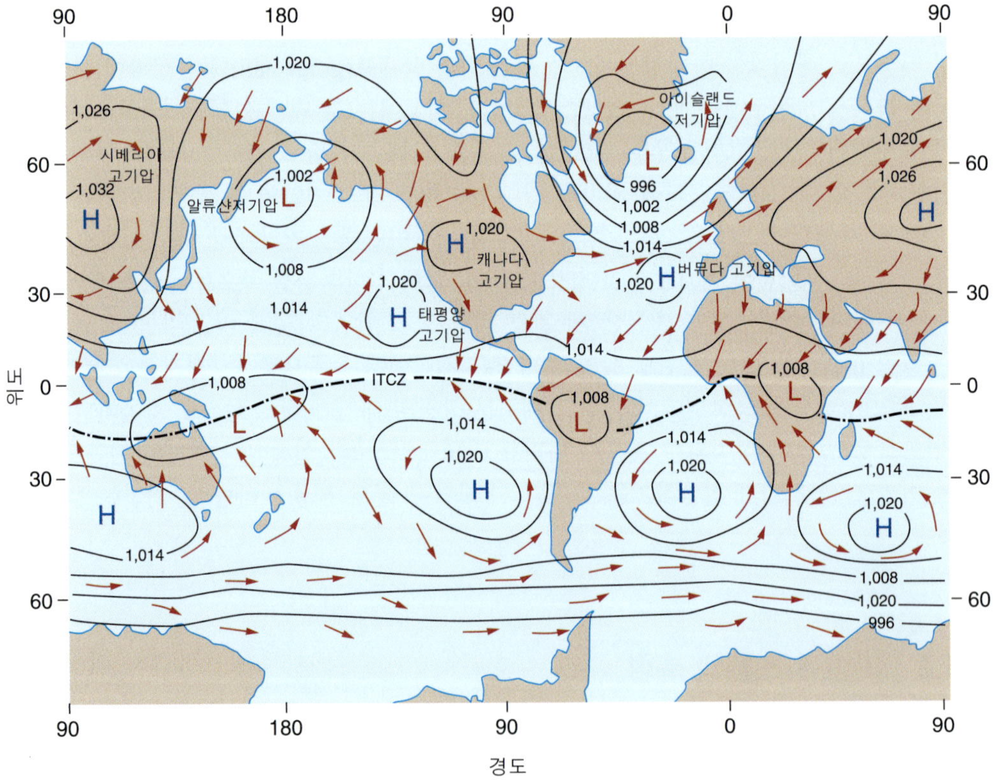

그림 6-3 1월의 평균 해면기압 분포와 지상풍 패턴. 굵은 파점선은 열대수렴대 위치를 나타낸다.

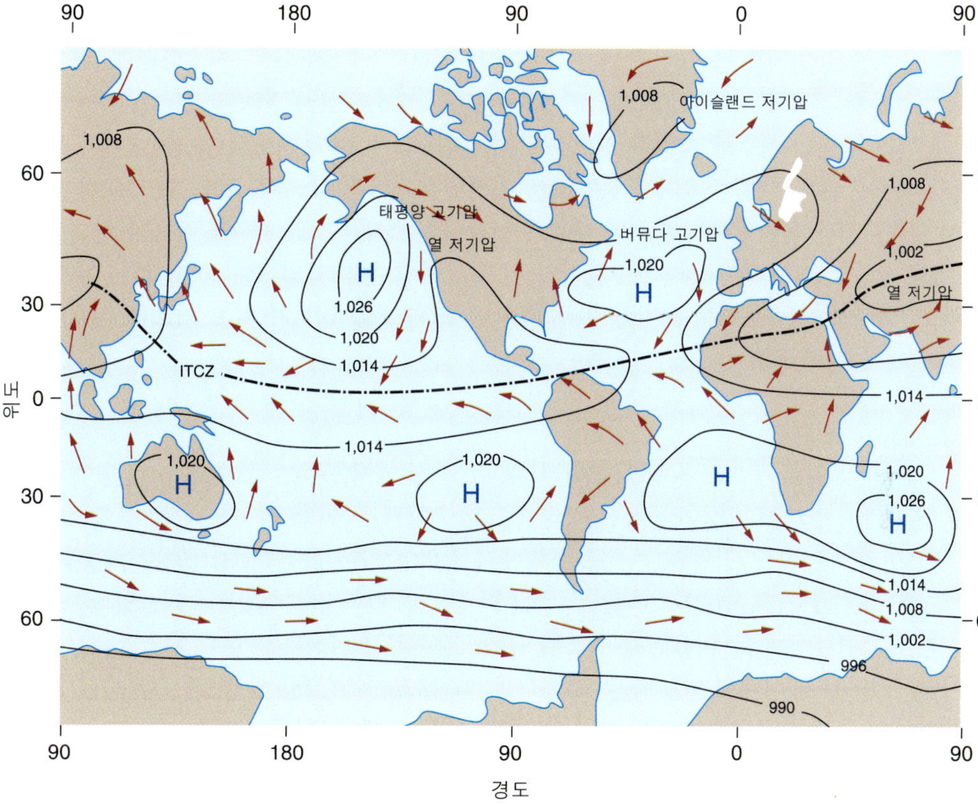

그림 6-4 7월의 평균 해면기압 분포와 지상풍 패턴. 굵은 파점선은 열대수렴대 위치를 나타낸다.

그림 6-3의 1월 일기도에는 반영구 성격이 아닌 다른 기압계도 표시되어 있다. 예컨대, 아시아 상공에는 면적은 거대하지만 키가 작은 열 고기압(thermal high)이 자리잡고 있다. **시베리아 고기압(Siberian high)**이라고 부르는 이 고기압은 육지의 극심한 냉각 때문에 형성된다. 이 기압계의 남쪽에는 겨울 몬순이 현저하게 발달한다. 이와 특징은 비슷하지만 강도가 낮은 **캐나다 고기압**은 북미주 상공에 자리한다.

여름이 다가옴에 따라 육지가 가열되면 차갑고 키 작은 고기압계는 사라진다. 일부지역에서는 지상 저기압역이 고기압역을 교체하기도 한다. 따뜻한 육지 상공에 형성되는 저기압을 **열 저기압**이라 한다. 그림 6-4의 7월 일기도에서는 미국 남서부 사막, 이란의 고원지대, 그리고 인도 상공에 열 저기압이 나타나 있다. 인도 상공의 열 저기압이 강해지면서 바다의 높은 온도와 습기를 가진 공기가 그 속으로 불어 들어가고, 이것이 인도와 동남아 일대에 특유의 여름 몬순을 초래한다.

1월과 7월의 일기도를 비교하면 반영구 기압계에 몇 가지 변화를 읽을 수 있다. 1월에는 북반구 상공에 강력한 아한대 저기압이 형성되지만 7월에는 이를 거의 알아보기 힘들다. 그러나 아열대 고기압은 1월과 7월 다 같이 위력을 발휘한다.

북반구에서는 7월, 남반구에서는 1월에 태양이 머리 위에 위치하므로 최대 지상가열대는 계절적으로 바뀐다. 이에 따라 주요 기압계, 바람대 및 **열대수렴대(ITCZ)**는 7월에는 북쪽으로, 1월에는 남쪽으로 위치를 옮긴다.

대기대순환에 나타나는 주요 양상의 위치와 연평균 약 10°~15°에서 변하는 위도상의 변위는 세계 여러 지역의 기후에 강력한 영향을 준다. 예를 들면, 지구규모로 볼 때 대기가 상승하는 지역에는 강우량이 많고 대기가 하강하는 지역에는 강우량이 매우 적을 것으로 예상된다. 따라서 열대수렴대와 관련하여 습윤한 대기가 상승하는 열대지방과 중위도 폭풍과 한대전선에 의해 강제 상승이 일어나는 40°~55° 사이의 위도 상에 있는 지역의 강수량이 많다. 이에 비해 강우량이 적은 지역은 아열대 고기압 인근의 위도 30°부근과 대기가 차고 건조한 한대지방에 위치하게 된다(그림 6-2).

(2) 편서풍과 제트류

남 · 북반구 다 같이 중위도 상공의 바람은 대체로 서쪽에서 동쪽으로 분다. 이러한 편서풍의 원인은 일반적으로 열대지방 상공에는 상대적으로 고기압, 극지방 상공에는 상대적으로 저기압이 형성되기 때문이다. 상공의 편서풍 영역에서 강한 바람이 좁은 띠 모양으로 집중되어 있는 곳을 **제트류(jet stream)**라고 한다.

대기의 제트류는 중위도 대류권계면 하부 11km 상공에서 나타나는 길이 수백 km, 폭 수백 km 이내, 두께 1km 이내로 형성되는 고속 이동기류를 말한다(그림 6-5). 제트류 중심핵의 풍속은 흔히 $50ms^{-1}$를 초과하며 $100ms^{-1}$에 달할 때도 있다. 제트류는 보통 고도 10~14km의 대류권계면에서 형성되지만 그 이상 및 그 이하 고도에서 일어날 수도 있다.

제트류를 처음 경험한 비행기는 제2차 세계대전 당시의 고공비행 군용기였으나 전문가들은 그 이전부터 제트류의 존재를 짐작하고 있었다. 빠른 속도로 이동하는 권운을 추적하던 지상 관측소들은 고공에서 부는 편서풍의 속도가 매우 빠르다는 사실을 포착했었다.

제트류는 강한 바람의 띠이므로 모든 바람과 마찬가지로 수평기압차에 의해 형성된다. 그림 6-5에서 북쪽으로는 찬 한대기류가 자리잡고 남쪽으로는 따뜻한 아열대기류가 자리잡고 있는

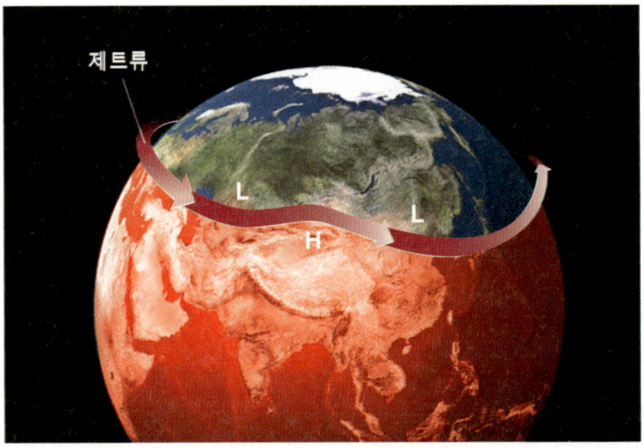

그림 6-5 제트류의 사행운동. 제트류는 서쪽에서 동쪽으로 빠른 속도로 흐르는 기류이다. 제트류는 대기상층에서 북쪽의 찬 기류와 남쪽의 따뜻한 기류가 맞닿는 경계선을 따라 형성된다.

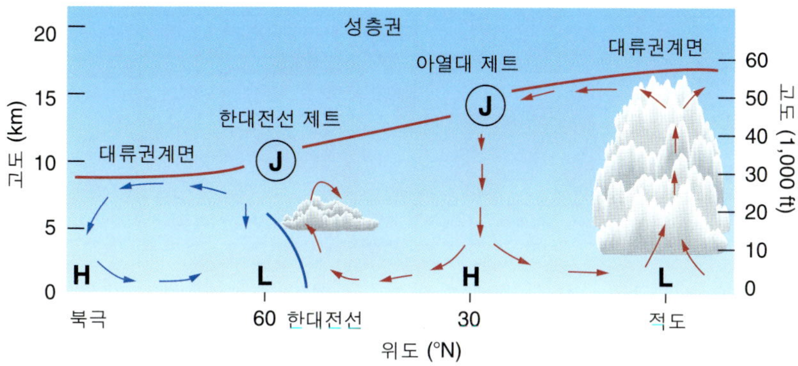

그림 6-6 **겨울철 대기대순환 모델에 준한 한대 제트류와 아열대 제트류의 평균위치. 두 기류 모두 서쪽에서 동쪽으로 이동한다.**

경계선을 따라 제트류가 형성되어 있는 점을 주목할 필요가 있다. 이 경계에 바로 한대전선이 위치해 있다. 한대전선을 사이에 두고 양쪽에 급격한 온도차가 존재하므로 급격한 수평 기압변화가 생기고 따라서 가파른 기압경도를 형성하게 된다. 이와 같은 조건에서 전선을 따라 풍속이 가속되고 제트류가 형성된다. 한대전선을 사이에 둔 남북간 기온차는 겨울철에 가장 심하고 여름철에 가장 약하기 때문에 한대 제트류는 계절적 변동을 한다. 겨울에는 바람이 더 강하고 더 남쪽까지 세력을 뻗어 일본남쪽 동중국해까지 도달하기도 한다. 반면 여름에는 한대 제트류가 세력이 약화되어 한반도 북쪽 만주 상공에 위치한다.

그림 6-6은 겨울철 북반구의 제트류, 대류권계면, 대기의 일반 흐름의 평균위치를 보여준다. 그림을 보면 대류권과 성층권의 경계인 대류권계면에 두 개의 제트가 자리잡고 있음을 알 수 있다. 아열대 고기압 상공 약 13km 고도에 형성되는 제트류를 **아열대 제트류(subtropical jet stream)**라 하고 한대전선부근 약 10km 상공에 형성되는 제트류를 **한대전선 제트류(polar front jet stream)** 또는 간단히 **한대 제트(polar jet)**라 한다. 이 그림에서 제트핵의 바람은 서풍인 것처럼 보이나 이는 평균풍향일 뿐 실제로는 제트류가 남북으로 루프 모양을 그리며 이동하는 사행운동을 한다. 또 한대 제트는 때에 따라서는 두 개의 제트로 분리될 수도 있고, 심지어는 아열대 제트류와 합류하기도 한다.

(3) 몬순, 아시안 몬순 기후

몬순(monsoon)은 아리비아어로 '**mausim**', 즉, '계절'이라는 말에서 유래되었다. 그 뜻은 육지와 해상의 기온의 차이에 기인된 **바람의 계절적 반전**을 말하며, 몬순 기후는 전 세계적으로 여러 지역에 나타난다. 그 중에서도 가장 잘 나타나는 곳이 아시아지역이므로 몬순하면 아시아 몬순이 대표로 일컬어진다. 몬순이 나타나는 지역에서는 계절풍의 계절적 반전에 의한 강우량의 차이가 뚜렷하여 겨울에는 건조기후와 여름에는 다우기후를 나타내는 지역을 몬순 기후지역이라 부른다. 그림 6-7은 뚜렷한 몬순 지역을 나타낸 것인데, ① 동아시아 몬순과 ② 남서아시아(인도) 몬순 ③ 북서태평양 몬순 지역을 합하여 아시아 **몬순 지역**이라 부른다.

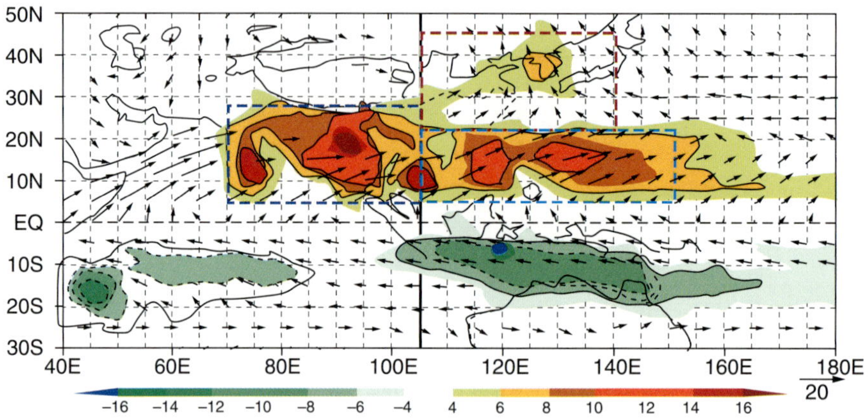

그림 6-7 아시안 몬순 지역을 동아시아(붉은 색 사각지역), 남서아시아(푸른 색), 그리고 북서태평양(녹색) 몬순 지역으로 나눈 것이다(Bin Wang, 2004). 이 그림은 강수량(칼라, mm/day)과 925hPa 바람장(화살표, m/s)의 7~8월 평균과 1~2월 평균의 차이를 보인 것이다. 세 몬순 지역은 인도 몬순(5°N~27.5°N, 65°E~105°E), 북서태평양 몬순(5°N~22.5°N, 105°E~150°E), 그리고 동아시아 몬순(22.5°N~45°N, 110°E~140°E)이다.

아시아 몬순 지역은 몬순 기후가 가장 뚜렷한 지역이면서 인구 또한 밀집되어 있어서 몬순 기후 지역에 대한 연구가 가장 활발하게 이루어지고 있다. 인도를 중심으로 남서아시아 몬순 지역과 북서태평양 몬순 지역은 적도지역이며, 동아시아 몬순 지역은 아열대와 중위도를 포함하고 있어 서로 구분된다.

몬순의 원인으로 볼 때 가장 뚜렷한 특성은 몬순이 규모가 가장 큰 '해륙풍'이라는 점이다. 원리를 보면 다음과 같이 설명된다. 해안가에 낮 동안 해가 비치면 육지는 해양에 비하여 빨리 데워지기 때문에 더운 공기는 육지 상에서 상승하고 해양 상에는 비교적으로 더 차가운 공기가 자리하게 된다. 따라서 해양에서 육지로 바람이 불게 된다. 반대로, 밤이 되면 육지는 해양보다 빨리 식게 되어 육지 상의 차가운 바람이 따뜻한 해양으로 불게 된다. 그러므로 아시아 몬순에 대한 주요한 두 가지 요소는 큰 육지와 해양이다. 즉, 가장 중요한 몬순의 발생 요인은 대륙과 해양의 열용량의 차이이며, 이 외에도 지구 자전에 의한 코리올리의 힘, 수증기의 상변화에 따른 에너지의 방출과 흡수 과정을 들 수 있다.

남서아시아 몬순 지역을 중심으로 몬순 기후의 시간적 변화를 살펴보자. 4월부터, 전 몬순 가열이 대륙 상에서 시작되고 시간이 지나면서 육지에서 더 빨리 데워지므로 덜 무거운 공기가 지속적으로 상승하여 북 인디아 및 히말라야 부근에 가장 낮은 저기압 역이 생성된다. 한편, 해양상의 더 차갑고 무거운 공기는 고기압 역을 생성한다. 육지와 해양상의 기온 차이는 20°C 정도로, 이는 인도의 육지 기온이 45°C에 이르고 아라비아 해와 벵갈만 지역의 주변 해역은 20°C에 머무르기 때문이다. 에너지 균형을 이루기 위하여 해양상(고기압)에서 육지를 향한 바람이 불기 시작하여 습기가 풍부한 공기를 남부 아시아를 거쳐 육지로 수송한다. 이 때를 '습한' 상태라 한다. '습한' 상태가 시작될 때가 5월 하순경이며 두 줄기로 나뉘어져 하나는 스리랑카로, 하나는 벵갈만으로 불어 북동 인도와 방글라데시로 움직인다. 한편, 늦여름부터 가을까지 기온이 점점 내려가게 되면 육지는 해양보다 빨리 열을 잃게 된다. 이 때 바람의 방향이 역전되어 북동이나 북서가 되면서 '건조한' 계절이 시작된다.

매년 몬순내의 강수 분포와 패턴은 달라지며, 남부 아시아 등 농업국가에서 몬순의 정확한 예측은 경제성에 영향을 미치므로 매우 중요하다. 몬순의 시작을 정확하게 예측하는 것은 농부에게 농작물을 심는 최적의 시기를 알려주어 비를 적절히 이용할 수 있도록 한다. 비가 너무 많거나 적은 경우 경제적 재해나 인명 피해를 가져올 수 있기 때문이다. 몬순의 주 예측인자는 남서 기류의 시작이다. 4월말에서 5월초에 남서 기류가 시작되며 남부 인도와 스리랑카에서 구름의 양이 많아지면서 인도양에서부터 밀려온다. 우리는 그 때 자주 소낙성 비도 보게 된다. 몬순 예측의 중요성은 더욱 커져 예측 모형이 더욱 복잡해지고 그 정확도 또한 증가했다.

동아시아 몬순은 우리나라, 일본, 중국 등지에서 겨울철에는 건기, 여름철에는 우기의 특징을 보인다. 여름철 우기가 나타나는 시기는 조금씩 차이가 있지만 중국에서는 **메이유(Meiyu)**, 일본에서는 **바이우(Baiu)**, 그리고 우리나라에서는 **장마(Changma)**라 부른다. 이들 세 지역의 특징은 다음과 같이 나눌 수 있다(그림 6-8 참조). 그림에서 동아시아 몬순의 3지역과 비교하기 위하여 아시아 몬순의 다른 지역 들인 남서아시아 몬순(인도 몬순), 남중국해 몬순(SCS 몬순) 등이 표시되어 있다.

그림에서 보는 바와 같이 지역적으로 동아시아 몬순은 티벳 고원의 동쪽으로 편서풍의 **풍하측(downstream)**에 놓여 있다. 티벳을 지나오는 제트기류의 영향과 남서류 혹은 남동류의 습윤 공기층이 하층 제트를 타고 북쪽으로 수송되는 수증기의 유입에 따라 강한 비를 내리기도 한다. 주변의 순환장을 보면 티벳을 중심으로 한 티벳 고기압성 순환(상층)과 북태평양기단을 중심으로 하는 북태평양 고기압성 순환이 있다. 북태평양 순환의 중심부에는 키가 큰 해양성 온난 고기압이 위치하고 있다. 해마다 메이유, 장마, 바이우의 특징이 달라지는 이유는 이

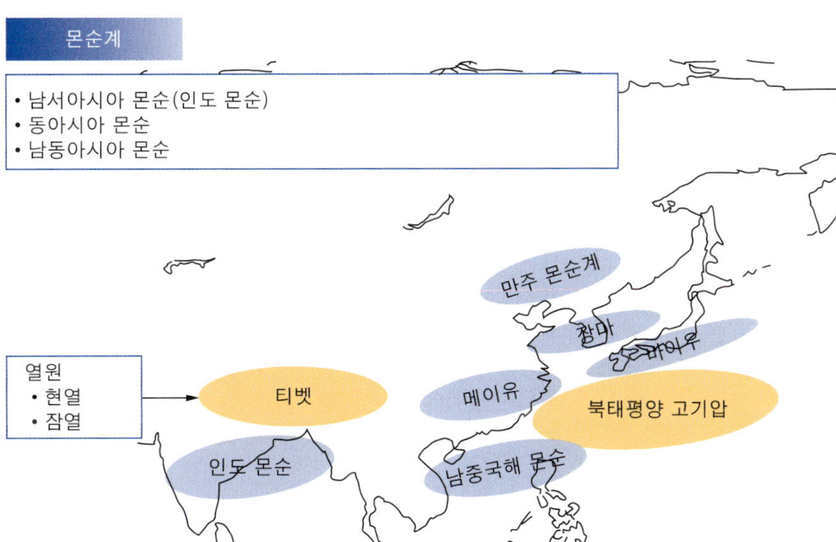

그림 6-8 몬순시스템을 구성하고 있는 요소들. 우리나라 주변으로 장마, 메이유, 바이우 지역이 보인다.

두 순환장의 세기에 의한 영향을 받기 때문이다. 장마는 장마전선으로 해석되기도 하는데, 이는 바이우전선과 유사하게 남쪽의 따뜻한 북태평양 고기압과 차가운 해양성의 오호츠크 기단이 서로 만나 형성하는 정체전선의 일종이다. 정체전선 형태의 장마전선은 초기에는 두 기단에만 영향을 받지만 장마전선의 변동에는 좀 더 복합적인 요인들이 작용한다. 예를 들면 북태평양 기단의 서쪽으로의 확장과 관련하여 일본 남해상에 생성되는 보닌(Bonin) 고기압의 강도, 중국의 동부 지역에서부터 서해로 들어오는 저기압성 파동, 상층의 제트기류의 동쪽으로의 확장, 하층 제트기류의 강도 등이 작용하여 장마전선의 활동은 해마다 매우 큰 차이를 보인다. 장마기간은 장마전선이 형성되어 우리나라 부근에 머무는 기간으로 정의되며 대체로 6월 20일경에서 7월 말까지이다. 장마기간 중 비를 내리는 지역과 시간은 매우 국지적이어서 단기예보에 많은 어려움이 있다.

(4) 푄현상

'**푄(Foehn)**'이란 말은 원래 라틴어의 'favonivs'에서 유래하는데 '서풍'이란 뜻을 가지고 있다. 푄 현상은 습윤한 바람이 산맥을 넘을 때 고온건조해지는 현상으로 원래 알프스 산지의 풍하측에 나타나는 고온 건조한 국지풍의 명칭이었다. 그러나 이러한 현상이 세계 도처에서 발견되므로 현재는 일반적으로 산지의 풍하측의 사면에서 불어 내리는 고온 건조한 바람으로 크게 알프스 지역에서는 푄으로, 북미 록키 산맥지역에서는 **치누크(chinook)**로 불려진다.

푄은 습윤한 바람이 산경사면을 따라 흘러내리면서 단열압축에 의하여 가열되어 이웃하는 저지대에 따뜻하고 건조하고 맑은 상태를 제공하는 종관 규모 바람에 대한 포괄적인 이름이다(그림 6-9). 비록 푄이라는 용어가 엄격하게 유럽의 알프스 산맥에서 불어오는 바람에 적용되지만 전 세계의 어느 지역이든지 상관없이 바람의 이러한 유형을 기술하는 데에도 사용된다. 유럽에서는 중위도 저기압이 알프스 산맥으로 접근할 때 푄이 발달한다. 공기는 저기압 중심을 향하여 반시계방향으로 회전하면서 북쪽 경사면을 따라 하강한다. 겨울철에 이 바람이 지배적일 때, 북유럽의 대부분 지역에서 계절에 맞지 않는 더운 날씨가 나타난다.

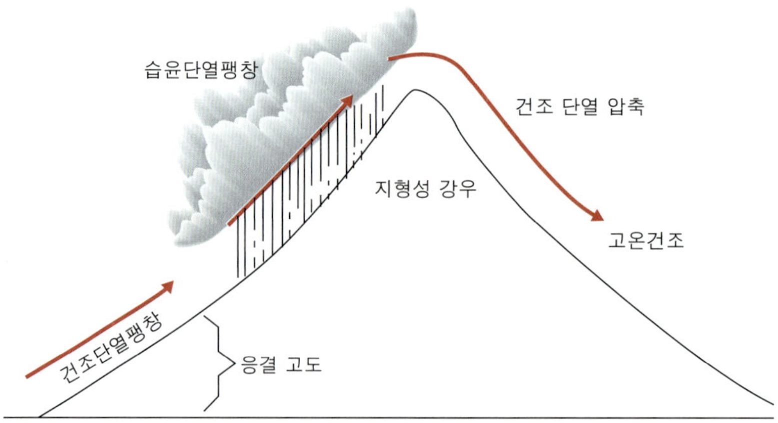

그림 6-9 푄 바람 현상의 원리

치누크(chinook)는 단열압축에 의하여 더워진 바람이 북미의 로키산맥의 동쪽 경사면을 따라 하강하는 바람이다. 이 산맥의 서쪽에 위치한 저기압 시스템에 의하여 이 강한 바람은 동쪽 경사면을 따라 가파른 협곡들 사이로 좁은 통로를 통과할 때 150kmhr^{-1}를 초과하는 속력으로 하강한다. 치누크는 이에 대응되는 유럽의 푄처럼, 겨울철에 중위도 저기압들이 규칙적으로 이 지역을 지날 때에 아주 흔히 나타난다.

(5) 우리나라의 푄현상

우리나라의 푄현상은 북서계절풍이 탁월한 겨울철에는 태백산맥의 동쪽사면으로 나타나고, 오호츠크해 기단의 영향을 받는 늦봄부터 초여름까지는 영서지방에 나타나는데, 영서지방에서 푄현상에 의해 나타나는 고온 건조한 바람을 **높새바람**이라고 불러왔다. 봄에 높새가 불면 여름과 같은 이상 고온 현상이 나타나고 산불이 나기 쉬우며 초여름에 불면 농작물이 말라 버리기도 한다.

영서지방의 높새바람의 출현 시기는 대체로 3월 21일부터 8월 10일까지의 기간에 연평균 28회 나타난다. 이중 특히 한반도가 오호츠크해 기단의 영향하에 있거나 고기압의 중심이 동해 또는 한반도 북부에 위치하고 있을 때 현저하다. 푄현상의 특성인 이상고온 건조 현상으로 기준으로 볼 때, 영서와 영동지방 양사면의 일최고 기온차는 대체로 5.0~7.5℃로 나타나지만 14.5℃에 달하는 경우도 있다. 영동지방을 넘는 습윤한 동풍이 태백산맥을 넘으면서 수분을 상실하고, 영서지방으로 내려갈 때는 고온 건조한 바람이 되어 가뭄의 피해를 주게 된다. 반대로 서에서 동으로 서풍이 불 때도 마찬가지로 푄현상이 나타난다. 겨울에 동해안이 서해안 보다 기온이 높은 이유 중의 하나가 차가운 북서계절풍이 태백산맥을 넘으면서 푄현상이 발생하기 때문이다.

6.3 기단과 전선

(1) 기단

대기의 기온, 기압 그리고 습한 정도는 대기가 접하고 있는 지표면과 지속적으로 에너지와 수증기를 교환하면서 정해진다. **기단**은 대기가 넓은 해양이나 대륙과 같이 동질의 지표면과 오랫동안 접촉하고 있으면서 열 또는 수증기를 교환하여 형성된 같은 성질을 가진 거대한 공기의 덩어리를 나타낸다. 대기가 지표면과 오래 접촉하려면 바람이 약해야 한다는 것이 중요조건이 되어 대체로 고기압권에서 기단이 형성된다. 따라서 기단의 명칭에서 형성지역을 표시하는 경우가 많다. 예를 들면 북태평양기단 · 오호츠크해기단 · 시베리아기단 등을 들 수 있다. 크게 보면 기단의 성질은 온도로 온난 · 한랭 · 습윤 · 건조를 조합해서 표시하며, 습기의 양에 대해서는 해양에서 발생한 기단은 습윤하고 대륙에서 발생한 기단은 건조한 특징이 있다.

지구상에서 기단이 형성되는 지역을 발원지라 부르며, 충분한 기간 동안 머물러 발원지와 같은 온도와 습도를 수평적으로 균일하게 상당히 넓은 지역에 걸쳐 갖게 된다. 그러나 연직 방향으로는 큰 온도 기울기나 습도 기울기를 가지고 있을 수 있으며 이러한 연직 기울기는 대기의 안정도에 영향을 미쳐서 강수의 가능성에까지 영향을 줄 수 있다.

기단은 발원지의 온도와 습도의 특성에 따라 분류된다. 습도에 따라서는 **대륙성 기단**(건조기단, continental air mass, 소문자 c)과 **해양성 기단**(습윤기단, maritime air mass, 소문자 m)으로 분류된다. 온도에 따라서는 적도(E), 열대(T), 한대(P), 그리고 북극(A) 기단으로 나눈다. 예를 들면 대륙성 한대기단은 cP이고, 해양성 열대기단은 mT이다. 그림 6-10은 우리나라에 영향을 주는 기단을 나타낸 모식도이다. 각 기단은 계절적으로 우세한 기간이 다르며 온도와 습기의 차이에 따라 대기의 안정도에 영향을 주어 강수에 영향을 미친다.

우리나라의 기후에 크게 영향을 미치는 기단은 시베리아기단과 북태평양기단, 오호츠크해기단이다. 적도기단이 영향을 미치는 경우는 흔치 않지만, 적도기단에서 형성된 태풍이 영향을 미칠 때는 큰 피해를 입히기도 한다.

시베리아기단은 우리나라의 연중 장기간에 걸쳐 영향을 미친다. 대체로 늦장마가 끝나면서부터 오호츠크해기단이 영향을 미치기 시작할 때까지 혹은 장마가 시작하기 전까지도 영향을 미친다. 그러나 시베리아기단의 원래의 성격인 한랭 건조한 상태로 영향을 미치는 기간은 12월에서 3월 초까지로 이때에 우리나라는 집중적인 영향을 받는다. 시베리아기단의 영향을 받을 때는 겨울 계절풍인 북서풍이 부는 것이 특징적이다. 이 바람은 우리나라에 한파를 가져오는데, 이 때 호남 서해안 및 도서지역에서는 많은 눈이 내리기도 한다. 한랭한 대륙성 기단이 상대적으로 온난한 해양을 지날 때, 온도 차에 의하여 구름이 형성된다. 그러므로 겨울철의 위성 영상을 보면, 시베리아 기단이 영향을 미칠 때는 그 세력이 미치는 범위까지 구름이 분포하는 것을 볼 수 있다. 이 구름이 육지로 이동하면서 지형을 만나 강제 상승하면, 더욱 발달하여 강설 현상이 나타난다. 노령산맥의 서쪽사면의 호남 서해안지역과 제주도의 한라산의 북쪽사면, 울릉도의 대설이 이와 관련 있다.

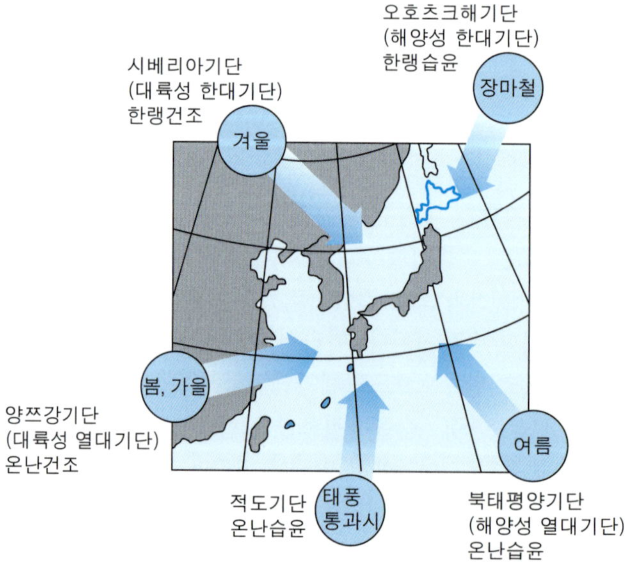

그림 6-10 한국의 일기에 영향을 미치는 기단

시베리아기단이 발원해서 2~3일 경과하면, 서서히 그 세력이 약화되면서 원래의 성격이 변질되어 온난 건조한 상태(cPw)가 되며, 일반적으로 이런 상태일 때를 이동성 고기압이라고 부른다. 이 때는 비록 겨울이라 하여도 이른 봄과 같이 포근한 날씨가 나타난다. 이 공기는 원래 성격의 시베리아기단과 온도 차이가 크기 때문에, 그 사이에 불연속이 형성된다. 이 불연속이 우리나라에 영향을 미칠 때는 강설현상이 나타나면서 포근하다. 삼한 사온은 이와 같이 겨울철에 시베리아기단의 세력 확장과 약화의 주기에 의해서 나타나는 우리나라의 특징적인 기후현상이다.

늦겨울에 들면서 겨울이 끝날 즈음 다시 지표면이 가열되기 시작하기 때문에, 시베리아 기단이 점차 약화된다. 그러므로 한 겨울에는 화중지방 부근에서 변질되던 것이 화북지방에 이르면서 변질되기도 한다. 이때는 편서풍에 의해서 그 공기가 동진하는데, 그 중심이 우리나라의 북동쪽에 위치하면 북동풍이 분다. 영동지방에는 이 북동풍과 관련하여 많은 강설이 형성된다. 서해안에 폭설이 내리는 것과 같이, 한랭한 공기와 해양 사이에 불연속선(구름 발달)이 형성되고, 이 구름이 태백산맥에 부딪쳐 강제 상승하면서 많은 눈을 내린다. 지형적으로 급경사이기 때문에, 좁은 구간에서 급하게 상승하여, 보통 폭설을 야기한다. 2, 3월의 영동지방의 폭설은 대부분 이와 관련된 것이다.

봄과 가을철에는 주로 시베리아기단이 변질된 상태에서 영향을 미친다. 이때는 시베리아 평원이 상당히 가열된 상태이므로 그 힘이 강력하지 못하다. 따라서 이때는 대체로 선선한 날씨이나, 그 때의 풍향이 기온 분포에 영향을 미친다. 즉, 북풍계의 바람이 불 때는 선선하지만, 초가을에 남풍계 바람이 불 때는 마치 여름으로 되돌아간 느낌이 들기도 한다. 내륙지방에는 가을이 들면서 안개의 빈도가 증가하는데, 이는 이 기단의 영향으로 대기가 안정되어 있고, 우기를 지나서 대기 중에 수증기량이 많아졌기 때문이다.

북태평양기단은 주로 한여름에 우리나라 기후에 영향을 미친다. 그 기간은 짧아서 대체로 장마가 끝나고 늦장마가 시작되기 전까지이다. 북태평양기단은 고온 다습한 해상에서 발원하기 때문에 매우 고온 다습하여, 그 영향 하에 있을 때는 마치 열대 기후를 연상하게 할 정도이다. 종종 열대야가 지속되는 경우를 경험할 수 있는데, 이는 대기 중에 수증기가 많기 때문에 야간에도 대기 중에 많은 열이 저장되어 있어서 나타나는 현상이다. 이 기단은 권계면 고도에서부터 하강기류가 형성되는 곳에서 발원하여 매우 안정하다. 이 기단은 우리나라로 이동하면서 쿠로시오 난류 위를 지나는데, 이때 하층에서 더욱 가열될 뿐만 아니라 많은 수증기를 흡수하게 되어 대기층이 매우 불안정해진다. 그래서 우리나라 여름의 대기층은 연중 가장 불안정한 상태이다. 이 때 지표면이 가열되면 오후에 적운이 발생하고, 그것이 더욱 발달하면 소나기와 뇌우를 발생시킨다. 대류성 강수인 여름철의 소나기는 우리나라의 대표적인 여름철 기후현상이다.

오호츠크해기단은 장마가 시작되기 이전의 우리나라 기후에 영향을 미치며, 장마 전 건기의 원인이 된다. 발원지인 오호츠크해가 그리 넓지 않기 때문에 오랜 기간 영향을 미치지는 못한다. 영동지방은 이 기단의 영향 하에 있을 때 한랭 습윤하여 음산한 날씨가 나타나지만, 영서지방은 높새현상으로 고온 건조하다. 이 때, 영동과 영서지방의 기온 차이는 10°C를 넘기도 한다. 높새현상이 나타날 때의 최고 기온은 30°C를 훨씬 넘기도 하지만, 대기 중에 수증기량이 적기 때문에, 열이 저장되어 있지 않아 아침 기온은 낮다. 즉 햇살은 따가우나, 그늘에서는 기온에 비하여 선선함을 느낄 수 있다.

북반구에서의 기단의 발원지는 다음과 같다.

〈 겨울철 기단의 발원지 〉
① 북극 지방의 빙설원 및 눈으로 덮여 있는 대륙을 포함하는 냉대역(한대기단)
② 아열대의 해양역(해양성 열대기단)
③ 적도 지방(적도기단)

〈 여름철 기단의 발원지 〉
① 북극 지방의 빙설원 및 융설 또는 융빙의 지역(한대기단)
② 건조한 열대의 대륙(대륙성 열대기단)
③ 아열대의 해양역(해양성 열대기단)
④ 약간 북편한 적도 지방(적도기단)

우리나라에 영향을 주는 기단 성질은 다음과 같다.

표 6-1 기단의 종류와 그에 따른 성질

기단 이름	기단 성질
해양성 한대기단	냉하고 약간 습윤하고 불안정. 겨울에는 태평양 및 대서양 북동부의 좁은 구역에 한정되어 발생하나 여름에는 대서양 및 태평양의 북위 50° 이북의 대상 해역에서 발생
해양성 열대기단	고온 습윤하고, 지표부근에서 약간 불안정하나 고층에서는 건조하고 안정하다. 태평양 및 대서양 고기압의 동쪽에 있는 기단은 침강이 강하므로 안정하지만, 서쪽에서는 불안정
적도기단	여름, 겨울 모두 북위 20° 이남의 해양 상에서 발생하고, 하층의 특징은 해양성 열대기단과 비슷하지만 상층까지 고온 다습하여 상당히 불안정
대륙성 한대기단	한랭 건조하며 안정하다. 발원지에서는 안정하고 날씨가 맑으나 발원지를 떠나 따뜻한 해상으로 나가면 성질이 변한다. 또한 발원지에 육지가 있으면 눈이 내림
대륙성 열대기단	고온 건조하며 안정하다. 수증기가 적으므로 기온의 일변화는 큼
극기단	매우 한랭 건조하며 안정하다. 여름에 해양성 한대기단과 비슷한 성질을 지니나 기층이 엷어, 남하하게 되면 즉시 특성이 사라짐

(2) 전선

물리적 성질이 서로 다른 두 기단 사이의 경계를 전선(front)이라고 하며, 두 기단이 접촉하고 있는 면을 전선면이라고 한다. 지상 일기도에서 하나의 선으로 표시하지만 실제로 전선은 온도와 습도에 있어서 좁은 지역에 급격한 변화를 나타내는 지역이다.

전선에는 다양한 종류가 있지만 크게 4가지 유형으로 구분한다. 차가운 공기가 그 앞의 더운 공기 쪽으로 쐐기 모양으로 밀어 들어갈 때 형성되는 전선을 한랭전선이라고 한다. 반면 온난전선은 따뜻한 공기가 차가운 공기를 타고 올라갈 때 생긴다. 전선의 명칭은 주로 움직이는 공기의 온도에 따라 이름이 붙여져 있다. 정체전선은 한랭기단과 온난기단의 세력이 비슷할 때 형성되며, 이 경우 전선은 움직이지 않고 정체상태에 있는 것이 특징이다. 한편 중위도 지역에서는 일반적으로 한랭전선의 이동속도가 온난전선보다 빠르다. 그 결과 이동하는 한랭전선이 온난전선을 따라 잡을 경우에 형성되는 전선이 폐색전선이며, 전형적으로 중위도 저기압 부근에 자리한다. 폐색전선에는 한랭형 폐색전선과 온난형 폐색전선이 있다.

전선을 중심으로 풍계를 살펴보면 날씨가 앞으로 어떻게 변화 될지 쉽게 알 수 있다. 북반구에서는 지상 저기압을 중심으로 대기가 반시계 방향으로 회전한다. 따라서 한랭전선 후면에 찬 기류가 위치하며, 이곳에서 바람은 서풍 또는 북서풍에 가깝다. 그 결과 한랭전선이 통과 시에는 기온이 낮은 서풍 또는 북서풍에 가까운 바람이 불게 된다. 그리고 한랭전선과 온난전선 사이에 있는 온난한 영역에서는 전형적으로 남풍 또는 남서풍이 불며, 온난전선 전면에서는 남풍 또는 남동풍이 분다. 따라서 온난전선이 통과 시에는 바람이 남동풍에서 남서풍으로 바뀐다. 저기압이 우리나라 중부나 남부에 걸치게 되면 이 한랭전선 전면에서 남서풍으로 인해 따뜻하고 습한 공기가 유입되어 이로 인해 강수가 발생하기도 한다.

한랭전선이 접근하고 통과함에 따라 매우 짧은 시간 동안에 극적인 변화가 일어날 수 있다. 겨울철에는 눈이 내리거나 여름철에는 폭우를 내리는 것이 이에 속한다. 한랭전선은 온난전선에 비하여 무겁고 찬 공기가 더운 공기를 밀어 올리는 경향이 있어 전선면이 연직으로 더 가파르게 만들어지고, 전형적인 한랭전선면의 기울기는 약 1:100 정도이다. 온난전선의 경우에 전선면 기울기가 1:200이므로 약 2배 정도 가파르다고 보면 된다. 일반적으로 높이에 따라 마찰이 감소하기 때문에 지표부근에서는 큰 마찰에 의하여 전선이 느리게 움직이지만 높은 층에서는 빠르게 움직여 한랭전선의 전선면이 더 가파르게 되는 특징이 생긴다. 한랭전선의 속력은 거의 정지한 상태로부터 시속 약 50km 정도에 이르기까지 다양하다. 한랭전선이 통과할 때 우리가 보통 보는 구름은 두 개의 서로 다른 기단이 수렴하여 생긴 것이다. 풍향과 풍속의 차이를 보면 차가운 북서풍이 그 앞의 불안정하고 따뜻한 공기를 위로 들어 올려 적운형의 구름들을 연직으로 크게 발달시켜 강한 강수를 내리게 한다. 그러나 연직으로 움직임이 급격해짐에 의해 수평적으로는 짧은 시간 동안만 나타난다.

온난전선은 전진하는 따뜻한 공기와 그 앞에 위치한 차가운 공기의 만남으로 형성된다. 두 기단의 밀도 차이는 혼합을 억제시키고 따뜻한 공기를 경계면을 타고 차가운 공기 위로 상승하게 한다. 이렇게 완만한 경사면을 따라 구름은 상승하면서 단열적으로 냉각되어 순차적으로 층운형 구름을 형성한다. 온난전선 상에서 타고 오르는 공기는 안정하기 때문에 구름이 층운형이며 연속적으로 높은 구름들이 발달하여 난층운, 고층운, 권층운, 그리고 권운 순서대로 발생한다. 전선이 동쪽 또는 북쪽으로 이동함에 따라, 연속적으로 이루어진 구름은 권운을 시작으로 순서대로 나타나기 때문에 이 구름들을 관찰하면 온난전선이 언제 다가올지 예측이 가능하며 온난전선 상에서 내리는 비도 예측할 수 있게 된다. 온난전선의 기울기는 한랭전선에 비하여 반 정도여서 수평적으로 더 넓은 구역에 비를 내리며, 수증기를 적게 포함하고 있으므로 전선면에서 전반적으로 약한 강수를 보인다. 이런 이유로 여름철의 온난전선은 홍수나 격심한 폭풍을 만들지 않고 지속적으로 약한 비를 내리게 하고, 이 비가 농작물에 자양분이 되며 생장을 도와 농부에게 친구로 여겨진다. 지상에 전선면은 수평적으로 범위가 넓고, 전형적으로 시속 약 20km 정도로 속도가 느리며 지상에 2~3일 연속적으로 비를 내릴 수도 있다. 온난전선에서 낙하하는 물방울은 증발하여 전선안개를 만들 수 있으며 겨울철에는 공기가 충분히 차가울 때 진눈깨비나 언 비가 될 가능성도 있다. 그림 6-11은 한랭전선, 온난전선, 한랭형 폐색전선과 온난형 폐색전선으로 구분하여 도식화하여 나타낸 것이다.

정체전선은 따뜻한 기단과 차가운 기단이 만난다는 의미에서는 한랭전선이나 온난전선과 마찬가지이지만, 보통 전선이 서서히 이동하는 데에 비하여 정체전선은 특정한 곳에 오랜 시간 머무는 경우를 말한다. 보통처럼 전선면은 경사져 차가운 공기위로 기울어져 있으며 우리나라에서는 6월 하순경에서 7월 하순경까지 나타나는 장마전선을 떠올리면 된다.

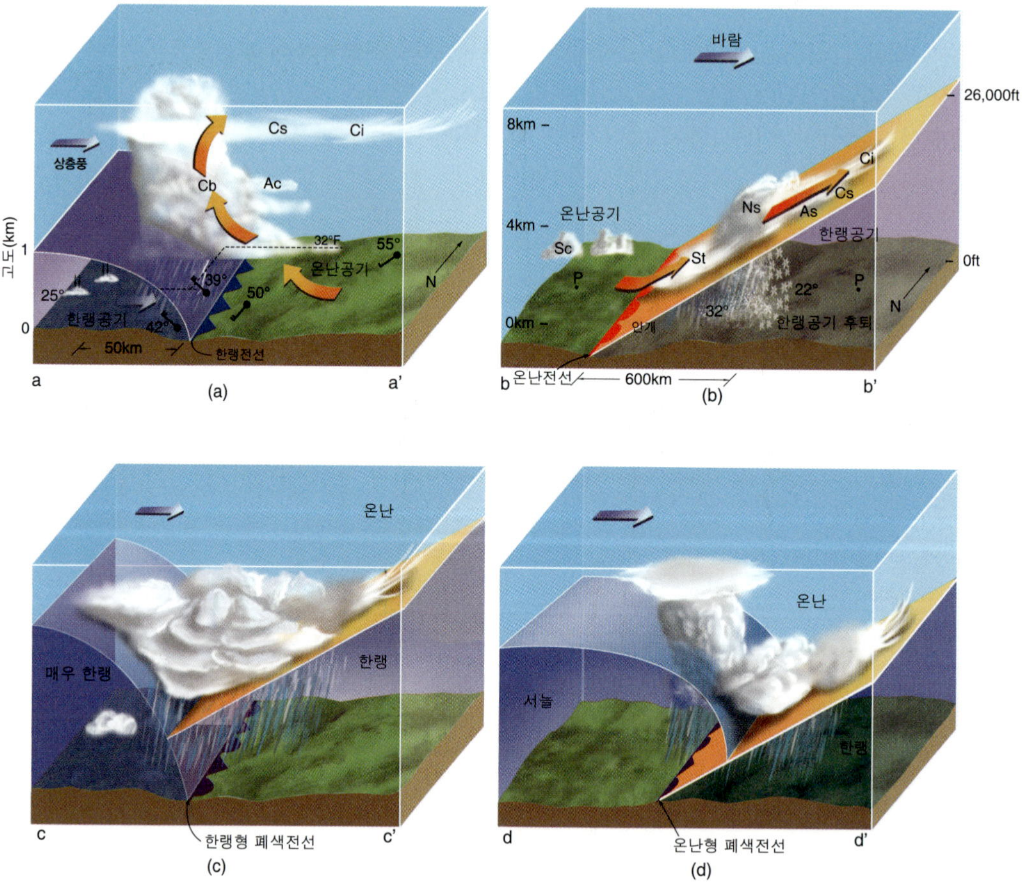

그림 6-11 전선의 특징과 일기현상: (a) 한랭전선, (b) 온난전선, (c) 한랭형 폐색전선과 (d) 온난형 폐색전선.

(3) 장마전선

장마전선은 정체전선의 한 예이며 북태평양 고기압과 오호츠크해 고기압 사이에 형성되는 정체성이 강한 한대전선이다(그림 6-12). 우리나라의 장마는 북태평양 고기압의 확장과 함께 장마전선이 북상해오는 시기가 해에 따라 빨리 오기도 하고 늦게 오기도 하며 다르다. 대체로 장마전선은 남해안 지방에 6월 하순에 걸치기 시작하여 7월 중순 경에는 북위 36° 부근에 도달하고, 7월 하순이 지나면 중국과의 국경부근까지 올라가기도 한다. 장마전선이 우리나라에 걸칠 때에는 만주지방과 양쯔강 유역에 저기압이 나타난다. 동서로 가로놓이는 장마전선을 따라 2~3일 주기로 양쯔강 쪽에서 중규모의 저기압이 전선상에 함께 동진해 오는 경우가 흔히 있는데, 특히 이 때 우리나라에 비가 많이 내린다. 그러나 만주지방의 저기압은 오호츠크해 고기압에 가로막혀 정체상태에 머물기가 쉽다. 장마전선대에는 북태평양 고기압의 고온다습한 공기가 오호츠크해 고기압의 냉하고 다습한 북동기류를 타고 상승하기 때문에 구름이 생기며 비가 오는 구역이 장마전선의 북쪽에 주로 형성된다. 비가 오는 구역의 너비는 약 300km, 구름이 끼는 구역의 너비는 약 700km에 이른다.

오호츠크해기단과 북태평양기단 사이의 접촉면을 따라 동서로 길게 전선이 형성되며, 북태평양기단이 확장됨에 따라 전선은 점차 북상하게 된다. 오호츠크해기단의 세력이 북태평양기단에 비해 유난히 강할 경우 장마전선의 북상이 지연되어 전국적으로 가뭄이 발생하게 된다. 또한 냉습한 북동기류가 탁월해져 이상 저온 현상으로 냉해가 발생하기도 한다.

장마전선(그림 6-12)이 북상하면서 6월 하순에 남부 지방에서부터 장마가 시작되어 7월 중

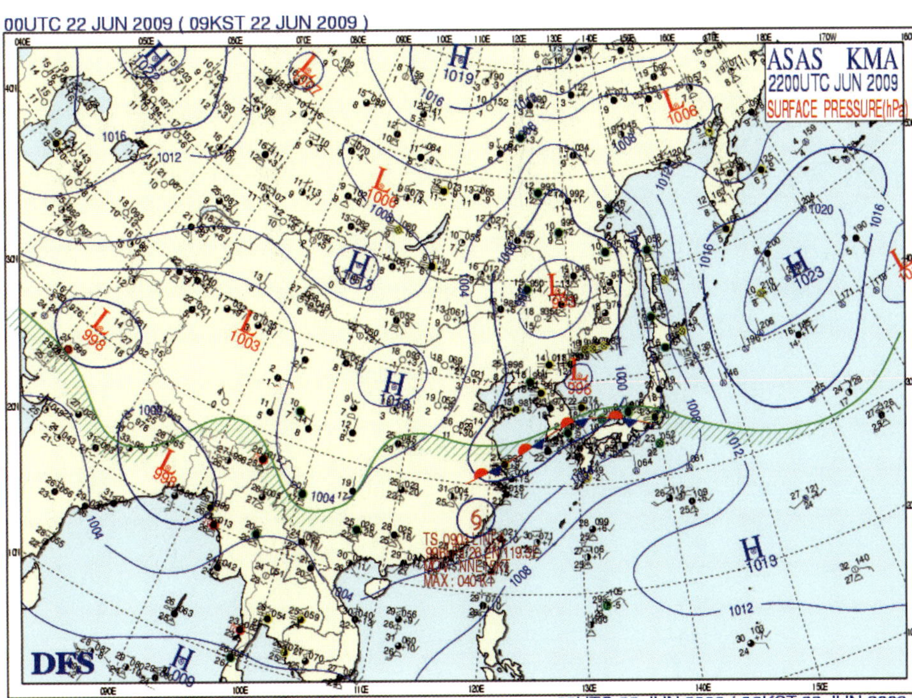

그림 6-12 지상일기도에 나타난 장마전선의 예(2009년 6월 22일 00UTC)

에 전국이 장마 영향권에 들어간다. 이 시기에는 날씨가 흐리고 비가 빈번하게 온다. 따라서 장마철에는 습도가 높으며 불쾌지수도 높다. 그리고 이 때 장마전선을 따라 다습한 남서기류가 흘러들어 오면 많은 비가 내린다.

장마의 시기와 기간은 전선 사이에 위치한 두 기단의 세력 관계에 의해 결정된다. 장마 초에는 봄 가뭄이 해결되고 모내기에 필요한 수분이 공급된다. 그런데 장마전선이 늦게 상륙하여 장마의 시작이 늦거나, 반대로 빨리 통과하여 장마가 빨리 끝날 때에는 여름철 가뭄이 발생하여 벼농사에 큰 타격을 주게 된다. 장마가 오래 지속되면 수해를 입거나, 일조시간의 부족으로 농작물이 냉해를 입기도 한다. 그러나 오호츠크해기단이 강해지면 북상하던 장마전선이 일시적으로 주춤하여 장마의 휴식 현상이 발생하기도 한다. 7월 말 경이 지나면 장마전선은 만주 쪽으로 완전히 올라가 장마철이 끝나고 무더운 한여름이 시작된다. 한편으로 오호츠크해 고기압이 약할 경우에도 중국에서의 고기압이 강하고 북태평양 고기압이 강할 경우에 우리나라 부근에 장마전선이 형성되기도 한다.

6.4 대기대순환에서의 수송

6.4.1 현열과 잠열의 수송

대기 및 해양을 포함한 지구 전체가 흡수하는 태양복사의 열량과 지구대기의 밖으로 나가는 지구복사의 전체 열량은 같지만, 위도별로 보면 그렇지 않다. 그림 6-13에서 보는 바와 같이 위도 약 40°를 중심으로 저위도 지방에서는 지구가 받는 태양복사에너지양이 외계로 나가는 장파복사에너지양보다 많으며, 고위도 지방에서는 그와 반대이다. 그럼에도 저위도 지방의 대기 온도가 계속 높아지는 일도 없고, 고위도 지방에서 계속 낮아지지도 않는 것은 대기 중에서 저위도 지방에 있는 여분의 열이 고위도 지방으로 수송되는 **극향 수송(poleward transport)**이

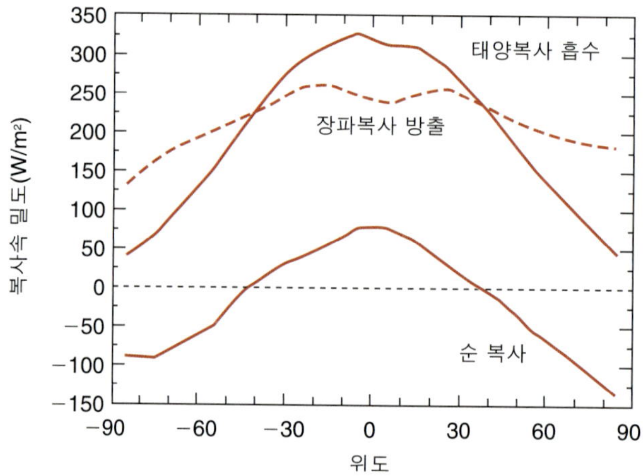

그림 6-13 연평균 태양복사에너지의 흡수량, 장파 및 순 복사량(위도평균치)(Hartmann,1994)

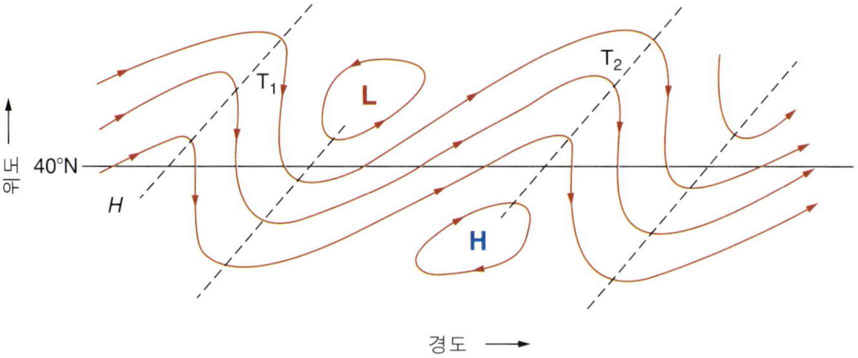

그림 6-14 중위도 파동에 의한 남북방향의 열 수송(북반구). 동일 위도에서 북서기류의 온도(T_1)가 남동기류의 온도(T_2)보다 낮다.

있기 때문이다.

대기대순환에서 극향 수송은 적도에서 극으로의 열의 이동으로 자오면 수송과 종관 규모 요란, 즉 난류 혹은 **맴돌이(eddy) 수송**으로 이루어져 있다. 특히 맴돌이 수송은 종관 규모의 운동이 활발한 중위도에서 효과적으로 남북 수송에 기여한다. 종관 규모 요란으로 경압불안정에 의한 경압불안정파는 그림 6-14에서 보는 바와 같이 기압골의 동쪽(기압능의 서쪽)이 기압골의 서쪽(기압능의 동쪽)보다도 기온이 높다는 특징을 가진다. 그 이유는 그림에서 기압골의 동쪽으로는 남서풍, 서쪽으로는 북서풍이 불고 있기 때문이다. 따라서 온난한 공기가 고위도 쪽으로 운반되고 한랭한 공기가 저위도 쪽으로 운반되어, 전체적으로 열을 저위도에서 고위도 방향으로 운반하는 작용을 하고 있다.

에너지 균형의 관점에서 보면 **열 수송**의 방향은 그림 6-13에서 보는 바와 같이 에너지의 적도에서 극으로의 수송이 이루어져야 한다. 그림 6-14와 같은 모양의 상층의 편서풍 파동 즉, 제트기류의 심하게 구불거리는 파동 형태가 특히 열을 많이 수송하는 패턴이다. 특히 제트기류 주위로 기온의 남북 경도가 커서 효율적으로 열을 수송한다.

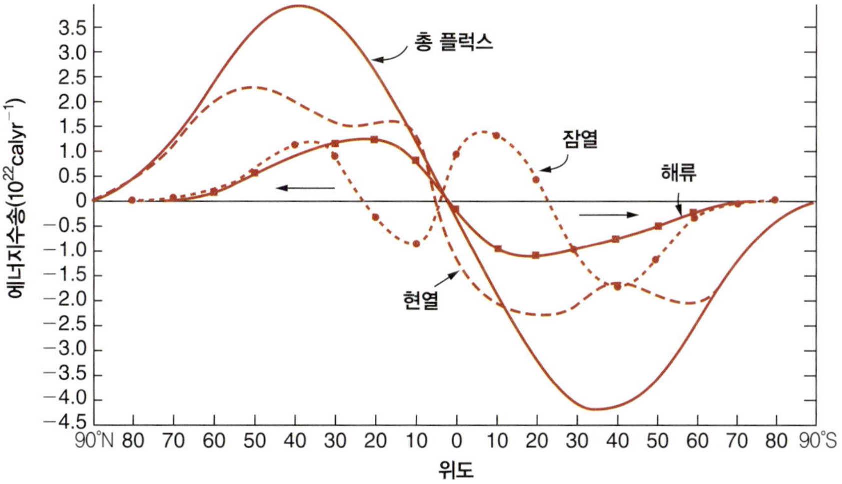

그림 6-15 극향 에너지 수송량과 각 성분에 의한 에너지 수송. 위도를 횡단하는 열에너지 수송량이므로 단면적이 곱해져 있다.

그림 6-15는 현열(sensible heat), 잠열(latent heat), 해류 그리고 이 3개를 모두 합한 열에너지의 극향 수송을 나타내고 있다. 잠열 수송량은 수증기 수송량에 단위체적당 물의 잠열을 곱한 것으로서 수증기의 극향 수송량과 같은 의미로 해석할 수 있다. 이 그림에서 양(+)은 북쪽으로 그리고 음(−)은 남쪽으로의 수송을 나타낸다. 적도 부근을 중심점으로 하여 점대칭의 분포를 하고 있다. 이 그림은 대기와 해양의 대순환의 여러 가지 특징을 잘 나타내고 있다. 잠열 수송량(수증기 수송량)을 보면 아열대 고압대 부근에서는 0에 가깝다. 아열대 고압대를 기준으로 하여 잠열 수송이 그 이상의 위도에서는 고위도로 수송되며 그 이하의 위도에서는 적도 부근으로 수송되고 있다.

적도 부근에서 수증기가 수렴하는데 이것은 증발량이 많은 아열대 고압대로부터 북반구의 북동 무역풍과 남반구의 남동 무역풍에 의해 수증기가 적도 쪽으로 수송되기 때문이다. 무역풍이 수렴되는 곳에 상승기류를 만들어지며 이와 같은 이유로 이 위도대를 **열대수렴대**라고 부른다. 열대수렴대에서는 해양의 수온이 높고 대륙은 증발량이 많은 열대우림으로 덮혀 있어서 연간 증발량은 1,000mm에 달한다. 이로 인해 열대수렴대의 수증기량은 아주 높게 되며 해들리 순환의 발생의 한 원인으로 작용한다.

6.4.2 운동량 수송

적도지역에서 극향 **운동량 수송**은 해들리 순환에서 극으로 향하는 흐름에 의한 절대 각운동량의 이류와 맴돌이(eddy)에 의한 수송으로 나눌 수 있다. 운동량의 극향 수송은 열과 유사하게 중위도에서 가장 많이 일어난다. 보통 위도 30° 지역에서 운동량의 최대 극향 수송이 나타나고 50° 지역에서 최대 수평 수송의 수렴이 존재한다. 운동량 수송 수렴이 발생하는 위도 50°

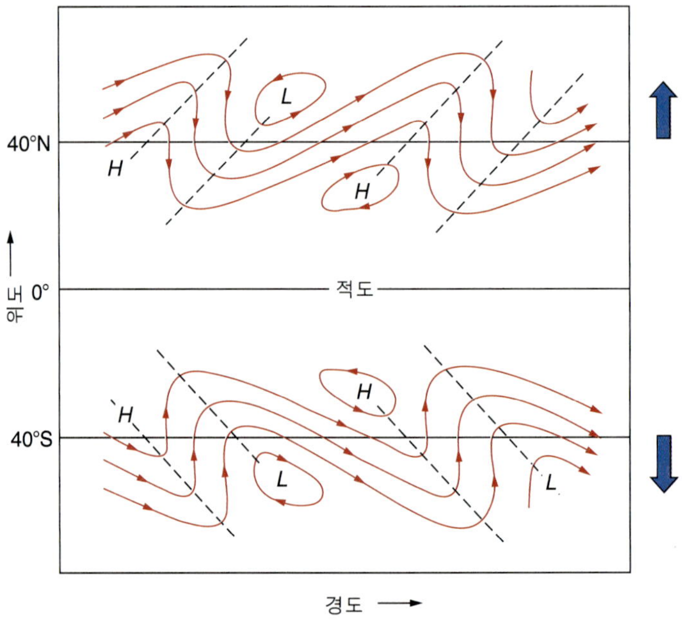

그림 6-16 기압골과 기압능이 북반구에서 북동–남서로 기울어져 있는 기압 패턴. 남반구는 북반구와 대칭으로 반대이다.

부근은 제트기류가 위치하고 있는 곳이다. 따라서 이 위도대에서 맴돌이에 의한 수송된 운동량이 오히려 제트류의 운동량으로 전환되는 곳이기도 하다.

총 시간-동서 평균된 운동량 수송의 기여 항을 분석해보면 맴돌이(eddy) 수송이 열 수송과 마찬가지로 **일시파**(transient wave)에 의한 수송이 크게 기여하며 이 또한 중위도 종관 규모의 경압파의 역할이 크다 할 것이다. 그리고 운동량에 대하여 극향 수송을 가장 효율적으로 한다는 것은 경압파의 모습에서 **남서-북동방향의 경사(southwest-northeast tilting)**가 중요하며 이 때 기압골과 기압능의 축의 기울기가 중요하다. 극향 수송을 담당하는 맴돌이 수송이 많은 곳에서는 중위도 종관 파동의 축 기울어짐이 전형적으로 그림 6-16처럼 나타난다. 이 파동의 경사패턴을 양의 맴돌이 운동량 수송이라 부르며 그림 6-16에서 보인 것처럼 골과 마루의 축이 기울어져 수평면에서 비대칭적인 경우에 가능하다. 이와 같은 모습일 경우 북쪽으로 운동량이 수송되며, 결과적으로 중위도에서 운동량을 적도지역에서부터 극 방향으로 수송하게 된다. 이 경우, 평균적으로 기압골과 기압능의 위상이 남서-북동쪽으로 기울어져 있을 때 남북류가 극향하는 지역($v'>0$) 에서 동서류는 평균보다 클 것이고($\mu'>0$), 남북류가 적도향하는 지역($v'<0$)에서는 평균보다 작을 것이다($\mu'<0$). 따라서 $\overline{\mu'v'} > 0$가 되고 맴돌이(eddy)가 동서 운동량을 극향 수송할 것이다.

6.4.3 지구의 물 수지와 수분의 수송

아열대에서는 아열대 고기압 주위로 증발이 많이 일어나 수증기가 많다. 아열대에서 생성된 대기 중의 수분은 두 지역으로 나누어지는데 하나는 해들리 순환세포를 타고 적도로 이동하여 상층 열의 수송에 기여하며, 또 하나는 패럴 세포를 타고 중위도로 이동하여 상층 열의 상향수송에 기여한다. 여기서 아열대 고기압이 매우 중요한 역할을 한다. 아열대 고기압은 아열대의

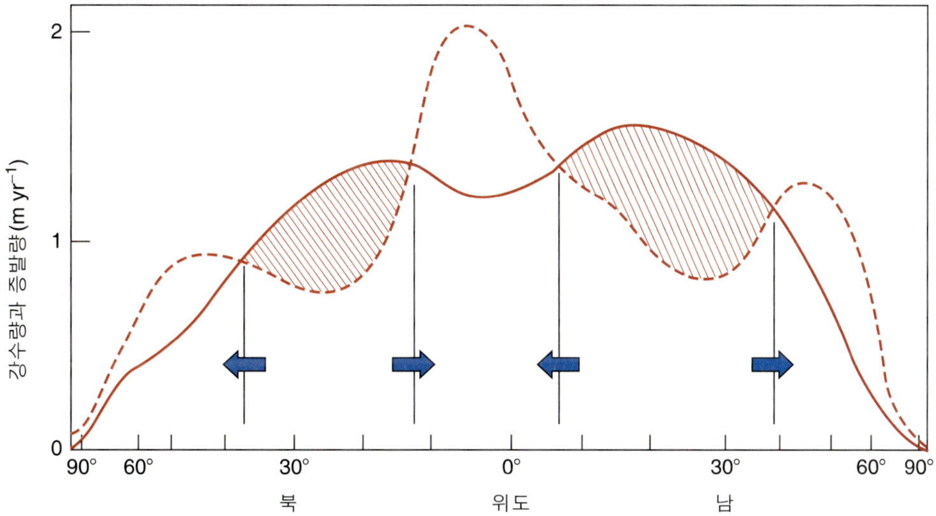

그림 6-17 연평균 증발량(실선)과 강수량(점선)을 나타낸 것이다. 화살표는 대기에서 필요로 하는 수증기 수송 방향을 표시한다.

수증기로 인해 따뜻하고 다습한 고기압이며 이것은 키가 크고, 날씨가 맑으며 해양에 형성되는 온난핵 고기압이다. 전 지구적으로 이러한 온난핵 고기압은 북태평양 고기압과 북대서양 고기압이 있으며, 반면 한랭핵 고기압은 시베리아 고기압과 극 고기압이 있다.

그림 6-17은 경도대를 따라 동서 평균한 강수량과 증발량의 위도별 분포를 보여준다. 가로축의 눈금이 고위도로 가면서 감소한 이유는 위도 1°의 간격에 해당하는 면적이 감소함을 고려한 것이다. 그림에서 실선은 증발량을, 그리고 점선은 강수량을 나타낸다. 그림에서 지구 전 지표의 강수량과 증발량이 균형을 이루려면 두 곡선의 아래쪽 부분의 전체 면적이 같아야 된다. 그림 6-17에서 살펴보면 양쪽 반구의 아열대 지역에서는 증발량이 강수량을 능가하고 있다. 그러나 한편 적도 지역과 위도 약 38° 이상의 중위도와 고위도 지역에서는 강수량이 증발량을 초과한다. 그러면 아열대 지역에서 강수량보다 증발량이 많아서 물 부족인 이유와 적도와 위도 38° 이상의 중위도와 고위도 지역에서 강수량이 증발량을 능가하여 물 과잉이 일어나는 이유는 어떻게 설명할 수 있을까? 이에 대한 설명은 그림에서 표시한 바와 같이 아열대 지역의 지표에서 물의 증발로 대기로 유입된 수증기의 일부분이 각각 무역풍과 편서풍에 의해서 적도 지역과 38° 이상의 중위도와 고위도 지역으로 이동하기 때문이다. 그 결과 적도 지역과 38° 이상의 중위도와 고위도 지역은 강수량이 증발량을 능가하게 된다. 시간에 따라 각 지역에서 수분의 과잉과 부족량이 계속 증가하지 않는 이유는 물의 순환에서 강수와 증발 이외의 다른 과정(예: 유수)이 물의 공급원과 방출원으로 작용하기 때문이다.

대기에 저장된 물의 총 질량은 대략 지구 전체에서 일주일간 내리는 강수량의 합과 같다. 그러므로 일주일 혹은 그 이상의 기간 동안 전 지구적으로 평균된 강수량(P)과 증발량(E)사이에 완전히 닫힌 균형이 이루어져야 하는 것은 분명하다. 그러나 국지적인 **물수지**(water budget)를 분석한 결과 불균형이 존재하며 다음과 같은 특징으로 요약된다:

- 아열대 해양의 대부분을 덮은 지표의 고기압 내에서는 일반적으로 하강기류가 있어 강수를 억제하고, 구름이 없는 상태는 큰 증발량을 나타내기에 알맞다. 그러한 지역에서는 증발량이 강수량보다 훨씬 많다(E>>P).
- 열대수렴대(ITCZ)와 습한 몬순의 지역, 중위도의 저기압 발생 지역에서는 강수량이 증발량보다 많다(P>E).
- 대륙 전체적으로는 강수량이 증발량보다 많다(P>E). 이 잉여 강수량은 지구의 중요한 수계(river systems)에 필요한 원천이 된다. 반대로 해양 전체적으로는 증발량이 강수량보다 많다(E>P).
- 바다로 배수가 되지 않는 땅위의 지역(예를 들어, 미국 서부의 Great Basin 같은 분지지형)은 강수량과 증발량이 비슷하다(P≃E).

복습문제

1. 대기대순환의 단세포와 삼세포 모델의 주요 관점에 대하여 비교하여 서술하시오.
2. 아열대 지역은 왜 고기압 지대인가에 대하여 설명하시오. 그리고 아열대 고기압들의 이름들을 열거해보시오.
3. 제트류는 무엇이며 제트류의 역할에 대하여 논하시오.
4. 몬순이란 무엇인가? 몬순의 종류와 특성에 대하여 논하시오.
5. 지역마다 특징적인 바람계에 대하여 서술하고 각 바람계에 의한 기후의 특성에 대하여 서술하시오.
6. 열 고기압, 열 저기압의 형성 원인과 그 종류를 열거하시오.
7. 우리나라 날씨에 영향을 주는 주변의 기단을 계절별로 분류하고 각 기단에 의한 일기 특성을 논하시오.
8. 전선의 형성 원인과 일기도에서 전선을 찾는 방법에 대하여 논하시오.
9. 지구상에 존재하는 열 수송의 예를 열거하고 어느 위도대에서 활발한지 답하시오.
10. 열과 수분의 수송의 형태에 따른 수송의 차이를 위도대의 함수로 설명하고 차별적인 특징을 대기대순환에 의한 기압패턴과 관련하여 설명하여 보시오.
11. 강수대가 형성되기 쉬운 위도대가 무엇이며 강수대의 원인이 되는 과정이나 이유를 서술하시오.
12. 몬순지역에서 가장 뚜렷한 특징이 무엇인가?
13. 전선이 폐색되면 소멸하게 된다. 왜 폐색전선이 오래 지속되지 못하는가?
14. 대기대순환에서 열, 에너지, 수분 등이 어떤 과정을 거쳐 평형에 이르게 되는가를 요소별로 설명하시오.
15. 온난전선과 한랭전선 상에 발달하는 구름의 종류와 강수 형태에 대하여 비교 설명하시오. 차이가 생기는 원인이 전선의 형성과정과 연관되어 있음을 보이시오.
16. 지구온난화가 계속된다는 시나리오 하에 남북방향의 수송의 문제가 어떻게 달라질 수 있는지 가정해 보시오.

CHAPTER 07 태풍

태풍(대서양과 동태평양 지역에서는 허리케인이라 함) 매미(Maemi) (그림 7-1)가 통과했던 2003년 9월에 대한민국 남부지역에 살았던 사람들은 그때의 경험을 잊지 못할 것이다. 매미는 풍속이 $55ms^{-1}$에 육박할 정도로 강력하였으며 한반도를 빠르게 통과하였다. 강수량 측면에 있어서도 매미는 남달랐다. 비교적 빠른 속도로 한반도를 통과하였음에도 강수량은 남해에 일강수량 400mm를 기록하는 등 기록적인 호우를 남겼다. 하지만 매미는 태풍 루사(Rusa)를 따라갈 순 없었다.

루사는 2002년 8월에 한반도에 상륙했던 태풍으로 매미보단 약했지만 해수온도에 의한 잠열 공급으로 오랜 기간 세력을 유지하면서 기록상 많은 비를 내렸다. 강릉에선 하루 동안 무려 870.5mm의 비가 와 일일 최다강수량을 갱신하였고 대한민국 최대의 인명 및 재산피해를 냈다.

루사의 크기는 직경 1,100km로 컸으며 이동속도는 매우 느렸다. 이 태풍은 한반도에 약 18시간이나 머물러 있으며 큰 폭우를 가져왔고, 그 결과 많은 피해를 유발하였다. 루사의 경우 강릉, 대관령 지역에 유례없는 강수량 기록을 남겼는데, 이는 느린 이동속도로 인해 강수 지속기간이 길어진 까닭에서였다.

태풍의 격렬함은 연안이나 내륙 지역에 국한되지 않는다. 이러한 태풍은 수세기동안 어민들의 최대의 적이었으며 말할 수 없이 많은 수의 배를 침몰시켰다. 예를 들어 태풍 사라(Sarah)를 들 수 있다. 사라는 1959년 명절 추석에 한반도에 상륙하여 9,000척이 넘는 선박을 침몰시켰고, 849명의 사망 · 실종자와 2533명에 달하는 부상자를 발생시켰다. 특히 경상도 지역의 피해가 컸으며 이재민은 37만 여명에 달했다.

이 장에서 우리는 태풍과 열대폭풍의 현황에 대해 기술한다. 그리고 태풍의 일반적인 특징, 발달단계와 전형적인 이동패턴에 대해서 기술하고, 태풍의 모니터링과 경고 시스템에 대하여 설명할 것이다.

(a) 루사: 2002. 8. 30 (b) 매미: 2003. 9. 12 (c) 나비: 2005. 9. 5 (d) 에위니아: 2007. 7. 9

그림 7-1 우리나라가 태풍: (a) 루사(2002년)와 (b) 매미(2003년), (c) 나비(2005년) 그리고 (d) 에위니아(2007년)의 영향권에 들었을 때의 위성사진.

7.1 지구상의 태풍

강한 열대폭풍은 발생한 장소에 따라 다양한 이름을 가진다. 서태평양에서는 "**태풍(typhoon)**"이라 하고 대서양과 동태평양에서는 "**허리케인(hurricane)**"이라 하며 인도양에서는 "**사이클론(cyclone)**"이라 한다. 이 중에서 허리케인이 비교적 강하지만 이 세 종류의 폭풍은 본질적으로 동일하다.

태풍이 가장 많이 발생하는 곳은 북태평양의 서쪽지역으로 연평균 약 16회의 태풍들이 이 지역을 강타한다(표 7-1, 그림 7-2). 1968년부터 1989년까지 태풍이 가장 적게 발생했던 시기에도 11개의 태풍이 발생하였다. 그러나 대조적으로 남반구의 대서양과 적도에서는 태풍이 거의 발생하지 않는다. 뒤에 설명하는 바와 같이 태풍은 거대한 온수괴에서 발생하는데 상대적으로 좁은 남대서양은 이러한 조건을 충족시키지 못하기 때문이다.

대서양과 멕시코 만에서는 매년 5.4회의 태풍이 발생하나, 멕시코 해안으로부터 떨어진 북동태평양에서는 8.9회이다. 동태평양에서 발생한 대부분의 열대폭풍은 서쪽으로 이동하기 때문에 인구밀집 지역을 벗어나서 사람들의 관심을 거의 받지 못하였다. 그러나 가끔씩 북동쪽으로 이동하여 서멕시코 지역에 심한 홍수와 많은 인명피해를 일으킨다.

표 7-1 전 지구 대양의 다양한 해역에서 1968년부터 1989년(남반구: 1968년부터 1990년)까지 발생한 태풍 및 허리케인의 최대, 최소 및 평균 수

해역	최대	최소	평균
대서양	12	2	5.4
동태평양	14	4	8.9
태평양	24	11	16.0
북인도양	6	0	2.5
남인도양	10	0	4.4
남동인도양/오스트레일리아	7	0	3.4
오스트레일리아/남서태평양	11	2	4.3
전지구	65	34	44.9

출처: 콜로라도 주립대학교

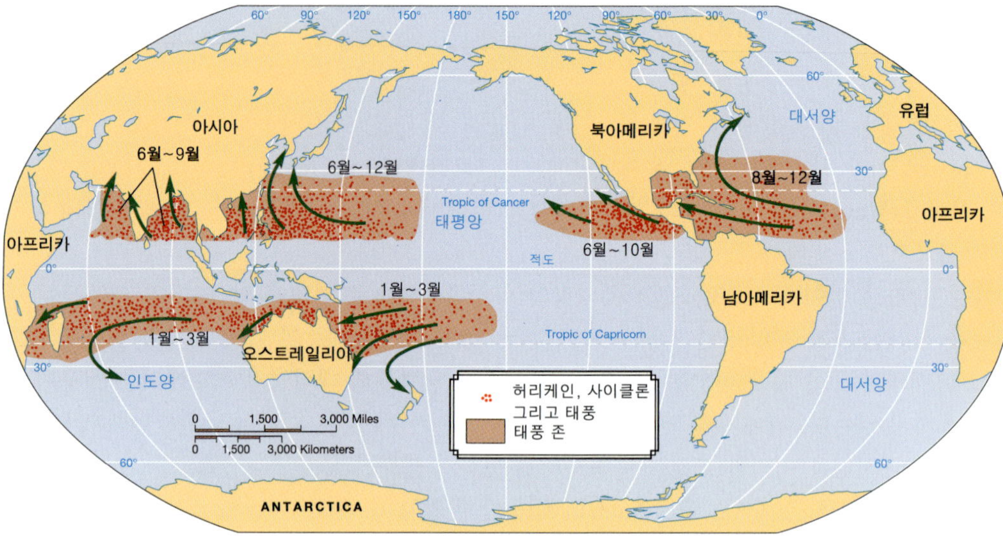

그림 7-2 지구상에서의 태풍

열대 기상환경

여름철 태평양과 대서양에는 거대한 고기압이 위치하는데, 이 고기압의 동편을 따라 중층과 상층의 대기가 인접한 대륙의 서해안에 접근하면서 침강한다. 공기가 지표면까지 침강하는 것이 아니기 때문에 지표 위에는 침강역전이 형성된다. 이 특별한 침강역전은 **무역풍 역전(trade wind inversion)**으로 불린다. 이 역전층 아래에 있는 공기는 **해양층(marine layer)**이라 부르며, 서늘하고, 상대적으로 습하다.

해양층의 두께와 역전층의 고도는 열대 해양에 따라 매우 다르다. 이 역전층의 고도는 해양의 동편경계에서 가장 낮은데, 이는 용승류에 의해 한랭한 수괴가 해양층을 상대적으로 차게 하기 때문이다. 여기서 이 역전층은 지표에서 단지 수백 미터 상부에 있다. 보다 서쪽으로 이동하면 더 따뜻한 지표수가 해양층을 가열하여, 해양층이 더 높은 고도까지 발달하게 한다. 해양의 동편에서는 낮은 역전층이 구름의 연직 발달을 방해하여 이들 지역에서는 낮은 층운이 발생한다. 서쪽으로 이동하면 역전층의 고도가 더 높아져서 더 강한 대류가 발생할 수 있으며 두꺼운 적운이 형성될 수 있다. 이러한 이유로 많은 태풍들이 해양의 서쪽에서 발생하는 것이다.

7.2 태풍의 특성

태풍 하나로부터 방출되는 에너지는 일본 나가사키에 떨어진 원자탄의 만 배를 능가하는 에너지를 가지고 있다(표 7-2). 정의에 의하면, 태풍은 $17ms^{-1}$의 풍속을 유지하거나 그 이상인 폭풍이다. 일반적으로 열대 태풍의 해면 기압은 약 950hPa 정도이지만 극단적으로 강력한 태풍의 경우 870hPa가 관측되기도 하였다. 가장 약한 태풍의 중심기압은 약 990hPa 정도이다.

표 7-2 태풍과 다른 현상과의 에너지 비교

구분	강도
1950년 전 세계 열소비량	100
태풍	1
크라카토아 화산폭발	1/10
뇌전을 동반한 폭풍우	1/10,000
나가사키원폭	1/10,000
지진	1/10,000
7천톤분의 석탄연소	1/10,000
벼락	1/1,000,000,000
돌풍	1/10,000,000,000,000

출처: 기상청 태풍백서

태풍은 응결 시 방출되는 잠열에서 에너지를 공급받기 때문에 두꺼운 온수 층이 있는 곳에서 발생한다. 열대 해양에서는 늦여름과 초가을에 표층온도가 가장 높고 증발이 많이 일어나기 때문에 북반구에서는 8월과 9월에, 남반구에서는 1월에서 3월에 태풍이 가장 많이 발생하는 것은 당연한 것이다.

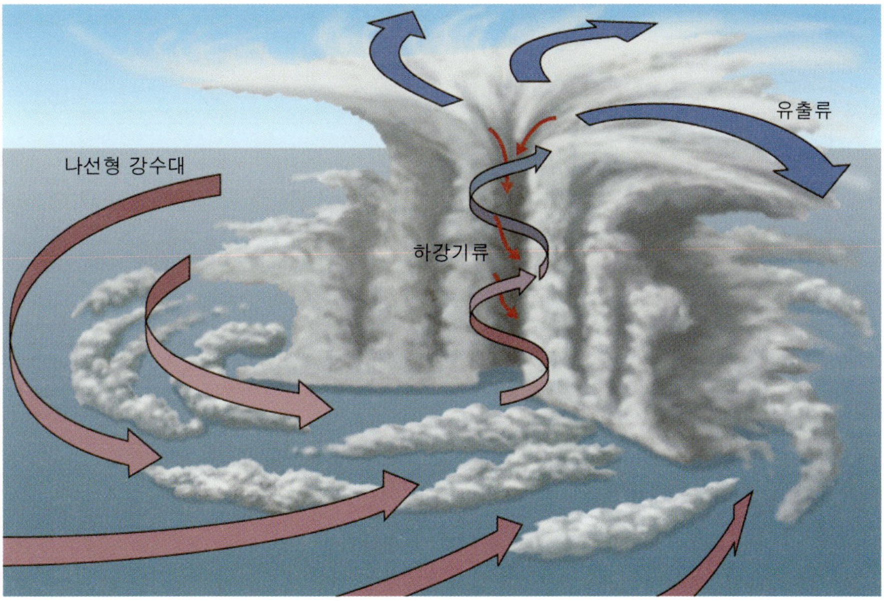

그림 7-3 전형적인 열대 태풍의 단면도

태풍은 단 하나의 균질한 대류 세포로만 구성되지는 않는다. 대신 두꺼운 구름대와 폭풍의 중심 주위를 북반구에서 반시계 방향으로 도는 회전소용돌이 속에 배열된 많은 수의 뇌우를 포함한다(그림 7-3). 강한 대류 밴드는 하강 기류가 형성되어 있고 강수가 약한 태풍의 눈(eye)의 바깥 부분에 존재한다. 풍속과 강수 강도는 태풍의 중심으로 향할수록 증가하여 '눈벽(eye wall)'이라 불리는 중심에서 약 10~20km 떨어진 지점에서 최대로 나타난다.

태풍의 크기는 중위도 저기압의 크기의 약 1/3 정도이지만 태풍의 기압차는 보통의 저기압보다 약 2배 정도 크다. 그 결과 태풍은 강한 바람을 일으키기에 충분할 정도로 수평 기압 경도력이 크기 때문에 태풍의 평균 최대 풍속은 약 $42ms^{-1}$ 정도이며 아주 강한 경우에는 최대 풍속이 $97ms^{-1}$에 달하기도 한다. 중위도 저기압보다 작고 강한 것 외에도 태풍은 중위도 저기압의 특징인 전선을 가지고 있지 않다.

또한 태풍은 온난핵 저기압이라는 점에서 중위도 저기압과 다르다. 공기가 저기압 중심을 향해 안으로 이동할 때 온난 해양표층은 많은 양의 잠열과 현열을 대기층에 공급한다. 공기가 저기압 중심을 향해 이동하여 상승하면 주위 기압이 감소함으로 단열 팽창이 일어나게 되며 그 결과 냉각되므로 태풍의 수평 온도차는 거의 나타나지 않는다. 그러나 중심핵은 많은 열에너지가 더해져서 온난해진다. 중심핵의 상승부에서 응결과 잠열방출이 발생하면 그 열이 대기를 가열하여 태풍 중심 근처의 기온이 주변보다 현저하게 높아 진다(그림 7-4).

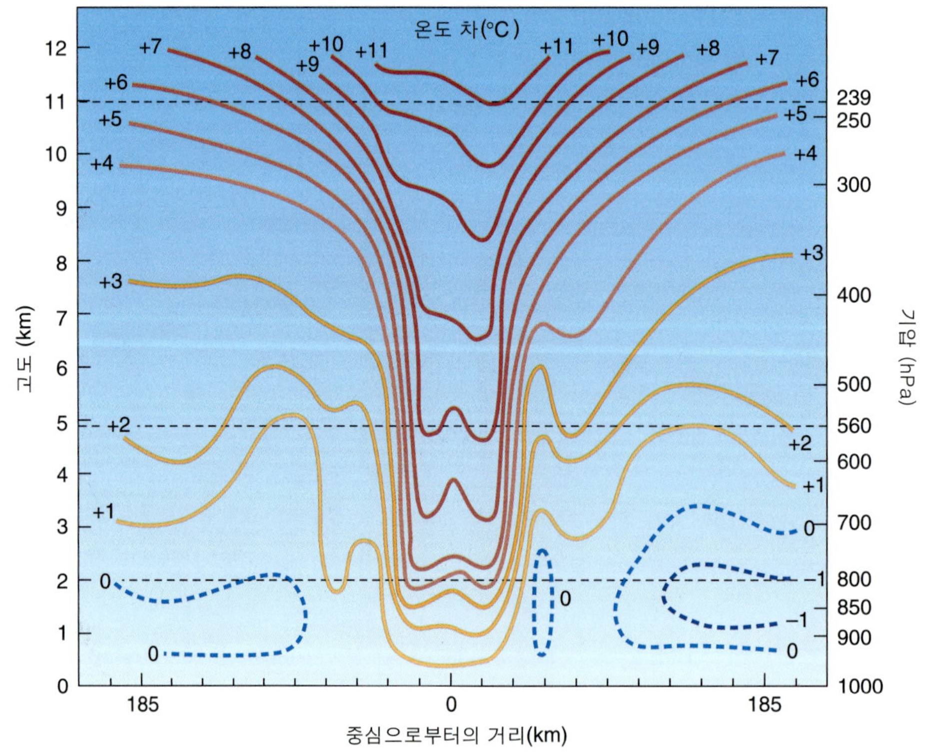

그림 7-4 주위 공기에 대한 상대적인 허리케인에서의 온도차 분포, 지표근처에서 온도는 태풍의 눈으로 갈수록 약간 상승한다. 그러나 상부에서는 주위보다 약 10°C 이상 높다.

온난핵 저기압으로써 태풍 내의 기압은 고도가 증가할수록 상대적으로 천천히 감소한다. 그러므로 수평 기압경도력은 고도가 높아질수록 점진적으로 감소한다. 고도 7.5km(약 400hPa면)에서는 태풍내의 기압은 폭풍 주변장과 거의 같아진다. 이 고도로부터 성층권의 하부까지 태풍의 기압은 상대적으로 높다. 저기압성 회전을 하는 태풍의 하부와는 다르게 태풍 상부의 중심에서는 고기압성 회전(북반구에서 시계 방향)이 나타난다.

태풍의 상부에서는 낮은 온도로 인하여 수적들이 동결하여 빙정을 만든다. 이러한 빙정들이 태풍의 중심으로부터 나선형으로 퍼져 나갈 때, 권층운으로 태풍을 덮어버려 바람개비처럼 생긴 태풍의 구조를 불명확하게 보이도록 한다. 이러한 권층운 때문에 실제로는 여러 밴드로 구성된 태풍이 위성영상에서 수평적으로 비교적 균일하게 분포된 것으로 보인다.

7.2.1 태풍 눈과 눈벽

태풍의 가장 두드러진 특징 중의 하나는 상대적으로 맑은 하늘과 약한 하강류, 미풍이 나타나는 **눈(eye)**이다. 태풍의 눈은 20~50km 크기로 평균 직경이 약 25km이다. 눈의 직경은 태풍에 따라 매우 다양해서 작은 것은 6km 정도이고 큰 것은 약 100km에 달한다. 시간에 따른 태풍 눈의 크기 변화는 태풍이 발달하는지 또는 약해지는지를 알려준다. 일반적으로 태풍의 눈이 작아지고 있는 것은 태풍이 발달하고 있다는 것을 의미한다.

태풍 눈의 경계를 따라 강한 활동대인 태풍의 **눈벽(eye wall)**이 위치한다. 눈 벽은 전체 태풍 내에서 풍속이 가장 강하고, 구름대가 가장 두껍게 발달하며 강우 강도가 가장 강한 지역이다. 눈 벽 바로 아래에서는 강우 강도가 2,500mm/일에 이르는 일이 흔하다. 눈 벽에서 눈으로의 급격한 전이는 날씨를 빠르게 변화시킨다. 태풍이 작은 섬에 직접 상륙하기 직전이라 생각해보자. 태풍의 중심이 섬에 접근할수록 풍속과 강우 강도는 점진적으로 증가하다가, 눈 벽에 도달하면 가장 강렬할 것이다. 눈이 섬에 도착하면 태풍이 갑자기 소멸한 듯이, 푸른 하늘과 정적의 고요가 뒤덮는다. 물론 태풍은 전혀 소멸된 것이 아니다. 다만 반대편 눈 벽이 섬을 덮고, 태풍이 활동을 개시할 때까지만 잠시 고요할 뿐이다. 왜냐하면 태풍 눈의 평균 직경이 약 20km이고, 태풍의 이동속도가 시속 20km 정도이기 때문에 고요한 상태는 눈이 통과하는데 걸리는 약 한 시간 정도 지속된다. 만일 태풍의 눈이 섬을 비켜 가면 태풍 속에서의 고요함은 곧 끝날 것이다.

태풍 눈 내부에서 대기온도는 하강하는 공기의 압축에 의한 단열승온 작용으로 눈 밖보다 몇 도 이상 높다. 또한 불포화공기에서 승온은 상대습도를 더 낮추기 때문에 공기는 더 건조하다. 일반적으로 알고 있는 것과는 다르게, 눈에서는 구름이 아주 없는 것이 아니고 맑은 날씨상태에서 적운들이 푸른 하늘에 산재해 있는 것이다.

7.2.2 태풍의 발생

대부분의 열대폭풍이 해양의 서편에서 태풍 상태에 이르지만, 초기 기원은 **열대요란(tropical disturbances)**이라 불리는 작은 뇌우의 클러스터 무리로서 훨씬 동편에서 시작된다. 열대요란은 기압경도가 약하고 회전이 거의 없는 상태에서 비조직화된 뇌우들의 무리이다. 요란의 대부분이 강한 악기상 시스템으로 성장하기 전에 소멸하지만, 일부는 크기가 커지고 무리가 합쳐지며 전체의 중심 주위를 회전하는 과정을 거친다.

열대요란이 형성될 수 있는 환경에는 여러 가지가 있다. 그 중 일부는 중위도 기압골이 열대지역으로 이동할 때 형성되고, 또 다른 것은 열대수렴대(ITCZ)와 관련된 대류 활동에 의해 형성된다. 그러나 서태평양으로 진입하여 태풍으로 발달하는 대부분의 열대요란은 정상적 무역풍 패턴에서 큰 파동이나 그 보다 작은 진동을 나타내는 **편동풍 파동(easterly wave)**에서 태풍이 된다. 그림 7-5는 전형적인 열대 편동풍 파를 나타낸 것이다. 일반적으로 열대지역에서는 중위도지역보다 기압경도가 약하기 때문에 편동풍 파동은 등압선보다 유선이라 불리는 풍향선에 의해 잘 나타난다. 파동 속의 공기는 처음에는 서쪽으로 이동하다가 극쪽으로 방향을 전향한 후 다시 적도쪽으로 전향하는 파 형태의 운동을 하며 이 파의 길이는 약 2,000~4,000km이다. 풍상측(동쪽)의 유선이 점진적으로 가까워지면 지표면에서는 수렴이 일어난다. 이러한 수렴에 의해 상승운동이 일어나므로 열대요란은 편동풍 파동 축(파선)의 오른쪽인 풍상측에서 발달하게 되는 것이다. 풍하측에서는 지표발산에 의해 하늘이 맑아진다(유선이 왜 수렴과 발산을 보이는지 설명하는 것은 매우 복잡하다. 가장 중요한 것은 공기가 극과 적도로 움직임에 따라 상대와도가 변한다는 점이다).

열대요란의 대부분은 90% 이상 보다 강력하게 조직화되지 못하고 소멸한다. 그러나 일부 적란운의 무리는 기압이 낮아지고, 저기압성 회전을 보이고 일기도 상에서 적어도 1개 이상의 폐곡 등압선이 나타날 정도로 열대요란이 발달하면 열대저기압(tropical depression)이라 부른다.

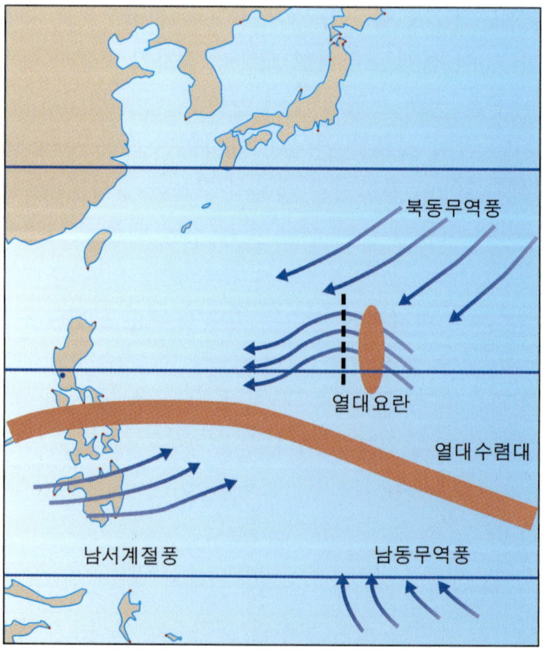

그림 7-5 편동풍 파동 축의 동쪽에는 하층수렴과 구름이 있고 서쪽에는 발산이 있다.

표 7-3 태풍의 크기에 따른 분류: 풍속 $15ms^{-1}$ 이상인 영역 반경에 따라 분류

소형	중형	대형	초대형
300km 미만	300~500km	500~800km	800km 이상

표 7-4 태풍의 강도에 따른 분류 1: 태풍

<table>
<tr><th colspan="2" rowspan="2">중심 부근의 최대풍속</th><th rowspan="2">$17ms^{-1}$ (34kt) 미만 [보퍼트풍력 계급 7 이하]</th><th rowspan="2">$17\sim24ms^{-1}$ (34~47kt) [보퍼트풍력 계급 8~9]</th><th rowspan="2">$25\sim32ms^{-1}$ (48~63kt) [보퍼트풍력 계급 10~11]</th><th>$33\sim43ms^{-1}$ (64~84kt)</th><th>$44ms^{-1}$ (85kt) 이상</th></tr>
<tr><th colspan="2">[보퍼트풍력 계급 12 이상]</th></tr>
<tr><td rowspan="3">구분</td><td>세계 기상 기구</td><td>Tropical Depression (TD)</td><td>Tropical Storm (TS)</td><td>Severe Tropical Storm (STS)</td><td colspan="2">Typhoon (T)</td></tr>
<tr><td rowspan="2">한국 일본</td><td rowspan="2">열대저기압</td><td>약한 태풍</td><td>중간 태풍</td><td>강한 태풍</td><td>매우 강한 태풍</td></tr>
<tr><td colspan="4">태풍</td></tr>
</table>

표 7-5 태풍의 강도에 따른 분류 2: 허리케인

중심 부근의 최대풍속	$17ms^{-1}$ (34kt) 미만	$17\sim32ms^{-1}$ (34~63kt)	$33ms^{-1}$ (64kt) 이상
구분	Tropical Depression	Tropical Storm	Hurricane

만일 저기압이 더 강화되고 풍속이 $17ms^{-1}$ 이상이면 우리나라와 일본에서는 **태풍**이라 부른다(단, 미국에서는 열대 $17ms^{-1}$ 이상이면 **열대폭풍(tropical storm)**이라 하고, $33ms^{-1}$ 이상으로 발달되면 **허리케인**이라 명명함) (표 7-3, 7-4, 7-5). 열대요란의 일부만이 열대저기압이 되지만, 열대저기압의 많은 수가 열대폭풍 및 태풍이 된다.

7.2.3 태풍 발달의 필요조건

태풍의 역학은 매우 복잡하지만 기상학자들은 태풍의 발달에 유리한 기상 상태에 대해 오래전부터 알고 있다. 태풍을 유지하기 위해서는 엄청난 양의 에너지가 필요한데 이 에너지원은 일차적으로 해양 표면에서 증발된 수증기의 응결 시 방출되는 잠열이다. 증발은 해수온도에 비례하기 때문에 태풍은 온도가 27°C 이상이고 깊이가 수십 m 이상인 해양에서만 형성된다. 태풍의 발달에 필요한 온난수의 조건 때문에 해수면온도가 낮은 북위 20도 이상에서는 형성되지 않는다. 이러한 이유로 태풍은 열대해양의 온도가 가장 높은 때인 늦여름이나 초가을에 많이 발생한다.

또한 태풍의 형성은 소용돌이를 만들어 줄 전향력이 중요한데, 중심에서의 기압경도가 소멸되는 것을 막을 정도로 전향력이 커야 한다. 적도에서는 전향력이 존재하지 않기 때문에 위도 0~5도 사이에서는 태풍이 형성되지 못한다. 위에서 설명한 두 가지 이유 때문에 그림 7-2에서 보인 것처럼 위도 5도부터 20도 사이에서 발달한 열대폭풍들이 주로 태풍으로 발달한다.

안정도도 태풍의 발달에 중요하며 대류권 전체가 불안전한 상태여야 한다. 해안의 동쪽경계에서는 한류와 용승이 대류권 하층을 차갑게 하여 정적으로 안정하게 하여 상승운동을 억제한다. 또한 무역풍 역전이 혼합을 잘 일으키지 못하게 한다. 서쪽으로 이동할수록 해수 온도는 높아지고 무역풍 역전층의 고도가 높아지거나 역전층이 사라져서 태풍의 발생이 더욱 쉬워진다. 또 중요한 요인은 바람의 연직시어로서 태풍이 잠열의 연직 수송을 교란시키는 바람 연직시어가 약하거나 없는 곳에서 발달하는 것이다.

태풍은 일단 형성되면 자체적으로 발달할 수 있다. 즉, 적운에서 방출되는 잠열이 공기를 가열하여 상승시킨다. 상층에서 공기의 팽창은 상부 발산을 일으키며 지속적으로 공기를 상승시켜 지상에서의 수렴과 저기압을 강화시킨다. 저기압의 강화는 공기의 지속적 상승, 응결 그리고 잠열방출을 일으키며, 자체적으로 발달하지만, 해수면온도의 한계가 있기 때문에 태풍이 무한으로 발달할 수는 없다. 그리고 증발 및 대류과정에 의하여 제약을 받는 잠열의 공급이 한계가 있기 때문이다. 해수온도의 중요성은 만일 해수온도가 더 높아진다면 이론적으로 태풍이 더 강력해질 수 있음을 제시한다. 최근 지구 온난화로 인하여 해수온도가 2~3℃ 더 높아질 가능성이 있기 때문에 더욱더 강력한 태풍이 발생되어 우리나라에 더 큰 인명 및 경제적 피해를 초래할 것으로 예측하고 있다.

7.2.4 태풍의 이동과 소멸

열대폭풍계의 이동과 발달단계는 서로 연관되어 있다. 열대요란과 열대저기압은 주로 무역풍에 의해 영향을 받기 때문에 주로 서쪽으로 이동한다. 열대저기압이 열대폭풍으로 발달하면서 무역풍의 영향이 약해지고, 상층풍과 해수온도의 공간분포가 이들의 이동속도와 방향에 중요한 역할을 하기 시작한다(폭풍은 더 온난한 해양으로 이동하는 경향이 있다).

점차 북쪽으로 올라오면서 열대폭풍으로 발달하고, 그 열대폭풍이 더욱 커져 태풍으로 발달하여 북쪽으로 향하게 되며, 말기에는 전향하여 북동쪽으로 진행하게 된다(그림 7-2, 7-6, 7-7). 따라서 태풍은 북태평양고기압의 서쪽 가장자리를 도는 것 같이 진행하므로 그림 7-8의 태풍경로는 북태평양고기압의 서쪽 가장자리의 월별 평균위치를 나타내고 있는 셈이다.

즉, 태풍은 고기압의 중심을 오른쪽으로 바라보면서 진행하는데 6월의 태풍은 계속 서진해서 남지나해상쪽으로 향하는 경우가 많고, 7월의 태풍은 대만 부근에서 중국 연안을 따라 북상하여 서해를 거쳐 우리나라 쪽으로 진행한다. 8월의 태풍은 동지나해로부터 우리나라를 가로질러 동해로 진행하는 경우가 많고, 9월의 태풍(그림 7-8)은 남쪽 해상으로부터 일본 열도 쪽으로 진행한다. 10월의 태풍은 일본 남쪽해상 멀리에서 북쪽으로 진행한다. 8월 중순에서 9월 초까지의 태풍경로는 북태평양고기압의 확장 상태와 깊은 관계가 있다. 이 고기압이 확장하고 있으면 태풍은 중국대륙 쪽으로 진행하지만, 8월 중순 이후부터 9월 초가 되면 북태평양고

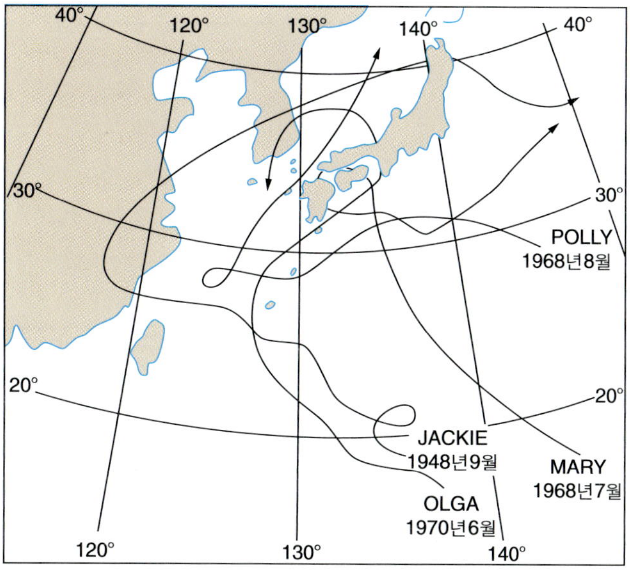

그림 7-6 태풍과 열대폭풍은 열대지역을 벗어나 북 또는 북동으로 이동하는 경향이 있다. 하지만 그림에서 보는 바와 같이 그 경로는 매우 불규칙하다.

기압의 세력이 조금씩 약화되어 일본 열도 부근까지 움츠러들면 우리나라 쪽으로 진행해 오는 일이 많다.

태풍과 열대폭풍은 종종 매우 불규칙한 이동을 한다. 예를 들어 지속적으로 일정한 방향으로 이동하던 것이 갑자기 속도와 방향을 바꾸기도 하며 어떤 경우에는 과거의 이동경로를 따라 역으로 이동하는 경우도 있다. 그림 7-6은 태풍이 북동진 하는 동안 매우 불규칙하게 이동했던 태풍들의 이동경로를 나타낸 것이다.

열대폭풍과 태풍이 동아시아에 상륙하면 그 세력이 현저히 약해진다. 그러나 드문 경우지만 아열대로부터 장거리를 이동한 후에도 태풍이 강풍을 유지하는 경우도 있다. 열대폭풍은 육지에 상륙하면 대부분 며칠 이내에 소멸된다. 하지만 폭풍이 약해지더라도 많은 양의 수증기를 포함하고 있기 때문에 수백 km^2의 면적에 홍수를 일으킬 수도 있다. 또한 주위 기상상황과 지형적 원인에 의해 상황이 악화될 수 있다. 이러한 예로 2002년 발생했던 태풍 루사를 들 수 있다. 루사는 초기에는 큰 태풍이 아니었다. 하지만 평년보다 높아진 해수 온도에 의해 태풍에 에너지를 계속 공급하였고 세력은 커졌다. 루사는 대형 태풍으로 한반도에 상륙하면서 주 에너지원인 수증기의 공급이 끊겼지만 충분히 많은 수증기를 머금고 있었다. 또한 당시 약해진 편서풍으로 인해 전향시점이 늦어져 한반도에 상륙해 있는 시간이 길어졌고 그로 인해 강수 지속기간이 길어졌다. 루사는 상륙한지 18시간이 지나서야 열대저압부로 약화되어 한반도를 통과하였다. 루사는 대형태풍으로 상륙하여 모든 에너지를 한반도에 쏟았기 때문에 그만큼 피해정도도 클 수밖에 없었다(그림 7-7). 사망 · 실종 246명과 이재민 6만 3천여 명, 그리고 5조 3천억여 원의 재산피해 등 대한민국에 심대한 피해를 일으켜 태풍 위원회는 2004년 이 태풍의 이름이었던 루사를 은퇴시켰다.

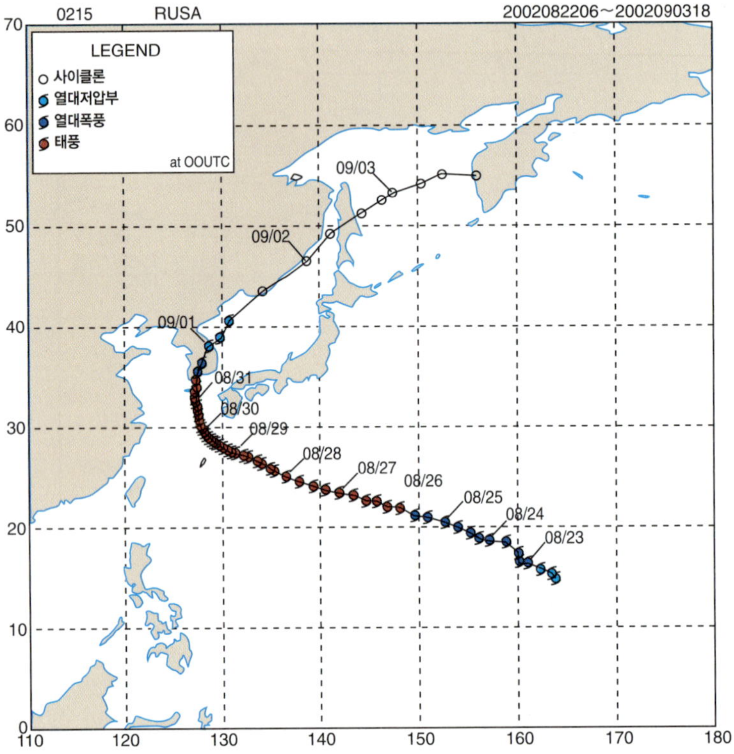

그림 7-7 태풍 루사의 경로

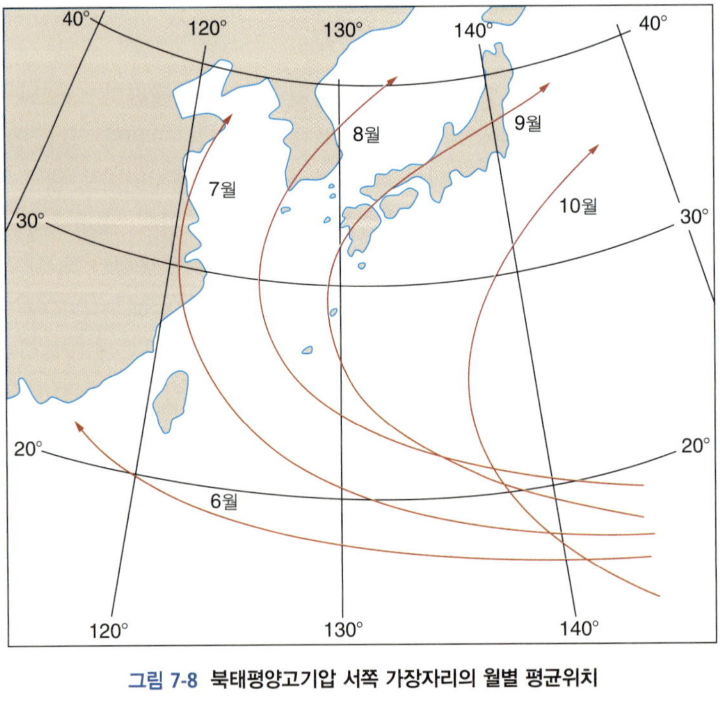

그림 7-8 북태평양고기압 서쪽 가장자리의 월별 평균위치

7.3 태풍에 의한 재해

대한민국 및 일본 등의 동아시아에서는 일반적으로 최대 풍속 17ms^{-1} 이상의 열대저기압을 모두 태풍이라 부른다. 태풍에 의한 바람은 집을 파괴시키는 등 지역에 막대한 피해를 일으킨다. 또 앞에서 언급했듯이 태풍 눈 벽 구름 아래에서 강한 호우를 곳곳에 내리기도 하는데 태풍 루사의 경우 강릉에 일강우량 870.5mm가 내렸다.

해안가 지역에서는 호우, 강풍 그리고 폭풍해일에 의한 생명과 재산 피해가 보다 심각하다. 폭풍해일은 두 가지 과정으로 발생하며 강한 바람에 의해 해수가 풍하쪽으로 밀려서 해수면이 상승될 때 위험하다. 강한 바람이 연안에서 해수를 육지 쪽으로 이동시키면 수면이 상승하고, 동시에 높은 파도를 일으킨다. 현재 우리나라 바다는 수온이 올라가면서 표층에 많은 열에너지를 품은 아열대성 바다가 된다. 이로 인해 태풍 및 폭풍해일의 강도가 세지고 빈도수는 증가할 것으로 예상된다. 기압이 1hPa 감소하면 해수면은 1cm 상승한다. 대부분의 태풍은 한반도를 통과하며 폭풍해일로 해수면을 단지 1~2m 정도 상승시킨다. 그러나 2003년 태풍 매미의 경우 마산을 지나갈 때 남해안의 만조 시각과 겹쳐 해수면이 약 4.4m나 상승하였다.

저지대 연안 평원지역을 따라 이동하는 폭풍해일은 육지 깊숙한 곳까지 해수를 유입시킴으로써 천문학적인 피해를 유발할 수 있다. 또한 강풍에 의해 생성된 거대한 파도들이 건물들을 덮침으로써 문제를 더욱 심각하게 한다. 태풍 매미는 경상남도 고성군 일대에 상륙, 이후 빠른 속도로 한반도 남동부를 관통하였다. 피해 지역 중 마산 시장에 주차되어 있던 차량이 바닷물에 휩쓸려 서로 뒤엉켜 버렸고, 부산 해운대구에서는 해상호텔이 전복되었다(그림 7-9). 폭풍해일은 지역적으로 조차가 큰 해안지역의 만이나 어귀에서 만조와 같이 일어날 때 최대의 피해를 발생시킨다.

태풍의 풍속이나 폭풍해일의 세기는 진행방향의 오른편에서 가장 강하다. 이 이유를 이해하기 위하여 눈 벽에서의 풍속이 약 50ms^{-1}인 태풍(그림 7-10)이 서태평양에서 초속 10m로 북으로 이동한다고 가정해보자. 만일 이 태풍이 대한민국과 일본으로 진행한다면 눈의 동편에서

그림 7-9 태풍 매미에 의한 피해: (a) 마산 시장, (b) 부산 해운대 해상호텔.

그림 7-10 태풍의 왼편과 오른편에서의 바람의 강도변화. 풍향과 풍속은 화살표의 방향과 길이로 표시되었다. 가상적인 태풍이 50kmh^{-1}로 북쪽으로 이동한다. 태풍의 우측에서 풍속이 200kmh^{-1}라면 우측에서의 종합 풍속은 250kmh^{-1}이며 방향은 태풍의 이동방향과 같다. 바람의 방향이 태풍의 이동방향과 반대인 좌측에서는 실제 풍속이 150kmh^{-1}가 될 것이다.

는 풍속이 60ms^{-1}가 된다(왜냐하면 태풍 내의 풍속과 이동속도가 합쳐졌기 때문이다). 눈 벽의 서편에서는 풍속이 약 40ms^{-1}가 될 것이다. 풍속이 더 강해지는 것 외에도 폭풍 해일의 파도도 더 높아질 것이다. 왜냐하면 바람이 바다 쪽 보다는 해안 쪽으로 더 많은 물을 밀어 붙이기 때문이다. 그러므로 폭풍해일이 재앙적인 재해를 일으킬 수 있는 잠재력이 있고 이로 인해 지난 수십 년 동안 수천 명의 사람들이 피해를 입었다.

1971년부터 2009년까지 발생한 태풍의 수를 살펴보면, 1971년과 1994년에 36개로 가장 많은 태풍이 발생하였고, 1998년에는 16개로 가장 적은 수의 태풍이 발생하였다(표 7-6). 우리나라에 영향을 미친 태풍은 1976년의 6개가 최대였고, 1988년과 2009년에는 우리나라에 영향을 주었던 태풍이 하나도 없었다(표 7-6). 지난 30년간(1971년~2000년) 발생한 태풍은 평균 26.7개로 대부분이 6~12월 사이에 발생하였고, 특히 8월, 9월, 7월 순으로 태풍이 많이 발생하였다. 이 중 북태평양 고기압의 서쪽 가장자리가 우리나라 주변까지 확장되어 있는 6~10월에 발생한 태풍들이 우리나라에 영향을 미쳤다(그림 7-8, 표 7-7).

기후변화의 영향으로 우리나라에서 관측된 연간 최대순간풍속과 일강수량의 극값이 꾸준히 증가하였으며 그 원인의 50%는 태풍의 영향으로 밝혀졌다. 한반도에 상륙한 태풍은 지난 55년

표 7-6 연도별 태풍발생 및 우리나라에 영향을 미친 태풍현황

연도	1971	1972	1973	1974	1975	1976	1977	1978	1979	1980
발생수	36 (3)	31 (4)	21 (3)	32 (4)	21 (2)	25 (6)	21 (2)	30 (4)	24 (2)	24 (3)
연도	1981	1982	1983	1984	1985	1986	1987	1988	1989	1990
발생수	29 (5)	25 (4)	23 (1)	27 (3)	27 (5)	29 (3)	23 (3)	31 (0)	32 (2)	29 (4)
연도	1991	1992	1993	1994	1995	1996	1997	1998	1999	2000
발생수	29 (5)	31 (2)	28 (4)	36 (5)	23 (3)	26 (2)	28 (5)	16 (2)	22 (5)	23 (5)
연도	2001	2002	2003	2004	2005	2006	2007	2008	2009	
발생수	26 (1)	26 (4)	21 (4)	29 (5)	23 (1)	23 (3)	24 (3)	22 (1)	22 (0)	

※ ( )안의 숫자는 우리나라에 영향을 미친 태풍 수임.
※ 태풍발생 수 및 영향 태풍 발생 월은 해당 태풍이 발생한 시점을 기준으로 함.

표 7-7 최근 30년과 10년간 월별 태풍 발생 및 우리나라에 영향을 미친 태풍 수의 평균

연도/월	1	2	3	4	5	6	7	8	9	10	11	12	연합계
30년 평균 1971~2000	0.5	0.1	0.4	0.8	1.0	1.7 (0.3)	4.1 (1.0)	5.5 (1.3)	5.1 (0.8)	3.9 (0.1)	2.5	1.3	26.7 (3.4)
10년 평균 1991~2000	0.1	0.2	0.3	0.8	0.9	1.1 (0.1)	4.0 (1.2)	6.2 (1.4)	5.5 (1.0)	3.8 (0.2)	2.2	1.1	26.2 (3.9)

※ ( )안의 숫자는 우리나라에 영향을 미친 태풍 수임.
※ 태풍발생 수 및 영향 태풍 발생 월은 해당 태풍이 발생한 시점을 기준으로 함.

간 꾸준히 강도가 증가하고 있으며 2000년에 들어 증가 경향이 더욱 뚜렷해 졌다. IPCC 보고서에 따르면 화석연료에 의존한 인간활동이 지속된다면 21세기 말에 지구의 평균기온은 최대 6.4°C 상승할 것으로 전망했다. 이 전망이 맞는다면, 현재의 태풍강도 증가율로 보아 우리나라에 상륙하는 미래의 태풍은 그 위력이 엄청날 것으로 예상된다.

7.4 열대폭풍의 예보와 주의보

북서태평양의 태풍을 추적하고 예측하는 임무는 제주도 서귀포에 있는 기상청 국가태풍센터(National Typhoon Center)가 담당한다. 태풍 발생기에 국가태풍센터에서는 현재의 태풍상태를 결정하기 위하여 지상 자료와 위성 자료를 수집한다. 슈퍼컴퓨터를 활용한 정교한 수치모델이 열대폭풍의 생성, 성장, 그리고 이동을 예측한다. 활동적인 태풍이 육지에 도달하면 특히 기온, 기압, 습도를 관측하고 송신하는 레이더, 자동기상관측장비(AWS) 등의 자료를 이용하여 지역별 강수량과 바람 정보를 제공한다.

국가태풍센터의 TAPS(Typhoon Analysis and Prediction System)는 모든 태풍정보를 하나의 시스템으로 집약한 결정체로 현재 태풍상황을 분석하는 모드, 과거 태풍정보를 조회하는 데이터베이스 모드, 예보실 현업에서 태풍정보를 생산하는 예보 모드로 구성되어 있다. 그리고 사용하는 수치모델은 BATS(Barotropic Adaptive-grid Typhoon Simulation) 모델로 태풍주변에 조밀한 분해능을 집중시키는 adaptive grid system을 적용한 순압 태풍 모델이다. 또 앙상블 태풍 예보 기술에는 전지구모델 GDAPS(Global Data Assimilation and Prediction System) T106 앙상블과 DEPS(DBAR Ensemble Prediction System)가 이용된다.

태풍의 진로나 이동속도를 정확히 예상하는 것은 매우 어려운 문제이다. 현재의 진보된 기상학과 컴퓨터를 이용하여 태풍진로 예보는 크게 향상 되었지만, 24시간 예보의 평균 오차범위는 190km 내외로 아직까지 완전한 수준에는 미치지 못하고 있다. 우리나라의 태풍예보는 선진국과 같이 예보모델에 의한 수치예보 자료와 통계에 의한 예보방법 등을 사용하고 있으나, 한반도에 접근하는 태풍은 진로변화가 심한 북위 25°~30° 부근의 전향점을 거쳐 북상하기 때문에 태풍진로와 장시간 예보는 더욱 어려워진다.

대서양과 동태평양에서의 허리케인을 예측하는 임무는 플로리다의 마이애미에 있는 미국 국가허리케인센터(National Hurricane Center: NHC)가 담당한다. 국가허리케인센터에서는 통상적인 기상예측을 위한 표준형 컴퓨터 모델, 허리케인만을 예측하는 특화된 모델도 사용한다. 후자는 통계모델, 역학모델 그리고 혼합모델로 분류할 수가 있다. 통계모델은 과거의 허리케인의 경로에 대한 정보를 현재의 허리케인예측에 예보인자로 활용한다. 역학모델은 현재 대기와 해수의 상태로부터 정보를 얻고 역학법칙을 적용하여 수치적으로 적분한다. 혼합모델은 통계적 요소와 역학모델을 결합한다. 이 모델들은 짧은 시간간격으로 허리케인의 이동과 내부변화에 대해서 반복적으로 예보를 하며 6시간 간격으로 투영된 허리케인의 위치, 기압장, 바람 등에 대한 정보를 문서로 제공한다.

허리케인 예보는 방대한 양의 정보와 컴퓨터 하드웨어를 필요로 한다. NOAA(National oceanic and Atmospheric Administration)에서는 정보수집기능을 강화시키기 위하여 정지기상위성, GOES-10, GOES-12를 발사하였다. 그리고 복잡한 모델을 수행할 수 있는 새로운 슈퍼컴퓨터가 1995년에 설치되었다. 1965년대에는 허리케인의 24시간 예보 오차거리는 약 250km이었지만 금세기 말에는 오차가 약 160km로 줄었다. 그러나 아직도 허리케인 진로 예측은 어려운 일이다.

7.4.1 태풍 감시와 경보

일반 국민에게 태풍에 대한 동향인 주의 등을 환기시킬 때 발령하는 것을 태풍 특보라 한다. 태풍으로 인하여 풍속이 $14ms^{-1}$, 6시간 강수량이 70mm 이상 또는 해일 현상 등의 기상재해가 우려될 때 **태풍 주의보**를 발령한다. 그리고 태풍 경보는 3단계로 세분화 되어있다. 3급 바람 $17\sim24ms^{-1}$, 비 100~249mm/6h, 2급 바람 $25\sim32ms^{-1}$, 비 250~399mm/6h, 1급 바람 $33ms^{-1}$ 이상, 비 400mm/6h 이상일 때 **태풍 경보**를 발령한다. 예를 들면 바람 2급, 비 1급으로 태풍 경보를 발표할 수도 있다.

허리케인의 경우 접근하는 허리케인이 약 24시간 전후에 육지 근처로 이동이 예상될 때 미국의 허리케인센터의 예보자들은 **허리케인 주의보(Hurricane Watch)**를 발령한다. 만일 24시간 이내에 미국 육지에 허리케인이 상륙할 것이 예상된다면 그들은 **허리케인 경보(Hurricane Warning)**를 발령한다.

태풍의 불규칙한 속성을 예측하는 것은 매우 어렵다. 태풍의 이동을 예측할 때, 예보자들은 육지에 전혀 상륙하지 않을 태풍에 대해서 주의보나 경보를 발령할 경우와 육지에 상륙한 태풍에 대한 주의보나 경보를 발령하지 못하는 경우의 영향에 대해서 판단할 수 있어야 한다. 즉, 대피가 필요한 사람들에게 경보를 내리지 못 할 경우에는 불필요한 인명과 재산의 손실을 가져올 수 있다는 점이다. 한편 틀린 경보도 되풀이 된다면 심각한 결과를 만들어낼 수 있다. 반복되는 틀린 경보로 인해 대중들에게 불신이 생겨 실제 정확한 경보마저도 무시하게 될 수 있기 때문이다. 또한 이러한 경보로 인한 대피는 대중, 정부기관, 및 산업체에 막대한 경제적 손해를 가져올 수 있다. 큰 산업체의 경우 작업을 중단했다가 다시 재가동하는 데 수천억 원에 이르는 많은 경비가 들 것이다.

7.4.2 태풍의 강도 규모

태풍의 강도를 나타내는 방법에는 몇 가지가 있다. 첫 번째 방법은 태풍지수를 들 수 있다. 태풍지수는 열대저기압에 동반된 구름시스템 패턴으로부터 태풍의 강도와 관련된 특징들을 추출하여 정량화시킨 것으로 CI지수(Current Intensity Number)로 나타내며, CI지수는 1.0~8.0까지 0.5단위의 무차원량으로 표현된다. CI지수는 통계적인 상관관계에 의해 태풍의 중심기압, 중심 부근의 최대풍속과 대응하며, 전 세계 태풍센터에서 태풍의 강도 분석에 널리 이용되고 있다. CI지수는 1970년대에 Dvorak이 개발하였으며, CI지수를 이용한 태풍강도분석기법을 Dvorak기법이라 한다. 두 번째 구분방법은 최대풍속이다. 표 7-4에서 보였던 것처럼 최대풍속에 따라 태풍을 4가지 강도(약, 중간, 강, 매우 강)로 구분하고, 특히 $67ms^{-1}$ 이상인 태풍은 슈퍼태풍이라 한다.

태풍의 경우 2003년 9월 12일 태풍 매미는 경상도를 초토화 시켰다. 제주도 남동쪽 해상으로부터 경상남도 고성군 일대에 상륙하였고, 이후 빠른 속도로 한반도 남동부를 관통하여 상륙 6시간만에 울진 앞 바다로 빠져나와 동해상으로 진출했다. 인명피해는 사망 · 실종 130여 명, 이재민 6만 1천여 명을 만들었고 4조 7천억여 원(2003년 화폐가치 기준) 재산 피해를 냈다. 2003년 9월 6일 오후 3시경 태풍 매미는 열대저기압에서 태풍으로 성장되기까지의 발달 속도가 매우 느렸기 때문에 기상청 등은 이 같은 느린 발달 경향이 이후에도 계속 이어질 것이라 예상하고 있었다. 하지만 태풍은 9월 9일 무렵에 일본 사키시마 제도 남동쪽 먼 바다에 접근하면서부터 급속히 발달하여 9월 10일에 중심기압 910hPa, 최대풍속 55ms^{-1}에 달하는 최강급의 태풍으로 성장했다. 이후 태풍 매미는 우리나라에 큰 피해를 입혀 무지개(Mujigae)로 이름이 대체 되었다. 큰 피해를 입혔던 태풍 루사의 경우에도 누리(Nuri)로 이름을 바꾸었다.

그 외에도 2006년 7월 8일에 한반도를 덮쳤던 태풍 에위니아(Ewiniar)는 중형의 매우 강한 태풍이었고, 2007년 9월 13일 제주도에 큰 피해를 주었던 태풍 나리(Nari)는 소형의 매우 강한 태풍이었다. 2005년 9월 8일 일본에 막대한 피해를 입힌 대형의 매우 강한 태풍 나비(Nabi)는 그로 인해 이름이 독수리(Doksuri)로 교체되었다. 대한민국에 상륙하지는 않았지만 일본 큐슈지방을 관통한 후 동해상으로 북상, 독도부근(약 80km)을 통과하면서 우리나라에 영향을 주었다. 태풍 나비의 접근으로 인해 우리나라 남부지방과 동해안지방을 중심으로 시간당 50~60mm의 강한 강수 현상과 30~40ms^{-1}의 순간최대풍속이 나타났으며, 6명의 인명 피해와 약 1,120억 원의 재산 피해를 가져왔다. 9월 2일 21시경에 최저값 925hPa을 기록하면서 매우 강한 대형 태풍으로 발달하였고 9월 6일 오전까지 950hPa 이하를 유지하면서 일본 가고시마 부근까지 계속해서 북북서~북진하였다. 이후 일본 큐슈지방을 통과하면서 지속적으로 약화되었으며, 동해를 지나 일본 홋카이도 북동쪽 해상에서 온대성 저기압으로 변질되었다.

요약

태풍은 열대지역에서 발생하여 중위도로 이동하는 매우 강력한 폭풍을 의미한다. 그리고 지구의 많은 연안지역에 막대한 인명손실과 재해를 일으킨다. 2002년 대한민국을 강타한 태풍 루사는 5조 3천억여 원의 피해를 낸 대한민국에서 가장 큰 자연재앙이었다.

대부분의 태풍은 작은 뇌우무리인 열대요란으로부터 발달한다. 구름무리가 회전형으로 조직화되고 뇌우의 활동이 강화되면, 이를 열대저기압이라 부른다. 만약 열대저기압이 17ms^{-1}가 넘는 풍속을 유지한다면 한국과 일본에서는 태풍으로 분류된다(단, 미국에서는 풍속이 17ms^{-1}를 넘을 때 열대폭풍이라 부르고, 33ms^{-1} 이상이면 허리케인이라 부름). 강력하게 발달하는 열대폭풍은 해수온도가 높은 곳에서만 발달하고 열대저기압은 해양의 서쪽에서 주로 열대폭풍으로 발달되어 결국에는 태풍으로 성장한다.

태풍은 중위도 저기압보다는 작지만 토네이도보다는 훨씬 크다. 그리고 일주일이나 그 이상 지속되며 일반적으로 소멸하기 전에 수천 km를 이동한다. 가장 강한 뇌우의 활동은 태풍의 중심을 나선형으로 감싸 도는 두꺼운 구름대 내에서 일어난다. 폭풍의 강도는 태풍의 중심으로 접근할수록 강해지며 가장 활동적인 눈 벽에서 최대가 된다. 태풍의 눈은 일반적으로 하늘이 맑고, 바람이 약하며 기온이 높기 때문에 태풍의 다른 부분들과는 전혀 다르다. 대류권 상부에서 고기압성 회전에 의한 유출류가 발생시킨 권층운이 두꺼운 적운을 덮어 우주에서 태풍의 진짜 구조를 확인하기가 어려울 때가 많다.

태풍은 여러 방식으로 피해를 준다. 엄청난 강우가 심각한 홍수를 유발할 수 있고, 강풍이 구조물을 넘어뜨릴 수 있다. 그러나 태풍에 의한 가장 심각한 위협은 폭풍해일, 즉 저기압과 강풍에 의한 물의 적수(piling up of water) 현상으로 인한 해수면 상승이다. 만일 폭풍해일이 만조와 겹친다면 해수의 범람이 내륙 깊숙한 곳까지도 덮칠 수 있다.

대한민국 국가태풍센터(NTC)는 정교한 위성망, 컴퓨터 하드웨어와 소프트웨어를 이용하여 태풍의 육지 상륙 가능성에 대한 정보를 제공한다. 태풍의 불규칙한 특성을 예측하는 것은 매우 어렵지만 최근 대한민국 기상청의 현대화가 예보의 정확도를 크게 향상시켰다.

흥밋거리 태풍의 이름

2001년부터 태풍 이름은 태풍위원회(Typhoon Committee) 회원국 중 싱가포르를 제외한 14개 회원국에서 10개씩 제안한 이름을 순서대로 사용한다. 태풍 이름을 제시한 나라는 캄보디아, 중국, 북한, 홍콩, 일본, 라오스, 마카오, 말레이시아, 미크로네시아, 필리핀, 한국, 태국, 미국, 베트남 이상 14개 나라이다. 그 전까지는 미 합동태풍경보센터(JTWC, Joint Typhoon Warning Center)에서 미국식 이름이 사용되었으나, 1998년 12월 필리핀에서 열린 31차 태풍위원회에서 새 천년부터 새로운 아시아권 이름을 사용하는 것을 결정된 바 있다. 태풍이름은 5개조로 작성되어 다음은 1조를 보인 것이다.

이름	국가명	뜻	이름	국가명	뜻
담레이 (DAMREY)	캄보디아 (Cambodia)	코끼리	보파 (BOPHA)	캄보디아 (Cambodia)	꽃
하이쿠이 (HAIKUI)	중국 (China)	용왕	우쿵 (WUKONG)	중국 (China)	원숭이의 왕
기러기 (KIROGI)	북한 (DPR Korea)	기러기	소나무 (SONAMU)	북한 (DPR Korea)	소나무
카이탁 (KAITAK)	홍콩 (Hong Kong)	홍콩의 오래된 공항 이름	산산 (SHANSHAN)	홍콩 (Hong Kong)	소녀의 애칭
덴빈 (TEMBIN)	일본 (Japan)	저울	야기 (YAGI)	일본 (Japan)	염소
볼라벤 (BOLAVEN)	라오스 (Laos)	라오스의 남부 지방에 있는 고원	리피 (LEEPI)	라오스 (Laos)	코끼리
산바 (SANBA)	마카오 (Macau)	진주	버빙카 (BEBINCA)	마카오 (Macau)	마카오 우유 푸딩
즐라왓 (JELAWAT)	말레이시아 (Malaysia)	민물잉어과의 고기	룸비아 (RUMBIA)	말레이시아 (Malaysia)	야자수의 한 형태로 사고야자를 산출
에위니아 (EWINIAR)	미크로네시아 연방 (Micronesia)	Chuuk의 전설 폭풍 신	솔릭 (SOULIK)	미크로네시아 연방 (Micronesia)	전통 Pohnpei 족장의 칭호
말릭시 (MALIKSI)	필리핀 (Philippines)	쾌속	시마론 (CIMARON)	필리핀 (Philippines)	야생 황소

이름	국가명	뜻	이름	국가명	뜻
개미 (GAEMI)	대한민국 (RO Korea)	개미	제비 (JEBI)	대한민국 (RO Korea)	제비
쁘라삐룬 (PRAPIROON)	타이 (Thailand)	비의 신	망쿳 (MANGKHUT)	타이 (Thailand)	과일 이름
마리아 (MARIA)	미국 (U.S.A.)	Chmorro 여자이름	우토르 (UTOR)	미국 (U.S.A.)	"squall line"의 Marshallese 말
손띤 (SONTINH)	베트남 (Vietnam)	금성	짜미 (TRAMI)	베트남 (Vietnam)	장미과에 속하는 나무

간단한 예보지식 허리케인의 계절 및 장기예보

과학자들은 현재 계절별 허리케인과 열대성 폭풍우의 수와 강도를 예측하기 위한 기술을 개발하고 있다. 가장 잘 알려진 계절예보는 콜로라도 주립 대학의 연구진들(William Gray 교수)이 매년 3회씩 발표하는 것이다. 이 계절예보는 11월, 6월, 8월에 발표되는데 열대성 폭풍우와 허리케인의 수 뿐만 아니라 주로 대서양 서부 연안, 캐리비안 해, 멕시코만 일대에서 각 계절에 발생할 비정상적으로 강력한 허리케인에 대해서도 예측한다. 하지만 그 예보는 폭풍우 각각의 발생날짜와 육지 상륙과 같은 특성들에 대해서는 예측하지 못한다.

이런 계절예보들은 지구상의 많은 기상학적, 해양학적 환경에 기초를 두고 있다. 예를 들어 엘니뇨 조건의 유무, 아프리카 서부의 계절별 강수량, 기온, 성층권과 대류권 상부의 풍향, 그리고 캐리비안 해의 기압이다. 이러한 기후학적 조건들을 허리케인의 적절한 예보인자로 만드는 이론적 토대는 경험적 관측에 의하여 확인된다. 예를 들어, 최근 연구에 의하면 엘니뇨 해에는 평균 1.04개의 허리케인이 미국 본토에 상륙했으나 라니냐 해에는 2.23개의 허리케인이 상륙했고 그리고 엘니뇨 해도 라니냐 해도 아닌 정상 해에는 1.6개의 허리케인이 상륙했다.

표 1에서 보여주는 바와 같이 콜로라도 주의 한 단체가 최근 몇 년 동안의 예보성공을 향상시켰다. 그들은 1997년의 허리케인의 수, 허리케인 일 수, 강한 허리케인 수 그리고 순 열대저기압 수를 과대하게 예측했다. 하지만 1998년에 대해서는 과소하게 예측했다. 1999년과 2001년 사이에는 그들의 예보는 주로 모든 범주를 목표로 하였다. 2002년의 예보는 폭풍과 폭풍일 수는 과소하게 예측하였으나 허리케인 수와 강한 허리케인에 대해서는 정확히 예측하였다. 1996년에는 예보관들이 아주 왕성한 허리케인 활동 계절의 예측에 실패했다. 1995년의 경우 허리케인 활동이 왕성한 계절을 질적으로 예측하는 데는 성공했으나 허리케인의 실제 숫자와 강력한 허리케인 일 수는 예측보다 2배나 많았다.

연구원들은 지난 수 세기 동안에 걸쳐서 허리케인 발생 수에 어떤 경향성이 있는 지를 연구하였다. 대서양 해역의 경우 1970년부터 1990년 초반에 걸친 4반세기 동안 강력한 허리케인의 수가 감소한 경우를 제외하고는 허리케인의 빈도수에서는 뚜렷한 경향이 없었다. 전반적으로 1990년대는 변덕스러운 시기였다. 1991년부터 1994년 사이에는 다른 어떤 4년 동안 보다도 대서양 주변에 허리케인 수가 적었다. 1995년과 2001년 사이의 허리케인 계절에 갑작스런 변환기가 왔다. 1997년에는 상대적으로 허리케인이 거의 없었음에도 불구하고 이 시기는 대서양 연안에서 허리케인 활동이 가장 활발한 5년이었다. 대서양 연안이 아닌 다른 해양의 경우 열대성 폭풍우에 대한 관측 자료의 한계로 각 지역에서 어떤 경향성이 있는 지를 밝히는 것은 쉽지 않다.

인위적 요인에 의한 지구온난화 전망은 이런 변화들이 열대성 폭풍우의 수와 파괴력에 영향을 미칠지에 대해서 많은 논의를 유발하였다. 대부분의 조사가 기온상승이 허리케인이 더 많이 발생하도록 영향을 줄 가능성에 중점을 두고 있다. 하지만 어떤 학자들은 기온상승이 허리케인 수를 감소시킨다고 주장하기도 한다. 당연하게도, 이 문제에 관해서는 아직 확실한 답이 없다.

표 1

	1997		1998		1999		2000		2001		2002	
	예측	관측	예측	관측	예측	관측	예측	관측	예측	관측	예측	관측
열대 폭풍우 수	11	7	10	14	14	12	11	14	12	15	9	12
열대폭풍우 일 수	45	28	50	80	75	77	55	66	60	62	35	54
허리케인 수	6	3	6	9	9	8	7	8	7	9	4	4
허리케인 일 수	20	10	25	47	40	43	30	32	30	27	12	11
강력한 허리케인 수	2	1	2	3	4	5	3	3	3	4	1	2
강력한 허리케인 일 수	4	2	5	9	10	15	6	5	5	5	2	2
순 열대저기압 활동*	100%	54%	110%	172%	160%	193%	130%	134%	120%	142%	45%	50%

* 열대폭풍과 허리케인 활동의 개략적 지시자. 이것은 장기간의 평균에 대해서 상대적으로 그 해에 발생한 열대폭풍, 열대폭풍 일 수, 허리케인, 허리케인 일 수, 강력한 허리케인 수, 그리고 강력한 허리케인 일 수의 비율로 정의된다.

복습문제

1. 태풍, 허리케인, 사이클론의 지리적 분포를 설명하시오. 이들 발생지역의 어떤 환경특성이 이들 폭풍우의 발달에 유리하게 작용하는가?
2. 전형적인 태풍의 크기, 해면기압 그리고 풍속에 대해서 설명하시오.
3. 언제 태풍이 주로 형성되는가?

4. 태풍과 관련된 구름과 강우유형을 눈과 눈 벽을 포함하여 설명하시오.
5. 중위도 저기압과 태풍의 다른 점을 설명하시오.
6. 열대요란, 열대저기압, 열대폭풍 그리고 허리케인을 각각 구분하게 하는 특성들을 설명하시오.
7. 폭풍이 태풍으로 발달하고 그 상태를 유지하기 위한 해수면 특성은 무엇인가?
8. 태풍이 형성된 후 이동하는 전형적인 경로가 있는가? 있다면 경로를 설명하시오.
9. 태풍과 관련된 어떤 특성이 해안가 지역에 최대의 피해를 발생시키는가? 이것은 또한 육지에서도 동일한가?
10. 왜 태풍의 우측반원(이동방향에 대해 상대적으로)이 더 위험한가?
11. 두 개의 태풍이 남해안에서 동해로 2주 사이에 통과한다면 무슨 이유로 두 번째 태풍의 강도가 약할 것이라고 기대하는가?
12. 태풍이 통과하기 전에 전선을 동반한 중위도 저기압이 여러 차례 통과하였다. 이 때 우리나라를 통과하는 태풍은 어떤 영향을 받을까?
13. 엘니뇨가 대서양에서 허리케인의 발달을 억제하는 것으로 알려지고 있다. 이 현상이 태평양에서의 태풍 형성과 이동에 어떻게 영향을 미치겠는가?
14. 지구온난화가 열대폭풍과 태풍 및 허리케인의 발생빈도 및 강도변화에 어떠한 영향을 미칠 것인가를 문헌을 통해 조사하여 설명하시오.
15. 지구온난화가 계속되면 해수가 팽창하고 빙하가 녹아서 해수면의 고도가 높아질 것이다. 이러한 현상이 풍해와 홍수의 위험에 비교할 때 폭풍해일의 위험에 어떤 영향을 미칠까?
16. 미국의 뉴욕시는 아직까지 강력한 허리케인에 의한 피해가 없었음에도 불구하고 전문가들은 뉴욕시가 미국에서 세 번째로 허리케인에 위험한 도시라고 믿고 있다. 한편, 우리나라의 경우 부산의 해운대가 태풍에 위험한 도시일 수 있다. 어떤 요인들이 이러한 지역들을 취약하게 하였다고 생각하는가?

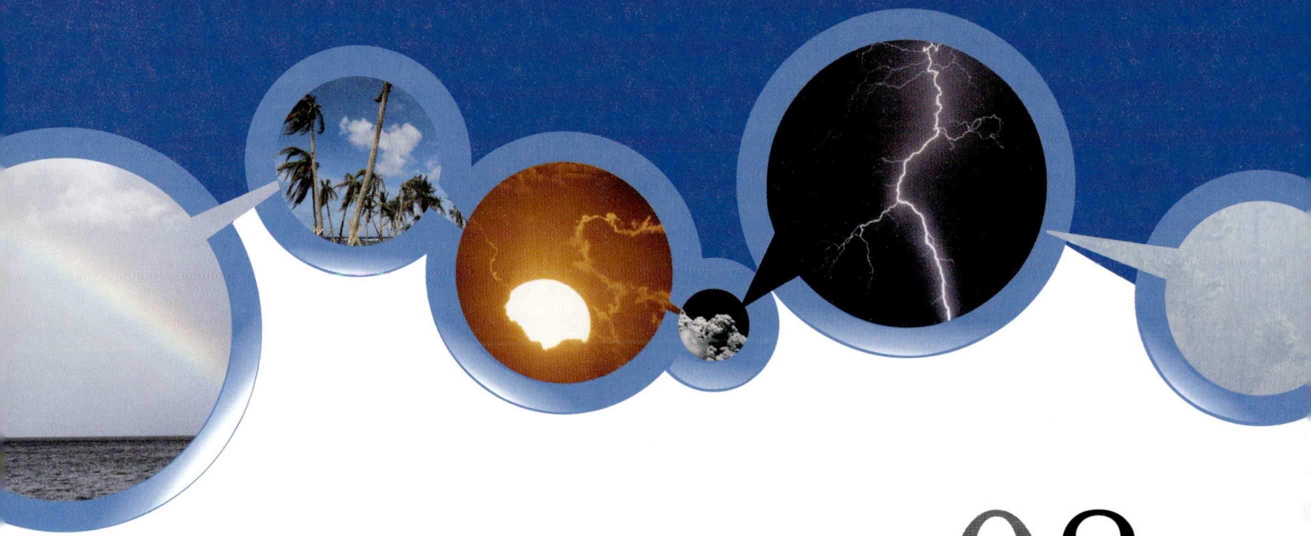

CHAPTER 08 일기예보

오늘날 일기예보는 일상생활뿐만 아니라 기상재해에 대해 지혜롭게 대처하고, 산업활동의 효율성을 높이기 위해 매우 유용하게 활용되고 있다. 이 장에서는 일기예보에 필요한 기상관측 및 기상정보의 획득, 일기예보의 방법, 수치모델에 대해 기술하였다.

8.1 일기예보란?

현대사회에서는 도시화, 산업화가 급속히 진행되면서 인구 및 산업시설이 집중되고 대형화됨에 따라 기상현상이 우리사회에 미치는 영향이 점점 커지고 있다. 중앙재난안전대책본부에 의하면 2002년 8월 말에 전국을 강타한 태풍 루사에 의해 사망 및 실종의 인명 피해가 246명 그리고 재산 피해가 약 5조 1천억 원에 달하였다. 또한 2010년의 9월 26일 서울지역에 발생한 기록적인 집중호우로 광화문 등 일부 지역에서 도시의 기능이 완전 마비되기도 하였다. 이처럼 기상현상이 우리사회 전반에 미치는 영향이 점점 커짐에 따라 정확한 일기예보의 필요성이 절실해지고 있다. 정확한 일기예보는 일반 시민들의 매일 매일의 일상생활에서부터 항공사, 원양어선, 대형 공사장 등 다양한 분야에서 요구되고 있다. 특히 농업, 어업, 냉난방 산업과 같이 그해 날씨의 특성에 영향을 받는 산업들을 위주로 일기예보가 산업사회에 미치는 영향이 점점 중 요해짐에 따라 이제는 단기예보뿐만 아니라 수주에서부터 수개월에 이르는 장기예보의 수요가 날로 확대되고 있다. 기상재해로부터 우리의 안전과 재산을 보호하기 위해서는 일차적으로 일기예보의 정확도가 높아져야 할 것이다. 또한 기상청에서 발표한 일기예보가 효율적으로 활용되기 위 해서는 수요자가 필요로 하는 맞춤형 일기예보 생산 그리고 컴퓨터 통신망, 핸드폰, 트위터 등 전달 시스템의 다양화 등이 동시에 개선되어야 할 것이다.

그러면 일기예보란 무엇인가? **일기예보**란 특정 장소에 대한 미래의 대기상태를 정성적, 정량적으로 알려주는 행위라 정의할 수 있다. 여기서 특정 장소란 서울, 대전 또는 중부지역과 같이 예보하고자 하는 지역을 의미하며, 미래라 함은 현재 시각으로부터 수시간, 수일 또는 수개월 후를 의미한다. 또한 대기상태란 기온, 강수유무, 바람, 안개유무, 구름 등 대기의 종합적 상태를 나타내는 기상요소들의 정성적, 정량적 상태를 의미한다. 즉, 서울의 내일 날씨는 "구름이 다소 많겠으며"는 정성적인 예보이고 "일 최저기온은 24℃이고 일 최고기온은 32℃이며, 강수량은 30~50mm가 내리겠음"이라 함은 정량적 예보의 예이다.

예보를 하기 위해서는 기본적으로 기상관측 및 정보 수집, 분석, 이해 그리고 예측의 과정을 거친다. 이러한 일기예보의 종류는 예보를 하는 방법, 예보기간 그리고 예보의 긴급성에 따라 다음과 같이 나눌 수가 있으며 특보에 대해서는 기상청의 홈페이지를 참고하기 바란다.

1) 예보방법: 종관 일기예보, 수치예보, 통계예보
2) 예보기간: 실황(초단기)예보, 단기예보, 중기예보, 장기예보
3) 예보의 긴급성: 예보, 특보(주의보, 경보)

8.1.1 종관 일기예보

종관 일기예보란 기상현상의 지속시간이 수일에서 수주일이고 공간규모가 수천km 이상인 종관 일기계의 관측과 분석 자료를 토대로 작성한 종관 일기도를 사용하며 오랜 기간의 일기도 연구를 통한 경험과 종관 일기 모형을 이용하여 예보하는 방법이다. 이 예보 방법은 현대의 수치예보 방법이 실용화되기 전까지 일기예보의 유일한 도구였다. 종관규모 저기압/고기압의 생성, 발달, 그리고 이동에 대한 모형들이 잘 정립되어 있는 중위도에서는 이 들 기압계 변동과 관련된 1~2일에 대해 예측성이 높다. 최근 수치예보 방법의 예측기간, 해상도, 그리고 정확도가 크게 향상되면서 종관 일기예보 방법의 중요성이 낮아지고 있지만 아직도 이 방법은 수치예보 방법과 함께 일기예보의 중요한 도구이다. 예보의 최종 단계에서는 예보관이 모든 관련 자료들을 종합하여 예보를 결정하기 때문에 종관 예보는 종합적(hybrid)인 방법으로 이루어진다. 강수와 같은 불연속적인 기상현상(예: 안개, 낙뢰, 우박)의 예보는 양과 함께 발생 위치와 시간을 예보하여야 한다. 특히 강수의 경우 강수의 유무와 양을 정확히 예보 하기가 어렵기 때문에 강수를 예보할 때 보통 확률로 제시한다. 이것을 확률예보(probability forecast)라고 하는데 비나 눈이 내릴 가능성을 0~100% 사이의 확률로 나타내는 것이다. 측정 가능한 강수가 반드시 있거나 전혀 없을 경우에는 각각 100%와 0%로 예보하고 그 외는 강수 가능성의 크기에 따라 강수확률(%)을 제시한다.

8.1.2 수치예보

수치예보(또는 수치일기예보, numerical weather forecast: NWF 또는 numerical weather prediction: NWP)란 대기의 상태를 지배하는 방정식들(운동방정식, 질량보존방정식)에 기초 한 수치모델(numerical model)에 초기조건(initial condition) 및 경계조건(boundary condition)을 주고 슈퍼 컴퓨터를 이용하여 현재(초기시간)로부터 미래의 기상상태를 짧은 시간 간격으로 반복해서 계산하여 미래의 기상상태를 정량적으로 예측하는 방법이다. 현대의 일기예보에서는 수치예보가 중심이 되기 때문에 수치예보에 대해서는 8.3절에서 상세히 다룬다.

8.1.3 통계예보

수치예보기법의 발달에도 불구하고 여전히 유용한 예보방법이 **통계예보**(statistical forecasting) 방법이다. 일반적으로 장시간의 과거 기상 자료들을 통계적으로 분석하면 기상요소들 사이에 시 · 공간적으로 유의한 통계적 관계를 도출할 수 있으며, 이로부터 미래의 기상조건을 제시할 수 있는 예측 인자(주로 상층의 기상요소)와 예보량(주로 지상에서의 기온, 강수량 등) 사이의 관계식을 도출할 수 있다. 통계예보 방법이란 예측 인자와 예보량 사이의 통계적 관계를 현재와 미래의 기상 조건에 적용하여 미래의 대기상태를 예측하는 방법이다. 특히 통계적 예보 방법은 수치예보 방법으로 예측하기 어렵거나(예: 시정 등) 예측이 되더라도 예측 수준이 낮은 기상요소(예: 일 최고기온/최저기온, 강수량)에 대해 유용하게 이용되고 있다. 통계예보 방법 중 하나인 **유사법**(또는 상사법, analog method)은 현재와 아주 유사한 과거의 기상 상태를 찾아내어 그때에 진행된 기상 상태를 그대로 현재에 적용하는 방법이다. 이 방법의 핵심은 유사한 대기현상이 무수히 반복되는 특징을 이용한 것이나 현재 대기의 5차원 상태(공간 상태: 3차원 + 시간변화 + 기상요소)와 동일한 과거 사례를 찾기가 어렵다는 것이 단점이다. 그럼에도 불구하고 종관 규모 상에서는 평균상태가 유사한 경우가 많이 존재하므로 1개월 이상의 장기예보에서는 이와 같은 통계예보 방법을 도입하여 적용하기도 한다.

8.1.4 실황(단시간)예보

우리가 일상생활에서 경험하는 바와 같이 대부분의 기상현상은 현재의 상태와 변동경향을 알면 수 시간 후의 기상상태에 대해서 어느 정도는 예측할 수가 있다. 즉, 대기의 상태는 집중호우, 돌풍, 태풍 등과 같이 급격하게 변화하는 위험기상을 제외하면 현재의 기상상태 또는 변동 경향이 수 시간 정도 지속되는 경향이 있다. 대기의 이러한 특성을 이용한 예보 방법을 **지속성**(persistence) **예보법**이라 하며 일반적으로 이 방법은 기상 조건이 좋을 경우에 예측 수준이 높 다. 하지만 이 방법은 역설적이게 공간규모가 작고 수명이 짧은 뇌우, 호우, 폭설과 같은 위험기상의 초단기예보에도 활용되고 있으며 일반적으로 **실황예보**(nowcasting)라 한다. 왜냐하면 현재 가장 보편적으로 많이 이용되는 종관예보, 수치예보, 그리고 통계예보는 모두 규모가 작고 지속시간이 짧은 위험기상을 예측하는 데 한계가 있기 때문이다. 이 예보법의 핵심은 예보관이 현재 상황과 변동경향을 빠른 시간 내에 정확히 파악하는 것이므로 실황예보를 위해서는 현재의 모든 관측 자료와 정보를 신속하게 수집, 분석하고 가시화하여 숙련된 예보자가 종합 분석 할 수 있는 시스템의 구축이 필요하다. 여기서 중요한 관측도구는 시 · 공간적으로 해상도가 높은 레이더, 기상위성 그리고 지상관측 자료이며, 예보관은 첨단 관측 및 분석 시스템에서 제공 되는 강수 지역/강도, 구름의 종류, 바람의 방향과 세기 등의 현재 상황과 예상되는 진로를 분석하여 현재 상황의 연장선에서 예측 자료를 생산한다.

8.1.5 단기 및 중기예보

단기예보란 현재 대비 12시간 이후에서부터 향후 3일(72시간)까지의 기상상태(정시기온, 최고/최저기온, 강수 특성 등 등 12개요소)를 3시간 간격으로 예보하는 것을 의미하며 수치모델의 예측성능이 크게 향상됨에 따라 단기예보의 예측수준은 매우 높은 편이다. 우리나라 기상청의 경우 전국을 5km × 5km 간격으로 세분화하여 총 3,500여 개의 읍 · 면 · 동 단위로 상세하게 예보를 하고 있다. **중기예보**란 현재를 기준으로 향후 3일에서 10일까지의 기상상태를 예보하는 것으로 주로 육상.해상에서의 날씨, 최고/최저 기온 등을 예보한다.

8.1.6 장기예보

일반적으로 예보 기간이 1주를 넘어서면 예보의 정확성이 급격하게 떨어지기 때문에 예보대신 전망으로 사용하기도 한다. 하지만 기상청 등 대부분의 국가에서 계절에 대한 예보를 **장기예보**라 하며 주로 통계적 예보 결과를 바탕으로 해수면 온도, 적설량, 지표 상태 등의 기후학적 요소들을 고려하여 최종 예보를 결정한다. 또한 예보 당시의 강수량과 온도가 평균값보다 높은지 낮은지에 대한 확률도 적용한다. 장기예보는 일기예보와 달리 일반적으로 기후평균(30년 평균) 값보다 높은지, 낮은지, 비슷한지의 정도를 제공하는 수준이다. 예를 들어 기온의 경우 평년기온과 유사하거나 높을(낮을) 것으로 예보한다. 여기서 높거나 낮음의 기준은 일반적으로 평년기온보다 0.5℃ 이상 높거나 낮은 것을 의미한다. 강수량의 경우 평년 강수량의 70~120%를 비슷함으로, 70% 이하와 120% 이상을 각각 적음과 많음으로 예보한다. 장기예보의 경우 평균상태, 높음 그리고 낮음과 같이 3개 범주(category)로 예보함에도 불구하고 현재 계절뿐만 아니라 월 예보의 정확도는 매우 낮은 실정이다.

8.1.7 앙상블 및 확률예보

일반적으로 기후는 특정지역에서 적어도 30년 이상의 장기간 일기 평균을 의미하므로 그 지역에서의 대기 운동계에 큰 변화가 없는 한 과거의 기후 변화 특성을 이용하면 장기 예측 수준을 향상시킬 수 있다. 이처럼 기후 변동에 근거한 예보를 기후예보(climatological forecast)라 하며, 주로 장기예보에 많이 이용된다. 장기예보의 경우 아직까지는 통계예보를 이용하는 방법이 주로 이용되고 있으나 최근에는 컴퓨터의 성능 향상, 전구모델의 예측수준 향상으로 1개월과 계절예보에 전구모델을 이용하는 추세가 점점 증대되고 있다. 특히 전구모델과 초기조건의 불확실성에 의한 오차를 줄이는 방법으로 여러 개의 예보 모델 결과자료 또는 단일 모델의 여러 가지 버전들의 예보 자료를 앙상블 처리하는 **앙상블예보**(ensemble forecast: 8.3.2 참조)가 도입되면서 장기예보의 수준도 많이 향상되고 있다.

최근에는 국민들의 생활수준 향상으로 등산, 골프, 테니스와 같은 옥외 활동이 많아지고 건설, 농업, 수산업 등 대부분의 산업 활동에서 기상정보의 중요성이 높아짐에 따라 일기예보에 대한 국민들의 기대수준이 점점 증대되고 있다. 대부분의 사람들은 아침에 일기예보를 보고 하루의 일과를 준비하고 계획한다. 일기예보 이용자의 상황에 따라 다르겠지만 일기예보에서 가장 많은 관심을 갖는 것이 강수 유무일 것이다. 하지만 강수현상은 강수를 유발하는 역학 및 물리 과정이 매우 복잡하고 비선형적이어서 예측하기가 가장 어려운 기상요소 중 하나이다. 현재 단지 비가 올 것인지 맑을 것인지에 대한 일기예보는 대체적으로 만족스러운 수준이다. 앞에서도 설명한 바와 같이 강수예보는 대단히 어렵기 때문에 불확실성을 포함하고 있는데, 이러한 불확실성은 '곳에 따라 한 때 비가 내릴 것 같다'라는 식의 애매모호한 예보용어를 사용할 수 밖에 없었다. 이처럼 애매모호한 예보방식을 개선하기 위하여 도입된 것이 **확률예보법**이다. 일반적으로 확률은 어떤 사건이 발생할 수 있는 기회를 0(전혀 발생하지 않음)과 1(반드시 발생) 사이를 상대적 크기의 숫자로 표현한 것으로 백분율(0~100%)로 표시하기도 한다. 확률예보란 일기예보를 표현하기 위한 형식의 하나로 이용 목적에 따라 일기현상(예: 강수 유무)을 정의하고, 이것이 예보 대상 기간에 대상 지역에서 발생할 확률을 예보하는 것이다. 기상청에서는 일기예보를 정확히 하기 위하여 최선을 다하고 있으나 아직은 완벽하지 않을 뿐만 아니라 예보의 정확도가 지리적 위치, 날짜 그리고 기상요소에 따라 다르므로 가능한 한 매회 예보에 대한 정확도를 함께 제공하는 것이 바람직하다. 확률예보는 예보자체에 정확도를 내포한 예보 발표 형식이라고 할 수 있으며, 예보의 이용 가치를 증대시키는 실용적인 수단으로 인정되고 있다. 미국에서는 1966년부터 강수발생 확률예보를 시작하였으며, 수치모델과 통계적 예보 기법의 결합인 **모델 출력통계(Model Output Statistics, MOS)**를 이용하여 강수발생 확률을 발표하고 있다. 강수 유무, 안개 유무, 낙뢰 유무와 같이 범주형으로 예보하는 것보다는 강수 확률 70%와 같이 확률 형식으로 발표하는 것이 예보의 이용 가치가 매우 높아지는 것으로 증명되고 있다. 우리나라 기상청에서는 1987년부터 강수 확률예보를 실시하고 있다(참고사항1).

8.2 대기관측

일기예보를 정확히 하는데 있어서 가장 중요한 것은 현재의 대기 상태를 정확히 알아야 하는 점이다. 현재의 대기 상태를 정확히 알기 위해서는 대기 상태에 영향을 주는 **지구 시스템(대기권, 수권, 암권, 빙권, 생물권)**에 대한 입체적 관측이 이루어져야 하며, 관측된 자료의 수집, 수집된 자료를 이용한 일기도 작성 및 일기 분석 등 일련의 과정이 필요하다. 하지만 대기권과 수권을 제외한 다른 권들에 대한 관측에 대해서는 이 책의 범위를 넘기 때문에 여기서는 대기권의 관측과 분석을 중심으로 설명한다. 대기권의 상태는 주로 기온, 기압, 바람 그리고 수분의 관측으로 이루어지며 대기 상태는 끊임없이 변화하기 때문에 관측에서 일기도 분석에 이르는 과정은 매우 신속히 이루어져야 한다. 이런 이유로 기상 분석가에게 초고속 통신망과 고성능 슈퍼컴퓨터는 필수적인 장비이다. 이 절에서는 일기예보에 필요한 대기 관측에서부터 일기도 분석에 이르는 과정에 대해 설명한다.

8.2.1 개요

기상 관측은 현재의 기상 상태 파악뿐만 아니라 기후 변화 연구, 수치모델의 입력 및 검증 자료 등 기상 연구와 업무에서 가장 기본적인 과정이다. 다양하고 방대한 양의 관측 자료를 이용하여 기상 현상을 효율적으로 분석하기 위해서는 다양한 종류의 일기도 작성이 필요한데 이를 위해서는 관측자료 수집 네트워크가 필요하다. UN의 국제기구인 **세계기상기구**(World Meteorological Organization: WMO)는 전 지구를 대상으로 기상 자료 수집 및 수집 자료의 제공 임무를 수행하고 있다. 또한 WMO는 세계 185개국으로부터 수집되는 자료의 신뢰성을 검증(품질 검사)하는 과정도 수행하고 있다. 현재 지구상에는 10,000개 이상의 육상 관측소와 약 7,000척의 선박, 수 백 개의 부이(buoy), 항공기, 유조선으로부터 매일 4회(그리니치 표준시 00시, 06시, 12시, 그리고 18시) 기상 자료가 관측 및 수집되고 있다. 이렇게 수집 및 품질 검사된 자료는 유 · 무선 통신망을 통해서 전 세계 기상예보 관련 기관으로 제공된다.

8.2.2 지상 및 고층 관측

우리나라의 기상청에서도 지상 기상 관측을 비롯하여 고층기상, 해양, 항공, 낙뢰, 기상위성 그리고 레이더 등 다양한 기상 관측을 수행하고 그 중 일부를 준 실시간으로 WMO에 제공하며 각국으로부터 수집한 전 지구의 기상 자료를 제공받고 있다(http://web.kma.go.kr/

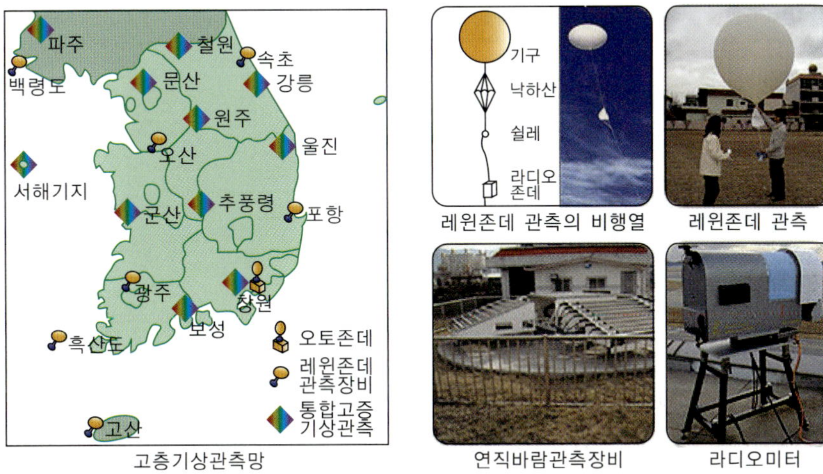

그림 8-1 고층 기상 관측소 및 수직측풍장비 관측소 현황(2010년 기준, 출처: 기상청)

aboutkma/biz/observation01.jsp). 지상 기상은 종관 기상 관측 장비(Automatic Surface Observation System: ASOS)를 갖춘 78개소의 유인 관측소와 466개소의 무인 자동 기상 관측소(Automatic Weather Station: AWS)를 약 13km 간격으로 운영하고 있으며, 8개의 해양 기상 관측 부이, 9개의 해양 기상 관측 등표, 1척의 해양 기상 관측선을 운영하고 있다. 또한, 7 개소의 고층 기상 관측과 10개의 수직측풍 관측소, 10개소의 기상 레이더, 13개 지점의 항공 관측, 그리고 21개소에서의 낙뢰 관측 업무를 수행하고 있다(2010년 기준임. 그림 8-1, 8-2). 관측 방법은 기압, 기온, 풍향, 풍속, 습도, 강수량(0.1mm, 0.5mm), 강수 유무, 일사량, 일조 시간, 지면온도, 초상온도 등 11개 요소에 대해서는 자동으로 관측하고, 시정, 구름(운량, 운형), 증발량, 지중 온도 5개 요소에 대해서는 목측(目測) 및 수동 관측을 실시한다. AWS는 기상 관측소가 없는 곳에 설치되어 집중호우, 뇌우, 돌풍 등과 같은 국지적인 위험기상 현상을 실시간으로 감시하고 있고, 특히 산악 지역이나 섬처럼 사람이 관측하기 어려운 곳에 설치되어 집중호우와 같은 돌발 위험기상을 감시하며, 관측된 자료는 수치예보 모델의 초기 입력 자료로 유용하게 사용되고 있다.

정확한 일기예보와 대기 상태를 입체적으로 이해하기 위해서는 지상뿐만 아니라 상층의 대기 상태까지 파악해야 한다. 이를 위해 기상청에서는 **레윈존데**(rawinsonde)와 **윈드 프로파일러**(wind profiler)를 이용하여 고층 관측을 수행하고 있다. 고층 관측은 포항, 제주, 백령도, 속초, 흑산도에서 지상으로부터 약 30km 이상 상공까지의 기압, 기온, 습도, 풍향 · 풍속을 레윈존데로 하루 2회(오전 9시, 오후 9시) 관측하고 있다. 한편 오산과 광주에서의 고층 관측은 미 공군에 의해 이루어졌으나 현재는 한국군이 수행하고 있다. 고층 기상 관측은 헬륨(또는 수소) 가스를 넣은 큰 풍선에 기압, 기온, 습도의 센서(존데라고도 부름)를 부착하여 풍선이 상승함에 따라 일정한 고도마다 관측한 값을 지상으로 전송하며, 지상에서는 이 풍선을 추적하여 풍선이 이동하는 방향과 속도를 계산하여 바람 정보를 구하였다. 이러한 관측 기기를 **라디오존데**

(Radiosonde)라 한다. 최근에는 라디오존데에 GPS(Global Positioning System)를 탑재하여 존데의 위치와 속도를 수집하고 있는데 이러한 존데를 **GPS레윈존데**라 하며 기상청에서도 이 장비를 이용하여 상층 대기상태를 관측하고 있다. 또한 고층 기상 관측망 확충 중 · 장기 계획에 의거 VHF대(30~300MHz)와 UHF대(300~3000MHz) 전파를 대기 중으로 발사하고 대기 난류에 의해 후방 산란된 전파를 수신하여 지상 0.2~5km 고도의 바람 및 대기상태를 측정하는 윈드 프로파일러 10대를 설치 완료하여 운용 중이다(그림 8-1).

지구의 2/3는 바다이며 대기 - 해양 상호 작용이 기상 및 기후의 변동에 중요하기 때문에 육지에서의 관측과 함께 해상에서도 해수면 온도(sea surface temperature, SST)와 같은 기상요소에 대한 주기적 관측이 필요하다. 하지만 사람의 접근이 어려운 넓은 해양을 육지에서와 같이 관측하는 것은 거의 불가능하기 때문에 해양에서의 기상 관측은 관측요소, 해상도 그리고 관측 주기면에서 매우 한정되어 있다. 우리나라에서는 2010년 현재 남해안에 3개, 서해안에 3개 그리고 동해안에 2개, 총 8개의 해양 기상 부이(buoy)를 설치하여 운영하고 있으며 해양에서의 관측변수는 해수면 온도, 해상에서의 기온, 바람, 기압 등의 기본 기상요소와 파도의 높이, 주기, 방향 등이다.

기상청은 2001년 10월부터 새로운 **낙뢰 관측 시스템**(IMProved Accuracy from Combined Technology +Lightning Detection And Ranging)을 도입하여 운영하고 있다. 본 시스 템은 기상청에 설치되어 있는 분석기 1조와 각 기상대에 설치되어 있는 낙뢰 센서(IMProved Accuracy from Combined Technology, IMPACT) 7대, 구름방전 센서(Lightning Detection And Ranging, LDAR) 17대로 구성되어 있다. 신 낙뢰 관측 시스템은 기존의 낙뢰 시스템에서는 관측할 수 없었던 구름내 방전 현상의 관측이 가능하고, 낙뢰 위치를 결정할 때 기존의 방향 탐지 방법보다 개선된 합성 방법을 사용하면서 낙뢰의 위치 정확도가 향상되었다. 또한 다양한 표출 기능이 부가되어 관측된 낙뢰의 발생 위치, 극성, 강도 등이 실시간으로 제공되고 있으며, 낙뢰의 위치 추적도 가능하여 위험지역으로 설정한 지역에 낙뢰가 접근할 경우 경고하는 기능 등 다양하고 편리한 기능이 부가되어 있어 위험 기상 감시에 유용하게 활용하고 있다.

8.2.3 원격탐사 관측

현장에서 직접 관측하지 않는 관측 기법을 **원격 탐사**(remote sensing)라 하며, 원격 탐사에는 기상위성과 같이 센서에 도달하는 에너지를 측정하는 **수동형 원격탐사**(passive remote sensing)와 전자기파를 목표물을 향해 직접 방출한 후 되돌아오는 전자기파를 측정하는 **능동형 원격 탐사**(active remote sensing)가 있다. 우리의 주요 감각기관인 눈, 귀, 코 등은 일종의 **수동형** 원격탐사라 할 수 있다. 능동형 원격탐사의 대표적 측기인 기상레이더(RADAR: RAdio Detection And Ranging)는 마이크로파 (microwave: 0.7, 3.0, 5.0, 10.0cm)를 대기중으로 방출하여 대기중에 존재하는 부유물질, 비, 우박, 눈 등에 부딪혀 되돌아오는 반사파를 측정하여 대기중에 존재하는 비의 양/유형, 비구름의 이동에 대한 정보를 제공하는 관측 장비이다. 기상레이더는 호우, 우박, 낙뢰, 태풍 등의 발생, 발달을 추적하여 재해를 유발하는 위험기상(severe weather)의 발생을 조기에 발견할 수 있으므로 재해를 줄일 수 있는 중요한 관측 장

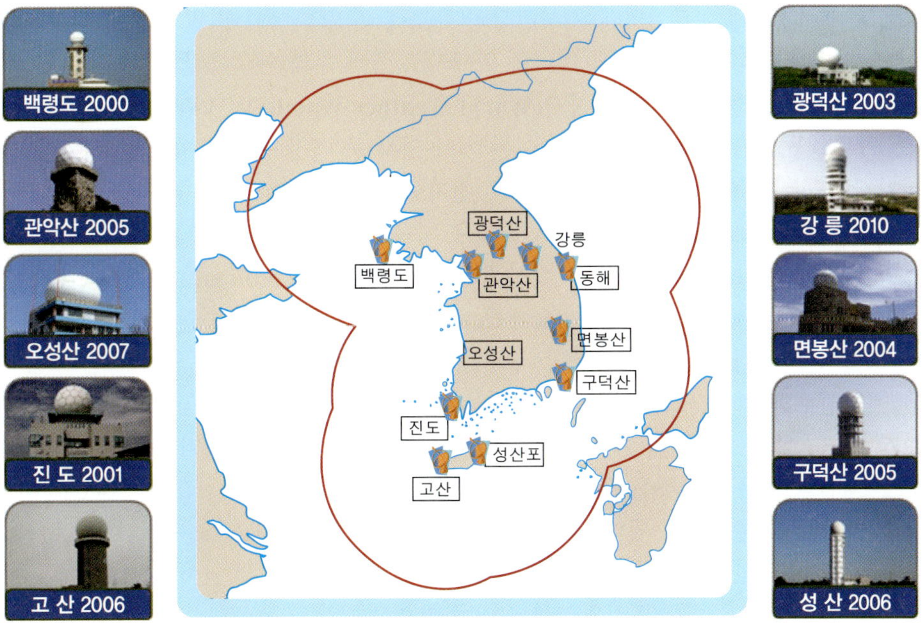

그림 8-2 기상청 운용 레이더 현황(2012년 기준)

비의 하나이다. 레이더는 다시 도플러효과의 활용 유무에 따라 **일반 레이더**와 **도플러 레이더**(Doppler radar)로 나눈다. 일반 레이더는 강수 유무 와 강수 강도의 측정이 주 목적인 반면 도플러 레이더는 이 외에도 위험기상의 발달, 이동 추적에 중요한 바람장을 측정한다. 도플러 효과를 이용하는 도플러 레이더는 비구름과 그 주변의 3 차원 바람장을 생산할 수 있기 때문에 위험기상 예측에 유용한 자료를 생산하며, 항공기의 이륙 및 착륙시 바람의 시어(shear)를 탐측할 수 있어서 공항 주변의 급변하는 기류 예측에 매우 유용하게 이용된다(그림 8-2). 또한 다양한 종류의 정지궤도 및 극궤도 기상위성(MTSAT-1R, MTSAT-2, COMS, NOAA-#, Terra/Aqua 등)으로 해양이나 사막지역의 고층 기상 상태를 관측하고 있으며, 관측 자료의 오차를 줄이기 위하여 많은 연구들이 진행되고 있다. 기상위성은 지역 및 전 지구적 기상 관측에서 차지하는 비중이 크기 때문에 8.5절에서 보다 상세히 소개한다.

8.3 자료수집 및 일기도 작성

8.3.1 자료 수집망

기상 관측 기술의 발전과 함께 통신 기술의 발전도 일기예보 발전에 크게 기여해 왔다. 기상청은 지상 관측, 레이더, 낙뢰, 지진, AWS, 해상 영상 감시 CCTV, 음성(VoIP) 등의 데이터 송·수신을 위하여 초고속 정보 통신망을 구축하여 운용중이다. 기상현상은 공간적으로 수십 km에서 수천 km에 이르기까지 기상현상의 규모에 따라 다양하게 원격 상호 작용한다. 따라서 특정 지역에서의 기상 분석 및 예보를 위해서도 특정 지역만이 아닌 전 세계의 기상 관측 및 분석 자료가 필요하다. **세계기상감시(World Weather Watch, WWW)계획**은 WMO 사업 계획 중 최우선 사업으로 다루어지는데, 이는 기상 업무 중 가장 중요한 사업이기 때문이다. 세계기상감시계획은 **전지구 기상관측망**(GOS), **전지구 기상통신망**(GTS), **전지구 기상자료처리망**(GDPS)을 중심으로 구성된다. 여기서 전지구 기상통신망(GTS)은 각국 기상센터(National Meteorological Center, NMC), 지역 기상센터(Regional Meteorological Center, RMC), 그리고 세계 기상센터(World Meteorological Center, WMC)로 구성되며 각국에서 관측 또는 처리된 정보를 신속히 수집하고 처리하여 각국의 기상센터에 분배하는 통신 시스템이다. 그 결과 세계기상업무를 실시간으로 운영하게 되어 WMO 회원국 모두가 자국 및 주변 지역에 일기예보를 서비스할 수 있게 되었다. 또한 국가에 따라서는 이렇게 수집된 자료를 기반으로 전지구 수치모델의 실시간 수행을 통해 다양한 종류의 예보 자료를 개발 도상국을 포함한 모든 회원국에 대량으로 제공하고 있다. 우리나라는 지역 II(Region II)에 속하며 지역 통신 센터(Regional Telecommunication Hub, RTH)인 도쿄와 베이징에 연결되어 있고, 한 · 중 · 일 3국은 기본적인 교환자료 외에도 상호협의에 의해 필요한 자료를 교환하고 있다.

8.3.2 품질검사

대부분의 자연 과학에서와 같이 기상 분야에서도 관측 자료의 품질(정확성)은 매우 중요하다. 기온, 기압, 바람, 강수량 등 정량적 기상 관측을 수행하는 관측기기와 방법이 다양하기 때문에 각 관측 자료의 정확도에 대한 이해는 중요하다. 현재 운용중인 어떠한 측기도 완벽한 참값(true value)을 측정할 수는 없다. 왜냐하면 대부분의 관측 자료에는 크기의 차이는 있지만 **계통 오차**(systematic error)와 **무작위 오차**(random error)가 포함되어 있기 때문이다. 여기서 오차란 참값과 관측값과의 차이로 정의되며, 계통 오차란 어떤 기상 변수를 여러 번 관측할 때 일정하게 발생하는 오차를 말하며, 무작위 오차는 어떤 기상 변수를 여러 번 관측할 때 오차의 크기나 부호가 예측할 수 없는 형태로 발생하는 오차를 의미한다. 관측값에 포함된 모든 종류의 오차를 제거한 이상적인 값이 참값이다. 여기서 관측 자료에 포함된 전체 오차 중에서 알려진 오차만을 제거하여 참값에 더 근사적인 값을 얻는 과정을 **보정**(correction)이라 한다. 따라서 관측의 정확도(accuracy)는 관측값이 참값에 일치하는 정도이며 알려져 있는 모든 종류의 오차를 다 보정할 수 있다는 가정에 근거한다.

또한 원격 탐사를 제외한 대부분의 관측값은 특정 시간에 특정 지점에서 이루어지기 때문에 기상 현상의 시 · 공간 대표성에 한계를 갖고 있다. 특히 관측소의 위치가 그 지역을 대표하기 어려운 곳에 위치한 경우에는 더욱 그렇다. 일례로 관측소 설치 초기에는 관측소의 위치가 적 절하였으나 도시화의 영향으로 관측소 주변에 고층건물이 들어서고 인구, 산업시설이 집중되 면서 도시열섬 현상이 발생하면 그 관측소에서 측정한 온도 및 바람자료는 그 지역 대표성을 상실하게 될 것이다.

따라서 기상 관측 자료들은 수집과 동시에 관측이나 전송 과정에서 발생한 오류들을 제 거

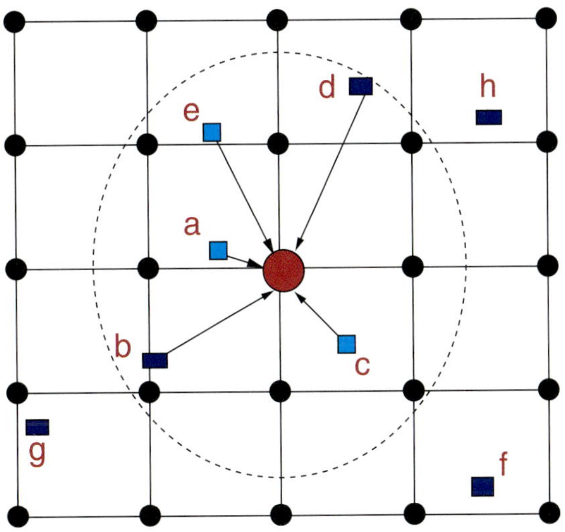

그림 8-3 관측 지점 값들을 이용한 격자점 값 산출 개념도(a~e: 관측점, 검은 점: 격자점)

하기 위하여 자료의 **품질 검사**(quality control)를 받아야 한다. 또한 관측 자료에 오류 또는 오차가 없더라도 관측 자료들 사이에 시 · 공간적 일관성, 일치성이 유지되어야 더 정확한 분석 결과가 생산될 수 있다. 관측 자료들 사이에서 시 · 공간적 일관성 및 일치성이 성립하기 위해서는 이웃한 자료 또는 바로 직전 자료들과 서로 비교하여 비정상적으로 큰 차이를 보이는 자료들을 제거해야 한다. 또한 기상 변수들 사이에는 열역학 및 물리적 관계가 있기 때문에 오차가 포함된 자료들을 제거한 후 자료들 사이에 기상학적인 관계가 유지되는지 살펴볼 필요가 있다. 여기서 기상학적 관계 분석이란 어느 지점에서 연직 방향으로는 정역학 평형관계(hydrostatic relation)가 성립하는지, 수평 방향으로는 경도풍 법칙(gradient law) 또는 지균 관계(geostrophic relation)를 만족하는지를 평가하는 것을 의미한다.

8.3.3 객관 분석

8.2.1에서 설명한 바와 같이 기상 관측소들은 육지 또는 바다에 관계없이 공간적으로 매우 불규칙하게 분포되어 있다. 이렇게 불규칙하게 분포된 자료들을 바둑판 모양의 규칙적인 격자 점(grid points)들로 내 · 외삽하는 과정을 **객관 분석**(objective analysis)이라 한다. 불규칙하게 분포된 관측점으로부터 규칙적인 격자점 값으로 내 · 외삽할 수 있는 근거는 대부분의 기상 현상이 시 · 공간적으로 연속적이기 때문이다. 따라서 강수, 안개와 같이 시 · 공간적으로 불연속적으로 발생하는 기상 현상은 내 · 외삽이 쉽지 않다. 내 · 외삽 방법으로는 크게 두 가지가 많이 사용된다. 그 하나는 기온, 기압 등 기상요소의 크기가 관측 지점 사이에 연속적으로 변하는 것을 이용하는 방법으로 격자점과 관측점들 사이의 거리에 따라 반비례, 제곱 반비례, 지수 감소 등으로 관측점 값에 비중을 두는 것이다. 이 때 기상요소에 따라 거리에 따른 변동 특성이 다른 점, 관측 자료의 분포 특성, 관측의 정확도 등을 고려하기도 한다. 최근에는 양질

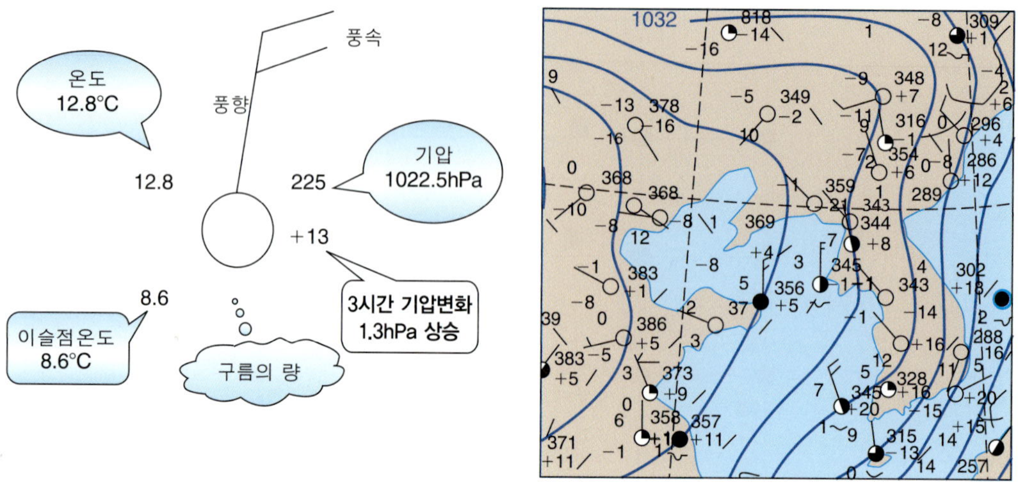

그림 8-4 지상에서의 관측점 기상상태 표시 예(왼쪽)와 실제 일기도(오른쪽)

의 장기간 기상자료가 축적됨에 따라 장기간의 기후값들로부터 관측 지점들 사이의 구조 함수(structure function)를 구하 여(구조 함수는 보통 지수적 감소 특징이 나타남) 내 · 외삽에 이용한다. 이 때 대부분 2차원 내 삽을 사용하나 3차원 자료가 충실한 경우에 3차원 내 · 외삽도 사용한다.

그림 8-3은 객관 분석 기법을 이용하여 불규칙하게 분포된 관측점 값들로부터 규칙적인 격자점에서의 값 산출을 개념적으로 나타낸 것이다. 여기서 점선의 원은 격자점과 동질성이 큰 영역을 나타내는 것으로 주로 영향반경이라 하며, 이 안에 포함된 관측점 값들을 이용하여 격자점 값을 산출한다. 여기서는 격자점 주위에 불규칙하게 분포한 a~e까지의 5개 관측 자료만을 이용하여 격자점 값을 산출한다. 일반적으로 격자점과 거리가 상대적으로 가까운 a와 c에는 큰 가중치를, 거리가 먼 b, d에는 작은 가중치를 주어 격자점 값을 계산한다. 여기서 객관 분석의 원리는 매우 간단하지만 실제 적용상에서는 많은 어려움이 있으며 가중치를 주는 방법, 즉 객관 분석 방법에 대한 상세한 내용은 이 책의 범위를 넘으므로 종관 분석이나 수치모델 관련 과목에서 상세히 배우기 바란다.

8.3.4 일기도 작성

일기도(weather map)란 단순화 한 지도 위에 국제적인 약속에 따라 대기 상태를 코드화한 기호 및 등치선으로 나타낸 것으로, 과거에는 전지구 기상통신망을 통하여 수집된 전문에 따라 수작업으로 기 입하였으나 최근에는 컴퓨터 그래픽 기술의 발달로 대부분 컴퓨터 그래픽으로 작성한다. 컴퓨터를 이용한 일기도 작성의 장점은 수집된 각 관측소의 관측값 기입에서부터 객관분석 그리고 일기도 도시에 이르는 모든 과정이 자동으로 처리되는 점이다.

국제적인 협의에 의하여 지상일기도의 관측지점에 표기되는 코드의 종류는 온도, 이슬점온도, 기압, 기압변화 경향, 구름(고도, 종류, 양), 풍속과 풍향, 시정, 현재와 과거의 날씨 등이다.

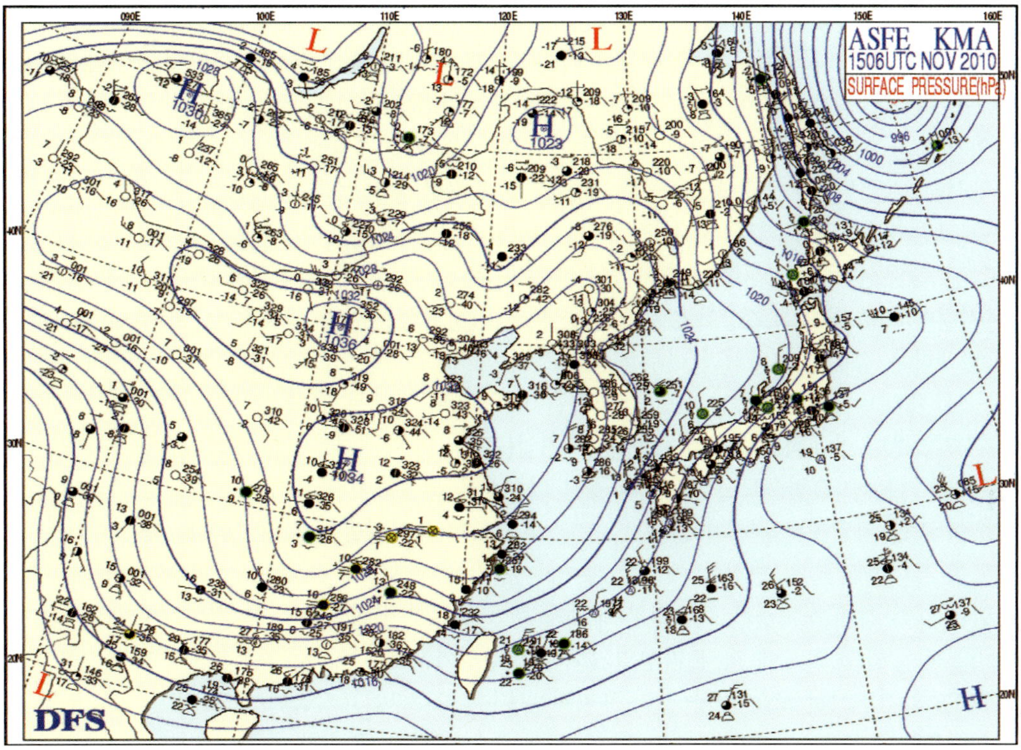

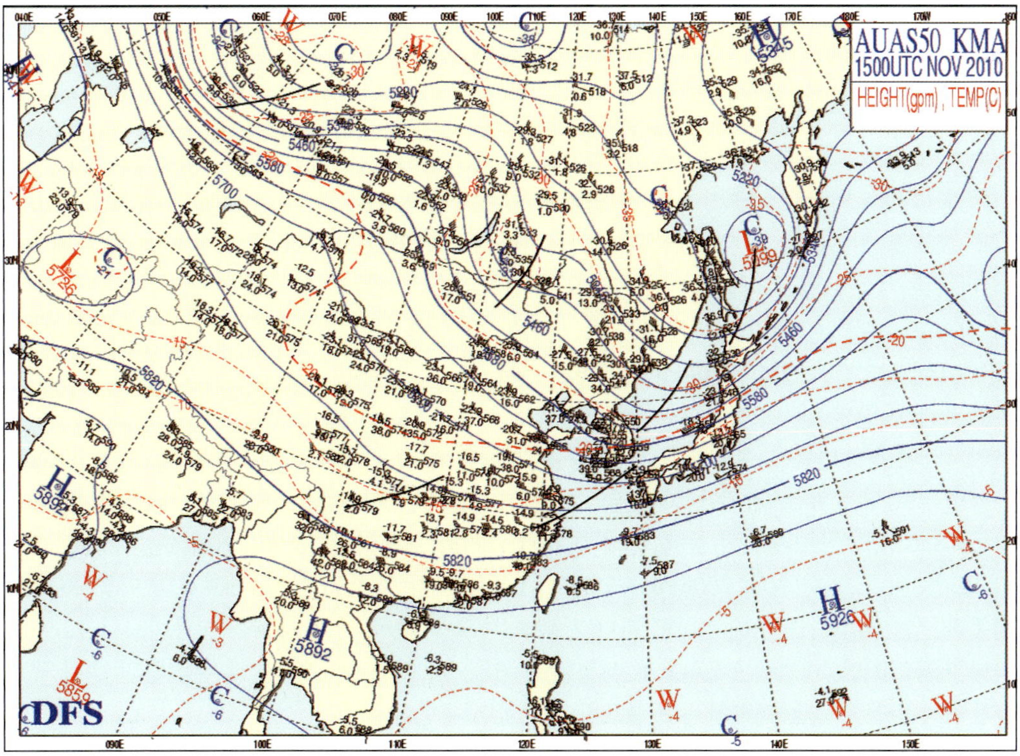

그림 8-5 동아시아 지역 일기도 예(지상: 2010년 11월 15일 12시, 500hPa : 2010년 11월 15일 09시)

이들 자료는 일관성을 유지하기 위하여 항상 같은 위치에 같은 기호로 표시된다. 예를 들면, 그림 8-4에서 보는 바와 같이 현재 온도와 이슬점온도는 각각 항상 좌상과 좌하의 위치에 표시된다. 단, 바람의 경우 풍향이 변하므로 화살표의 표시는 예외라고 할 수 있다.

일기도 작성은 우선 분석 영역 전체의 관측값을 관측소 위치에 그림 8-4와 같이 표기한 후 **등압선**(상층일기도의 경우 등고도선), **등온선**, **등풍속선** 등의 등치선과 **전선**, **제트들**을 그려 넣는다(그림 8-5). 지상 일기도에서 등압선은 4hPa 간격으로 그린다(1000, 1004, 1008hPa 등). 등압선, 등온선 등 등치선은 관측지점이 많은 곳부터 선형 내삽 방법으로 그리기 시작하여 관측 지점이 드문 곳으로 확장하면서 그린다. 또한 기상현상은 아주 국지적으로 급격한 기상현상이 발생하는 경우를 제외하면 대부분 변화가 연속적으로 일어남으로 등치선은 가급적 부드러운 곡선 형태로 그린다. 등압선 등 등치선을 모두 그린 후에는 전체적으로 기압장을 분석하여 주위 기압보다 상대적으로 높은 곳에는 고기압(H)을, 낮은 곳에는 저기압(L)의 중심을 표시한다. 또한 기온, 이슬점온도, 바람 등의 공간 변동성을 분석하여 공간적으로 경도가 강하거나 불연속이 강한 지역에는 전선을 그려 넣는다. 일기도의 등치선들과 전선 그리고 제트 등의 시간 변화를 분석하면 날씨 변화를 예측할 수 있는 중요한 단서들이 발견되기 때문에 등치선 들을 포함한 대기 상태 정보들을 가급적 상세하게 표기하는 것이 필요하다.

일기도는 관측 고도에 따라 **지상일기도**와 **상층일기도**로 나누며 그림 8-5의 지상 일기도와 500hPa 일기도에서 보는 바와 같이 표기하는 기상 요소 및 표기법이 서로 상이하다. 또한 **상층일기도**에는 온도, 지오포텐셜 고도(geopotential height), 풍속과 풍향 그리고 기온이슬점차(dew-point spread) 등이 표기된다.

8.3.5 일기도의 종류

대기 상태를 나타내는 고도에 따라 일기도는 지상 일기도와 상층(또는 고층) 일기도로 구분하며 표현하는 기상요소에 따라 **표준 일기도**와 **보조 일기도**로 나누기도 한다. 또한 고층 기상 관측 자료를 이용하여 대기의 연직 구조를 나타내는 **단열선도**가 있다. 지상 일기도는 지상에서 관측된 기상 요소를 나타내는 일기도로 매 3시간마다 제공되고, 상층일기도는 대기의 입체적 상태를 충분히 표현하기 위하여 상층 대기를 여러 층으로 구분해서 나타내는데 보통 925, 850, 700, 500, 300, 200, 100hPa 등압면에 나타낸다.

850hPa 등압면 일기도는 하층 대류권의 온도 이류, 수분 분포, 저기압의 위치 등을 보여주며 우리나라에서는 여름철 집중호우 시 수분 분포와 함께 하층 제트를 분석하기도 한다. 500hPa 등압면 일기도는 주로 날씨 변화가 일어나는 대류권의 중간 정도의 높이에 해당하므로 대기 파동의 크기와 이동, 경압성 등을 통해 대류권 날씨의 대체적인 상태를 이해하는데 매우 중요한 일기도이다. 또한 300, 200hPa 등압면 일기도는 대류권 상층 상태, 제트류의 이동 등을 보여준다. 상층일기도들은 매 12시간마다 관측하는 고층 기상 관측 자료를 이용하므로 12시 간마다 제공되지만, 대기를 3차원으로 분석할 수 있는 정보이며 연속적으로 분석하면 종관 규모 운동계의 변동 특성을 이해하는데 중요한 정보를 제공한다.

대기의 상태 변화는 선형이 아니기 때문에 대기의 현재 상태와 변동 특성을 이해하기 위해서는 위의 표준 일기도외에도 역학 변수와 이 변수들의 2차 미분을 계산하여 일기도에 도시함으로써 예측에 필요한 더 많은 정보들을 얻을 수 있다. 보조 일기도에 사용되는 변수들은 소용돌이도(또는 와도, vorticity), 연직 속도(vertical velocity), 온도 이류(temperature advection), 상당 온위(equivalent potential temperature) 등이 있으며, 시간에 따른 변화를 쉽게 이해할 수 있도록 이와 같은 보조 일기도들의 시간차이를 나타내는 편차도가 있다.

상층일기도를 작성하는 데에 등고도면 대신에 등압면을 이용하면 많은 장점이 있다. 첫째는 등압면상의 등온선은 등온위선이기도 하고 또한 등노점온도선은 등혼합비선이기도 하다. 두 번째는 2개의 등압면 사이의 대기 질량은 항상 일정하다. 세 번째는 지균풍을 계산할 때 밀도를 고려할 필요가 없는 점이다. 또한 2개의 등압면 사이의 고도 차는 그 기층의 평균온도를 나타내며 등압면은 거의 수평으로 간주할 수 있는 점이다. 지형이 아주 복잡하거나 높지 않으면 고층에서의 기압은 지형에 크게 좌우되지 않기 때문에 지상의 복잡한 지형과 고도 등을 고려할 때 등고도면 대신에 등압면에서 대기 상태를 표현하는 것이 매우 유리하게 된다. 따라서 등압면상에서 고도가 높은 곳과 낮은 곳의 차이는 그 등압면 이하의 공기의 온도가 높고 낮음과 매우 밀접한 관계가 있다.

8.4 수치예보

8.4.1 개요

영국의 과학자 L.F. Richardson(1922)은 역사상 처음으로 날씨의 수치 예측을 시도한 사람이다. 결과적으로는 실패하였지만 1922년에 출간된 그의 저서 "수치 과정에 의한 일기예측(Weather Prediction by Numerical Process)"은 이 분야의 고전이다. 그 후 미국의 기상학자 J. G. Charney는 1948년 지배방정식에 지균 근사와 정역학 근사를 적용하여 1950년에 세계 최초로 500hPa의 지오포텐셜 고도를 수치적으로 예측하는데 성공하였다. 비록 이 모델이 보편적 개념의 "날씨"를 예보한 것은 아니었으나 예보자들은 이를 대규모 순환과 관련된 지역 날씨를 예측하는 도구로 사용하였다. 그 후 지속적인 연구 개발을 통하여 1980년 중반부터 본격적으로 수치모델을 이용한 일기예보 시대가 시작되게 된다. 이후 컴퓨터의 성능 향상, 수치 해석 기술 향상, 그리고 관측 자료의 증가 등에 힘입어 수치예보 모델의 예측 수준이 높아짐에 따라 현대의 일기 예보에서 수치예보(numerical weather prediction)는 그 비중이 점점 커지고 있다. 수치예보는 대기의 상태와 운동이 시간 미분항을 포함하는 수학 방정식들로 표현되는 물리 · 역학 법칙에 의해 결정된다는 것에 근거를 두고 있다. 즉, 수치모델은 대기의 상태를 예측할 수 있는 틀(지배 방정식)과 이 틀 내에서 대기 중 일어나는 물리 과정을 계산하는 모수화로 나눌 수가 있다. 만일 우리가 초기 조건을 이용하여 이 방정식들을 연속적으로 풀 수 있다면, 현재의 대기 상태로부터 미래의 대기 상태를 알 수 있게 된다. 여기서 대기의 상태란 기압, 온도, 습도, 운량, 바람 등 기상 요소들의 값을 의미한다. 이러한 방법은 뉴턴의 운동법칙에 의해 인천공항에서 제주를 향해 출발한 비행기의 위치가 시간에 따라 어떻게 변하는지 또는 놀이공원에서 회전 목마의 위치가 앞으로 어떻게 바뀔 것인지를 컴퓨터를 사용하여 예측하는 것과 유사하다. 수치예보에서는 실제 대기의 상태 변화를 가능한 한 상세히 예측하도록 설계된 수치모델이 사용된다. 모든 수치모델은 **운동량 보존**, **에너지 보존** 그리고 **질량 보존 법칙**을 이용하여 대기의 상태와 운동을 예측한다. 운동량 보존의 법칙은 어떤 계의 운동량 변화가 그 계에 작용하는 모든 힘의 합과 같다는 뉴턴의 제2법칙($F = ma$)에 근거한 법칙이다. 즉, 바람의 변화는 공기덩이에 작용하는 여러 가지 힘들(예: 중력, 기압경도력, 마찰력, 전향력, 원심력)의 합으로 나타낼 수 있다. 에너지 보존 법칙(열역학 제1법칙)이란 어떤 계에 주어진 에너지는 그 계가 외부에 한 일과 계의 내부에너지의 합으로 표현된다는 것이다. 지구의 경우 태양복사에너지가 입사되면 이 에너지는 지구의 온도를 높이는 내부에너지 증가와 대기가 외부에 대해 일을 하는 운동에너지로 사용된다. 또한 질량 보존 법칙은 전 지구상으로 볼 때 공기가 새로 생성되거나 소멸되지 않음을 의미하므로 지구의 총 대기 질량은 일정하게 된다. 따라서 어느 지역에서 공기의 수렴이 발생하면 다른 곳에서는 발산이 일어나게 된다.

모든 수치모델은 예측하려는 현상의 규모와 특성에 따라 기본 법칙들을 구성하는 각 항들에서 상대적으로 크기가 작은(영향력이 작은) 항들을 무시하고 보다 단순한 형태의 **근사된 방정식**(approximated equation)을 사용한다. 여기서 근사방법은 사용 목적에 따라 다양하며, 그 중에서도 가장 중요한 근사는 순압 대기, 준지균 근사, 정역학 평형 그리고 비정역학 평형 등이다. 여기서 순압 대기란 연속방정식에서 발산항을 무시하는 근사이며, 준지균 근사는 운동방정식에서 비지균풍 항을 무시하는 근사이다. 또한 정역학 평형근사는 운동방정식에서 연직 가속도를 무시하는 근사이고 비정역학 평형 근사는 대기의 압축성과 지구의 곡률 효과를 무시하는 근사이다. 최근에는 컴퓨터의 성능 향상과 함께 다양한 수치 해석 기술의 발달로 실제 대기의 거동을 가급적 현실적으로 표현하기 위하여 원시 방정식을 이용하기도 한다.

수치예보는 그림 8-6과 같이 크게 5가지 단계, 즉 자료수집, 초기화(객관분석 또는 자료동

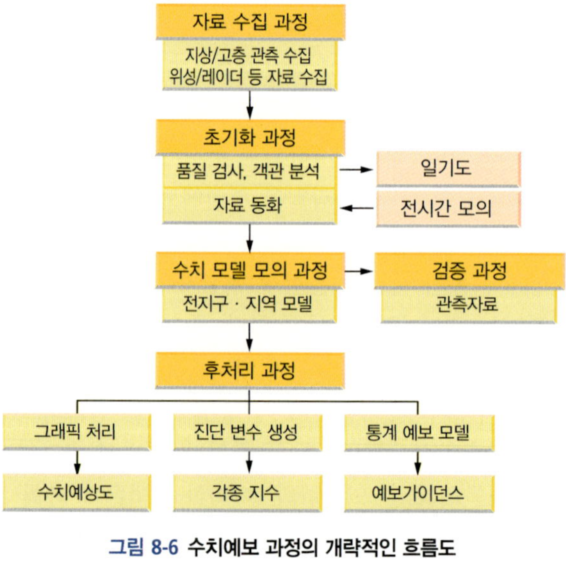

그림 8-6 수치예보 과정의 개략적인 흐름도

화), 수치모의, 후처리 그리고 검증과정으로 이루어진다. 제 1단계는 현재의 대기상태에 대한 정보를 수집하는 단계로 수집 가능한 모든 자료들을 수집한다. 대부분의 종관 관측 자료는 국내 기상통신망과 세계기상통신망(GTS)으로 수집되며 이 외에도 기상위성, 레이더, 항공기 관측 자료들은 별도의 통신망을 이용하여 수집한다.

모든 관측 자료의 수집이 종료되면 공간적으로 불규칙할 뿐만 아니라 관측 방법, 자료 종류 등이 서로 상이한 자료들을 수치모델의 입력 자료로 적합하게 처리하는 단계를 거친다. 이 단계에서는 수집 자료의 품질 검사, 수치모델 격자점(3차원 격자계)으로의 객관 분석 또는 자료 동화 과정을 거치게 된다. 이 때 전 시간에 예측된 모델자료를 초기 추정치로 하고 여기에 새로운 관측 자료를 혼합하여 새로운 분석장을 작성하게 되는데 이러한 과정을 **자료동화**라 하고 이 때 작성된 분석장이 수치모델의 초기값으로 사용된다.

3차원의 기상현상을 표현하는 과정에서 일반적으로 사용되는 연직 좌표계는 **등압면(p)좌표계**이며 목적에 따라 고도 좌표계와 온위 좌표계가 이용되기도 한다. 이들 좌표계의 경우 전 지구적으로 지형 고도가 일정하지 않기 때문에 공간적으로 연속해서 계산을 해야 하는 수치모델에서는 사용하기가 어렵다. 예를 들어 900hPa 상의 격자점에서 계산을 한다고 할 때, 해발고도가 2,000m 이상인 지역에서는 900hPa 면이 지하에 위치하기 때문에 연속적 계산이 이루어지지 않는다. 따라서 등압면 좌표계가 갖는 이러한 문제점을 해결하기 위하여 새로운 좌표계를 이용하는데 이에 대해서는 참고사항 2를 참고하기 바란다.

수치모델은 자료동화 과정을 거쳐 만들어진 새로운 초기값을 이용하여 짧은 시간주기(적분

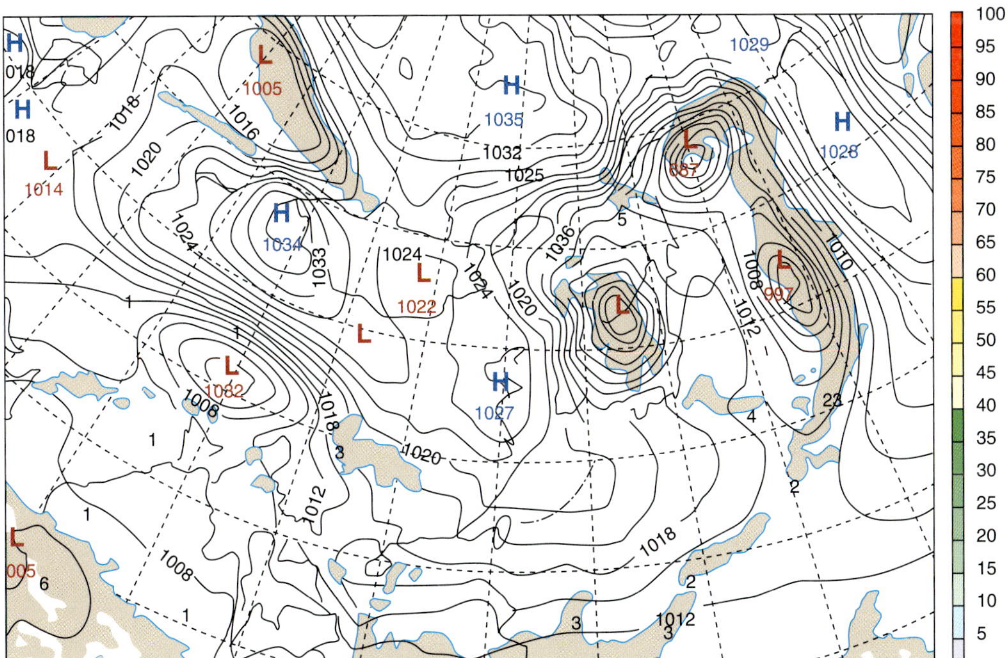

그림 8-7 기상청 수치예보의 예(지상기압계와 예상 강수량)

시간이라고 함)로 미래의 대기 상태가 시 · 공간적으로 어떻게 변화해 가는지를 연속적으로 계산한다. 이 때 수치예보 모델은 예측 대상의 규모와 모델 계산영역 등에 따라 국지예보 모델에서부터 전지구 예보모델에 이르기까지 다양하게 운용되고 있다. 우리나라 기상청의 경우 전지구 예보모델에서부터 지역 예보모델, 태풍 모델, 황사 예측모델, 파랑 예보모델 등 다양한 수치예보 모델들을 운용하고 있다. 또한 수치모델의 예측기간도 컴퓨터의 성능 향상과 수치해석 기술의 향상으로 1일에서부터 10일 이상으로 단기에서 중 · 장기 예측까지 확대되고 있다. 비록 간단한 수치모델이라 할지라도, 컴퓨터를 통한 방대한 양의 연산이 필요하기 때문에 슈퍼컴퓨터가 발달하기 전에는 전혀 사용될 수 없었다.

수치모델의 계산이 종료되면 엄청난 양의 숫자로 출력된 모의결과를 예보자 등 사용자들이 이해하기 쉬운 형태로 변환하는데 이를 **후처리 과정**(post-processing)이라 한다. 일반적으로 후처리 과정에서는 수치결과의 자료변환, 자료 내삽, 가시화, 각종 응용모델의 경계 및 초기자료 작성, 모델결과의 저장을 위한 파일 포맷 변환 등이 이루어진다. 이렇게 컴퓨터에 의해 생산된 일기도는 미래의 대기 상태를 예측하기 때문에 예보 차트라고 불린다(그림 8-7). 대부분의 수치모델은 지상뿐만 아니라 상층 대기 흐름에 관한 예보 차트를 생산하도록 되어 있다. 또한 수치모델에서 직접 산출하지 않지만 예보에는 반드시 필요한 일 최고/최저 기온, 시정, 강수확률 등과 같은 예보변수들을 통계적 방법으로 산출하는 것도 후처리 과정이다. 일반적으로 수치모델의 예측수준은 국지적인 지역 환경의 영향을 많이 받는 지상의 기온이나 복잡한 물리 · 역학 과정의 산물인 강수 현상보다는 상층의 고도장, 바람장에서 높다. 통계적 후처리는 수치모델이 갖는 이러한 문제점을 보완하기 위하여 지상관측 자료(예측량)와 수치모델 예측자료(예보인자)간의 통계적 관계를 이용하여 만들며 모델이 갖는 계통적 오차를 수정하는데 적용된다. 현재 운용중인 수치모델들은 모두 불완전하기 때문에 예측수준의 향상을 위해서 지속적으로 개선하여야 한다. 또한 예보자 등 수치모델 결과의 사용자들이 수치모델 결과를 효율적으로 사용하기 위해서는 수치모델의 예측 특성을 알아야 한다. 이 때 필요한 것은 다양한 관측 자료를 이용하여 현재 운용중인 수치모델의 예측수준을 통계적으로 평가하는 것이며, 이러한 과정을 **검증과정**이라 한다. 검증결과는 모델 개발자가 수치모델의 문제점을 파악하여 모델 개선시 근거자료로 이용되며, 사용자가 예측결과를 효율적으로 사용할 수 있게 한다. 예를 들어 어떤 수치모델이 계통적으로 겨울철과 여름철의 최고기온을 각각 실제보다 약 2.8C 낮게 그리고 3.8C 높게 예측한다면 예보자는 이 모델의 예측결과에다 겨울에는 +2.8C를, 여름에는 -3.8C를 하여 최고기온을 예보할 것이다.

8.4.2 수치모델의 종류

수치예보는 예측하려는 대상과 대기의 운동 시스템에 따라 단기예보, 중기예보로 분류한다. **단기예보**는 종관 일기계에 근거한 1~3일간의 예보로서 종관 일기계에 적절한 수치모델을 개발하여 예측하는 것으로 가장 오랫동안 개발되었으며, 거의 모든 나라의 일상 기상 업무에서 운영하는 예보기술이다. **중기예보**는 향후 3일~2주일에 대한 예보로서 보통 주간예보에 중점을 두며 지구 전체를 대상으로 하는 전구 수치모델을 운영하여 예측한다. 단기와 중기예보 방법은 보편적인 예측기술로서 일상의 우리 생활과 산업 활동에 중요한 기상 정보를 제공한다. 특히, 1980년대 이후 첨단 관측 기기와 컴퓨터 기술의 발전으로 인해 예보의 정확도는 80% 이상으로 크게 향상되었다.

최근에는 대기와 바다 등을 더 잘 이해하고 모델, 관측 및 계산 기술이 발전함에 따라 수치모델 결과에 통계 원리를 도입하여 연장 중기예보를 시도하고 있는데, 적어도 1개월의 예측, 즉 월간예보를 이러한 수치예보 방법으로 해결하려는 연구가 관심을 끌고 있다.

현재 수치예보가 정확하지 않고 예측시간이 길어질수록 정확도가 낮아지는 이유는 크게 두 가지로 볼 수가 있다. 첫째는 현재 운용중인 모든 수치모델들이 개발되는 과정에서 **다양한 근사과정**과 **차분화 기법**을 이용하였으며 이 과정에서 강제력이 작거나 계산의 효율성을 위하여 역할이 미미한 항들을 무시(truncation)하였기 때문에 근본적으로 수치모델이 불완전하다. 또 한 수치모델은 초기치 문제인데 현재 우리가 사용 가능한 관측망과 자료동화 방법만으로는 완벽한 초기장을 만들 수가 없다. 수치예보가 갖는 이러한 근본적인 문제점을 완화하기 위한 시도가 **앙상블예보**(ensemble forecast) 기법이다. 앙상블예보는 단일 수치모델에 여러 가지 초기 조건을 만들어 예보한 결과나 서로 다른 여러 개 예보모델의 예보자료들을 앙상블 처리함으로써 각 예보결과들이 가지는 오차를 줄이려는 시도이다. 앙상블예보는 모델이 가지고 있는 불확실성과 초기자료 속에 포함된 오차들로 인하여 예측시간이 길어질수록 비선형적으로 증폭되는 예보오차들을 줄일 수 있는 방법 중의 하나이다. 따라서 앙상블예보는 예보시간이 긴 중기 및 연장예보를 더 정확하게 하는데 큰 기여를 하고 있다. 하지만 앙상블예보에서 최종예보는 다수의 모델결과를 평균하거나 퍼짐(spread)으로 나타내므로 위험기상과 같이 평균장으로부터 크게 벗어나는 기상현상의 예보에는 한계가 있다.

과거에는 수치 예측기술로 12시간 이내의 아주 짧은 단시간예보에 대한 개념을 정립하지 못하였다. 그 이유는 수치예보 방법에서 불완전한 모델과 초기자료 사이에 적응(adjustment) 시간(6~12시간)이 필요하였기 때문이다. 그러나 상세 격자(fine-mesh grid)에 의한 모델링 기 술과 자료동화 기술이 발달되어 이제는 그 적응 시간이 점차 3~6시간으로 줄어들고 있다. 특히 최근에는 1) 기상위성, 레이더 등에 의한 관측 자료의 양과 종류가 많아지고 질이 향상되었으며, 2) 수치모델의 해상도와 예측성능이 향상되어 배경자료의 질이 향상되었고, 3) 자료동화 기술 자체도 지속적으로 향상되고 있다. 그 결과 초기조건의 정확도 향상과 모델의 자체 적응 시간 단축으로 공간규모가 작고 빠르게 발달하는 호우, 폭풍, 뇌우와 같은 중규모 기상현상의 예측도 가능해지고 있으며, 예측 정확도도 지속적으로 향상되고 있다.

8.5 일기예보에서의 위성 자료 활용

8.5.1 기상위성

기상현상은 시 · 공간적으로 연속적이기 때문에 기상현상을 적절히 감시하기 위해서는 기상관측이 시 · 공간적으로 연속적이어야 한다. 하지만 지구상에는 바다, 빙하지역, 사막, 고산지

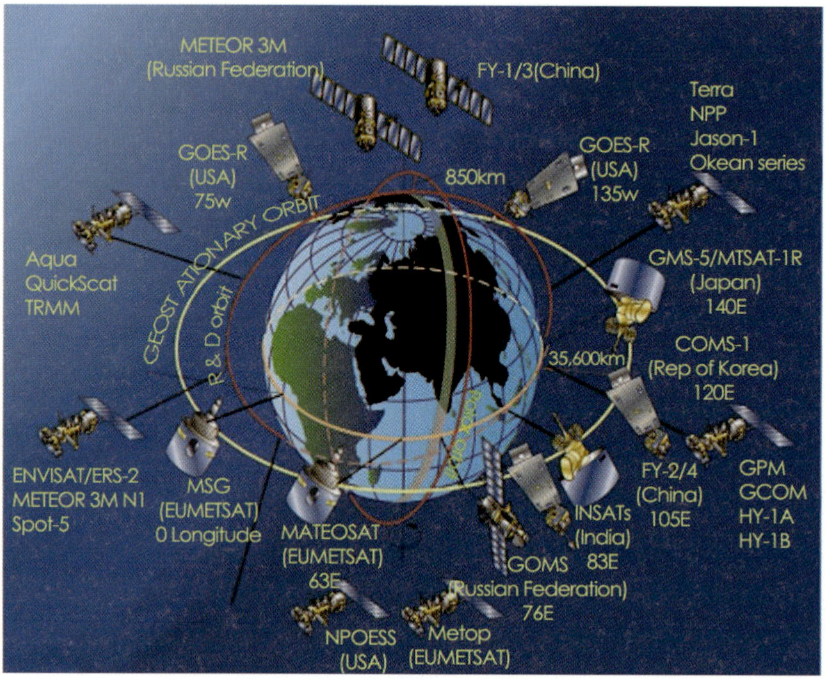

그림 8-8 최근 40년간 시대별 현업용 기상위성 현황

대 등 사람의 접근이 어려운 지역들이 많아서 공간적으로 균등하게 관측을 수행하는 것은 비용 측면에서 매우 비효율적이다. 현재 이러한 문제점을 해결할 수 있는 대안으로 기상 위성과 레이더와 같은 원격탐사 기법이 있다. 기상위성은 지구 대기권 밖에서 지구(행성) 주위를 공전하면서 지구를 관측하는 시스템으로서 최초의 기상위성인 TIROS 1(Television and Infra-Red Observation Satellite)이 1960년 4월에 성공적으로 발사됨에 따라 그림 8-8에서 보는 바와 같이 1961년도에 1개이던 기상위성이 1990년도에는 7개로 그리고 2009년도에는 17개로 기상위성의 수가 급격히 증가되어 기상위성의 시대로 접어들었음을 알 수 있다.

기상위성은 지구 주위를 공전하는 방법에 따라 정지궤도 기상위성(geostationary meteorological satellite)과 극궤도 기상위성(polar orbiting meteorological satellite)으로 구분한다. 정지궤도 기상위성은 적도 상공 약 36,000km에 위치하며 위성의 공전각속도가 지구의 자전각속도와 동일하기 때문에 지구에서 보면 마치 위성이 정지해 있는 것처럼 생각되어 붙인 이름으로 지구상의 동일한 지역을 짧은 주기(10분 이내)로 연속적으로 관측하는 장점이 있다. 하지만 위성의 고도가 높기 때문에 관측 자료의 공간 해상도와 자료의 품질이 상대적으로 낮은 단점이 있다. 또한 지구가 구형이기 때문에 남북 위도 60° 이상의 지역에 대해서는 관측 자료의 품 질이 정성적으로만 사용할 수 있는 문제점이 있다. 극궤도 기상위성은 고도 약 850km에서 지 구의 남극과 북극을 잇는 자오면을 따라 공전하는 위성으로 위성이 공전하는 동안 지구가 자전을 하므로 관측영역이 계속 바뀌게 된다. 극궤도 기상위성은 고도가 낮기 때문에 공간해상도가 좋고 자료의 품질이 높을 뿐만 아니라 가시, 적외 및 마이크로 파 등 다양한 파장대의 채널을 활용하여 대기의 3차원 상태에 대한 많은 정보를 제공한다. 대부분의 극궤도 기상위성의 공전주기가 약 100분 정도이므로 극지역은 약 100분마다 관측이 이루어지는 반면 적도지역은 12시간마다 관측이 이루어진다. 따라서 극궤도 기상위성의 가장 큰 단점은 극을 제외한 대부 분 지역에서 관측주기가 긴 점과 공전궤도에 따라 관측영역이 바뀐다는 점이다.

기상위성은 지상이나 고층 기상관측으로 관측하지 못하였던 지구상의 구름 상태, 분포, 변화를 짧은 주기(10분 이내)로 관측하여 제공하기 때문에 종관 규모(synoptic scale) 운동계는 물론이고 태풍, 중규모 대류계(meso-scale convective system), 그리고 뇌우(thunderstorm)를 포함한 기상현상의 발달과정 이해와 이러한 현상들의 장·단기 예측수준 향상에 크게 공헌하고 있다. 이 외에도 기상위성은 바다, 극 지역, 사막 등 직접 관측이 어려운 지역에서의 구름 외에도 기온과 습도의 연직구조, 해수면 및 대기권에서의 바람장 등을 정량적으로 도출하여 제공하고 있다.

기상위성에 탑재된 센서에서 측정하는 것은 특정한 공간영역(화소: pixel)에 존재하는 구름 등 지구시스템 내에 위치한 다양한 물체들이 반사한 태양복사에너지 또는 각 물체들이 직접 방출한 에너지이다. 이 때 다양한 물체들로부터 반사 또는 방출된 복사에너지는 반드시 대기를 통과해야만 위성에 탑재된 센서에 도달할 수가 있다. 이때 복사에너지가 대기를 통과하는 과정에서 파장에 따라 산란, 흡수 또는 재방출의 영향을 받게 된다. 즉, 기상위성에서 측정하는 값에는 목표물의 상태(반사도, 온도) 뿐만 아니라 대기의 영향이 함께 포함되어 있다. 따라서 기상위성 관측 자료로부터 목표물의 정확한 상태정보를 도출하기 위해서는 반드시 대기의 영향을 제거하여야 한다. 이러한 이유 때문에 기상위성 관측 자료는 현장 관측 자료들보다 오차가 큰 단점이 있으며 최근에는 이러한 문제점을 보완하기 위하여 채널 수 확대, 보정기법을 비롯한 다양한 기술들이 개발되고 있다. 우리나라에서도 기상위성 자료의 중요성을 인식하여 2010년 6월 27일 우리나라 최초의 정지궤도 복합위성인 천리안 발사에 성공하였으며 2011년 4월부터는 한반도를 포함한 아시아 - 태평양 지역에 대해 정규적인 관측을 수행하고 있다. **천리안**에 대한 상세한 것은 참고사항 3과 국가기상위성센터(http://nmsc.kma.go.kr)를 참조하기 바란다. 기상위성에는 가시파장에서부터 마이크로파에 이르기까지 다양한 파장대를 탐지하는 센서들을 탑재하고 있다. 여기서는 대부분의 기상위성에 탑재된 영상기(imager)의 대표적 채널인 가시 채널, 적외 채널 그리고 수증기 채널로 탐지된 영상에 대해 간략히 소개한다.

8.5.2 기상위성 영상 해석

가시 채널의 영상은 지구 시스템에 존재하는 구름, 바다, 눈 등으로부터 반사된 태양복사에 너지(가시 파장대 0.55~0.80μm)의 강도를 나타낸 것이다. 이 영상은 마치 우주인이 우주에서 지구를 바라보았을 때 나타나는 영상과 유사한 영상을 제공한다. 주요 차이점은 대부분의 기상 위성은 빛의 3원소를 독립적으로 탐지하지 않고 1개로 종합해서 탐지하기 때문에 위성 영상이 흑백 영상으로 제공되는 경우가 많다는 것이다. 따라서 가시 영상에서 밝은 부분은 구름과 같이 태양 빛을 많이 반사하는 물체이고 어두운 부분은 바다와 같이 태양 빛을 적게 반사하는 물체이다. 여기서 주의해야 할 점은 바다와 같이 반사율이 낮은 물체라도 태양 빛이 입사하는 각도에

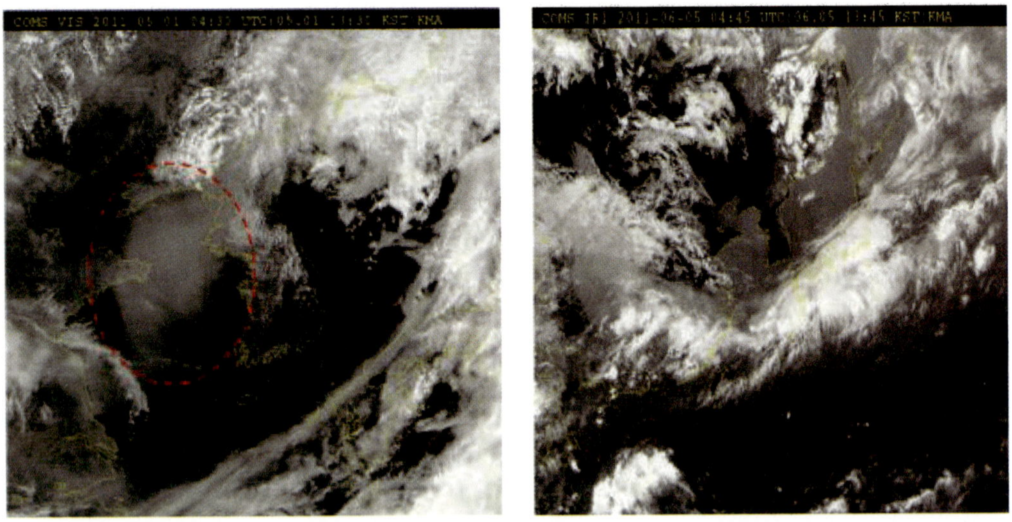

그림 8-9 우리나라 최초의 다목적 정지궤도 위성 천리안으로 관측한 황사(왼쪽: 가시 영상)와 장마전선(오른쪽: 적외 영상)

따라 반사율이 다르게 나타날 수 있는 점이다. 가시 채널의 최대 단점은 야간에 사용할 수 없는 점이다.

적외 채널(10.3~11.3μm, 11.5~12.5μm)의 영상은 지구시스템에 존재하는 물체들로부터 플랑크 법칙에 따라 방출된 적외복사에너지의 강도, 즉 물체의 온도를 나타낸 것이다. 이 때 물 체로부터 방출된 적외복사가 위성 센서에 도달하기 위해서는 대기를 통과해야 하기 때문에 대기에 의한 흡수영향을 최소화하기 위하여 대기의 창에 해당되는 파장대를 이용한다. 또한 지구상에 존재하는 물체들은 흑체가 아니기 때문에 적외 채널에서 측정된 적외복사에너지는 물체의 온도와 방출률의 함수로 나타낼 수 있다. 현실적으로 각 물체들의 파장별 방출률을 알기가 어렵기 때문에 각 물체들의 방출률을 1.0(흑체)이라 가정하고, 위성에서 측정된 복사 휘도를 이용하여 구한 온도를 밝기 온도(brightness temperature, 또는 휘도온도)라고 한다. 가시 영상에서 구름과 같이 태양복사에너지를 많이 반사하는 물체들을 밝게(희게) 표현하기 때문에 적외 영상에서도 가시 영상과 일관성을 유지하기 위하여 구름과 같이 온도가 낮은 물체를 희게, 지표면과 같이 온도가 높은 물체를 검게 표현한다. 적외 영상에서는 운정 온도 정보를 제공하기 때문에 구름의 유형과 운정 고도를 알 수 있는 장점이 있다.

그림 8-9는 천리안 위성으로 관측한 2011년 5월 1일과 6월 5일의 가시 및 적외 영상을 나타낸 것이다. 5월 1일 천리안 위성 가시 영상에서는 요동반도와 산동반도, 북한과 백령도, 서해상 부근이 뿌옇게 나타나고 있는데 이것이 바로 황사역이다. 이 황사는 4월 29일 내몽골고원 및 고비 사막 부근에서 발원한 황사가 남동진한 것으로 우리나라 내륙에도 황사의 일부가 유입되어 있으나 강도가 강하지 않아서 위성 영상에서는 잘 나타나지 않고 있다. 6월 5일의 영상에서는 장마의 영향을 받지 않는 우리나라 대부분 지역에서 구름이 거의 없으나 제주도 남쪽에 중국남부에 서 일본열도에 이르는 동서로 길게 확장된 구름대가 나타나고 있다. 이 구름대가 바로 북태평양 고기압과 오호츠크해 고기압 또는 대륙의 열 저기압 사이에 발달하는 장마전선에 의

한 것이다. 수증기 영상은 가시 영상과 적외 영상과는 또 다른 정보를 제공한다. 수증기 영상은 6.5~7.0μm 파장대의 복사에너지 강도를 나타낸 것으로 이 파장대는 수증기에 의해 흡수가 강하게 일어나는 파장역이다. 이 채널에서는 상층에 수증기가 존재하게 되면 지상에서 방출된 에너지의 대부분이 상층의 수증기에 흡수된 후 상층의 수증기에서 방출되는 복사에너지를 측정하게 된다. 앞에서 배운 국지 열역학 평형(local thermodynamic equilibrium) 이론에 의해 상층의 수증기에서 방출된 복사에너지는 상층의 온도에 비례하게 된다. 따라서 수증기 채널에서는 상층에 수증기가 많으면 온도가 낮게, 수증기가 없으면 온도가 높게 측정되며 이를 적외 영상과 같이 나타내면 검은 부분은 상층에 수증기가 거의 없는 영역이고 흰 부분은 상층에 수증기가 많거나 구름이 있는 영역이다. 이 채널의 최대 장점은 구름이 없을 때에도 상층의 대기흐름에 대한 정보를 제공하는 점이다. 또한 대부분의 전선은 수증기 함량이 크게 다른 두 기단이 경계에서 발생하기 때문에, 수증기 영상은 전선의 경계를 파악하는 데 대단히 중요한 도구이다. 상층 제트 또한 수증기의 경도가 강한 곳에 발달하기 때문에 상층 제트의 위치 파악에도 중요한 정보이다.

참고사항 1 「강수 확률예보」

강수 확률예보(precipitation probability forecast)가 시작된 지 20년이 지난 지금에도 확률예보에 대한 시민들의 이해는 아직 정확하지 않은 것 같다. 그에 대한 강수 확률예보의 한 예를 들어보자. 이를테면 "내일 서울지역의 강수 확률이 70%"라는 예보의 뜻은 서울의 어느 곳에서나 비가 올 가능성이 70%라는 뜻이고, 서울의 총 면적 중 70% 가량의 면적에 비가 온다는 뜻은 아니다. 그리고 하루 24시간 중 비가 오는 시간 비율이 70%라는 뜻도 아니다. 즉, 강수 확률예보는 예보기간에 지정된 장소에서 기준치 이상의 강수가 발생할 가능성을 확률(0~100%)로 나타낸 것이다. 여기서 보다 향상된 정량적 강수 예보(Quantitative Precipitation Forecast: QPF – 강수의 위치, 양, 시간대)를 위해서는 강수를 유발하는 기상현상이 그 지역을 통과할 시간대 그리고 통과 속도와 강수 강도까지 고려하여야 한다. 이러한 이유로 강수, 특히 여름에 국지적으로 내리는 국지성 호우에 대한 예보 수준이 높지 않은 것이다. 또한 폭풍의 발생 빈도는 높으나 영향을 미치는 면적이 좁은 여름에는, 폭풍의 발생 빈도는 낮으나 영향을 미치는 면적이 넓은 겨울에 비해 강수 확률이 낮게 예보된다.

강수 확률예보는 두 가지 장점을 가지고 있다. 첫째, 확률예보는 수요자들이 합리적인 결정을 하는데 필요한 정보를 제공하며, 이것은 상당한 경제적 가치를 도출한다. 둘째, 확률은 일기예보의 불확실성을 가능한 한 정밀하게 표현한다. 위의 장점 중 경제적 이익에 대해 알아보자. 예를 들어 대규모 댐이나 다리 건설과 같이 규모가 큰 건설 공사를 시작한다고 하자. 공사 중에 집중호우에 대한 대비를 하지 않았을 때 받을 손실이 10억 원이고, 사전 예방조치에 소요되는 비용이 2억 원이라고 하자. 만약 강수 확률이 80%라면 비에 대한 예방조치를 하지 않을 경우 입게 될 예상 손실액은 10억 원의 80%인 8억 원이고 예방조치를 할 경우 소요될 비용은 2억 원이다. 따라서 이 경우에는 비에 대한 예방조치를 하는 것이 손해를 덜 보는 방법이 되며 이때 예상이익은 6억 원이다.

참고사항 2 「수치모델에서의 격자체계」

수치예보모델에서 기상변수의 시 · 공간 변화에 대해 연속적으로 계산하기 위해서는 대상지역의 대기공간을 동서, 남북, 연직의 3차원 공간에 격자점들을 구성한다. 이 때 동서와 남북 방향은 주로 등거리로 분할하며, 연직방향으로는 기상현상의 변동성이 큰 지표면 근처와 대기상층(제트 부근)에서는 상세하게 기상변수의 변동성이 상대적으로 작은 대류권 중간층에서는 성글게 분할한다(그림 8-B). 그림에서는 지표면의 해발고도가 일정하지 않은 지역에서의 연직 격자계를 보인 것이다. 일기도를 작성할 때 표준 등압면을 이용하지만 수치모델에서는 높은 산이 있을 경우 지표 근처의 표준 등압면들이 지형에 의해 공백(불연속)지역이 생기기 때문에 모델에서는 연속적 계산에 문제가 발생된다. 따라서 지상 기압으로 상층의 기압들을 **정규화(normalization)**하면 이런 문제를 극복할 수 있는데, 이런 연직좌표계를 시그마(σ)좌표계라 한다.

$$\sigma = \frac{p_s - p}{p_s - p_t}$$

여기서 p_s, p_t는 각각 지상과 대기 상층(모델에서 설정한)에서의 기압을 의미하며 p는 p_s와 p_t사이에 위치한 임의의 기압면을 의미한다. 따라서 σ 좌표계에서 모델의 하단은 1, 상단은 0이 되고, 그 사이의 기층에서는 0과 1 사이의 값을 가지게 된다. **연속적 유체인 대기**를 무한히 표현할 수 없으므로 이들 격자점이 그 점과 주변을 대표한다고 보는 것이다.

모델의 공간 해상도란 일반적으로 동서와 남북 방향의 격자점 크기를 의미하는데 격자점의 크기가 작을수록 작은 규모의 기상현상까지 모의할 수가 있다. 특히 이 공간 해상도는 수치모델이 최대로 모의할 수 있는 기상현상의 규모를 의미하기 때문에 가급적 격자점의 크기를 작게 하는 것이 필요하다. 하지만 동서 방향으로 M개, 남북 방향으로 N개, 연적 방향으로 L층을 이루는 대기에서 7개의 기본 기상변수(기압, 기온, 동서성분 바람, 남북성분 바람, 연직방향 바람, 비습, 밀도)를 표현하려면 총 7 × M × N × L = 7MNL개의 값들이 어느 순간의 대기를 결정한다. 여기서 연직층수는 그대로 하고 단지 공간 해상도만을 2배 향상시킨다고 하면 7 × 2M × 2N × L = 4 × 7MNL이 된다. 여기서 우리가 고려해야 할 것이 공간 해상도가 작아지면 적분시간 간격도 그에 비례해서 줄여야 한다는 점이다. 그 결과 컴퓨터의 성능이 4배가 아닌 적어도 8배 이상의 계산속도가 빠른 컴퓨터가 있어야 공간 해상도를 2배 향상시킬 수가 있다.

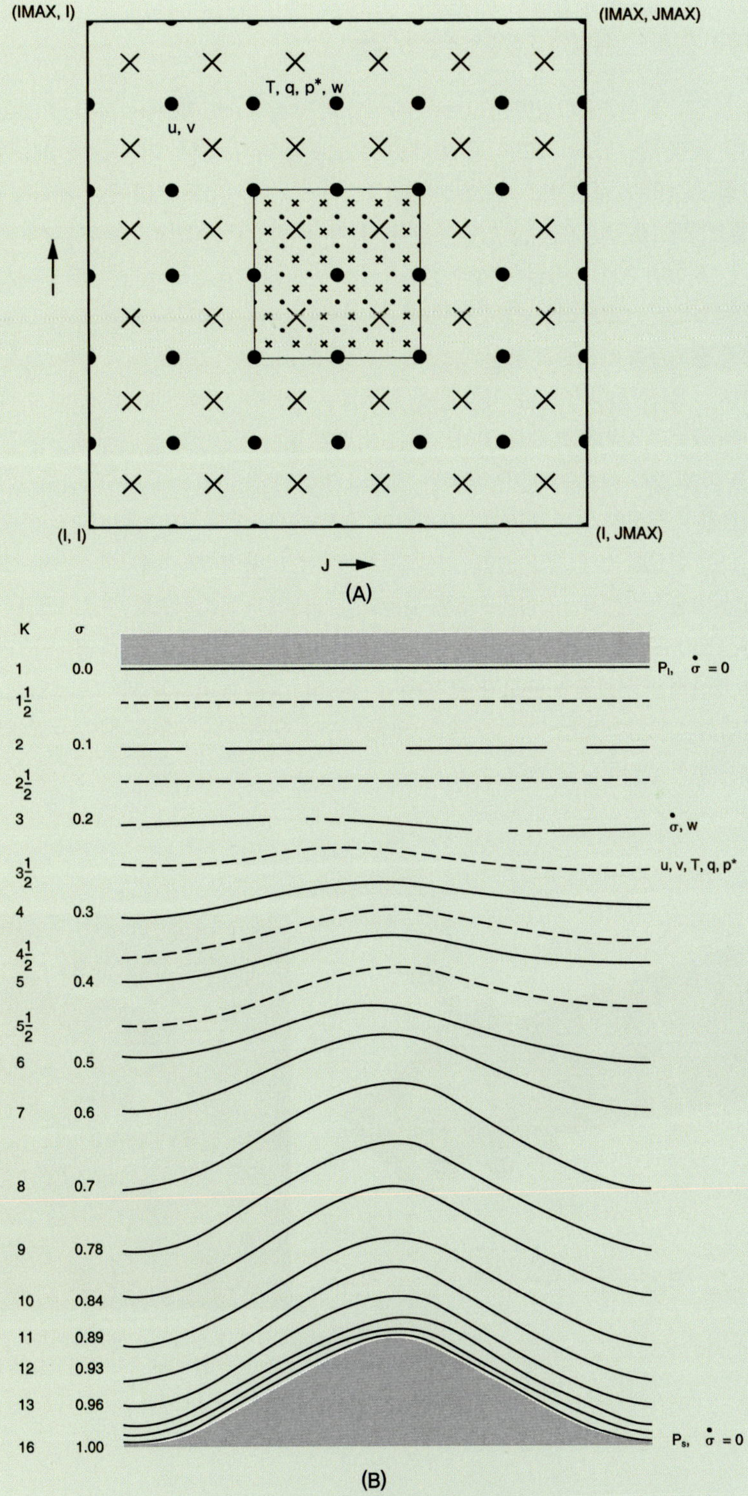

그림 8-A, B 수치모델에서 일반적으로 사용되는 수평 격자계(A)와 연직 격자계(B)

참고사항 3 「통신해양기상위성(천리안)」

대한민국 최초의 통신해양기상위성(Communication, Ocean and Meteorological Satellite: COMS) 또는 천리안은 동경 128.2도의 적도 상공 36,000km 고도에 위치하면서 기상 관측, 해양 관측 및 통신 서비스 임무를 수행하는 정지궤도 복합위성이다(그림 8-C). 국가우주개발중장기계획에 따라 기상청, 교육과학기술부, 국토해양부, 그리고 방송통신위원회가 공동으로 2003년 9월부터 본격적으로 개발에 착수한 천리안 위성이 2010년 6월 27일에 성공적으로 발사되면서 우리나라는 미국, 러시아, 중국, 일본, 유럽연합, 그리고 인도에 이어 세계 7번째로 기상 관측 위성 보유국이 되었다. 천리안 위성의 주요 탑재체는 태양 전지판을 제외하고 통신 시스템, 기상 관측 시스템, 그리고 해양 관측 시스템 등으로 구성된다. 여기서 기상 관측 시스템은 기상 관측 임무를 수행하며, 태풍, 집중호우, 황사 등 위험기상을 조기 탐지하는 기능과 장기간의 해수면온도, 구름 자료를 통한 기후변화 분석에 필요한 정보를 제공한다. 천리안 위성의 발사 성공으로 이전까지는 일본의 기상위성인 MTSAT-1R과 미국의 기상위성으로부터 위성자료를 수신하여 이용하였으나 천리안이 운영되면서 우리나라의 위성으로부터 직접 영상자료들을 수신하여 활용할 수 있게 되었다. 기상 관측 센서는 미국의 ITT사에서 주문 제작하였고 기상자료 처리시스템(CMDPS)은 국립기상연구소를 주관으로 국내에서 독자적으로 개발하였다.

그림 8-D는 2010년 7월 12일 11시에 천리안 위성이 최초로 관측한 가시채널 영상을 나타낸 것이다. 전 지구상에 분포하는 구름들의 분포가 잘 나타나 있으며, 특히 동아시아 지역에 발달하고 있는 몬순 구름대와 북태평양 고압대(맑은 부분)가 잘 나타나고 있다. 또한 적도지역의 적도 수렴대를 따라 대류형 구름들도 뚜렷하게 나타나고 있다.

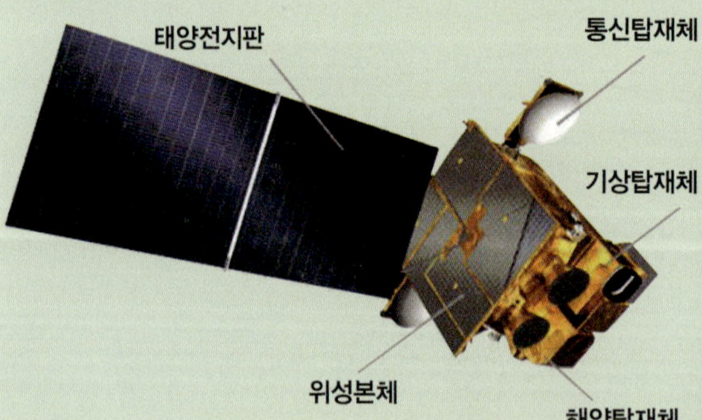

그림 8-C 천리안 위성 구성도

그림 8-D 천리안이 최초로 관측한 가시영상 (2010년 7월 12일 11시 15분) (출처: 국가기상위성센터)

복습문제

1. 일기예보란 무엇이고 예보의 특성에 따라 구분해보시오.
2. 기상 분석에 대해 설명해보시오.
3. 품질 검사를 정의하고 품질 검사가 필요한 이유를 설명해보시오.
4. 지상 일기도와 고층 일기도에 제공되는 정보에 대해 설명해보시오.
5. 통계예보의 원리에 대해 설명해보시오.
6. 확률예보에 대해 설명해보시오.
7. 종관 일기도와 예보 차트를 각각 설명해보시오.
8. 수치예보가 이루어지는 5단계를 간단히 설명해보시오.
9. 앙상블예보에 대해 설명해보시오.
10. 전통적인 수치 일기예보에 비하여 앙상블예보가 추가적으로 제공할 수 있는 정보에 대해 설명해보시오.
11. 모델 출력 통계(Model output statistics)에 대해 설명해보시오.
12. 예보와 특보의 가장 큰 차이점에 대해 설명해보시오.
13. 수치모델의 예보가 정확하지 않은 이유를 설명해보시오.
14. 객관 분석의 원리에 대해 설명해보시오.
15. 원격 탐사의 원리와 이를 이용한 측기에 대해 설명해보시오.
16. 기상위성의 종류와 기상위성이 갖는 장점을 설명해보시오.
17. 유사법이라고 불리는 통계적 예보방법에 대하여 설명하고 이 방법의 단점을 대해 설명해보시오.
18. 일기예보와 장기예보의 차이점에 대해 설명해보시오.
19. 일반적으로 여름의 강수 확률이 겨울보다 낮은 이유를 설명해보시오.
20. 기상위성의 적외 영상으로부터 얻을 수 있는 정보에 대해 설명해보시오.

CHAPTER 09 대기오염

인간 활동으로 인한 대기상의 환경오염인 대기오염은 인간의 삶의 질을 변화시킬 뿐만 아니라 대기의 기상 현상과도 밀접히 관련되어 있다. 이 장에서는 대기의 주요 오염물질과 오존 등의 주요 관리대상의 오염물질의 종류 및 구분 방법, 도시 대기오염과 발생원, 나아가 대기오염의 조절과정까지 다룬다.

9.1 대기오염물질

삶의 질을 높이고 쾌적한 생활환경의 보전을 위해서 환경기본법은 특정 오염물질에 대한 환경기준을 설정하고 있다. 이산화황, 이산화질소, 일산화탄소, 광화학옥시던트, 미세먼지가 특정 오염물질에 해당한다. 또 탄화수소는 환경기준 설정의 대상물질은 아니지만 오존을 포함한 광화학옥시던트의 원인물질이 되기 때문에 주요 관리대상의 오염물질이다. 이들 오염물질이 일정 수준 이상으로 배출되어 대기 중 농도가 높아지면 자연생태계 뿐만 아니라 사람들의 건강에도 다양한 피해를 주게 된다. 또 이산화황이나 이산화질소가 강수 입자에 녹으면 산성의 강수현상이 발생하는데, 이를 산성비라고 부른다. 산성비는 대기오염이 유발한 강수의 오염으로 시급히 해결해야 할 중요한 과제의 하나이다. 산성비는 지구상의 물과 토양을 산성화시켜 육상과 수중 생태계를 파괴하고 문화재를 포함한 건축물을 부식시키기도 한다. 표 9-1에 주요 기체상 대기오염물질과 그로 인한 다양한 피해가 요약되어 있다.

이러한 오염물질 이외에 자동차 배기가스에서 배출되는 납 합성물질이 차량 운행이 많은 교차점 등의 특정 장소에서 문제가 되기도 한다. 또, 특수한 공장시설 등의 화재로 유해물질이 대량으로 방출될 위험성을 고려해서, 특정한 오염물질들을 관리 대상으로 지정해 두고 있는데 이들 물질들은 일상에서는 문제로 대두되지 않는다.

미세먼지를 포함한 입자상 물질은 1차 입자, 2차 입자로 구분하기도 하는데, 이러한 구분은 대기오염물질 전반에 걸쳐서 적용되는 개념이다. 발생원에서 배출된 오염물질이 그대로 대기 중의 오염물질이 되고 있는 것은 **1차 오염물질(primary pollutant)**이라고 하고, 대기 중에서 변질되어 새롭게 생겨난 물질을 **2차 오염물질(secondary pollutant)**이라고 부른다.

표 9-1 주요 대기오염물질과 그로 인한 건강 피해

대기오염물질	특성	영향
이산화황	무색, 자극성 냄새, 산성비의 원인	호흡기질환, 산성비를 통한 부식작용과 토양산성화
이산화질소	적갈색, 자극성,	중추신경 장애, 호흡기질환, 폐수종, 시정감소, 산성비를 통한 부식작용과 토양산성화
일산화질소	산성비의 원인	질식, 심장질환, 중추신경 장애
오존	무색, 매우 특이한 냄새, 강한 산화력	호흡기질환, 심혈관계 질환, 식물조직 괴사

오늘날 고농도 대기오염 현상이 발생하는 곳은 주로 대도시인데, 도시의 대기오염 발생원으로 가장 큰 역할을 하는 것은 자동차이다. 전국 대기오염 배출량 중 자동차에서 배출되는 부분이 일산화탄소는 74.1%, 질소산화물은 34.8%, 직경 10μm 이하인 미세먼지(PM_{10})는 37.6%에 이른다. 환경부의 환경통계 포털자료(2008)에 의하면, 서울의 경우에는 자동차가 차지하는 배출 비중이 전국 평균보다 훨씬 심각하여 배출량 전체의 63.2%를 차지하고 있다. 구체적으로 그 양을 살펴보면 일산화탄소(86.6%), 질소산화물(55.2%), 황산화물(8.9%), 휘발성 유기화합물(29.8%)의 배출량의 상당 부분이 자동차로부터 배출되고 있어 대기환경을 개선하기 위해서는 자동차 운행의 감축이 가장 중요하다는 것을 알 수 있다.

또 실제 물질은 아니지만, 오늘날 도시의 여름철 환경의 쾌적함을 훼손하는 열도 환경오염의 한 요소로 받아들여지고 있다. 그래서 열오염(thermal pollution)이라는 용어가 일상적으로 사용되고 있다. 이것은 방출된 열량만이 아니라, 오염물질과 환경의 변화가 가져온 복사수지에 따른 결과로 발생하는 기온의 변화도 열오염으로 간주한다.

9.1.1 입자상 물질

(1) 에어로졸

대기 중에 떠 있는 강수 입자나 구름 입자를 제외한 액체나 고체상태의 입자를 에어로졸(aerosol)이라고 한다. 에어로졸에는 입자상 오염물질이 포함되어 있다. 에어로졸은 기체를 분산 매개로 하여 고체 또는 액체가 미립상의 형태로 끊임없이 분산운동을 한다.

에어로졸의 발생 메커니즘을 살펴보면 우선 고체의 분쇄, 액체의 분무, 미립 물질의 산포로 발생하는 것을 생각할 수 있다. 이들은 발생원에서 입자상으로 대기로 방출되는 것이므로 1차 입자라고 지칭한다. 또 이들은 분산형 에어로졸이라고도 불린다. 에어로졸이 발생하는 다른 발생 메커니즘으로는 과포화 또는 포화상태의 증기의 응결, 또는 기체가 화학적인 변화를 해서 고체로 되는 과정이 있다. 이것을 2차 입자 또는 응결형 에어로졸이라고 부른다. 에어로졸의 현상으로는 연기, 안개, 연무, 모래분진, 흙먼지, 미스트(mist) 등이 있다. 연기는 가연성 물질의 불완전 연소로 발생한다. 에어로졸이 액체 덩어리인 경우에는 미스트, 또 분산형 에어로졸이 고체인 경우에는 흙먼지라고 부른다. 모래분진은 지면에서 바람에 의해 대기 중으로 휩쓸려 올라간 흙먼지를 가리킨다. 연무는 미스트와 흙먼지 또는 다른 오염물질이 대기 중에 부유하고 있는 상태를 가리키는데, 대기의 시정이 나빠지는 원인이 된다. 또, 안개는 수적의 농도가 높은 상태인데, 연기와 공존하고 있는 상태를 스모그라고 부른다.

한편, 에어로졸을 구성하고 있는 물질의 차이로부터 에어로졸을 분류해 보면 그 종류가 다양하다. 1차 입자는 해수면으로부터 바람에 실려 비상한 물방울이 대기 중에서 건조되어 생기는 해염입자, 지표면에서 바람에 날려 대기로 이동한 토양입자, 화산분화로 생기는 화산재, 산불을 포함한 다양한 연소 과정에서 만들어지는 미립자, 식물의 화분, 지구 외기권에서 날아오는 유성 먼지 등이 있다. 2차 입자에는 황산화물, 토양산화물, 식물성 탄화수소가 광화학반응을 받아 기체에서 에어로졸로 변질된 것들이 있는데, 이런 것들도 에어로졸의 생성에 기여하고 있다.

(2) 에어로졸의 물리적 성질

대기 중에 분산해 있는 에어로졸의 입경은 그 분포범위가 대단히 넓은데, 대부분의 경우에 입경은 $10^{-3} \sim 10\mu m$에 분포한다. 이 범위보다 작은 입경의 입자는 브라운 운동에 의해 보다 큰 입자에 확산 부착해서 소멸해간다. 대기 중에서는 2차 입자로서 크기가 작은 에어로졸이 생성되고, 그것이 보다 큰 입자로 성장해 가는 것이 통상적인 사례이다. 또 에어로졸의 입자 직경의 상한을 보다 크게 나타내는 경우도 있지만, 그런 범위의 입자는 중력을 크게 받아 지상으로 낙하하여 사라지기 쉽기 때문에 대기 중에 머무는 수명이 짧다.

입경(particle diameter)의 상 · 하 폭에서 알 수 있듯이, 에어로졸의 크기는 범위가 아주 넓어서 대소의 비가 1만을 넘는다. 이러한 사실은 에어로졸 성질의 입경에 따른 차이로 나타난다. 입자의 측정 방법도 에어로졸의 입경에 따른 입자의 성질을 이용하여 관측되기 때문에 서로 달라진다. 입경규모에 따라서 입자를 부르는 호칭도 달라진다. $10^{-3} \sim 10^{-1}\mu m$에 해당하는 것은 미세입자, $10^{-1} \sim 1\mu m$은 대 입자, $1 \sim 10\mu m$에 해당하는 것은 거대입자라고 부른다.

에어로졸의 공기 중 낙하속도는, 입자의 무게와 유체의 저항으로 결정된다. 이 관계를 이용하여 측정한 입자의 크기를, 상당 공기역학적 입경이라고 한다. 에어로졸의 표면적에 대해서는, 우리가 에어로졸의 실제 표면적을 파악하는 것은 어렵다. 입자의 표면적이 불규칙하고, 다공구조를 갖고 있기 때문에 표면적은 종종 입경으로부터 추정한 구면의 면적에 비하면 훨씬 큰 값이 된다. 또, 에어로졸이 작다는 사실로 인해 체적에 비해 표면적이 큰 효과를 발휘한다. 따라서 에어로졸은 접촉반응을 일으키기가 쉽다. 황산염 생성과정은 이 작용에 의한다.

에어로졸 입경의 크기가 1만 배 이상에 걸쳐 있어서, 대기 중에서 나타나는 에어로졸의 물리적인 작용이 입경에 따라서 다르게 나타나는 경우가 있다. 빛의 산란현상은 입경이 $10^{-1} \sim 1\mu m$를 경계로 하여, 이보다 작은 입자는 레일리 산란(Rayleigh scattering)을, 이 보다 큰 입자는 미 산란(Mie scattering)을 일으킨다. 입자의 병합은 입경이 $10^{-2}\mu m$ 부근에서 가장 활발하다. 이러한 에어로졸의 성질은 입자의 직경에 크게 의존하고 있다.

(3) 에어로졸 입자의 분포특성

대기 중에 존재하는 에어로졸의 크기분포는 이 분야 연구의 선구자인 융거(C. E. Junge)에 의해서 많은 진전이 이루어졌다. 반경이 r보다 작은 입자의 단위체적당($1cm^3$)의 총수를 N이라고 하면, 단위체적당의 입자수 농도를 $dN/d\log r$로 정의할 수 있다.

이 정의에 따라서, 예로서 반경이 $10^{-1} \sim 1\mu m$ 사이의 크기인 입자의 단위체적당의 수가 주어지게 된다. 융거는 여러 측정 사례를 종합해서, 대기 중의 에어로졸은 입자의 반경이 약 $10^{-1} \sim 10\mu m$의 범위 내에서는

$$dN/d\log r = C\,r^{-\beta} \tag{9.1}$$

의 관계에 따른다는 사실을 보였다. 그림 9-1에 나타나 있듯이, 이것은 대수좌표축 상에서 직선으로 주어진다. 식 (9.1)에서 C는 에어로졸 농도의 함수이고 β는 직선의 기울기이고 그 값은 대체로 3 내외이다.

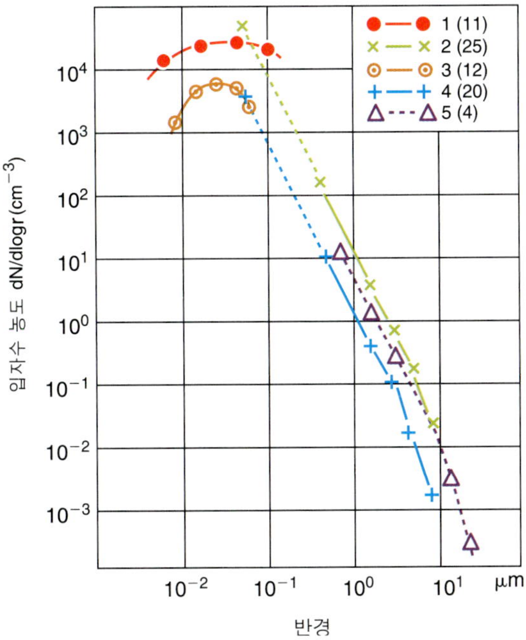

그림 9-1 대기 중 에어로졸의 평균 분포도(Junge, 1963)

식 (9.1)에 의한 에어로졸 분포를 융거분포라고 부른다. 미세 입자가 상시적으로 발생하고, 이것들이 응집, 병합하여 보다 큰 입자로 성장하는데, 입경이 10μm를 초과하는 큰 입자는 중력 낙하로 제거되어간다는 사실은 이 융거 분포와도 잘 부합한다.

(4) 에어로졸의 거동

대기 중에서 에어로졸은 계속적으로 생성되고 제거된다. 따라서 에어로졸은 어떤 일정 시간 동안에만 대기 중에 머물게 되는데 이를 체류시간(residence time)이라고 한다. 에어로졸의 체류시간은 에어로졸의 제거율(removal rate)과 생성률(production rate)에 의해서 결정되며, 에어로졸의 총량이 평형상태에 있을 때에는 체류시간(residence time)과 제거율 또는 발생률 사이에는 다음의 관계가 성립한다.

$$\begin{aligned}[\text{총량}] &= [\text{체류시간}] \times [\text{제거율}] \\ &= [\text{체류시간}] \times [\text{생성률}] \end{aligned} \tag{9.2}$$

식 (9.2)에서 에어로졸 총량이 일정하므로 두 변수 중 하나를 알면 남은 하나를 구할 수 있다. 대기 중 물질의 실태를 파악하는 데에는, 체류시간과 소실률을 결정하는 제거 메커니즘을 이해하는 것이 중요하다. 더욱이 그 물질이 에어로졸인 경우, 총량을 입경별로 파악할 필요가 있다. 따라서 체류시간은 입경별로 고려해서, 그 사이의 이동(변환량)은 제거율이나 생성률로서 고려하는 것이 된다. 그림 9-2는 대류권 에어로졸의 크기에 체류시간을 보여준다. 그림에 의하면 고도 1.5km 이하에서 반경이 0.3μm인 에어로졸은 체류시간이 대략 10일 정도인 반면에 반경이 0.01μm 이하인 입자는 기껏해야 1일 정도 대기 중에 떠 있다. 그리고 반경이 10μm

인 입자의 체류시간도 1일 정도이다.

여기서는 에어로졸의 제거율과 관련하여 에어로졸의 대기 중에서의 거동을 살펴보자. 대기 중의 미립자는 브라운 운동을 하면서 입자 상호간에 확산충돌을 하고 있다. 입자는 서로 접촉하면 부착하는 성질이 있다. 이 과정을 응집이라고 한다. 응집은 작은 입자의 집단에서 보다 큰 입자의 집단을 만들어 내거나, 큰 입자를 더 큰 입자로 성장시킨다. 이렇게 해서, 큰 입자가 만들어지면 그것은 중력에 의한 낙하로 대기에서 제거된다. 강수의 세정작용도 입자를 대기에서 제거시킨다.

입자의 반경이 공기의 평균 자유이동거리(mean free path)보다 작아지면, 그 입자의 운동은 공기분자의 브라운 운동(Brown motion)의 지배를 받게 된다. 이 브라운 운동에 의한 입자의 이동거리는, 제곱 평균이 $(2Dt)^{1/2}$로 주어진다. 여기서 t는 시간을 나타내며, D는 확산계수로 절대온도에 비례하고, 공기의 동점성계수와 반경에 반비례한다. 표 9-2는 브라운 운동에 의한 입자의 이동거리를 제곱 평균으로 나타낸 것이다. 입경이 작을수록 그 값이 커진다. 또 입자의 응집은 작은 입자와 큰 입자 사이에서 보다 효과적으로 이루어지는 성질이 있다. 따라서 응집은 작은 입자가 보다 큰 입자에 부착되어 가면서 입자의 반경분포를 변화시키는 작용을 한다.

입자의 대기 중에서 종단 낙하속도(terminal fall velocity)는 스톡스(Stokes)의 법칙을 따른다. 그 속도는, 입자와 공기의 밀도차$(\rho-\rho')$(실질적으로는 입자의 밀도)와 입자의 반경의 제곱 gr^2에 비례하고, 공기의 동점성계수(dynamic viscosity) η에 반비례한다.

$$V_t = \frac{2(\rho - \rho')gr^2}{9\eta} \tag{9.3}$$

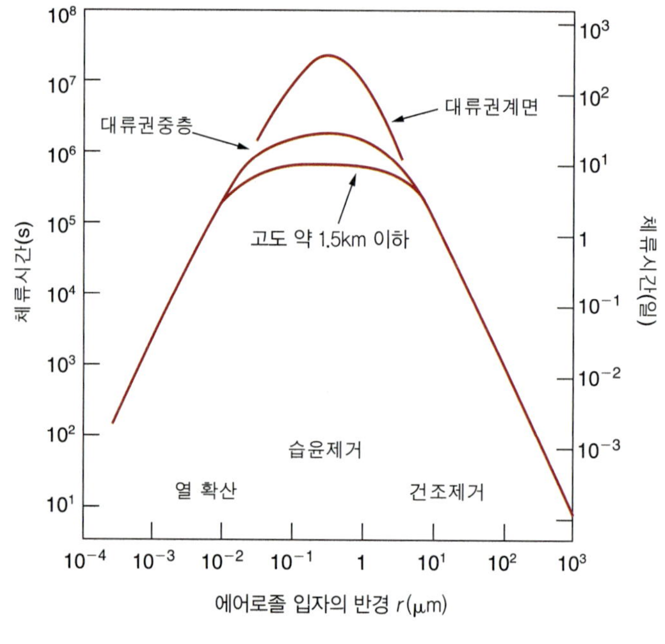

그림 9-2 에어로졸 입자의 반경에 따른 체류시간 (Gotz et al., 1991).

표 9-2 입자의 브라운 운동에 의한 이동거리와 종단 낙하속도 (1기압, 20℃)

입자의 반경 (μm)	브라운 운동의 제곱평균거리 (1초당) cm	종단낙하속도 cms^{-1}	종단낙하속도 mhr^{-1}
0.1	2.01×10^{-3}	2.27×10^{-4}	–
0.2	1.30×10^{-3}	6.85×10^{-4}	–
0.5	7.43×10^{-4}	3.49×10^{-3}	0.13
1.0	5.06×10^{-4}	1.29×10^{-2}	0.49
5.0	2.26×10^{-4}	3.23×10^{-1}	11.6
10.0	–	1.29×10^{0}	46
15.0	–	2.90×10^{0}	104
20.0	–	5.16×10^{0}	186

(Chambers, 1976)

여기서 g는 지구의 중력가속도, ρ는 공기의 밀도, ρ'은 입자의 밀도를 나타낸다. 표 9-2에 입자의 반경에 따른 1초 동안에 브라운 운동에 의한 이동거리와 낙하거리가 주어져 있다. 표 9-2에서 입자의 반경이 작은 경우에는 브라운 운동이, 큰 경우에는 낙하 종단속도가 탁월하다는 것을 알 수 있다. 그 경계는 대체로 0.25μm이다. 또, 종단 낙하속도는 기체와 입자 표면의 미끄러움을 고려해서 보정이 고려되고 있다. 그 계수는 입자의 반경이 0.5μm와 0.01μm에 대해서 각각 1.164와 11.554이다. 0.5μm 이상의 크기를 갖는 입자에 대해서는 그 계수가 1에 가깝다.

대기 중의 에어로졸이 제거되는 또 하나의 중요한 메커니즘은 구름과 강수에 의한 세정작용이다. 구름의 내부에서 제거되는 메커니즘을 강수제거(rain-out), 구름 아래에서 우적에 의해 제거되는 메커니즘을 세정제거(wash-out)라고 부르고 있다. 강수제거에는 다시 2가지 메커니즘이 있다. 에어로졸이 운립에 응집되는 메커니즘과 흡습성 에어로졸에 수증기가 응결하여 운립이 성장하는 메커니즘이 그것인데, 어느 것이나 운립이 성장하여 강수로 발달함으로써 에어로졸이 대기 중에서 제거되는 과정이다. 이 과정은 반경 1μm 이하의 에어로졸을 효과적으로 제거한다.

세정제거는 우적이 낙하하는 도중에 에어로졸을 포집해서 낙하시키는 작용인데, 이것에도 2가지 메커니즘이 존재한다. 우적과 에어로졸의 관성충돌과, 에어로졸이 우적에 확산 부착됨으로써 에어로졸이 우적에 실려 대기로부터 제거되는 것이다. 전자는 거대입자를 효율적으로 제거하고, 후자는 미세입자를 제거한다.

(5) 생물성 에어로졸

대기 중에는 생물의 부유체도 존재한다. 그것은 식물의 화분이 화분증과 고초열(枯草熱)의 증상을 유발한다는 사실로부터 널리 알려졌다. 화분 이외에도 여러 균류와 조류 및 박테리아,

바이러스 등의 다양한 생물성 에어로졸이 대기 중에 부유하고 있다. 이 중에서 화분은 기상과 기후와 밀접한 관련 하에 연구가 수행되고 있는 에어로졸이다. 화분의 크기는 비교적 커서, 5~100μm의 범위에 분포한다. 일반적으로 흡습성이어서 무게는 습도에 따라서 변한다. 입경이 크기 때문에 상당한 낙하속도를 갖고 있지만, 강한 대기의 흐름으로 인하여 연직으로는 대류권 상부까지, 수평으로는 100km 이상 수송되기도 한다. 우리나라에서 화분이 대기 중에 부유하는 시기는 계절적으로 살펴보면, 일본과 마찬가지로 대략 2월에서 11월에 걸쳐 나타난다.

화분의 비산(飛散)은 하루 중에도 현저한 시간변화가 나타난다. 일반적으로 이른 아침에 비산량이 급증하여, 오전 중에 극대가 된다. 야간에는 화분의 비산량이 아주 적어지는데, 이것은 식물의 생리기능이 기상요소의 변화에 영향을 크게 받기 때문에 나타나는 현상이다. 습도의 저하를 계기로 해서 화분의 비산이 시작되는 것으로 알려져 있다.

9.1.2 기체상 오염물질

(1) 황산화물

황산화물은 황을 포함한 화석연료가 연소될 때에 연료에 포함되어 있던 황과 대기 중의 산소가 결합된 화합물질로, 일반적으로 아황산가스라고도 불린다. 생물체가 석유나 석탄과 같은 화석연료로 변환될 때에 그대로 연료 속에 저장되어 있다가 연료의 연소 시에 대기 중으로 방출된다. 황산화물은 대기 중에서 주로 이산화황으로 존재하는데, 이것은 호흡기 조직에 염증을 유발하며 매우 자극적인 냄새를 갖는다. 또 이산화황은 대기 중에서 물, 산소 외에 다른 물질과 반응하여 다양한 황산화물을 생성한다. 황산화물은 분진에 부착되기도 하는데, 호흡을 통해 신체 내로 흡입되면 폐 조직을 손상시킬 수도 있다.

중세기의 런던은 도시오염의 전형이었다고 할 수 있다. 1306년에 영국의 에드워드 1세(Edward I)는 연안에서 발견된 "바다석탄"을 런던 내에서 연소하는 것을 금지시켰는데 이것이 대기질에 관한 최초의 환경규제라고 말할 수 있을 것이다. 이 바다석탄은 황의 함유량이 대단히 높아서 도시 내에 유독한 악취를 유발하는 원인물질로 악명이 높았었다. 엘리자베스 1세도 국회 회기 중에는 런던에서 석탄을 사용하는 것을 금지하였다. 그리고 존 에벌린(John Evelyn)은 공업용 석탄의 사용을 비난하는 논문을 발표한 바 있는데, 그 중에는 다음과 같은 구절이 있다. 런던의 하늘은 공기가 맑은 다른 지역과 달리 유황색 구름으로 뒤덮였고 온 세상에 빛을 주는 태양은 거의 비치지 않는다. 런던을 향하던 여행자들은 먼 거리에서도 런던의 역겨운 냄새를 먼저 맡게 된다. 이로부터 300여년이 지난 1952년에 런던은 지독한 스모그로 4,000명 이상의 사망자를 내게 되었다. 그 사건을 계기로 런던을 포함한 영국의 도시들은 청정 공기의 도시를 지향하기 위한 노력을 하기 시작하였다.

(2) 질소산화물

질소산화물에는 여러 종류가 있지만 대기 중에 존재하는 것은 대부분이 일산화질소와 이산화질소이다. 고온의 연소과정에서 대기 중의 질소와 산소분자는 서로 반응하여 다음의 질소화합물을 생성한다.

$$N_2 + O_2 \rightarrow 2NO \tag{9.4}$$

$$2NO + O_2 \rightarrow 2NO_2 \tag{9.5}$$

일산화질소와 이산화질소의 혼합체를 질소산화물(NOx)라고 부른다. 이 중에서 이산화질소는 다른 화합물과 반응하여 광화학스모그를 유발한다. 질소산화물의 최대 배출원인 자동차 배기에는 일산화질소의 비율이 높지만 이것은 대기 중에서 보다 화학적으로 안정한 이산화질소로 전환되어 대기 중에 존재하게 된다.

이산화질소는 독성기체인데 자극적인 냄새가 있을 뿐만 아니라, 노란색에서 적갈색에 이르는 유색을 띠는 오염된 공기를 만든다. 이산화질소는 대표적인 대기오염 성분인데, 이것은 생물체에 독성을 가지며 부식성이 있으며 산성침적물 생성에 관여하며 2차 오염물질을 만든다. 이산화질소의 대기 중 생존시간은 다른 산화질소와 마찬가지로 매우 짧다. 그래서 도시지역의 이산화질소 농도는 교통량에 따라서 상승과 하강이 빠르게 변한다. 또 교통량이 적은 교외지역에서는 농도가 낮게 나타난다.

황화합물과 마찬가지로 질소산화물도 심각한 폐질환을 유발할 수 있다. 임상의학연구결과에 따르면, 이산화질소는 기관지를 따라서 쉽게 폐로 가서 폐 세포에 손상을 가한다. 실험결과에 의하면, 높은 수준의 이산화질소에 노출된 동물들은 심각한 폐 손상을 경험하게 되고, 이로 인해 면역성이 떨어져 감염에 약해지는 것이 확인된다.

(3) 휘발성 유기화합물(VOC)

휘발성 유기화합물질은 수소와 탄소로 이루어진 유기화합물이다. 휘발성 유기화합물은 상온, 상압의 대기 중에서 기체, 액체 및 고체상으로도 존재할 수 있지만, 대기 중에서 기체상으로 존재하는 유기화합물을 휘발성 유기화합물이라고 정의한다. 자동차 운행의 급증, 유류 및 유기용제의 사용량이 급증하면서 대기 중으로 배출되는 휘발성 유기화합물질(Volatile Organic Compound, VOC)의 문제점이 부각되고 있다. 대기오염물질로 중요성을 갖는 인위적으로 배출된 휘발성 유기화합물의 배출원은 다양하나, 자동차의 운행과 유기용제의 사용 및 저장 탱커에서 방출되는 경우가 주를 이룬다. 이 외에도 도장(塗裝), 인쇄업, 세탁업, 유기합성공업 등에서 각종 휘발성 유기화합물이 배출되는 것으로 보고되고 있다. 자동차에서 휘발성 유기화합물이 배출되는 주요 원인은 불완전 연소와 주유 시의 누출이다. 휘발성 유기화합물의 대표적인 물질로는 메탄, 프로판, 톨루엔 등의 탄화수소, 알코올류, 케톤류, 에스터류 등의 산소 함유계 탄화수소, 아민류 등의 질소 함유계 탄화수소, 이산화황 등의 유황함유계 탄화수소, 트라이클로로에틸렌 등의 염소계 탄화수소 등이 있다. 휘발성 유기화합물은 그 자체로 인체에 각종 암과 백혈병을 유발할 수 있는 유해 대기오염물질이다. 또 이것은 다른 물질과의 반응성이 매우 높아서 대기 중의 질소산화물과 반응하여 광화학 스모그의 주원인인 오존의 발생을 촉진시키는 전조물질 역할을 한다.

(4) 일산화탄소

일산화탄소는 보통 탄소화합물 또는 탄소와 같은 가연성 물질의 불완전연소 또는 이산화탄소가 고온의 탄소와 접촉될 때에 발생한다. 일산화탄소는 색깔과 냄새가 없는 기체로 공기보다 약간 가볍고 공업적으로 중요한 환원제로 사용되는데, 인체에는 매우 유독한 기체이다. 그 이유는 일산화탄소는 혈액 중의 헤모글로빈과 매우 강하게 결합하여 혈액의 산소 운반 능력을 감소시킨다. 그래서 대기 중의 일산화탄소 농도가 100ppm 정도에 이르면 대부분의 사람들이 현기증, 두통, 권태 등을 느끼게 된다. 일산화탄소는 대기 중에서 느린 속도로 산화되어 소멸되기 때문에 대기 중에 축적되지 않으며, 대기 중에서 체류기간이 짧으면 1달, 길면 1~2년이 될 수도 있다.

일산화탄소의 발생원도 인위적 발생원과 자연적 발생원으로 나누어진다. 인위적 발생원으로는 수송, 폐기물 소각, 농업 소각, 제철소 등과 같은 산업장이다. 일반적으로 고정 발생원의 연소관리기술이 발달한 선진국의 경우에는 이동 발생원에서 배출되는 일산화탄소가 도시 대기오염의 주원인 중의 하나로 지적되고 있다. 전 세계에서 인위적으로 발생하는 일산화탄소의 양은 연간 3억 톤 정도에 이르는 것으로 추정되고 있는데, 이 중 약 95%가 북반구에서 방출된다. 한편, 우리나라에서 연료의 연소과정에서 배출되는 일산화탄소의 양은 약 200만 톤으로 추정되고 있는데, 이 중에서 차량 운송에서 60% 이상이 나오고 있다. 특히 대도시에서 발생하는 이산화탄소의 90% 이상은 차량에서 기원하고. 그것의 대부분은 자동차에 의한 것으로 추정되고 있다.

자연적 발생원으로는 화산폭발, 테르핀(terpene)류의 산화, 클로로필(chlorophyll)의 분해, 산불, 해수 중에서의 미생물의 작용 등이 있다. 자연적 발생원에는 이 외에도 메탄의 광산화와 이산화탄소의 광분해가 있다.

9.2 도시의 대기오염과 발생원

대기오염의 문제는 도시화의 진행과 밀접한 연관이 있다. 도시에는 인간 활동에 따른 폐기물이 집중적으로 발생하는 곳이다. 그 폐기물은 어떤 방식으로든 처리되지 않으면 어딘가에 버려진다. 그렇게 처리되지 못하고 버려지는 장소가 대기일 수도, 지상일 수도, 하천이나 바다일 수도 있다. 대기 중에 버려지면 대기오염의 문제가 발생된다.

예로서 20km^2 면적의 도시에 500만 명이 거주하고 있다면 1명당 면적은 약 100m^{2}이 된다. 여기에 도시에서 발생된 대기오염의 활발한 혼합이 일어나는 대기 혼합층의 두께를 1,000m라고 하면, 바람이 약할 때 한 사람당 주어지는 도시 대기의 체적은 1인당 약 10만m^{3}가 된다. 그래서 도시 거주자 1인이 10리터의 대기오염물질을 배출하면 0.1ppm의 오염농도가 발생하게 된다. 만일 1인당 0.7리터의 중유를 연소시키면 10리터의 이산화황이 발생하는데, 이것을 전부 대기로 배출하게 되면 0.1ppm의 농도가 된다.

도시의 대기오염은 이처럼 좁은 공간에서 오염물질이 대량으로 배출되어 발생한다. 오랜 옛날부터 도시에 인구가 집중되고 산업활동이 활발해지는 곳에는 대기오염이 사회적 문제로 부각되었다. 이러한 예로서, 석탄을 연료로 사용한 역사가 긴 영국에서는 석탄사용에 따른 대기오염 문제가 14세기 초에 의회에서 논의되었다. 일본에서도 명치(明治)시대였던 1800년대에 이미 오사카에서 대기오염이 문제가 되어, 오사카 시내에 굴뚝을 세우는 공장의 건설을 금지한다는 정부의 명령이 내려졌었다.

주요 대기오염물질은 인간 생활에 필요한 에너지를 얻기 위해 화석연료를 연소시키는 과정에서 배출된다. 석탄이나 석유와 같은 화석연료를 연소시키면, 그 중에 포함된 황성분이 산화되어 이산화황(SO_2)이 배출된다. 이 외에도 철이나 비철금속을 제련할 때와 제지 공장에서 종이를 만드는 과정에서도 이산화황이 방출된다. 대기 중에서 이산화황이 산화되면 SO_3가 만들어진다. SO_3는 대기의 상태에 따라서 다시 변질된다. 이것이 수증기와 결합되면 액상의 황산(H_2SO_4)이 된다. 황산은 증기압이 낮아서 대기 중에서 기체로는 존재하지 않고 아주 작은 액체 덩어리, 즉 에어로졸로 대기 중에 부유한다. 이 외에, 대기 중에서 암모니아와 결합하여 황산염이 되는 반응이 발생하기도 한다. 이처럼 대기 중에서 비교적 수명이 짧은 이산화황으로부터 2차 입자인 에어로졸이 발생하면 대기 중에 체류하는 시간이 길어지게 되고, 오염물질의 지리적 영향범위가 확대된다.

어떤 물질을 연소시키면 질소산화물(NOx)이 발생한다. 질소산화물의 대부분은 일산화질소(NO)로 발생한다. NO는 대기 중에서 산화되어 이산화질소(NO_2)로 된다. 따라서 NO는 발생원 부근에서 농도가 높고, NO_2는 발생원으로부터 멀리 떨어진 곳에서 농도가 높게 나타난다. 그래서 NO_2는 2차 오염물질로 간주할 수 있는데, 광화학옥시던트의 요인물질로 볼 경우에는 1차 오염물질로 보기도 한다. 연소과정에서 발생하는 일산화질소(NO)는 연료에 포함되어 있던 질소가 산화되어 발생할 수 있지만 공기의 성분인 질소가 연소 시 고온의 영향으로 산화되어 NO로 변하기도 한다. 이와 같은 방법은 완전연소를 위한 노력이 오히려 다량의 질소산화물을 생성시키는 원인이 된다는 점에서 아주 곤란한 문제가 되고 있다.

연소 활동은 또 분진을 발생시키기도 한다. 방출된 재와 불완전연소로 발생한 생성물질은, 입자의 직경이 10μm보다 작은 입자는 중력에 의한 낙하가 거의 없기 때문에 그대로 대기 중에 머물게 된다. 그보다 더 큰 입자는 중력을 받아서 낙하한다. 강하분진으로 포집되는 것의 대부분은 입자의 직경이 20μm를 넘는 것들이다.

표 9-3 주요 대기오염물질의 배출원

대기오염물질	인위적 배출원	자연적 배출원
에어로졸(먼지)	공업, 에너지	화산, 해양
아황산가스(SOx)	석유와 석탄의 연소, 화학반응 과정	화산
질소산화물(NOx)	연소	토양의 박테리아
일산화탄소(CO)	자동차	산불, 해양
탄화수소(HC)	화학공정, 자동차	생물
오존(O_3)	광화학 반응	
납(Pb)	건전지, 축전지, 인쇄	

자동차의 배기가스에는 일산화탄소, 탄화수소, 납화합물, 질소산화물, 입자상 물질 등의 오염물질이 포함되어 있다. 이 가운데 탄화수소(휘발성 유기화합물)와 질소산화물은 자동차의 가속과 감속이 빈번하게 이루어지는 곳에서 상대적으로 많이 배출되어 국지적인 고농도 오염을 유발하기 쉽다.

대기오염의 실태를 분석하려면 오염물질의 발생원을 파악하는 것이 중요하다. 대기오염물질 발생원은 화산재 등 자연적 발생원과 인간 활동의 과정에서 발생되는 인위적 발생원으로 나눌 수 있다. 주요 대기오염물질에 대한 인위적 배출원과 자연적 배출원을 구분하여 요약하면 표 9-3과 같다.

인위적 발생원은 다시 점오염원(point source), 면오염원(area source), 선오염원(line source)으로 구분된다. 발전소, 도시의 폐기물 소각로, 대규모 공장과 같이 하나의 시설이 대량의 대기오염물질을 배출하는 것을 점오염원이라고 하며, 면오염원은 도시의 아파트 단지를 포함한 주택지와 같이 일정한 면적 내에 소규모 발생원이 다수 모여 대기오염물질을 배출하는 것을 가리킨다. 선오염원은 이동오염원이라고도 불리는데, 운송과정에서 오염물질을 배출되는 것을 말하며 대표적인 선오염원은 자동차이다. 인위적 오염물질 배출원에서 가장 높은 점유율을 차지하는 것이 자동차이며(표 9-4), 자동차는 도로 주변에 고농도의 대기오염을 발생시킨다.

도시의 대기오염 발생의 형태, 발생량의 조사방법, 나아가서 문제의 해결 방안 등을 제대로 제시하려면 대기오염 발생원을 정확하게 집약해서 정량적으로 표현할 수 있어야 한다. 대기오염물질의 대부분은 연소과정에서 발생하므로 에너지 소비량을 오염물질 발생량의 지표로 삼는 경우도 있다. 오염물질의 정량적인 분석을 시도할 경우에는 고정 발생원과 이동 발생원의 구별이 제대로 이루어져야 하며, 또 높은 굴뚝으로부터의 발생량에 대해서는 기상상황에 따른 유효고도를 정확하게 산정하여야 하며, 지역별로 나타나는 주 · 야간의 사회활동도의 차이에 대한 분석도 제대로 이루어져야 한다.

에어로졸(먼지)의 배출원은 공업과 에너지 사용에 기인하며, 아황산가스는 석유와 석탄의 연소와 화학반응과정에서 배출된다. 질소산화물과 일산화탄소는 자동차 운행과 연료의 연소과정에서 배출되며, 2차 대기오염물질인 오존은 광화학반응으로 대기 중에서 생성된다. 대기오염물질의 배출량은 아황산가스, 에어로졸(먼지), 이산화질소, 일산화탄소 등과 같은 대기환경기준 설정항목과 탄화수소를 대상으로 산출하고 있다. 오존은 인간 활동에 의해 직접 발생하는 것(1차 오염물질)이 아니라 자연 또는 인간 활동에 의해 직접 발생된 질소산화물과 같은 대기오염물질이 태양에너지와의 반응으로 대기 중에서 새로이 생성된 물질(2차 대기오염물질)이므로 배출량 산출 대상에서는 제외되어 있다.

표 9-4 우리나라의 대기오염배출량과 자동차의 배출비중(단위: 톤/년)

배출원(대분류)	합계	CO	NOx	SOx	PM_{10}	VOCs
전국 배출량 합계	3,327,868	788,919	1,306,725	408,462	67,341	756,421
자동차로 인한 대기오염물질 배출량	1,172,402 (35.2%)	584,485 (74.1%)	455,217 (34.8%)	5,190 (1.3%)	25,312 (37.6%)	102,198 (13.5%)

표 9-5 발생원별 대기오염물질 총배출량(단위: 천 톤) (환경백서, 환경부, 2007)

구분	1994	1997	2000	2005
수송	2,152	2,415	2,265	2,412
산업	1,333	1,598	1,453	1,618
발전	643	924	698	850
가정	398	522	526	533
총량	4,526	5,459	4,942	5,413

대기오염물질의 산출방법으로는 사업장에서 배출되는 오염물질을 실측하는 방법과 연료별 배출계수 등을 이용하여 이론적으로 계산하는 방법이 있다. 연료별 배출계수를 이용한 산출방법은 비교적 용이하게 계산할 수 있다는 장점이 있지만, 사용할 때의 종류와 조건, 방지시설의 종류 및 효율성 등 여러 가지 변수에 따라 산출된 배출량이 실제 배출량과 차이가 있을 수 있다. 그리고 배출원은 각 부문, 즉 난방, 산업, 수송, 발전부문으로 나누어 대기오염물질의 연간 총배출량을 조사한 것이 표 9-5이다. 선오염원(수송)의 대기오염 배출 비중이 높다는 사실을 확인할 수 있는데, 이는 도시의 대기질 개선을 위해서는 교통 부문의 부하량을 적절히 관리하는 것이 가장 중요하다는 것을 말한다.

9.3 대기오염농도의 평가기준

대기환경보전정책의 기본목표는 맑고 깨끗한 대기환경을 유지하여 국민의 건강을 보호하고 쾌적한 환경에서 생활하도록 하는 데에 있다(환경백서, 2009). 아울러 대기오염으로 인한 환경상의 위해를 예방하는 것도 중요한 정책목표이다. 이를 위하여 정부는 대기질 관리목표로서 대기환경기준을 설정하고, 환경기준을 달성하기 위한 수단으로서 대기오염물질을 배출하는 시설에 대하여 배출허용기준을 정하여 준수하도록 하는 등 각종 대기환경 보전정책을 수립하여 추진하고 있다. 대기환경기준은 대기오염에 의한 피해로부터 국민을 보호하기 위한 행정목표치로서, 인체와 동식물에 해로운 영향을 유발하는 노출량을 기준으로 하여 장 · 단기 기준치를 설정하는데, 일반적으로는 세계보건기구(WHO)의 권장기준을 참고로 하여 설정한다.

우리나라는 대기환경보전법 제2조의 규정에 따라 대기오염의 원인이 되는 기체상(gas phase) 물질 또는 입자상 물질을 대기오염물질로 정하여 관리하고 있다. 오늘날 관리 대상으로 지정되어 있는 대기오염물질은 일산화탄소, 암모니아, 질소산화물, 황산화물 등 61종에 이르고 있다. 대기오염물질 중에서 사람의 건강 · 재산이나 동 · 식물의 생육에 직접 또는 간접적으로 위해를 줄 우려가 있는 물질은 특정 대기유해물질로 지정되어 있다. 현재 다이옥신, 벤젠, 사염화탄소, 폼알데하이드 등 35종이 특정 대기유해물질로 지정되어 있다. 그리고 우리나라의 대기오염 관리대상 물질 지정은 1979년 2월에 아황산가스에 대한 대기환경기준을 설정하면서 시작되었다. 1983년에는 일산화탄소, 이산화질소, 총 부유먼지(Total Suspended Particles, TSP), 오존 및 탄화수소에 대한 환경기준을, 1991년 2월에는 납에 대한 환경기준을 각각 추가로 설정하였다. 1993년에는 아황산가스, 일산화탄소 등 일부 오염물질이 환경기준을 달성함에 따라 이들 항목에 대한 환경기준을 강화하였다.

한편, 자동차의 증가 등으로 인하여 인체에 유해성이 큰 미세먼지의 관리 필요성이 증가함에 따라 미세먼지(PM_{10})의 환경기준을 1993년에 추가로 설정하였다. 하지만 탄화수소는 오염도가 높지 않고 오존의 오염도를 측정하고 있어 이를 별도로 측정할 필요성이 크지 않아 환경기준에서 제외하게 되었다. 2007년부터 적용하고 있는 대기환경기준을 표 9-6에 제시하였다.

환경기준이 정책목표로서의 의미를 지닌다면 개별적인 오염원에 대하여 법적 환경기준이 적용되는 배출허용기준은 이러한 환경기준을 달성하기 위한 주요 정책수단이 된다. 환경기준과 배출허용기준은 목적과 수단이라는 관계에 있는데, 배출허용기준은 목표가 되는 환경기준의 설정 정도에 의존한다.

모든 오염물질에 대한 환경기준은 오염물질의 배출을 규제하는 방법들 중의 하나이다. 이 방법들은 다음과 같으며 여기에는 오염문제에 대한 명확한 평가가 필요하다.

첫째로 환경의 구성요소나 상태에 어떤 변화를 주고 있는가를 질적 및 양적으로 평가하여야 한다. 이것은 대기 등 생물권에 어떠한 물리적, 화학적 및 생물학적인 변화를 평가하는 것이다.

표 9-6 우리나라의 대기환경기준 (2007년부터 적용)

항 목	기 준	측정방법
아황산가스 (SO_2)	· 연간평균치 0.02ppm 이하 · 24시간 평균치 0.055ppm 이하 · 1시간 평균치 0.155ppm 이하	자외선 형광법 (Pulse U.V. Fluorescence)
일산화탄소 (CO)	· 8시간 평균치 9ppm 이하 · 1시간 평균치 25ppm 이하	비분산적외선 분석법 (Non-Dispersive Infrared Method)
이산화질소 (NO_2)	· 연간 평균치 0.03ppm 이하 · 24시간 평균치 0.06ppm 이하 · 1시간 평균치 0.10ppm 이하	화학 발광법 (Chemiluminescence Method)
미세먼지 (PM_{10})	· 연간 평균치 $50\mu g/m^3$ 이하 · 24시간 평균치 $100\mu g/m^3$ 이하	베타선 흡수법 (β-Ray Absorption Method)
미세먼지 ($PM_{2.5}$)	· 연간 평균치 $25\mu g/m^3$ 이하 · 24시간 평균치 $50\mu g/m^3$ 이하	중량농도법 또는 이에 준하는 자동 측정법
오존 (O_3)	· 8시간 평균치 0.06ppm 이하 · 1시간 평균치 0.1ppm 이하	자외선 광도법 (U.V Photometric Method)
납(Pb)	· 연간 평균치 $0.5\mu g/m^3$ 이하	원자흡광 광도법 (Atomic Absorption Spectrophotometry)
벤젠	· 연간 평균치 $5\mu g/m^3$ 이하	가스크로마토그래피 (Gas Chromatography)

주: 1. 1시간 평균치는 전체 측정수를 1,000개로 환산하여 그 999번째의 수의 값이 그 기준을 초과하여서는 아니되고, 8시간 및 24시간 평균치는 전체 측정수를 100개로 환산하여 그 99번째의 수의 값이 그 기준을 초과하여서는 아니된다. 2. 미세먼지(PM_{10})와 초미세먼지($PM_{2.5}$)는 각각 입자의 크기가 $10\mu m$와 $2.5\mu m$ 이하인 먼지를 말한다.

둘째로 이러한 변화가 어떠한 인위적인 행위, 즉 인간 또는 기업 활동에 의하여 발생하는 것인가 하는 오염발생원에 대한 평가이다.

셋째로 사람의 건강, 생활환경 및 보전하여야 할 자연환경에 대한 영향, 피해, 손해 또는 그렇게 될 가능성에 대한 평가이다.

이 세 가지 평가방법 중에서 환경기준은 영향의 정도에 따른 규제 방법이다. 대기오염이 사람에게 미치는 영향을 판단하기 위해서는 오염인자의 농도나 강도 및 사람의 건강에 따른 영향의 정도에 대해서 과학적으로 입증된 판정기준(criteria)이 중요하며, 이것을 기준으로 환경기준(standard)이 정해진다.

세계보건기구(WHO)는 환경기준이 다음의 세 가지 수준을 갖는 것으로 설명하고 있다. (1) 최대 허용수준(maximum permissible level 또는 tolerable level), (2) 수용수준(acceptable level), (3) 적정수준(desirable level)이다. 환경기준이라는 것은 행정 용어로 그것의 정의와 내용은 각 국가의 행정 목적에 따라서 다르기 때문에 전 세계적으로 통일된 것은 없다. 하지만 각 국가에서 사용하고 있는 환경기준의 개념에는 다음의 네 가지가 공통으로 포함된다.

① 행정적인 행위를 위하여 법적규제를 갖는 기준치(standard),
② 지역 환경의 행정적인 대책수립을 위한 지침 값(guide 또는 guide line),
③ 지역 환경의 행정적 또는 기술적인 대책 수립을 위한 목표치 또는 바람직한 목표치(goal),
④ 환경의 질(환경오염의 상태)을 판정하기 위한 판정기준(criteria)

위의 네 가지 개념이 각각 지역 주민의 건강과 지역 환경을 보전하기 위한 목적은 같지만, 그 내용과 운영방법은 상이하다. 그리고 이 네 가지 개념 가운데 가장 중요한 것은 판정기준과 기준치라고 할 수 있다. 판정기준은 기준치를 설정하기 위한 기본 조건으로 과학적인 검토가 필요하기 때문에 과학적 정보의 집합체라고 할 수 있다. 판정기준은 사람의 건강에 대한 오염물질의 영향, 동식물, 물질 및 재산에 대한 영향, 사회적인 영향 등에 관해서 어느 정도-효과 및 크기-반응 관계를 각각 또는 종합적으로 설명하는 것이다. 사람의 건강에 대한 영향은 연소자, 노인, 순환기나 호흡기 질환자 및 임산부와 같이 오염물에 대한 감수성이 높은 사람에게 더욱 심각한 영향을 미친다. 한편 식물이 사람보다 감수성이 높은 경우에, 판정기준은 식물에 미치는 영향에 의해서 결정되기도 한다.

기준치는 법적, 행정적인 규제력을 갖는다. 기준치는 판정기준에서 도출되지만, 일반적으로는 비용-편익(cost-benefit) 관계, 기술적 형편 및 경제적 실행가능성 등을 고려하여 결정한다. 하지만 오염물질이 사람의 건강에 영향을 주는 정도에 대해서 비용-편익관계를 검토할 수 있을 정도로 과학적 지식이 충분히 축적되어 있지 못한 것이 현실이다. 그래서 국내외 연구기관에서 대기오염이 건강에 미치는 영향을 포함한 사회적 비용을 추정한 연구보고서를 제시하고 있지만, 다수의 사람들을 충분히 납득시키고 있다고는 말할 수 없는 실정이다.

지침 값과 목표치를 명백하게 구분하기는 어렵다. 지침 값은 참고자료(reference)로서의 의미가 강하다. 목표치는 이것이 없으면 행정이나 공학적인 방지기술계획을 수립할 수 없다는 입장에서 설정된 것이다. 그런데 어떤 방지대책으로 목표가 달성되었을 때의 "목표치는 기준치로서 법적 규제력을 갖는다"는 주장도 제기되고 있다. 기준치, 지침 값 및 목표치는 어느 나라나 행정당국이 자국의 사정을 고려하여 결정한다. 이것은 대기오염을 포함한 환경오염에 관한 자연과학 및 사회과학적인 연구 성과와 현상을 감안할 때 불가피한 일이라고 볼 수 있다.

환경기준은 인간 생활의 질적인 향상이라는 관점에서 출발한 것으로 건강하고 쾌적한 생활, 생태계의 보전 및 역사적 · 문화적인 유산의 보전을 위한 규제 방법의 하나이기 때문에 사전 예측과 평가가 필요하다. 따라서 해당 국가의 환경기준은 자연과학 분야만이 아니라 다른 학문 영역 간의 학제적인 대응과 다방면의 이해를 바탕으로 정책적 관점에서 결정되어지는 것이라고 할 수 있다. 표 9-5에서 최근 우리나라의 강화된 대기환경기준을 볼 수 있다.

9.4 2차 오염물질과 장거리 수송

(1) 2차 오염물질

인간 활동 과정에서 생성되어 대기 중으로 배출된 1차 오염물질이 대기 중에서 변질되어 새롭게 생겨난 물질을 2차 오염물질(secondary pollutant)이라고 부른다. 2차 오염물질에는 광화학 옥시던트와 아황산분진이 있다. 아황산분진은 기체로 배출된 1차 물질이 대기 중에서 변질되어 생성된 입자상 오염물질이다.

옥시던트는 산화성 물질의 총칭이며, 광화학 옥시던트는 옥시던트 물질의 생성에 태양에너지가 중요한 역할을 한 물질을 말하는데 이에는 오존, PAN(peroxyacyl nitrate), 폼알데하이드 등이 포함된다. 대기 중에서 일산화질소와 산소원자가 결합해서 생성되는 이산화질소도 이에 속한다. 광화학 옥시던트는 일반적으로는 광화학 스모그 또는 그냥 옥시던트라고 부르기도 한다. 광화학 옥시던트가 발생할 때에는 시정이 나빠지는 경우도 있기 때문에 광화학스모그라는 명칭을 사용한다. 광화학 옥시던트의 대부분이 오존인 경우가 많아서 그냥 오존이라고 부르기도 한다. 도시나 전원지역의 지표 부근에서의 광화학 스모그는 보통 이산화질소(NO_2)의 광분해 순환으로 생성된다. 이산화질소는 광화학적 반응성이 매우 높아서 파장 0.38μm 이하의 자외선 복사에너지를 받으면 다음과 같은 해리작용이 발생한다.

$$NO_2 + h\nu \rightarrow NO + O \tag{9.6}$$

이 반응에서 h는 플랭크 상수이며, ν는 복사의 진동수를 나타낸다. 식 (9.6)에서 태양복사에너지의 흡수로 이산화질소가 분해되어 반응성이 매우 높은 산소원자가 생성된다. 그 다음에 산소원자는 대기 중의 산소분자(O_2)와 결합하여 오존을 생성시키며, 다시 오존은 일산화질소를 산화시켜 이산화질소를 만든다. 이러한 순환 반응과정을 정리하면 다음과 같다.

$$NO_2 + (\text{태양복사에너지}) \rightarrow NO + O \tag{9.7}$$

$$O + O_2 + M \rightarrow O_3 + M \tag{9.8}$$

$$O_3 + NO \rightarrow NO_2 + O_2 \tag{9.9}$$

앞에 주어진 순환 반응과정에서 반응의 촉매 역할을 하는 M은 에너지를 받아들이는 제3의 물질인데 주로 탄화수소가 이 역할을 한다. 이 일련의 반응을 위한 최초의 이산화질소는 주로 자동차의 배기가스로 대기 중에 배출되는 일산화질소가 대기 중에서 천천히 산화하여 생성된다. 또 대기 중에 반응의 촉매역할을 하는 탄화수소의 농도가 높으면 반응은 더욱 복잡해진다. 이산화질소는 매개물질의 관여없이 순수한 광분해순환만 존재하는 경우보다 탄화수소(HC)가 반응에 관여하였을 경우에 훨씬 더 많이 생성되는데, 그 결과로 오존의 농도가 더욱 높아지게 된다. 차량의 운행이 많은 곳에서 생성된 질소산화물은 바람에 실려 이동해 가는 도중에 광화학 반응을 거쳐 오존을 생성시킬 수 있고, 수목이 많은 전원지역에서 촉매물질(탄화수소류)이 다량 배출되어 오존 생성을 더욱 촉진할 수 있기 때문에 지상 오존의 농도는 교통량이 많은 도심지로부터 바람이 불어오는 도심지 부근의 전원지역에서 더 높게 나타나는 경우가 적지 않다. 이런 점에서 대기오염의 문제를 이해하는 데에는 바람에 의한 수송과정을 이해하는 것이 중요하다.

(2) 다양한 규모에서 발생하는 수송현상

대기오염물질이 배출국의 국경을 넘어 다른 나라에 영향을 미치는 문제가 국제 사회에서 공식적으로 처음 다루어진 것은 1971년 스웨덴의 스톡홀름에서 개최되었던 유엔 인간환경회의였다. 그때 스웨덴은 "국경을 넘는 황산화물로 인한 환경오염"이라는 주제를 발표하여 참가국들로부터 높은 관심을 모았다. 스웨덴이 제기한 문제는 다른 나라에서도 충분히 발생할 수 있다는 공감을 얻었다. 특히 영국과 미국은 이 문제에 대해 본격적으로 연구를 추진하겠다고 응답하였다. 이때 스웨덴의 보고를 담당한 사람은 스톡홀름 대학교 기상학과의 보린(B. Bolin)이었다.

보린은 환경문제, 특히 대기오염의 문제는 대기오염물질을 배출국에 한정되어 나타나는 것이 아니라 국경을 넘어 다른 나라에까지 영향을 미칠 수 있다는 점을 강조하였다. 그러한 예의 하나로 황산화물은 대기 중에서 수천 km나 이동해 가서 강수현상에 수반되어 지상에 내려온다는 사실을 제시하였다. 스웨덴의 영토에 내리는 강수에 포함된 황산화물의 50% 정도는 다른 나라에서 배출되어 수송된 것이라고 지적하였다.

대기 중으로 배출된 황산화물은 화석연료의 연소 이외에 자연발생적인 양도 많다. 자연발생적인 것으로는, 유기물의 부패로 발생하는 황화수소와 해수에서 나오는 황산염이 대표적이다. 자연발생적인 것 보다 인간 활동으로 배출되는 황산화물이 더 큰 문제가 되는데, 그 이유는 인간 활동으로 배출되는 것은 발생원이 좁은 지역에 한정되어 있기 때문에 국지적으로는 자연현상과 비교할 수 없을 정도로 고농도로 대기에 배출되어 강한 영향을 미치기 때문이다.

대기로 배출된 이산화황은 바람에 실려 주변의 청정한 공기와 혼합되면서 수십 km 수송 이동되면 급속히 희석된다. 하지만 이렇게 희석되었다고 하여 이산화황이 대기에서 제거된 것이 아니다. 강수로 낙하한 황산물질을 분석해 보면 한번 배출된 이산화황은 적어도 2~4일 정도는 대기 중에 잔류한다. 이 정도의 시간이면 이산화황은 배출지역으로부터 1,000km 이상 이동될 수 있다. 이동되어 가면서 이산화황은 산화되어 황산염 에어로졸로 변질되는데, 이것이 산성비가 되어 발생지로부터 멀리 떨어진 지상에 내리게 된다.

오늘날 국경을 넘는 환경오염의 문제가 전 세계에서 가장 심각한 지역은 동아시아이다. 중국은 한국, 북한, 일본에서 소비되는 석탄의 총 양보다도 5배 이상이나 소비하는 세계 최대의 석

그림 9-3 우리나라에 영향을 미치는 황사의 주요 발생지

탄 소비 국가이다. 특히, 황의 함유량이 4~5%나 함유된 중국 남부의 것이 문제다. 대기 중에 배출된 황산화물이 온난 다습한 공기에 섞여 동쪽으로 이동되어 오면서 강한 산성비를 만들어 한반도와 일본 열도에 내린다. 중국의 산업시설의 상당수는 서해안을 따라서 위치하고 있어 그곳에서 배출된 오염물질은 상층 편서풍을 타면 1~3일이면 한반도에 도달한다. 경제성장에 수반되어 폭증하는 자동차에서 나오는 오염물질의 양도 심각한 수준에 이르고 있다. 서해안은 중국 오염물질의 영향으로 주야간 구분 없이 오존이 높게 관측되는 경우가 많은데, 이러한 경향은 앞으로 더욱 심화되어 갈 것으로 우려된다. 중국 내륙지역에서 발생하는 황사(그림 9-3)도 국경을 넘어 동아시아의 환경에 큰 영향을 미치는 환경오염물질의 문제이다. 황사의 발생빈도는 장기적으로 증가경향을 보이는데, 어떤 해에는 특히 집중적으로 발생하는 경향을 보이기도 한다(그림 9-4). 또 지구온난화로 인해 한 기후(cold climate)가 일찍 끝나고 난 기후(warm

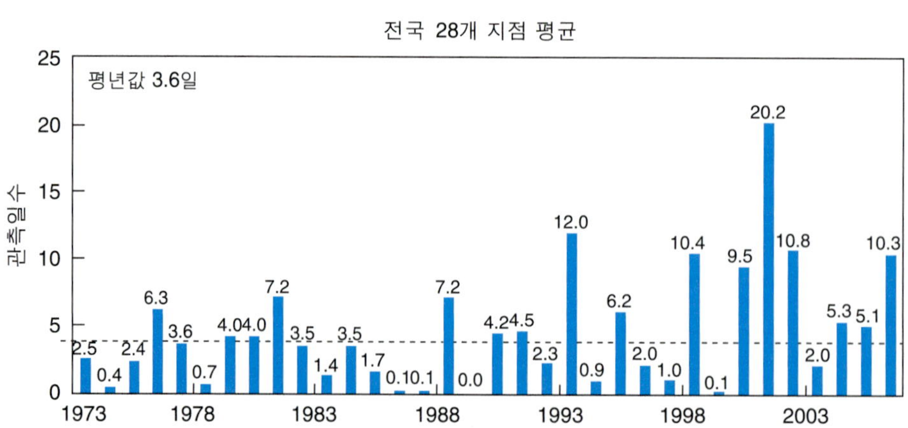

그림 9-4 황사 발생빈도의 장기변화

climate)가 일찍 시작되는 특성을 반영하여 황사가 과거에 비하여 일찍 시작되고 일찍 끝나는 경향을 보이고 있다. 그림 9-5에서 상하의 청색선은 황사 발생시기의 장기적 변화경향을 나타낸다. 청색선이 우측 하단 아래까지 표시되어 있는 것은, 1970년대 중반 이전에는 우리나라에서 황사가 5월 중순 이후에도 종종 발생하였음을 의미한다. 그리고 그림 내의 황색, 주황색, 적색은 황사가 관측된 기상관측 지점 수를 가리키며, 좌측의 녹색 타원은 최근에 황사가 주로 발생하는 시기를 나타낸다.

이처럼 오늘 날 환경문제에 있어서는 발생원뿐만이 아니라, 국경을 넘어 문제를 유발하는 장거리 수송의 문제가 중요한 위치를 차지하고 있다. 이런 점에서 다양한 규모에서 발생하는 오염물질의 수송과정을 이해하는 것이 대단히 중요하다.

대기 중 수송현상을 다룰 때에, 그 메커니즘을 이류현상과 난류수송(혹은 난류확산)현상으로 나누어 생각할 수 있다. 이류현상은 시간변화를 하는 바람의 평균풍속으로 정의되는 풍속으로 수송하는 부분을 가리킨다. 반면에, 이 평균풍속에서 벗어난 바람(변동성분)에 의한 수송이 난류수송이다. 현상을 보다 거시적으로 다룰 것인가, 아니면 보다 미시적으로 다룰 것인가에 따라서 이류현상과 난류현상의 범위는 달라진다. 여기서는 수송현상 가운데 이류현상에 주목하고, 그 중에서도 장거리 수송으로 문제가 발생되고 있는 현상을 중심으로 소개하기로 한다.

대기 중의 수송현상을 규모에 따라서 나눈다면, 그것은 바람장의 대소(大小)에 따르게 된다. 바람장의 대소는 일상생활이 이루어지고 있는 정도의 규모에서부터 지구규모에 이르기까지 다양하다. 소규모 수송현상은 오랜 옛날부터 화학무기에 관련된 연구, 또 도시산업에 의한 대기오염 대책연구 수행을 위해 다루어져 왔다. 이것은 수십 km 정도를 대상으로 하였다. 원자력 시설의 안전대책을 다루려면 이보다는 넓은 규모를 다루어야 한다. 즉, 수십에서 수백 km에 이르는 수송현상이 과제가 된다. 규모가 작은 현상은 난류수송현상에 중점이 두어진다. 반면에 지구규모의 수송현상은 순수 기상학의 문제로서도 연구 대상이고, 또 핵실험에 수반된 방사성 물질의 범지구적 수송현상을 다루기 위해서도 연구되어왔다. 이런 규모의 문제에는 이류현상이 주목된다.

이와 같이 대기 중 수송현상은 규모에 따른 차이가 크다. 그런데, 그 이유는 수송을 담당하는 바람 장에 대소가 존재한다는 것에 기인하기 보다는 수송되는 물질이 수송규모에 따라서 겪게 되는 과정이 달라진다는 점에 있다. 즉 수송되는 물질의 발생원과 피해를 받게 되는 지역 사이

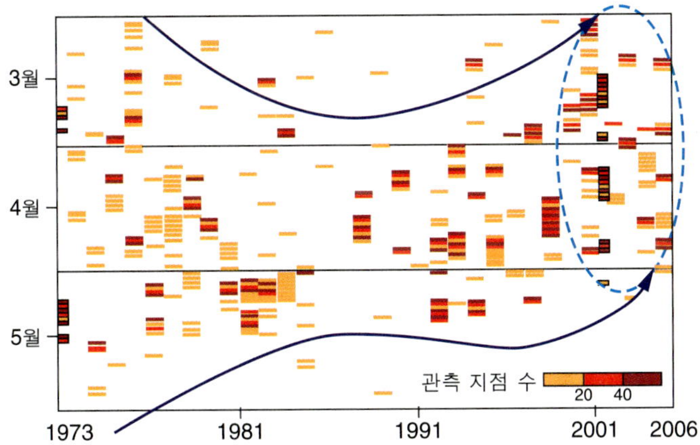

그림 9-5 우리나라 황사 발생시기의 정기적 변동

의 대기 중에서 발생되는 현상은 평균풍과 난류에 의한 이류확산만이 아니라, 물질의 변형 · 변질 및 제거의 메커니즘이 크게 작용하기 때문이다. 수송 과정에서 대기 중 미립자가 응집하여 물질의 변형이 생기고, 광화학반응으로 물질의 변질이 발생한다. 비가 만들어지는 메커니즘과 강우현상은 강수제거(rain-out), 세정제거(wash-out)를 통해서 대기로부터 물질을 제거한다. 지표에의 흡착과 침착도 제거 메커니즘의 하나이다. 이와 같이 대기 중에서 수송되는 물질이 받는 과정이 수송현상의 규모 차이를 가져오는 원인이 되고 있다.

표 9-7은 대기 중 각종 오염현상의 규모의 대소와 대기 중에서 발생하는 제거과정의 중요도를 분류해 본 것이다. 숫자 1~3은 현상의 중요도 순서이다. 발생원 부근의 현상에 관심을 갖는 경우에는 수송현상이 가장 중요하다. 그 이유는 소규모 지역을 오염물질이 이동해 가는 데에 필요한 시간이 짧아서 오염물질의 변형 · 변질 및 제거 과정이 진행되는 것은 무시할 수 있기 때문이다. 현상의 규모가 커져서 이동에 걸리는 시간이 긴 중규모현상(중거리 수송)이 되면 광화학 스모그의 발생과 같이 물질의 변질이 중요한 문제로 부각된다. 이보다 더 큰 규모의 현상(장거리 수송)인 경우에는 -산성비의 문제가 이에 해당하는 좋은 사례가 된다.- 제거 메커니즘도 수송 메커니즘과 동등하게 다룰 필요가 있다. 표에는 제시하지 않았지만 전 지구적인 규모의 수송문제가 되면 제거 메커니즘이 가장 중요한 경우도 종종 발생한다. 대기 성분으로서의 이산화탄소와 같이 공간적으로 거의 균질한 분포를 하고 있고 대기 중에서의 수명이 긴 경우에는 수송의 과정은 오히려 무시할 수 있어 대기 시스템의 바깥 시스템과의 수지에 관여하는 제거 메커니즘만이 중요한 현상이 된다.

대기 중 물질의 수송현상은 일반적으로 대규모적인 현상이나 소규모적인 현상은 비교적 다루기가 쉽다. 대규모적인 현상의 경우는 기상관측 망이 어느 정도 정비되어 있고, 공기의 수송으로서 문제를 다루는 한에서는 현상의 이해가 쉽다. 또, 소규모 현상도 기상상황의 파악에 특별한 곤란이 수반되지 않는 한 이류와 난류 수송으로 해결된다. 이들 규모 사이에 있는 현상인 장거리 수송(100~1000km)이라고 불리는 규모의 현상에 아직 해결하지 못한 문제가 많이 남아있다. 수평규모는 수백 km에서 수천 km에 미치고, 수송시간은 1일에서 수일에 상당한다.

물질의 장거리 수송은 일반적으로 발생원과 영향을 받는 지역 사이의 메커니즘이 복잡하지

표 9-7 대기 중 오염현상의 규모와 제거과정의 중요도 (Takeuchi, 1979)

규모	오염현상	대기오염의 상황	과정의 영향		
			수송	변형 변질	제거
지역(Regional) (100~1,000km)	장거리 수송	산성비, 화분의 장거리 수송	2	1	2
중(meso) (10~100km)	중거리 수송	광화학 스모그, 높은 굴뚝에서 배출되는 오염물	1	1	3
국지(local) (1~10km)	고농도 오염	광역 고농도오염	1	2	3
미(micro) (0~1km)	발생원 부근오염	교차점이나 도로변의 오염	1	3	3

만, 그 사이에서 발생하는 현상에 관한 정보가 부족하다. 황산화물을 예로 들자면, 발생원에서는 SO_2이었는데, 대기 중에서 산화되어 작은 수적의 에어로졸로서 SO_4^{2-}가 된다. 이것은 수송 중에 지상으로 천천히 낙하하여 제거된다. 이 현상은 강수현상에 의한 강수제거와 세정효과와, 고체 미립자와 마찬가지인 건조 강하로 대별된다. 또 지표에 흡착이 이루어지기도 한다.

대기 중에서 수송되는 궤적도 복잡하다. 지상의 발생원으로부터 수송되는 물질은 하층 대기를 따라서 수송되는데, 그곳은 풍계의 변화가 커서 종종 일변화를 수반한 현상이 나타난다. 일반 기류가 약할 경우에는 풍계에 명확한 일변화가 나타나는 해륙풍과 같은 국지풍이 수송풍의 역할을 한다. 이 경우 오염물질이 발생원으로부터 멀어져 가는 거리는 짧지만 제한된 지역 내에서 장시간에 걸쳐 복잡한 수송이 발생한다. 하층대기에서는 넓고 평탄한 지역에서도 공기덩어리는 복잡하게 움직인다. 미국의 대평원에서는 발생원에서 600km 떨어진 곳에 원호상(圓弧狀)으로 나란하게 포집 점을 설치하고 장거리 수송실험을 수행하였다. 실험 중에 배출원에서 트레이서(tracer) 물질을 방출한 후에 포집 점에서 포집해 보니 방출 하루 뒤에 일부 포집 점에서 수송되어온 트레이서 물질이 확인되었다. 그런데 3일이 지난 후에 또 그 물질을 포함한 공기덩어리가 관측되었다(Ferber et. al., 1981). 기압경도에 상응하는 풍속을 뛰어넘는 하층 제트기류가 야간에 발달하는 곳에서는 하루 밤사이에 물질이 1,000km 이상 수송되기도 한다. 이처럼 하층의 복잡한 바람이 장거리 수송의 예측을 어렵게 만든다.

9.5 대기오염에 대한 대기의 조절작용

주어진 지역에서 배출되는 대기오염물질의 양은 적어도 수 년 이내에 크게 변할 가능성은 희박하다. 그럼에도 불구하고 각 지역의 대기오염 농도는 같은 계절 내에서도 크게 변하는데, 그 이유는 대기 조건의 변화에 기인한다. 대기 조건은 대기오염 농도를 결정하는 데에 중요한 역할을 한다. 대기오염물질의 확산은 대기안정도와 풍속에 의존한다. 또 여름철 광화학 스모그는 일사조건(운량)의 영향을 받는다. 또 국지풍의 발생은 대기오염물질의 배출에 큰 영향을 미친다.

(1) 바람에 의한 대기조절 작용

국지순환은 오염물질의 확산과 수송에 중요한 역할을 한다. 해안 도시의 경우에는 주요 대기오염물질 배출원의 위치를 결정함에 있어서 해풍의 영향을 고려해야 한다. 해륙풍은 내륙과 해양 사이의 열용량 차이로 발생하는 국지적인 기압차이가 원인이 되어 발생하는 국지순환풍이다. 그림 9-6에 낮에 해풍이 발생하는 원리를 도식적으로 제시하였다. 그림 9-6(a)에서 보는 바와 같이 지표와 인접한 대기층에서 육지와 해양간의 수평 기압차에 의해서 기압경도력이 해양에서 육지로 작용하여 바람이 해양에서 육지로 분다. 한편 980hPa 고도 부근에서는 기압경도력이 육지에서 해양으로 작용하면서 바람이 해양으로 불어간다. 그 결과 해양과 육지의 경계를 횡단하는 중규모의 해륙풍 순환이 형성된다.

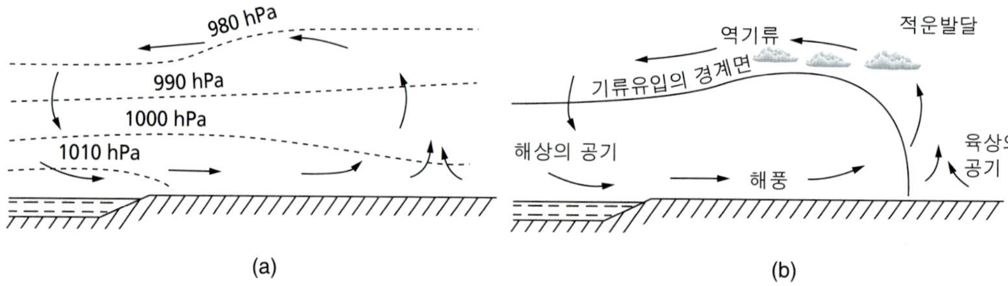

그림 9-6 해풍 발달시의 대기의 구조와 기압분포

따라서 해풍이 시작되는 해안에 산업단지와 같은 배출원이 위치하면, 한 낮에 해풍이 대기오염물질을 도시 후면으로 수송하면서 도시의 대기질을 악화시킬 수 있다. 반면에 청정한 해상으로부터 불어오는 해풍이 도심으로 진입하면 도시의 오염된 공기를 희석시켜 오염농도를 낮추어주기도 한다.

그림 9-7은 강릉에 설치된 윈드 프로파일러로 관측한 해륙풍 발달시의 고도에 따른 풍향을 고도 500m에서의 풍향을 기준으로 나타낸 것이다. 그림 9-7에서 (a)와 (b)는 각각 낮 1200시에, 1300시에 관측한 풍향분포이다. 그림에서 $\Omega=1$은 500m에서의 풍향과 관측고도의 풍향이 일치한 경우이고 $\Omega=-1$은 500m에서의 풍향과 관측고도의 풍향이 정반대인 경우이다. 그리고 500m에서의 풍향과 관측고도의 풍향이 이루는 각이 90°인 경우는 $\Omega=0$이다. 그림 (a)에 의하면 지표에서 고도 1km까지는 해풍이 발달되어 있으며, 해풍과 풍향이 반대인 바람, 즉 역기류(counter flow)는 고도 1.9~2.4km에 발달되어 있음을 알 수 있다. 고도 1km에서 1.9km 사에 있는 층은 풍향의 전이층(transition layer)에 해당된다. 그림 (b)는 (a)와 비슷하지만 전이층의 두께는 얇아지고 역기류층의 두께가 증가하였음을 보여준다. 그림 9-8에 기상청에서 운영 중인 자동기상관측장치에서 관측된 바람자료(1982~1986)를 이용하여 작성한 바람의 일변화를 제시하였다. 오전 6시에는 내륙에서 해안으로, 오후 1시에는 이와 반대 방향의 바람을 볼

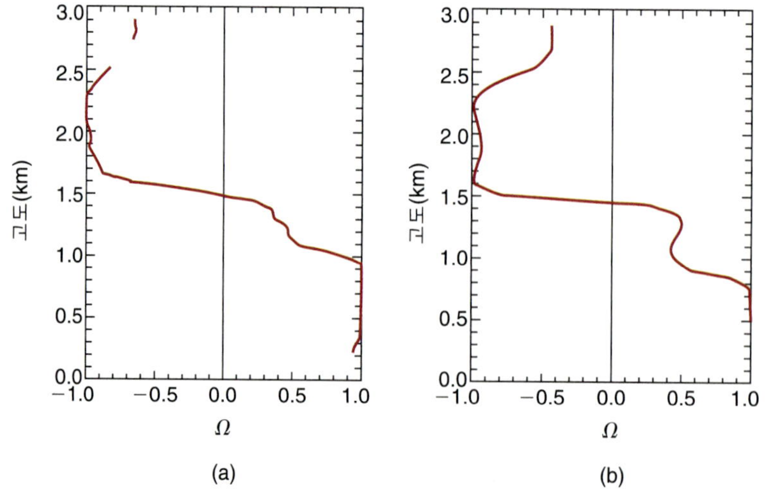

그림 9-7 해풍 발달시의 대기 경계층에서 풍향의 고도 변화 (2004년 6월 4일 강릉): (a) 1200LST, (b) 1300LST

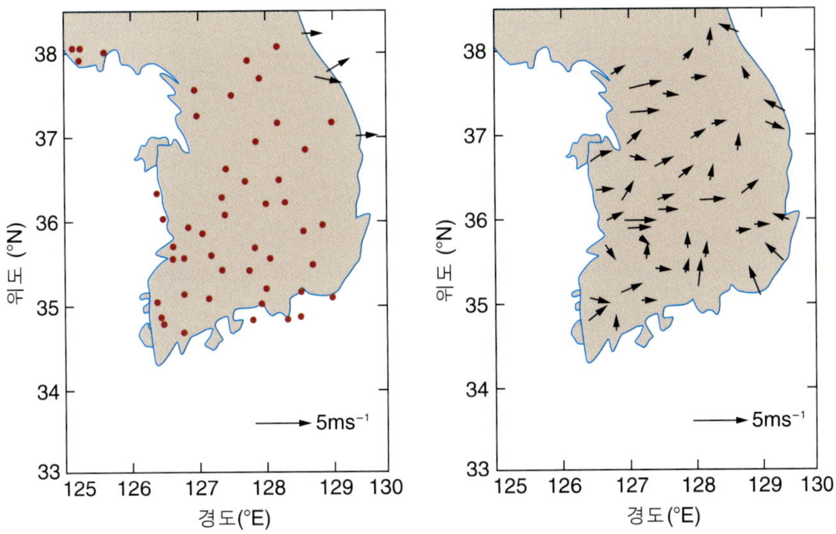

그림 9-8 여름철 평균 지상풍의 분포 (1982~1986): (a) 06시, (b) 13시 (Lee, 2010).

수 있다. 이처럼 삼면이 바다이고 해안으로부터 내륙 중심부까지의 거리가 짧은 우리나라의 경우에는 전 국토가 해륙풍 순환의 영향을 받고 있는 셈이다.

산지로 둘러싸인 내륙 분지지역에서는 산곡풍 순환이 대기 조절에 중요한 역할을 담당할 수 있다. 험준한 지형을 갖는 산지에서는 계곡을 중심으로 지형성 교대풍(relief wind)이 부는데, 밤에는 산정상에서 경사지 아래로, 낮에는 산정상을 향해서 불어 올라간다. 그림 9-9에 산곡풍이 발생하는 원리를 제시하였다. 지표는 모든 적외선 영역의 파장에 대해서 복사 방출률이 1에 가깝다. 하지만 구름은 사실상 모든 파장의 장파복사를 잘 흡수하고 방출하지만 청천 하늘의 공기입자들은 지표면으로부터 가장 강한 강도의 파장영역(8~12μm)의 복사를 잘 흡수하지도 않고 방출하지도 않는다. 이러한 이유로 흐린 날 밤은 맑은 날 밤만큼 빠르게 냉각이 되지 않는다. 즉 공기는 지표면에 비하여 복사에너지의 흡수와 방출이 적기 때문에 지표에 접하여 지표로부터 직접 가열이나 냉각의 영향을 받지 않는 공기의 온도는 낮과 밤사이에 변화가 작다.

반면에 산의 지표는 낮에는 태양복사에너지를 흡수하여 온도가 상승하고 야간에는 장파복사를 방출하여 온도가 내려간다. 이런 이유로, 지표의 가열이 있는 낮에 동일 고도에 있는 공기는 산지 부근의 공기가 부력을 얻어 상승을 한다(그림 9-9(a)). 이를 곡풍이라고 부른다. 야간에는 산지 부근의 공기가 냉각되어 같은 고도에 있는 산지로부터 떨어져 있는 공기보다 무거워져서 음의 부력을 갖게 되어 저지대로 하강을 한다(그림 9-9(b)). 이를 산풍이라고 부른다. 이러한 산곡풍이 부는 지역에서는 낮 시간에는 곡풍이 저지대에서 배출된 오염물질을 경사지 위로 수송한다. 그리고 야간에는 복사냉각으로 무거워진 저온의 청정한 공기가 저지대로 흘러 내려와서 대기오염 농도를 희석시킨다.

최근 도시계획 분야에서는 도시의 위치에 따라서 해풍이나 산풍을 이용하여 도시의 환기 기능을 개선시킴으로서 대기오염과 도시열섬 문제를 완화시키고자 노력하고 있다. 해륙풍과 산곡풍은 지형적 특성에 따라서 발생하는 국지순환풍인데, 이들 바람이 발달하는 경로를 바람길

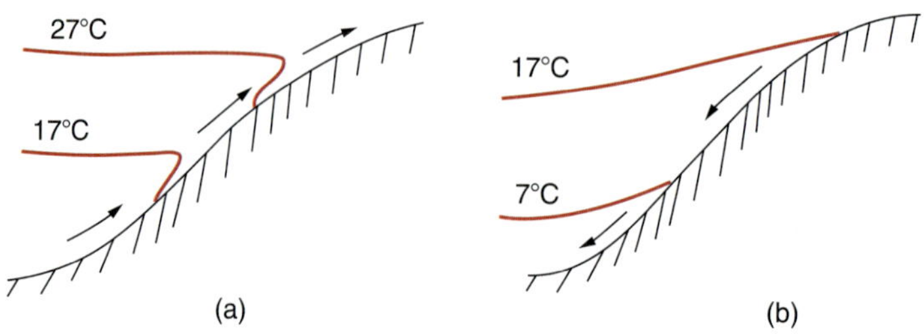

그림 9-9 산곡풍이 발생하는 원리: (a) 곡풍은 낮에 산의 사면이 태양에너지를 받아 지표가 가열되고, 가열된 지표로부터 가열된 공기가 부력을 얻어 산정을 향해 상승해 가는 바람이다. (b) 산풍은 야간 산의 사면에서 야간에 지표면의 복사냉각으로 냉각된 공기가 음의 부력을 얻어 저지대로 하강해 가는 바람이다.

(wind ventilation lane)이라고 부른다. 해풍, 육풍 및 산풍은 밀도류라는 사실로부터 추정할 수 있듯이 도시의 바람길은 도시하천과 같은 저지대를 따라서 발달하는 것이 일반적이다. 연중 풍속이 약한 독일을 포함한 유럽대륙에서는 이러한 산곡풍을 이용하여 도시의 대기오염물질에 대한 환기조건을 개선하고, 청정한 냉기류(산풍)를 이용하여 도심의 기온을 낮추어 도시의 환경 쾌적성을 향상시키려는 노력이 지속적으로 이루어지고 있다. 냉기류의 흐름과 저온의 성질을 보전하기 위하여 바람이 지나는 길에는 도시녹지를 조성하고 고층건물의 건립을 억제하려는 노력이 도시계획에 반영되고 있다. 1990년대 이후에는 일본을 포함한 아시아의 여러 도시에서도 산풍이나 해풍을 이용하여 도시의 기후환경을 개선하려는 구체적인 움직임이 도시계획에 반영되고 있다. 한편, 우리나라에서는 서울, 대구 등의 지역에서 도시계획에 바람의 길 개념을 반영하여야 한다는 문제제기가 있었고 기초적인 바람 길 연구가 수행되기도 하였지만, 그것은 외국의 사례에 비추어 우리나라에도 도입이 필요하다는 당위론적인 수준에 머물고 있는 실정이다.

(2) 대기안정도의 영향

대기의 안정도도 대기오염의 농도를 결정하는 데에 매우 중요하다. 기온의 연직분포가 대기의 안정도를 지배하는데, 이것은 대기에서 오염물질을 더 빠르게 혼합시키는 연직기류와 관계된다. 대기오염농도는 대기안정도가 클수록 오염물질의 혼합은 억제된다. 대기가 절대안정일 경우에는 상승기류가 존재하지 않아서 연직혼합이 거의 발생하지 않는다. 조건부불안정 하에서는, 오후에 지면가열이 충분하여 대기가 불안정해지는 낮 시간을 제외하고는 혼합이 잘 발생하지 않는다. 절대불안정의 조건 하에서 대기혼합이 가장 활발하게 발생한다.

역전층의 존재는 대기오염농도를 심화시키는 요인이 된다는 것은 잘 알려져 있다. 고도에 따라서 기온이 상승하는 역전층은 대기혼합을 거의 발생시키지 않는 매우 안정한 대기조건을 만든다. 대류활동이 억제되어 대기오염물질의 확산 능력이 감쇄되는 것이다. 지표기온의 역전은 보통 대기 상공 100m까지 확대된다. 이것은 몇몇 요인으로 인하여 발생한다. 예를 들면 야간에 지표가 적외선을 방출하면 하층대기가 냉각되어 지표 역전(surface inversion)이 만들어진다. 이와 같이 야간 복사가 유발한 역전은 야간에 흐린 날보다 쾌청한 조건에서 잘 나타난다. 구름이 낮에 태양에너지의 입사를 감쇄시키고, 야간에는 구름이 지구가 잃는 복사량을 줄여준다. 그래서 역전의 발달이 감소한다.

한 기후(cold climates)에는 지표부근이 복사를 얻는 것보다 잃는 것이 많기 때문에 역전이 유지되는 시간이 더 길게 나타난다. 이러한 이유로 역전은 북극이나 남극 근처에서 자주 발생한다. 다행히 이들 지역은 산업화된 곳이 아니다.

하층대기의 기온의 연직분포를 하루 동안 관측해 보면 야간과 일출 후 얼마 동안에 나타나는 역전 동안에 대기오염 확산이 억제되는 것을 잘 볼 수 있다. 맑은 날 태양광선을 지표가 흡수하면 지표가 가열되어 역전이 해소되면서 야간 동안에 적체되었던 오염물질이 지표를 벗어나기 시작한다. 역전층은 시간이 지날수록 점차 얇아지고 대기오염물질은 보다 농축되어진다. 하지만 그것이 소거되는 것은 보통 아침 10시나 11시 경이다. 기온감률은 최고온도가 나타날 때까지 증가하는데, 이에 따라서 대기오염의 확산도 증가한다. 지표역전은 해가 진후에 지표가 복사에너지를 잃기 시작하면, 다시 발달하기 시작하고 대기오염의 축적도 시작된다.

상층역전(1~2km 고도)은 오래 지속되기 때문에 대기오염에 미치는 영향이 지표역전보다도 더 나쁠 수가 있다. 상층역전은 종종 수일에 걸쳐 지속된다. 상층 대기의 역전층은 서로 다른 여러 가지 물리적 과정의 결과로 발달한다. 상층 역전의 중요한 발달기구는 고기압 영역에서의 공기의 침강이다. 침강하는 공기는 상대적으로 상부에 있던 공기일수록 더 많이 하강하여 더 많이 가열되기 때문에 상층역전이 발생한다. 또한 상층역전은 기단의 교체로 발생하기도 한다. 해양 열대 공기의 발생원은 위도 30도 부근에 위치한 대서양과 태평양에 위치한다. 그곳에서 공기는 고온 다습해지는데, 이 공기가 종종 미국으로 진입하여 지역을 점유하는 기단의 유형을 바꾸어버린다. 대륙성 한대기단과 대륙성 극기단은 미국의 북쪽에 위치하는데, 이들 기단이 종종 미국 쪽으로 확장하여 차가운 공기가 미국을 덮는다. 그 두 공기의 선단이 남쪽의 따뜻한 공기와 마주치면 차가운 공기는 따뜻한 공기의 아래쪽으로 침투하여 한랭 전선을 만들고 따뜻한 공기는 찬 공기 위로 올라가면서 비를 내린다. 이 과정에서 상층역전이 발생한다. 차가운 공기가 따뜻한 공기 아래로 파고들면, 두 공기의 사이에서 역전층이 발생하는데 이것이 역전을 발달시키는 또 다른 메커니즘이다. 이러한 상태가 오래 지속되지 않는 한, 이로 인하여 심각한 대기오염이 발생하는 사례는 일반적으로 없다. 상층역전은 하루 동안에 발생하는 가열과 냉각의 주기로 발생하기도 한다. 낮에는 가열이 야간에는 냉각이 발생하는데, 두꺼운 구름층이 있고 그곳에서 야간 냉각보다 주간의 가열이 많으면 깊은 역전층이 발달할 수 있다. 보통은 낮 동안의 지표 가열이 하층 대기를 가열시켜서 야간에 형성된 역전층을 소거시킨다. 만약에 낮 동안에 가열이 불충분하면 상층 대기에는 야간에 생성된 역전층이 그대로 남는다.

상층역전은 대기오염물질의 확산을 결정하는 데에 큰 영향을 미친다. 역전층은 오염물질의 확산을 저하시키는 매우 안정한 층이다. 상층역전이 장기간에 걸쳐서 정체할 경우에는 대기오염을 가중시켜 치명적일 수 있다.

참고사항 「자원순환형 사회와 환경보전」

인류가 지구상에 나타난 이래로 가장 유복한 시간을 영유하고 있는 것이 산업혁명이 시작된 최근 200여년이라고 한다. 산업화가 본격화되면서 인류는 자연이 생산해 낼 수 있는 범위를 훨씬 초과하여 물질을 소비해 왔고, 자연이 소화할 수 없을 만큼 많은 양의 환경오염물질을 배출해 오고 있다. 그 결과 우리는 45억년의 지구역사 동안에 자연이 축적해온 자원을 불과 200여년만에 고갈시키고 있다. 그리고 대기, 수질, 토양오염과 생태계 파괴에서 유발되는 각종 환경문제로 건강한 삶을 위협받고 있다.

산업화 사회에서의 경제발전을 설명하는 원칙 중에 모드의 법칙이라는 것이 있다. 모드의 법칙은 처음엔 패션산업에 대해서 제안된 것이지만, 일반 공산품에도 적용이 되는 것으로 알려져 있다. 이 원칙에 의하면, 특정 물건이 소모되어 쓸 수 없을 때까지 걸리는 시간에 대하여 동일 물건을 다시 구매하는 데에 걸리는 시간이 짧으면 경제발전이 이루어지고 그 반대이면 경제 불황이 온다고 설명한다. 즉, 어떤 물건이 쓸 만함에도 구매행위가 이루어져야 경제가 잘 돌아간다는 얘기이다. 산업화 사회가 얼마나 물질적 과소비를 전제로 하고 있는지를 증언하는 것으로 생각된다.

이처럼 산업화 사회는 인류에게 풍요로움을 선사하였지만, 자원의 고갈과 환경오염을 전제로 할 수 밖에 없기 때문에, 본질적으로 지속 불가능한 사회체제인 것이다.

이러한 배경에서 이미 20세기 후반부터 유엔을 중심으로 한 국제사회는 지속가능한 발전사회로의 전환을 추구해 오고 있다. 지속가능한 발전 사회에 대한 사전적 의미는, 미래 세대의 삶을 위태롭게 하지 않으면서 현재 세대가 필요로 하는 것을 충족시켜주는 사회를 말한다. 즉, 현 세대뿐만 아니라 후대의 사람들도 풍요로운 삶이 보장되는 사회체제를 지속가능한 발전사회라고 한다. 건강한 후손을 낳아 종을 지속시켜 가고자 하는 것이 인간을 포함한 모든 생명체들의 본능이므로 고갈형 사회에서 지속가능한 발전사회로 전환해 가자는 주장에 반대할 사람은 없을 것이다. 그런데 문제는 어떻게 이런 사회를 구현할 수 있을 것인가 하는 구체적 실천방법에 있다.

우리 시대가 향유하고 있는 화석연료와 각종 금속류들은 예외 없이 고갈형 원료이다. 따라서 지금의 소비생활방식을 바꾸어야 한다는 것이기에 매우 어려운 일이다. 그렇지만 이 길은 인류가 지구상에서 지속적으로 생존하기 위해서는 선택의 문제가 아니라 필수적으로 가야 하는 길이다. 완전히 지속가능한 발전사회를 정착시키기에 앞서 당장 눈앞에 닥친 자원고갈의 파고를 헤쳐가기 위해서는 자원순환형 사회를 지향하여야 한다. 자원순환형 사회는 첫째, 폐기물의 발생억제, 둘째, 재사용, 셋째, 회수된 자원을 원재료로 재사용하든가 그것이 여의치 못하면 에너지로의 이용 혹은 환경보전대책에 만전을 기하여 적정하게 처리하는 체제를 구축하는 것을 말한다. 지금도 국민과 정부가 협력하면 상당한 수준으로 자원순환형 사회를 달성할 수 있다. 아직도 전국의 매립장에 묻히고 있는 쓰레기의 약 75%가 재활용 가능한 것이고 한다.

"버리면 쓰레기, 다시 쓰면 자원"이라는 표어는 우리 시대 최고의 화두라 할 것이다.

복습문제

1. 우리나라 환경기본법에 정해진 특정오염물질은 무엇인가?
2. 산성비는 어떻게 생성되는가? 또, 산성비가 미치는 악영향은 무엇인가?
3. 1차 오염물질과 2차 오염물질은 어떻게 구분되는가?
4. 우리나라 도시의 대기환경 개선을 위해 가장 필요한 것은 자동차 운행을 감축하는 것이라고 한다. 그 이유는 무엇인가?
5. 대기 중에 배출된 비세입자가 제거되는 과정에는 어떤 것이 있는가?
6. 강수제거와 세정제거는 어떻게 다른가?
7. 주요 기체상 오염물질이 인간 건강에 미치는 악영향을 알아보자.
8. 과거 영국과 일본에서 이루어진 대기오염 규제정책에 대해서 알아보자.
9. 점오염원, 면오염원, 선오염원이란 무엇이며, 이에 속하는 사례를 하나씩 제시해 보자.
10. 질소산화물로부터 오존이 발생하는 과정을 알아보자.
11. 대기 중 오염물질의 수송현상을 이류현상과 난류수송현상으로 나누어 설명해 보자.
12. 대기 중 오염현상의 규모에 따른 과정의 중요도 차이를 알아보자.
13. 최근 우리나라에 황사의 출현은 예전에 비하여 보다 일찍 나타나고 일찍 종료하는 것으로 평가된다. 그 이유는 무엇일까?
14. 내륙과 해안 지역 사이에 나타나는 하루 중 국지 규모의 기압계 분포 변화와 그에 따른 바람 순환의 특성을 알아보자.
15. 산곡풍 순환의 원리를 알아보자.
16. 상층역전 현상이 나타나는 메커니즘을 알아보고, 그것이 대기오염에 미치는 영향을 조사해 보자.
17. 도시의 대기질은 여름보다 겨울에 낮다. 그 이유를 양 계절 사이의 기상학적 조건의 차이를 이용하여 설명해 보자.

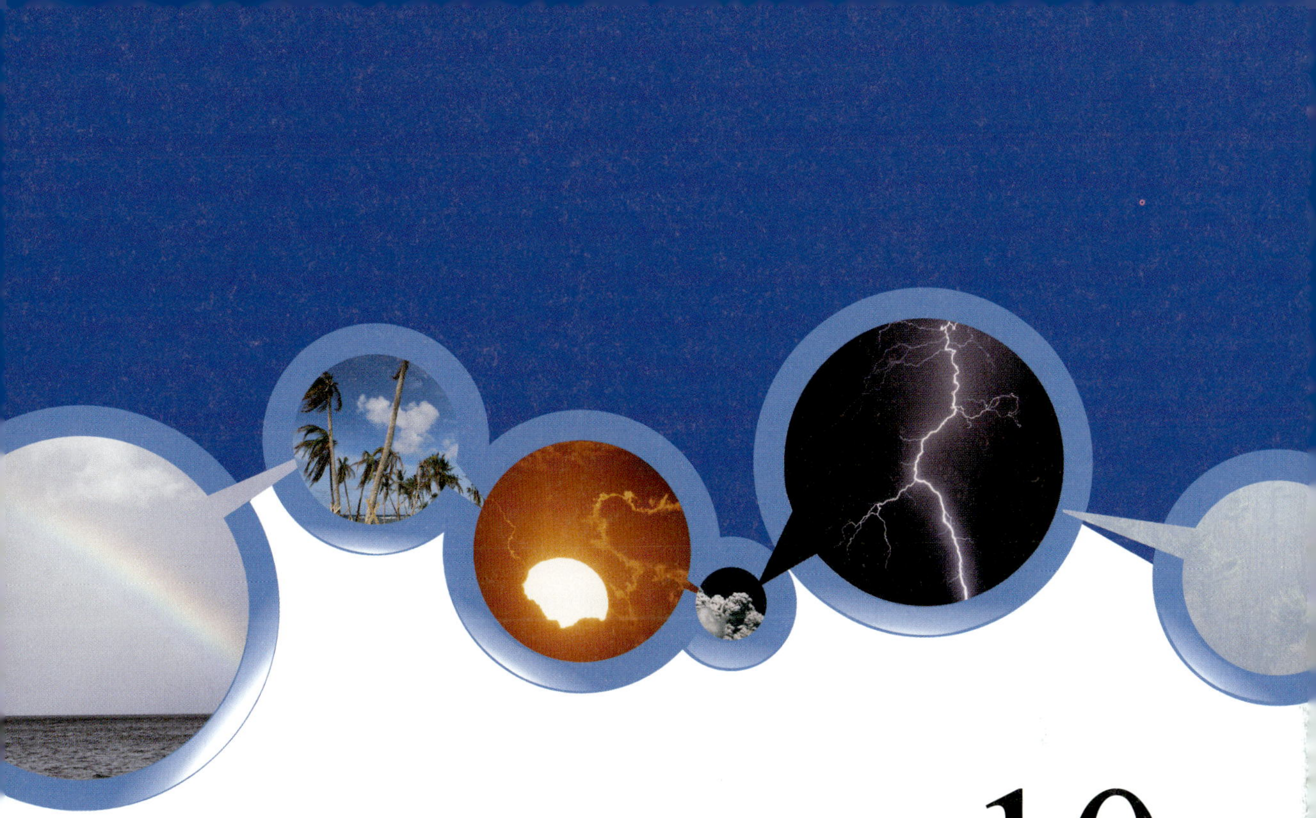

CHAPTER 10
기후

기후란 날씨의 오랜 기간 동안의 평균적인 특성으로 정의한다. 날씨는 일시적인 기상현상을 나타내는 것에 비해, 기후는 지속적이고 평균적인 기상 현상을 나타낸다. 최근에는 지구온난화로 기후가 점점 변화되고 있으며 기후변동성 또한 중요하게 다루어지는 부분이다. 이 장에서는 기후의 정의에서 출발하여 우리나라의 기후 특성에 대하여 알아보자.

10.1 기후란 무엇인가?

비록 우리는 어느 특정 장소, 미래의 어느 특정 날에 어떤 날씨가 나타날는지에 대해 정확하게는 알 수 없다 하더라도, 그 장소에서 일반적으로 어떤 날씨가 일어날 것이라는 추정을 할 수는 있다. 예를 들어, 우리나라 여름에 장마철이 지나면 무더운 날씨가 예상되는 반면에, 겨울에는 때때로 한파가 몰아닥치기는 하지만 일반적으로 온화한 겨울을 기대할 수 있다. 하지만 어느 특정 장소에서 종종 우리의 예상과 달리 이상기상 현상이 일어나기도 한다. 이런 이상기상은 이상고온 또는 이상한파의 형태로 나타나며, 또 어느 특정 장소에서 예기치 않은 악기상 현상으로 나타나곤 한다.

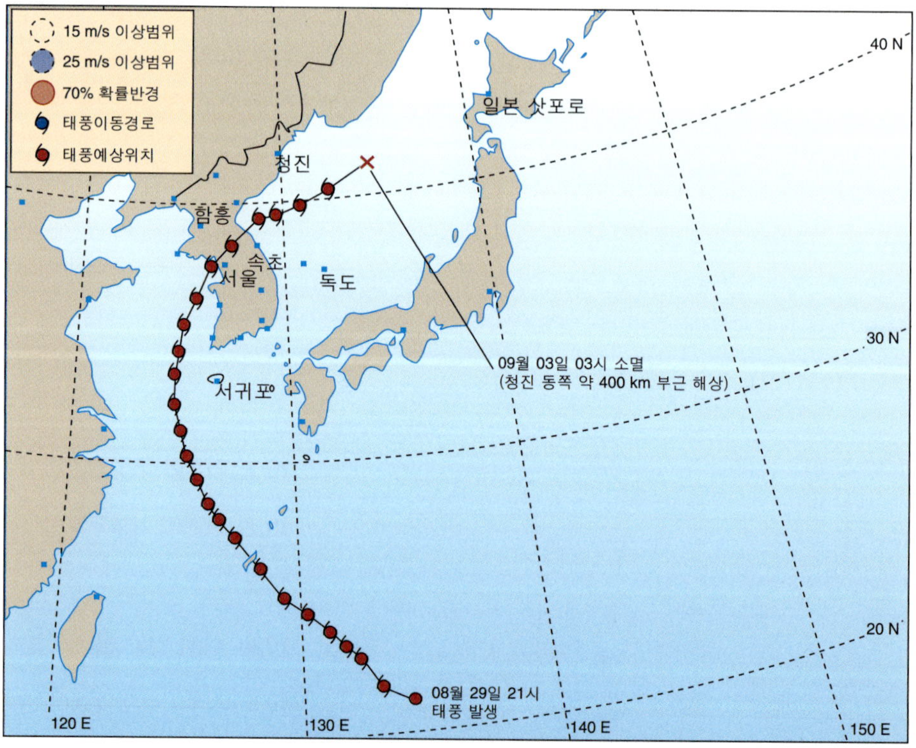

그림 10-1 2010년 제7호 태풍 '콘파스'의 진로도

그 사례로, 2010년 9월 2일 제 7호 태풍 '곤파스(KOMPASU)'가 오전 6시35분께 강화도 남단에 상륙한 후 중부지방을 통과하여 동해로 빠져 나갔다. 초속 20m가 넘는 강한 바람을 동반한 태풍의 영향으로 수도권을 비롯한 중부지방을 중심으로 인명 및 재산피해가 속출했다. 경기 성남에서 주민 현모씨(37)가 강풍에 부러진 가로수에 머리를 맞아 숨지고, 충남 서산에서는 양모씨(80)가 강풍으로 날아온 기왓장에 머리를 맞아 사망했다. 또 광주와 전북 부안, 충남 태안과 홍성 등지에서 정전사태가 발생해 6만 2534가구가 불편을 겪었으며 전남과 전북 등지 592ha에서는 수확기 벼도복 피해가, 511ha 규모의 과수낙과 피해가 발생했다. 이 밖에 서울 여의도동 국제금융센터(IFC) 공사현장 길이 5m, 높이 8m의 울타리가 강풍에 의해 쓰러졌고, 인천 문학경기장 지붕막 7개가 파손됐으나 다행히 인명피해는 발생하지 않았다. 태풍에 동반된 낙뢰로 KTX를 비롯한 여객열차와 수도권 전동열차 운행이 일시적으로 멈추는 등의 사고가 발생했다.

물론 여기서 우리가 이야기하려는 것은 어느 특정 장소의 이상기후 현상만을 다루려는 것은 아니라 이 지역에서 발생하는 기상현상의 전 범위를 말하려는 것이다. 기후(climate)는 매일의 일기 변화를 장기간에 걸쳐 평균한 대기의 특성과 현상들을 총칭한다. 따라서 기후는 날씨의 통계적 특성이라고 정의할 수 있다. 세계기상기구(World Meteorological Organization, WMO)는 기후를 과거 30년간의 평균으로 정의하고 10년마다 그 값을 갱신하고 있다. 따라서 기후 값들은 항상 일정한 것이 아니라 시간과 더불어 변동한다.

10.2 쾨펜의 기후구분법

지금까지 기후학자들은 오랜 세월에 걸쳐 여러 개의 유용한 기후구분법을 제안해 왔다. 그 중에서 많은 제안들이 기온과 강수의 특성을 바탕으로 기후대를 구분하려 시도하였다. 러시아 태생 독일의 기후학자 Köppen(1846~1940)이 1884년에 식물 분포가 기후의 영향을 종합적이고도 뚜렷이 반영하고 있다는데 착안하여 세계의 식물 분포에 맞도록 6개의 기후대, 24개의 기후구로 세계의 기후를 분류하였다. 그 후 1918년에 이 기후분류를 6개의 주요기후로 구분하고, 또다시 그것을 세분하는 방식으로 개량하였다.

여기서는 우선적으로 지구상의 식물 생육을 결정짓는 커다란 제한인자로서 건조기후를 구별하였다. 또, 식물 분포는 특히 그 수종에 따라서는 온도 제약이 심하다는 것에 착안하여 온도에 따라 열대 · 아열대 · 온대 · 한대로 크게 구분하였다. 그리고 다시 강수량 및 강수 분포 상태에 따라 추가 구분을 하였다. 또한 쾨펜은 기후를 특성에 따라 각기 기후부호로서 표시하고, 그 부호의 조합으로 각지의 기후를 표현하였다. 첫째 분류로 세계를 몇 개의 주요지대로 나누고 영어의 대문자 A에서 E까지를 사용하여 정리했다. 이 가장 기본적인 기후는 전 지구를 위도, 대륙도(continentality), 그리고 주요 지형지물을 고려해서 다섯 개의 기후대로 구분한 것이다(표 10-1).

표 10-1 세분화된 쾨펜 기후분류 구분방법

A : 연중 기온이 18℃ 이상
B : 가증발량(potential evaporation)이 강수량보다 더 큰 기후
C : 연중 가장 추운 달의 평균 기온이 영하 3℃ 보다는 높고 18℃ 이하
D : 가장 추운 달의 평균 기온이 −3℃ 이하이고, 가장 따뜻한 달의 평균 기온이 10℃ 이상
E : 가장 따뜻한 달의 평균 기온이 10℃ 이하
F : 가장 따뜻한 달의 평균 기온이 0℃ 이하
T : 툰드라 기후, 가장 따뜻한 달의 평균 기온이 0~10℃
S : 초원기후
W : 사막기후

a : 가장 따뜻한 달의 평균 기온이 22℃ 이상
b : 가장 따뜻한 달의 평균 기온이 22℃ 이하, 그리고 가장 따뜻한 달의 평균 기온이 10℃ 이상인 달이 4개월 이상
c : 1~4개월이 10℃ 이상이고, 가장 추운 달이 −38℃ 이하
d : 가장 추운 달이 −38℃ 이하
f : 연중 비가 많음.
g : 가장 따뜻한 달이 하지(夏至) 및 우기 전
h : 연중 고온, 연평균 기온이 18℃ 이상
i : 연교차가 5℃ 이하
k : 연평균 기온이 18℃ 이하이고, 가장 따뜻한 달이 18℃ 이상
k' : 겨울철에 저온. 단, 가장 따뜻한 달이 18℃ 이하
l : 따뜻함. 연중기온이 10~22℃
m : 중간형, 열대 계절풍 기후
n : 안개가 많음.
n' : 안개는 적으나 습도는 높고 신선함. 그러나, 비는 적다. 가장 따뜻한 달의 기온이 24℃ 이상
n'' : n'와 같음. 단, 가장 따뜻한 달의 기온이 24~28℃
n''' : n'와 같음. 단, 가장 따뜻한 달의 기온이 28℃ 이상
s : 여름에 비가 적음.
w : 겨울에 비가 적음.
w' : 우기가 가을에 나타난다.
w'' : 우기는 여름이나 중간에 건조기가 있어서 두 번으로 갈라진다.
t' : 가장 따뜻한 달이 가을에 나타난다.
t'' : 가장 따뜻한 달이 하지(夏至) 이후에 나타난다.
x : 초여름에 강수량이 최대가 되고, 늦은 여름에 비가 적다.
x' : 연중 비가 적다. 단, 호우가 간혹 내린다.

10.2.1 열대기후

대체로 연중 따뜻한 열대기후는 남북 회귀선 사이의 전 지역을 차지한다. 열대기후는 연중 강수량에 따라 세 개의 소단위 기후대로 구성된다. 열대우림기후는 연중 상당한 비가 오는 경우이고, 열대사바나기후는 눈에 띄는 건조기가 있는 경우이다. 한편, 열대몬순기후는 1~3개월

의 짧은 건조기가 있기는 하나 식생이 건조기에 적응할 필요가 없을 정도로 토양이 충분한 습기를 가지고 있는 지역을 말한다.

열대우림기후(Af)

열대우림기후 지역에서는 나무의 캐노피를 형성하는 열대우림이 자라고 있는 지역이다. 세계에서 가장 큰 세 곳의 열대우림지역은 남미의 아마존 유역, 적도 아서부 아프리카 그리고, 인도네시아의 섬들이다. 이들 세 지역의 대부분은 적도에서 남북위 10도 범위 이내에 위치하여 지속적으로 열대수렴지대(intertropical convergence zone)의 영향을 받아 건기가 없다. 이런 까닭에 강우는 대부분 태양에 의한 강한 지표면 가열로 인해 발생하여 오후나 늦은 오후에 천둥번개를 동반하여 나타나는 대류성이다.

열대우림지역의 기온은 연중 높기는 하지만 이들 지역이 세계에서 가장 더운 곳은 아니다. 지표면에서 충분히 공급되는 물로 인해 입사되는 태양광의 많은 부분이 지표면을 가열시키기보다는 증발시 잠열로 전환되어 없어진다. 더구나 이곳의 습윤한 공기는 쉽게 적운을 만드는데, 이들 적운이 입사되는 태양광을 외계로 반사시켜 되돌아가게 한다. 그리하여, 최고 기온은 아열대 사막지역보다 훨씬 낮게 나타난다. 다른 기후구와는 달리 열대우림기후에서는 기온의 일변화 폭이 연변화 폭보다 더 크게 나타난다. 통상적으로 최저기온은 이른 아침에 20~25℃ 정도이고, 최고기온은 오후에 30~35℃ 정도로 나타난다.

열대몬순기후(Am)

몬순기후는 열대에서 건기와 우기로 전환되는 기후를 말한다. 이 몬순기후는 주로 열대 연안지역에 나타나는데, 연중 연안으로 온난습윤한 바람이 불어오는 지역이다. 이런 기후는 남미의 북동부 연안, 인도의 남서부 지방, 벵갈만의 동부, 그리고 필리핀에서 찾을 수 있다. 이 기후는 열대우림기후대와는 달리 바다에서 불어오는 공기가 연안에 도달할 때 발생하는 수렴 때문에 발생하기에 연안에 국한되어 나타난다. 이들 지역에서 강수도 주로 지형적인 영향을 받아 강제 상승하여 강화된다. 그리하여, 열대우림기후와는 달리 지표 가열에 따른 지역적인 수렴이 강수의 주원인이 되지 못한다.

열대사바나기후(Aw)

열대사바나기후는 열대의 극쪽으로의 가장자리나 열대우림기후와 사막기후 사이에서 찾을 수 있다. 이 사바나기후는 중남미 대륙과 남아프리카에서 나타난다. 이들 지역은 적도에서 멀리 떨어져 있기 때문에 열대우림기후와 열대몬순기후 보다도 더 큰 기온과 강수량의 연 변화를 보이는 것이 특징이다.

10.2.2 건조기후

건조기후의 정의는 강수량 하나만 가지고 결정되지는 않는다. 건조기후는 가증발량이 연 총 강수량보다 많은 경우라고 정의된다. 세계의 건조지역은 건조도에 따라 사막과 준사막지역으로, 또 위도에 따라 더운 사막과 추운 사막으로 두 기준에 따라 세분된다. 준사막지역은 사막지역과 주변의 다른 기후대 사이의 전환지역으로 볼 수 있다. 때로는 짧은 풀이 자라고 있는 준사막지역을 스텝(steppe)기후라 부르기도 한다. 사막지역은 너무나 건조하여 단지 이곳 환경에 적응한 건생식물만이 이곳을 듬성듬성 지키고 있을 뿐이다.

사막과 준사막 기후는 아열대 또는 중위도로 구분된다. 아열대 건조지역은 양반구 위도 10도에서 30도 지역의 육지에 광범위하게 자리잡고 있는데, 이는 대기대순환에서 연중 하강기류가 존재하는 곳이다. 대표적인 예로, 남부 캘리포니아-아리조나-바하 캘리포니아, 북아프리카의 사하라 사막, 아라비아 반도, 그리고 호주 대륙 대부분의 내륙지방을 꼽을 수 있다. 온대사막과 준사막 지역은 주로 큰 산맥의 동쪽에 위치하는데, 산맥의 풍하측인 까닭에 비가 오지 않는 곳이거나, 바다에서 멀리 떨어져 대륙의 한 가운데 위치한 까닭에 수증기 공급이 매우 적은 곳이다. 이런 지역은 미국의 서부나 아시아 대륙에서 발견된다. 건조기후는 다시 아열대 사막, 아열대 스텝, 온대 사막, 온대 스텝기후로 세분된다.

아열대 사막(BWh)

대부분 사막은 아열대지역에 특히 대륙의 서쪽에 위치해 있다. 이곳에 아열대 사막이 형성된 가장 중요한 요인은 해들리 순환에서 공기가 침강하는 부분과 관련되어 있다. 비록 겨울철에 북태평양 고기압이나 북대서양 고기압은 지표에서 그 크기가 작아지고 약해지지만, 대류권 중간에서 침강은 여전히 강하다. 이런 까닭에 대류권 하부에서 공기가 상승하는 것이 제한되어 비가 오지 않고, 그 결과 대부분 아열대 사막이 형성되는 것이다.

아열대 스텝(BSh)

주로 아열대 사막 주변에서 습윤한 다른 기후 사이의 전이 지역에 나타나는 아열대 스텝기후는 아열대 사막기후를 정의하는 모든 조건에서 단지 수치만 다를 뿐 그대로 적용된다. 사막기후에서 그 수치가 더 크기는 하지만 아열대 스텝 역시 건조도가 매우 높다. 강수량도 해마다 큰 변동을 보이고, 여름철 기온은 매우 높고, 기온의 일교차와 연교차가 매우 크다. 대표적인 아열대 스텝기후의 예로 미국의 남서부 대부분과 멕시코의 북부를 들 수 있다.

온대 사막(BWk)

온대 사막은 대륙의 중앙부나 높은 산맥이 수증기 공급을 차단하는 지역에 위치한다. 가장 큰 온대 사막이 위치한 곳은 아시아 대륙 중앙 깊숙한 곳이다. 가장 대표적인 온대 사막은 바로 카스피해 동쪽지역과 히말라야 산맥 북쪽 지역에 위치하고 있다. 이 두 지역 모두 대서양으로부터 동쪽으로 너무 멀리 떨어져 있어 동쪽으로 이동하는 저기압들이 이곳에 채 도달하기 전에 소멸되어 버리고 만다. 또 남쪽에 위치하는 높은 히말라야 산맥이 인도양으로부터 북쪽으로 이동하는 습기의 유입을 차단하고 있다. 따라서 온대 사막은 대륙도가 매우 높은 지역에 위치한다

온대 스텝(BSk)

온대 스텝기후는 온대 사막의 북쪽을 차지하고 있거나 온대 사막 남쪽과 아열대 스텝지역 사이에 위치한다. 또한 이 온대 스텝기후대는 동서로 북미 중서부의 대평원에서 로키산맥 동쪽

까지, 남북으로 멕시코의 북동지역에서부터 캐나다 서부까지 펼쳐있다. 아시아에서 온대 스텝 기후 지역은 사막을 둘러싼 좁은 띠 형태로 여러 곳에 위치한다. 온대 스텝에서는 온대 사막과 대동소이한 기온의 변동 특성을 가지고 있다. 이들 두 기후구에서 근본적인 차이점은 스텝기후에서는 비가 더 많다는 점인데, 대부분 지역에서 연강수량이 50cm를 상회한다.

10.2.3 온대기후

양반구의 위도 30도에서 60도 사이에 온대기후대가 차지하고 있다. 또 북미와 남미대륙 그리고 호주의 남부에 좁고 긴 띠 모양으로 자리잡고 있다. 북미와 남미 대륙에서 이 기후대의 가장 대표적인 예로 동쪽은 산맥으로 제한되어 있다. 대륙 서안에 위치하는 이 기후대는 지중해 주변지역을 꼽을 수 있다. 또한 온대기후는 북미, 남미 대륙 그리고 아시아 대륙의 동쪽에 넓게 자리잡고 있다. 대륙 동안에서 온대기후는 서안에서와는 달리 내륙 깊숙이 확장하고 있는데, 위도를 따라 좁게 형성되어 있다. 또 대륙의 서안에서는 온대기후 지역이 거의 북극권 근처까지 확장되어 있는 반면에 동안에서는 위도 40도 이상에서는 발견되지 않는다. 온대기후는 다시 세 개의 소기후구로 나누어지는데, 두 개의 소기후구는 대륙의 서안에, 나머지 하나는 대륙의 동안에 있다. 지중해성 기후는 대륙 서안의 위도 25도에서 40도 사이에 위치하고 있다. 같은 위도대에 대륙의 동안에는 아열대 습윤기후가 있다. 서안 해양성 기후는 지중해성 기후의 북쪽에 위치한다.

지중해성 기후(Csa, Csb)

지중해성 기후의 특성은 여름에는 건조하고 겨울에 비가 집중적으로 오는 것이 특징이다. 그리스의 아테네와 캘리포니아의 로스엔젤레스에서 이러한 특성을 잘 보여주고 있다. 지중해성 기후에서 여름에 비가 거의 없는 것은 바로 연안근처에 위치하는 아열대 고기압 때문이다. 북미에서 북태평양 고기압이 이 온대저기압의 통과를 가로막아 저기압의 이동경로를 더 북쪽으로 변경시킨다. 이와 같이 저기압 이동경로의 전이, 아열대 고기압 동쪽에서 침강하는 공기 등이 합쳐져서 캘리포니아 남쪽연안에서 강수생성에 필수적인 하층공기의 상승을 억제한다. 겨울이 되면 북태평양 고기압은 세력이 약해지고, 영역도 줄어들며, 적도쪽으로 이동한다. 이렇게 되면 태평양에서 저기압이 이 지역으로 통과할 수 있는 통로가 열리게 된다.

습윤 아열대 기후(Cfa, Cwa)

습윤 아열대 기후는 북미, 남미, 그리고 아시아의 동쪽에서 중위도보다 적도쪽에 위치한다. 이 습윤 아열대 기후가 중위도에 위치하고 있기는 하지만 긴 여름철 동안에는 마치 열대와 같이 느껴진다. 겨울철 기온은 지중해성 기후보다 더 춥고 또 같은 위도대의 서안보다는 훨씬 더 춥다. 습윤 아열대 기후에서는 비가 많은데, 연중 75cm에서 250cm의 비가 온다. 이 기후에 속하는 지역에서는 여름철에 비가 가장 많이 온다.

서안 해양성 기후(Cfb, Cfc)

서안 해양성 기후는 주로 지중해성 기후의 극쪽 연안지방에 위치하고 있다. 그렇다고 꼭 서안에만 존재하는 것은 아니다. 호주의 남동부와 아프리카의 남동부를 따라서도 이 기후대를 찾아 볼 수 있다. 여름이나 겨울이나 온화한 이 기후지역에서는 기온의 연교차가 그다지 크지 않다.

10.2.4 한랭기후

한랭기후는 대륙성 습윤기후와 아한대기후 둘로 나누어지는데, 매우 추운 겨울을 가지는 것이 두 기후구의 공통된 특징이다. 이 한랭기후는 위도 40도에서 70도 사이의 대륙 넓은 곳에 분포해 있다. 따라서 유럽, 아시아, 그리고 북미 대륙에서는 발견되지만 남반구에서는 나타나지 않는다. 아주 큰 대륙도를 보이는 특성을 지니고 있는 기후이기에 기온의 연교차는 매우 크다. 이 한랭기후에 속하는 두 고기후구 모두 연중 비가 많이 오는 까닭에 실질적인 건기는 없다. 많은 지역에서 겨울보다는 여름에 강수가 더 많다.

대륙성 한랭기후(Dfa, Dfb, Dwa, Dwb)

뉴욕, 시카고, 토론토, 몬트리올, 모스크바, 바르샤바, 그리고 스톡홀름 등의 대도시를 비롯해서 미국과 캐나다, 동부 유럽, 그리고 아시아에서 인구가 많이 밀집된 곳이 이 기후구역에 속한다. 주로 대륙의 동쪽의 위도 40도에서 55도 사이 지역에 속하는 이곳은 그래도 온화한 편이다. 여름은 대체로 따뜻하지만 때로는 뜨겁기도 하다. 한랭기후 지역의 연평균 강수량은 대게 50cm에서 100cm 사이이다.

아한대기후(Dfc, Dfd, Dwc, Dwd)

북미대륙에서는 한대 삼림으로, 또 아시아 대륙에서는 타이가(taiga)로 알려진 침엽수가 서식하는 지역이다. 여름철 기온은 주변에 위치한 대륙성 한랭기후지역보다 다소 낮은 편이다. 이 두 기후구의 대표적인 차이는 겨울철에 볼 수 있는데 월평균 기온이 매우 낮다는 점이다. 이 기후에 속하는 많은 지역에서 월평균 기온이 영하의 수치를 보이는데, 경우에 따라 월평균 기온이 영하를 보이는 달이 7개월이나 되기도 한다. 따라서 겨울이 길고, 짧은 여름 사이에는 잠깐 동안의 봄과 가을이 있을 뿐이다. 대략적으로 강수는 겨울보다 여름에 많다. 이는 주로 여름철에 온대저기압의 이동이 북쪽으로 치우칠 때 강수를 동반하기 때문이다. 그러나 주목할 점은 연 강수량이 매우 적어 12~50cm에 불과하다.

10.2.5 한대기후

한대기후는 위도 70도 이상의 아주 고위도 지역에 위치한다. 캐나다, 알래스카, 아시아의 북부와 그린란드의 연안지역이 이 한대기후에 속한다. 남반구에서는 남극대륙에서만 찾아볼 수 있다. 침엽수가 자라는 아한대기후보다 더 극쪽에 위치하는 한대기후 지역은 대게 아무런 나무도 자라지 못하는 불모지이다. 한대기후는 두 개의 소기후구로 나누어지는데, 적도쪽에 위치하는 것이 툰트라기후이고 이 보다 더 극쪽은 영구설빙기후이다.

툰드라기후(ET)

툰드라기후의 이름은 이곳에 서식하는 식생에 따른 것으로 실제 식생들을 살펴보면 나무는 살지 못하고 단지 이끼류 식물이나 야생화가 살고 있을 뿐이다. 툰드라기후가 아한대기후와의 차이는 가장 더운 달의 월 평균기온이 10°C를 넘지 않는 지역이라는 점이다. 북반구에서 이 조건에 해당되는 지역은 주로 북위 60도 이상의 지역이다. 툰드라기후의 눈에 띄는 특징 중에 하나는 지표 아래에 연중 녹지 않는 영구동토층이 있다는 사실이다. 겨울철에는 기온이 매우 내려가 토양이 얼어 버리는 데, 일부 지역에서는 동토층의 깊이가 수백 미터까지 달한다. 여름이 돌아오면 표토층을 녹이기에는 충분한 일사량이 지표에 도달하여 지하 수십 cm까지는 녹게 된다. 하지만 그 아래는 여름에도 녹지 않는 영구동토층이 있다. 표토층은 수분이 가득한 반면에 지하는 딱딱한 얼음으로 되어 있어서 뿌리가 표토층에만 침투하는 식생만이 이곳에서 생존할 수 있다.

영구동토기후(EF)

이름에서 암시하듯이 영구동토기후는 연중 눈과 얼음으로 덮여 있는 곳이다. 그린란드 내륙과 남극대륙이 이 기후에 속한다. 이 기후지역에서는 연중 가장 더운 달도 월평균 기온이 영상으로 올라가지 않는다. 이 기후대에 속하는 지역이 극지방에 있다는 점을 제외하고도 얼음이 수 km까지 쌓여 있어 엄청나게 추운 겨울이 나타나는 조건을 다 갖추고 있다.

10.2.6 고산기후(H)

고산기후는 쾨펜 기후구분에 있어서 주로 지리적 위치에 따라 결정되는 다른 기후구와는 달리 고도에 의해 결정되는 독특한 기후구이다. 이 고산기후는 높은 산맥이나 고원에서 찾아볼 수 있다. 제 1장에서 소개된 바와 같이, 기온은 고도가 올라감에 따라 내려간다. 그래서 높은 산악지역에서는 거리가 얼마 되지 않아도 단순히 고도의 함수로 나타낼 정도로 기온이 크게 바뀐다. 만약 우리가 경사면의 방향과 짧은 거리 차이에도 태양광이 비추는 강도가 달라지는 점을 고려하면 기온변화는 단순한 고도의 함수가 아니라 복잡하게 된다.

10.3 기후시스템

기후는 대기권과 이를 에워싸는 해양 · 육지 · 설빙 · 생물권 등의 사이에서, 태양으로부터의 복사를 에너지원으로 해서 복잡한 상호작용을 갖는 시스템(기후시스템)에 의해 형성되어 변동하고 있다(오재호, 1999). 따라서 기후변화 문제도 그 내 · 외적 요인들과 각종 상호작용들에 대한 지식이 증가함에 따라 대기권 밖으로 확장되고 있다. 기후시스템은 유체인 대기권(大氣圈)과 수권(水圈)뿐만 아니라, 설빙권(雪氷圈), 생물권(生物圈)과 지권(地圈)의 복합 상호작용(相互作用)에 의하여 유지되고 있다.

10.3.1 대기권

대기권은 지표로부터 상공 약 10,000km에 달하는 범위를 말하나, 대부분의 질량이 지표 근처에 존재하는 까닭에 실제로는 지구 크기에 비하여 아주 얇은 막에 불과하다. 대략적인 지구의 반경이 약 6,300km인데 반하여 약 99%의 대기가 지상으로부터 30km 이하에 존재하고, 대부분의 기상현상들은 대류권(對流圈, troposphere), 즉 고도 약 15km 이하에서 일어난다. 이상과 같이 대기권은 연직방향으로 지상으로부터 수십 km에 불과하나 수평면으로는 수만 km에 걸쳐 있다.

지구를 사과에 비교할 때 대기층은 사과껍질 두께에 불과하나 대기권은 현재 기후시스템에서 가장 중요한 영역이다. 대부분 기후 변화는 이 대기권을 통하여 감지되며 지상 생태계에 가장 큰 영향을 미친다. 대기권을 기온, 안정도, 구성 성분 등에 따라 고도별로 구분하면, 기온이 높은 지표로부터 고도와 함께 일정하게 기온이 내려가는 지상에서 약 10~15km 사이를 대류권이라 한다. 대류권은 하층의 약 3km가 지표 마찰의 영향을 많이 받는 행성경계층(planetary boundary layer)이며, 이 층의 높이는 낮에는 높이 올라가고 밤에는 지표 근처로 내려오며 또 매일의 일기 상태에 따라 변한다.

상층 대류권은 주로 중규모(mesoscale) 또는 대규모(large scale) 순환이 지배한다. 대류권에서 일어나는 각종 기상현상들은 일반 기상학에서 상세히 다루고 있어 여기에서는 생략하였다. 대류권보다 위의 고도 20km까지는 기온이 거의 일정하다가 그 위 50km 정도까지 기온은 고도와 함께 약 1km에 4℃ 정도로 상승하는데 이 영역을 성층권(成層圈, stratosphere)이라 하며, 이 층은 비교적 안정되어 대기의 상하운동이 매우 미약하며 건조하다. 중위도 상공의 대류권과 성층권 경계부근에 바람 속도가 매우 강한 제트기류가 존재한다. 성층권보다 위에서는 다시 기온이 고도와 함께 내려가는 고도 80~90km까지를 중간권(中間圈, mesosphere)이라 한다. 이 고도까지는 대기의 조성이 대략 균질하므로 균질층(homosphere)이라 부르기도 한다. 그리고 이 균질층 위에는 전자력(電磁力)을 고려하여야 하는 80km 이상의 열권(熱圈, thermosphere)으로 나누어진다. 각 권역별 대기 질량비는 대략적으로 각각 0.8, 0.2, 0.001, 그리고 0.00001이다.

대부분의 대기의 구성 성분은 질소와 산소이며, 이외에도 아르곤, 수증기, 탄산가스, 그리고 기타 미량 기체들로 -네온, 헬륨, 메탄, 크립톤, 수소, 오존 등- 구성되어 있다. 수증기, 탄산가스, 오존 등의 대기 중 온실기체들은 대기 전체 질량에 비하여 매우 작은 양에 불과하지만 현 기후의 유지 및 변화에 있어서 매우 중요한 역할을 하고 있다(표 10-2 참조). 산소는 생명체를 상징하고 있으며 생물권에 의해 유지되고 있다. 특히 오존은 대기의 온도구조를 결정하는 매우 중요한 기체이다. 오존은 지상으로부터 약 15~50km 성층권 영역에 많이 분포하고 있고, 태양광에 포함되는 자외선을 흡수하여 그곳의 대기를 가열함과 동시에 일부생물에 유해한 자외선이 지표면에 도달하는 양을 감소시키고 있다.

수증기는 해양에서 증발과정을 통하여 공급받게 되며 강수과정을 통하여 다시 육지와 해양으로 되돌아간다. 대기 중의 수증기는 양은 매우 적지만 기후시스템에서 중요한 온실기체일 뿐만 아니라 잠열의 형태로 에너지를 저장하고 있으며, 대기의 운동과 함께 운반되어 응결하면

표 10-2 주요 온실기체, 지구온난화 잠재력(GWP)[1] 그리고 대기 중 생존기간

온실기체	지구온난화 잠재력	대기중 체류시간(년)
CO_2	1	50~200
메탄	21	9~12
N_2O	310	120
HIFCs	140~11,700	2~264
SF_6	23,900	3,200
PFCs	6,500~9,200	3,200~50,000

열을 방출하여 대기를 가열한다. 이에 따라 열의 재분배에 크게 기여하고 있다. 물이 대기 중에 기체로 존재하는 것이 수증기이며, 액체와 고체 상태로 존재하는 것이 구름이다. 또 증발과 강수과정은 설빙권과 생물권을 유지시키는 중요한 역할을 하고 있다. 대기 중 수증기의 응결에 따라 발생하는 구름은 태양복사에 대한 반사율이 커서, 지구가 받는 태양에너지를 감소시킨다. 한편 구름은 지면으로부터의 적외복사를 거의 흡수함과 동시에 구름 자신의 온도에 비례한 적외복사를 하고, 지상기온은 구름상태에 따라 크게 좌우된다. 현재의 기후에서는 지구표면의 약 절반이 구름에 덮여 있다.

평균적으로 지구가 태양에너지를 어떻게 차단하는가를 개괄적으로 살펴보면 그림 10-2와 같다. 지구대기 꼭대기에 도달하는 전체 태양에너지를 100%라 했을 때 이 중 약 17%가 대기 중의 먼지, 수증기 그리고 물방울에 의하여 흡수된다. 약 6%는 대기에 의해 산란되어 우주공간으로 되돌아가고 3%가 지표에 의하여 반사되어 우주 공간으로 되돌아간다. 지표면은 태양복사의 약 47%를 흡수한다. 그 중 22%는 태양으로부터 직접 지표에 도달한 것이고, 25%는 구름에 의하여 반사된 후, 그리고 나머지 9%는 공기에 의해 산란된 후에 지표면에 도달한다. 지표에 도달된 태양광선은 지표에서 약 16%가 반사되고(대기 꼭대기에 도달하는 전체 태양에너지에 대해서는 약 9%에 해당됨), 나머지는 지표에 흡수된다. 물론 지표면의 반사율은 지표면의 상태에 따라 크게 다르다. 신선한 적설면 그리고 수면(태양이 수평선에 가까울 때)은 입사된 복사의 90% 또는 그 이상을 반사한다. 그리나 삼림에서는 10% 이하가 반사되고 녹색 풀밭에서는 10~15%가 반사된다.

1) 각각의 온실기체가 지구온난화에 미치는 영향은 복사 강제력뿐만 아니라 대기 중 농도 및 그 수명에 의존한다. 거기에서 이들 요인도 고려하여 각각의 온실기체를 같은 질량으로 배출할 경우 상대적인 온실효과를 쉽게 비교할 수 있는 척도로『지구온난화 잠재력(GWP, global warming potential)』이라고 하는 양이 소개되고 있다. GWP는 단위질량의 온실기체를 대기 중에 방출할 때, 기체의 수명을 고려하여, 권계면을 통과하는 적외 복사량의 변화를 이산화탄소에 의한 변화 경우에 대한 상대적인 비율로 표시한 양이다. GWP를 결정하는 요인으로써는 기체 자체의 복사특성에 의한 직접적인 것과, 그 기체가 관여하는 화학반응에 의하여 다른 온실기체에 영향을 주는 간접적인 것도 있다.

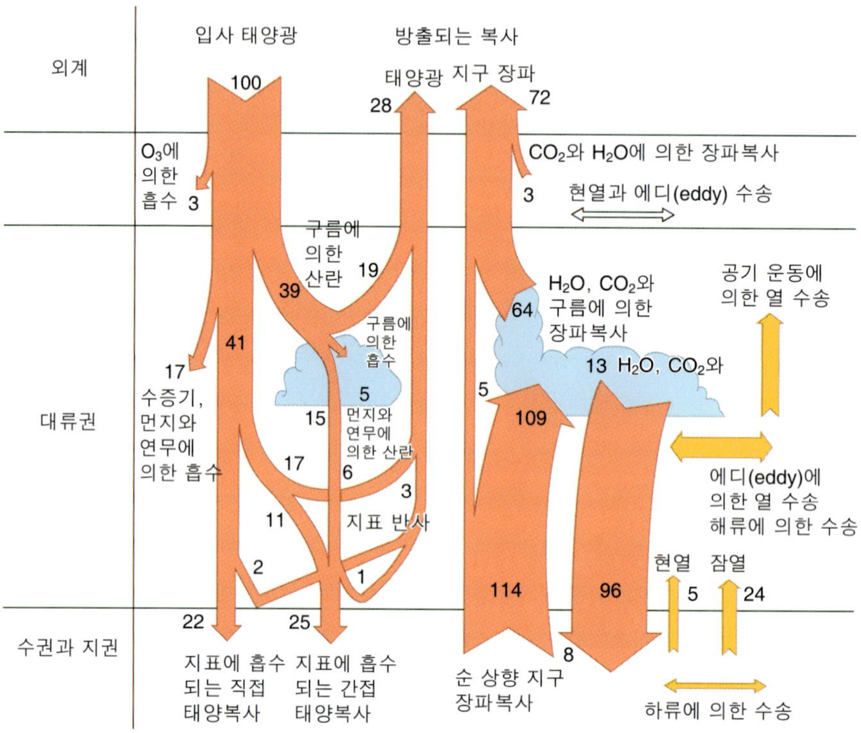

그림 10-2 입사된 태양복사에 대한 지구 기후시스템 광학적 현상들의 상대적 복사수지

10.3.2 수권

레오나르도 다빈치(Leonardo da Vinci)가 말했듯이 자연을 움직이는 물의 존재는 지구가 다른 행성과 구별되게 하는 가장 특징적인 것 중 하나이다. 지구의 표면은 약 70%가 물로 덮여 있는 까닭에 지구는 물의 행성(aqua-planet)이라고도 불린다. 현재 지구상의 물은 암석의 결정수(結晶水)로부터 유래되었다. 화산에 의하여 분출되는 기체 중의 약 85%가 수증기이며, 나머지 10%가 탄산가스, 그리고 질소, 황화합물 등으로 구성되어 있다. 이와 같이 화산 활동을 통하여 배출된 막대한 수증기는 대기가 포함할 수 있는 양의 한계 때문에 대부분 강수로 지표에 다시 내려오게 됨으로써 현재의 해양을 형성하게 된 것이다.

표 10-3 수권의 구성형태에 따른 물의 무게 비율(%)과 부피

구성형태	무게비[1]	부피[2]	구성형태	무게비[1]	부피[2]
해양	97.25	1370	토양수분	0.005	0.065
얼음	2.05	29[3]	대기층 수증기	0.001	0.013[3]
지하수	0.68	9.7	강	0.0001	0.0017
호수	0.01	0.125	생태계	0.00004	0.0006

1. 단위는 %.
2. 단위는 10^6 km^3.
3. 액체 상태로 환산한 값.

표 10-3에서 보는 바와 같이, 수권을 대표하는 대부분의 물은 바다에 염수(鹽水)로, 그 다음은 담수(淡水)인 2.05%는 고체의 형태로 존재하고 있으며, 대기 중에는 다만 0.001% 정도 함유되어 있다. 최근 그 활용사례가 점차 늘어나는 지하수와 지하호수(aquifer)에 저장된 물의 양은 지표에 노출된 호수나 강보다 훨씬 많다(대략 8배 이상). 생태계에도 대략 600km^3 정도의 물이 존재하여 전체 생태계 질량의 절반 정도를 차지하며, 생명 유지에 필요한 각종 영양소와 노폐물을 수송하는 역할을 담당하고 있다.

이상과 같이, 수권의 가장 중요한 구성원은 저위도에서 남은 열을 고위도로 끊임없이 수송하는 해양이다. 지표의 많은 부분이 해양으로 되어 있고 많은 열을 함유할 수 있는 까닭에 기후시스템에 있어서 해양은 일종의 열 전달체와 저장고 역할을 한다. 해양은 지구 표면적의 약 70%에 걸쳐있는 해수면을 통하여 대기와 서로 열, 운동량, 수분을 교환하고 있다. 이 상호 교환은 대기쪽 변동의 큰 요인으로 작용한다. 또한 이산화탄소나 유황화합물 등 미량 기체의 교환도 이루어져, 대기의 조성이나 강수 입자의 형성과정에 관여하고 있다. 대기와 해양의 운동량 교환의 예로는 적도에 부는 편동풍의 영향에 따른 적도 해양에서의 편동류를 꼽을 수 있다. 또 아열대 해양에서 증발된 수증기는 대기 중에서 구름과 강수의 근원이 되며 강과 지하수의 공급원이 된다. 이런 물순환(water cycle)을 통하여 수권은 대부분 육지 생물체가 생존할 수 있는 환경을 마련한다.

10.3.3 설빙권

설빙권(雪氷圈)은 계절적인 적설, 해빙, 그린란드와 남극의 빙상, 산악빙하 및 영구동토로 분류된다. 빙하와 눈으로 구성되어 평균적으로 지표 면적의 5%를 덮고 있다(그림 10-3 참조). 이 권역은 다른 권역들에 비하여 비교적 늦게 형성되었다. 초기의 지구는 얼음이 형성되기에는 너무 뜨거웠다. 따라서 설빙권은 지구가 충분히 냉각된 선캄브리아기(pre-Cambrian) 후반, 즉 약 20억년 전쯤에 비로소 형성되었다.

얼음은 물의 고체 상태이다. 따라서 설빙권은 수권의 한 부분으로 간주될 수 있다. 그러나 설빙권은 기후시스템 속에서 수권과 구별되는 독특한 역할을 한다(WCRP, 1992). 눈과 얼음의 알베도는 지표의 다른 부분에 비하여 매우 높다. 내린지 얼마 안되는 신선한 눈은 지표에 도달

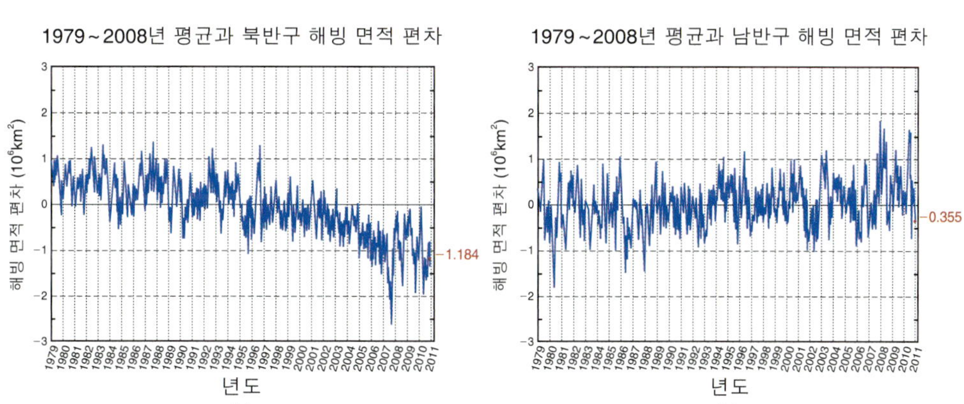

그림 10-3 해빙 면적의 변화: (a) 북반구, (b) 남반구.

하는 태양광선의 98%까지도 외계로 반사한다. 먼지 등에 의해 더럽혀진 눈의 경우도 해양보다는 3~4배 이상의 높은 알베도를 보이고 있다. 이와 같이 눈과 얼음은 외계로부터 지구로 들어오는 에너지를 외계로 되돌려 보내는 역할을 한다.

설빙권이 지표 면적의 어느 정도 이상을 차지하면 높은 알베도 때문에 빙하기 초래를 가속할 수 있다. 또 대기와 해양의 중간에 위치하여 이들 간의 에너지 및 물 교환을 차단함으로써 대기와 해양의 혼합층 뿐만 아니라 대기와 해양의 대순환에도 큰 영향을 준다. 그린란드 및 남극의 빙상은 지구상 담수의 약 80%를 차지하고 있어 이들의 변화는 해면 수위에 큰 영향을 준다.

10.3.4 생물권

생물권(生物圈)은 기후시스템에서 절대적으로 다른 계에 의존한다. 즉, 지권, 대기권, 그리고 수권의 적절한 환경 하에서만 존재할 수 있다. 그러나 이 생물권은 기후와 함께 경이적으로 서로 의존하면서 진화를 거듭하여 왔다. 생물권은 기후시스템의 다른 계에 의존만 하는 것이 아니라 생체활동을 통하여 기후시스템의 구조를 바꿀 수 있는 주요 부분이 되었다. 현재 대기는 생물체들의 작용으로 그 화학적 조성이 크게 달라졌다. 만약 생물권이 기후시스템의 일원이 아닐 경우 대기 구성성분은, 표 10-4에서 보는 바와 같이, 대부분이 탄산가스일 것이며 현재 주요 대기 구성 기체인 질소(N_2)와 산소(O_2)는 단지 몇 %에 불과할 것이다. 또 지표 대기압은 현재의 1000hPa 보다 약 60배 정도 더 클 것이며, 이러한 대기의 강한 온실효과로 말미암아 지표 온도는 대략 240~340°C 정도가 되었을 것이다(Lovelock, 1988).

생물권이 기후시스템의 한 부분이 된 것은 약 35억년 전부터이다. 태초의 지구 대기에는 산소와 물이 존재하지 않았다. 그러나 활발한 지각활동을 통하여 많은 결정수가 대기 중으로 분출되었으며, 이는 곧 지각의 낮은 곳으로 모여 바다를 형성하게 되었다. 이 때의 대기는 산소가 거의 없었기 때문에 생명체에 치명적인 태양 자외선을 차단할 수 있는 성층권 오존층이 존재할 수 없었다. 따라서 원시 생명체는 태양의 자외선으로부터 보호될 수 있는 바다 속에서부터 시작되었다. 이들 원시 생명체의 광합성에 의해 배출된 산소는 점차 대기의 주요 성분이 되었

표 10-4 생물권의 유무에 따른 지구대기의 화학적 조성 비교 (Lovelock, 1988)

기체	현재 지구	무생물 지구
CO_2	0.03%	98%
N_2	79%	1.9%
O_2	21%	0%
Ar	1%	0.1%
CH_4	1.7ppm	0%
지표 온도	13°C	240~340°C
지표 대기압	1,000hPa	60,000hPa

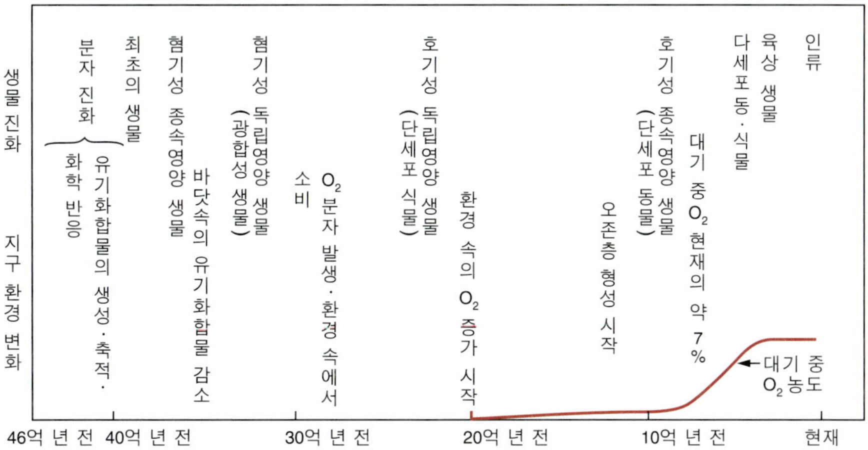

그림 10-4 지구상에서의 환경변화와 생물진화의 상호관계

고 동시에 성층권에서 오존층을 형성하게 되었다. 이런 과정을 통하여 생명체는 바다에서 육지로 진출할 수 있었다. 그림 10-4에 제시된 바와 같이, 지난 35억 년간의 생물권의 노력으로 대기 중에 산소의 농도가 현재의 수준인 약 20% 정도가 된 것은 불과 3~4억 년 전부터이다.

10.3.5 지권

지권은 기후시스템의 근본인 암석과 토양이다. 지권은 대기와 열, 각운동량(angular momentum)을 교환하며 앞에서 언급한 대기와의 물순환에도 일익을 담당한다. 토양 속의 수분은 증발을 통하여 지표면을 냉각시키며 지역 강수의 주요 공급원이 된다. 또한 토양 수분은 토양의 열전도율에도 영향을 준다. 지구표면의 30%를 덮는 육지는 열용량이 작아 해양과 같은 축열성(蓄熱性)은 거의 없다. 이러한 이유 때문에 태양복사의 일변화나 계절변화에 따라서 진폭이 큰 온도변화가 일어난다. 토양수분에 따라 대기와 육지의 열교환을 차지하는 현열이나 잠열의 비율이 결정되고, 비율에 따라 지표면온도가 크게 변한다. 태양광의 알베도는 토양이 습윤한 경우에는 작고, 건조해 있을 경우에는 커진다.

지권이 기후시스템에 주는 영향 가운데 단시간에 걸쳐 가장 강력한 것은 화산활동이다(Robock, 1991). 화산은 지권으로부터 강력한 폭발력에 의하여 기상 현상들이 주로 일어나는 대류권 상부와 성층권까지 많은 먼지를 뿜어 올리기도 한다. 이 먼지층은 태양복사를 외계로 반사시킴으로써 지표면을 냉각시킨다(Oh et al., 1993; Kerr, 1989). 대부분의 큰 입자 먼지는 지상으로 자유낙하 한다. 또 하부대기의 작은 입자 먼지는 상대적으로 불안정한 대기의 연직 혼합 활동과 구름 및 강수에 의하여 대기에서 비교적 빨리 제거된다. 그러나 안정한 성층권에 도달한 화산먼지는 폭발 후 수년에 걸쳐 기후시스템에 영향을 끼친다. 예를 들면, 직경이 2μm인 입자는 고도 30km에서 대류권계면의 높이인 12km까지 낙하하는데 불과 4~5개월밖에 걸리지 않지만, 직경이 0.5μm인 입자는 무려 10년 가까이 걸린다. 이 기간 동안 바람과 더불어 수평 이동하여 전지구를 덮게 된다.

10.4 쉬지 않고 움직이는 기후

기후는 자연적 요인과 인위적 요인에 의하여 끊임없이 변화하고 있다. 자연적 요인에는 대기 · 해양 · 육지 · 설빙 · 생물권 자신의 내적요인 외에, 화산분화에 의한 성층권의 에어로졸(부유 미립자) 증가, 태양활동의 변화, 태양과 지구의 천문학적 상대위치 관계 등의 외적요인이 있다. 인위적 요인에는, 화석연료 과다 사용에 따른 이산화탄소 등 대기조성의 변화(온실효과에 의한 지구온난화), 인위적인 에어로졸에 의한 태양복사의 반사와 구름의 광학적 성질의 변화(산란효과에 의한 지구 냉각화), 과잉 토지이용이나 장작과 숯 채취 등에 의한 토지피복의 변화 등이 있다. 또 국지적으로는 인공열 등에 의한 도시기후의 변화 등도 문제가 된다.

최근 수십 년간의 기후자료를 분석하면 그 속에 다년간에 걸친 기후변동의 특성을 찾을 수 있다. 이와 같은 비교적 주기가 짧은 기후변동의 요인은 대략 화산폭발, 상층 편서풍 순환의 변화, 또 엘니뇨/남방진동(ENSO) 현상 등으로 그룹 지어 분류할 수 있다. 미래의 장기적인 기후변화를 예측하기 위해서는 이와 같은 짧은 주기의 기후변동의 이해가 매우 중요하다. 그 이유는 온실기체에 의한 지구온난화와 같은 비교적 긴 주기의 기후변화의 신호가 짧은 주기의 기후변동의 신호 속에 묻혀 구별하기가 쉽지 않기 때문이다. 물론 이 짧은 주기의 기후변동도 미래에 예상되는 지구온난화라는 기후변화와 더불어 기후시스템에 지속적으로 영향을 미칠 것이다.

10.4.1 화산 분출

기후시스템 속의 지권에서 자세하게 소개된 바와 같이, 화산폭발은 순간적으로 지구의 기후시스템을 교란시킬 수 있다. 1815년의 인도네시아에서 발생한 톰보라(Tombora) 화산은 약 15km^{3}의 먼지를 대기 중에 분출시킴으로써, 지상에 급속히 냉해 피해를 발생시켜 1816년 유럽 전역을 "여름이 없는 해(the Year without summer)"를 나타나게 하였다. 이 결과 그 해 농작물 수확은 유래 없는 흉작을 기록하였고, 이는 곧 바로 대규모의 기아현상을 초래하게 하였다 (Post, 1977). 이와 같은 화산폭발이 인류와 생태계에 미친 영향은 과거의 기록에서 쉽게 찾을 수 있다(Burgess, 1989; Blackford et al., 1992). 최근의 조사에 의하면, 대규모 화산폭발은 적어도 향후 2~3년간 기후시스템을 교란시키는 것으로 알려지고 있다(Bradley and Jones, 1992).

10.4.2 상층 편서풍의 변동

중위도 지방의 10km 상공에는 강한 편서풍인 제트기류가 지구를 둘러싸고 있다. 이 제트기류는 높은 산맥들의 영향에 의하여 남북으로 굴곡을 이루는데, 티벳 고원과 록키 산맥은 제트기류를 북쪽으로 또 더 높은 곳으로 향하게 하고, 동아시아와 북미의 중서부 지방에서 다시 남쪽으로 또 아래로 향하게 한다. 그림 10-5에서 제시된 바와 같이, 큰 산맥은 지구 둘레를 돌고 있는 제트기류를 몇 개의 파동 형태로 변형시킨다. 이 대규모 파동을 그 파장의 크기 때문에 장파(long wave)라 하며, 이 장파의 상층대기 흐름에 따라 하층 기압계들이 이동한다. 하층이 상층대기 흐름의 장파 능(ridge)에 속할 때는 저위도의 따뜻한 공기를 유입하게 하여 비교적

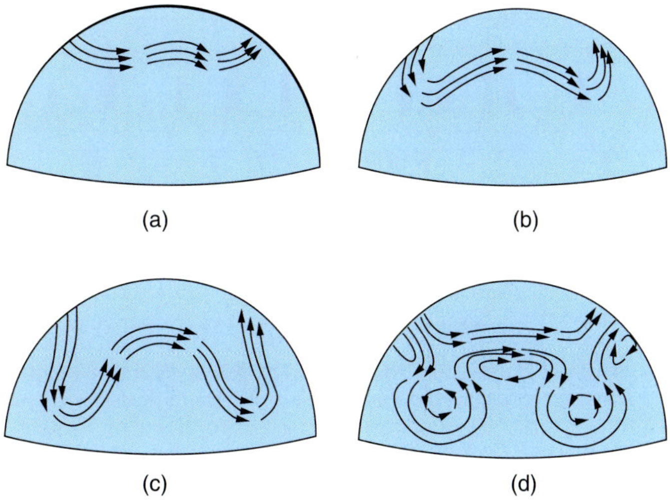

그림 10-5 상층대기 흐름에서 저지고기압의 발생도 (Hidore and Oliver, 1993)

온난한 날씨가 예상되며, 곡(trough)에 속할 때는 고위도의 찬 공기가 유입되어 지상에서는 찬 날씨가 예상된다.

때로는 이들 파동이 분리되는 저지(blocking)라는 상층대기 흐름의 분리현상을 보이기도 하는데(그림 10-5d 참조), 이 경우 떨어져 나온 저지고기압의 이동은 정체적이거나 매우 느리다. 이 결과 수개월 동안 이상기류가 특정 지역에 정체함에 따라 어떤 지역에는 지속적인 건조공기의 유입으로 가뭄 현상이, 또 다른 지역에서는 지속적인 찬공기의 유입으로 한파를 유발시킨다. 상층 제트기류의 저지 현상은 소용돌이의 강도, 저지 숫자, 발생 위치 등에 의하여 지상 기압계 이동에 상당한 영향을 미친다. 그럼에도 불구하고, 현재 시점에서 저지의 그 이동과 발달 정도는 예측하기가 쉽지 않다.

10.4.3 엘니뇨와 라니냐

엘니뇨는 열대 태평양의 광범위한 해역에서 해수면 온도가 비정기적으로 평년에 비해 높아지는 현상을 말하며, 1541년에 처음 보고되었다. 엘니뇨(El Niño)의 어원은 스페인어로 남자 아이를 뜻하며, 특히 페루나 에콰도르 지역에서 바닷물 온도가 올라가는 현상이 크리스마스 경에 나타나서 수개월 지속되는 까닭에서 아기 예수(Christ Child)를 의미하기도 한다. 엘니뇨 기간 페루 연안의 멸치 어장은 해수면 온도 상승으로 사라져 이 지역의 어부는 잠시 일을 멈추고 가족들과 함께 시간을 보낼 수 있는 기회를 가진다. 그러나 때로는 이 엘니뇨현상이 다음해 여름까지 또는 그 이상 지속되는 경우가 있어 어부들뿐만 아니라 생태계에도 큰 영향을 미친다.

기상청의 엘니뇨에 대한 정의로 태평양 동부 적도 해역 (5°S~5°N, 170°W~120°W)의 월평균 해수면 온도 편차의 5개월 이동 평균값이 약 6개월 이상 계속해서 +0.4℃ 이상이 되는 경우를 말한다. 한편 라니냐는 같은 지역에서 -0.4℃ 이상이 되는 경우를 말한다. 그림 10-5는 이 정의를 따른 1950년 이후 해양니뇨지수(ONI, Ocean Nino Index)에 따른 엘니뇨와 라니냐 기간을 보여주고 있다. 연구자에 따라서는 엘니뇨라 하지 않고 따뜻한 기간 (warm event 또는 warm

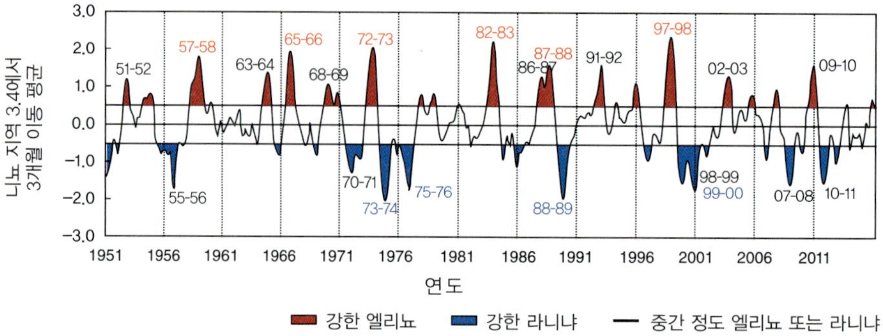

그림 10-6 1951년부터 2015년 까지 해양니뇨지수(ONI) 변동과 엘니뇨와 라니냐 현상 발생 현황
(자료 : http://www.cpc.noaa.gov/products/analysis_monitoring/ensostuff/ensoyears.shtml).)

episode)이라 부르며, 부의 값이 극대치를 취하기 전후의 시기를 성숙기 (mature stage)라 한다. 엘니뇨에 대한 반대적 현상 즉, 이곳 페루 앞 바다의 해수온도가 평소보다 더 내려가고 필리핀, 인도네시아 지역에서 바닷물의 온도가 더 올라가는 때를 라니냐 (La Niña) 현상이라 하며 스페인어로 여자아이를 의미한다.

1982~83년의 엘니뇨현상이 발생하기 전까지는, 엘니뇨현상의 발생부터 종식까지의 기간은 대개 1년이고, 그 발생, 발달, 성숙, 소멸의 과정은 정해진 계절에 나타난다고 생각하고 있었다. 1950~70년대 엘니뇨현상의 평균적인 추이는 다음과 같다. 북반구의 봄에 남미 연안 해수면 온도의 증가로 발달하여, 평균 수온보다 1℃ 이상 더운 바닷물은 여름부터 가을에 걸쳐 서서히 서쪽으로 확장하여 날짜 변경선에 도달한다. 연말에는 이곳 바닷물 온도의 상승 정도와 차지하는 면적이 모두 최대가 되어 성숙기가 된다. 다음해가 되면 더운 바닷물 지역은 급속히 축소되어 발생 1년 후인 봄에는 평년의 상태로 되돌아간다. 그러나 여기서 평균한 1950~70년대의 개개의 엘니뇨현상이 모두 이 시나리오대로 경과된 것은 아니고 해수면 온도 편차의 크기 및 나타나는 양상에는 다소 차이가 있었다.

현재 적도 태평양에서 일어나는 엘니뇨현상과 세계 각지에서 일어나는 기상 이변들간의 연계성은 비교적 잘 알려진 상태이다. 이러한 태평양과 먼 지역 기후의 연결이라는 수수께끼는 길버트 워커(Gilbert Walker)경에 의하여 처음 풀려지기 시작했다. 1920년경 워커경은 아시아 몬순(Asian monsoon)을 예측하기 위해서 세계 각처의 기후 기록을 검토하던 중 태평양의 동쪽과 서쪽의 해면기압(sea-level pressure)들 간에는 상당한 연계성의 있음을 발견했다. 태평양에 있어서 동서 해수면 온도의 차는 그 위 대기의 기압과 깊은 관계가 있는데, 해수면 온도가 높은 서부 열대 태평양 지역에서는 대기가 활발히 상승하여 저압부가 되고, 그 상승류의 일부는 해수면 온도가 낮은 동부에서 하강하여 고압부를 형성한다(그림 10-7). 이렇게 형성된 해면기압의 동서차가 무역풍을 일으키게 된다. 한편 태평양 적도 지역의 상공에는 서쪽에서 동쪽으로 부는 바람이 있어 하나의 커다란 순환(동서순환 또는 Walker 순환)이 형성되어 있다. 거꾸로 말하면 이 무역풍이 해수면 온도의 동서차를 유지시키는 것으로도 볼 수 있어, 태평양 열대 지역의 해양과 대기는 서로 밀접한 관련이 있음을 암시한다.

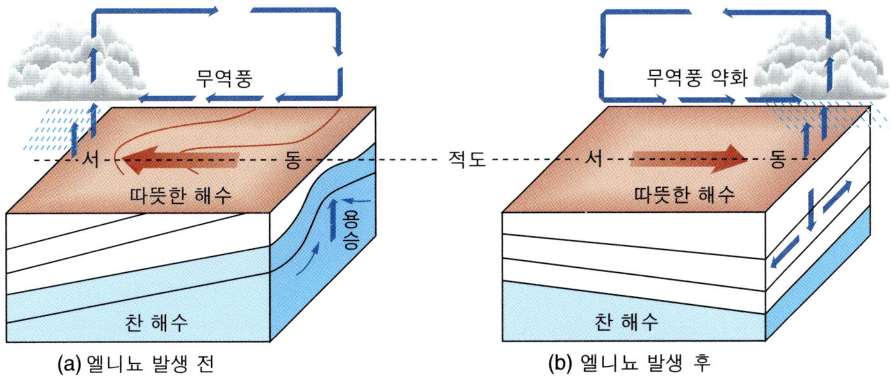

그림 10-7 엘니뇨 발생 전후 대기와 해양 순환 변화 개념도

엘니뇨현상이 태평양 적도지역의 대규모 현상이라는 것이 인식되기 훨씬 이전인 금세기 초부터 열대 대기에는 남방진동(Southern Oscillation)이라는 현상이 알려져 있었다. 남방진동은 인도네시아부근과 남태평양 동부 열대지역과의 사이에, 한쪽에서 지상기압이 평년보다 높을(낮을) 때는 다른 쪽에서 낮은(높은), 기압의 『시-소』현상으로 두 지역의 기압차는 남동 무역풍의 강약과 대응된다고 생각된다. 남방진동의 두 중심을 대표하는 호주 북부의 다윈(12.5°S, 131°E)과 남태평양의 타히티(17.5°S, 150°W)와의 월평균 기압차는 이 진동을 나타내는 지수로서 남방진동지수(Southern Oscillations Index, SOI)라 부른다. 이 지수는 타히티와 다윈의 기압 평년 편차의 차로 정의되고, 부(정)인 때는 두 지점의 기압차가 작아(커서) 남동 무역풍이 약한(강한)상태와 대응된다. 남방진동지수는 평상시에는 양의 값을 갖으나, 엘니뇨 기간에는 음의 값을 갖는다. 이는 인도네시아 부근의 서태평양의 저압부가 태평양 중앙으로 이동해 가는 것을 의미한다. 경우에 따라 이를 엘니뇨/남방진동(ENSO, El Nino/Southern Oscillation)으로 부르기도 한다.

매 수 년마다 태평양의 동서 순환인 워커 순환에 급작스럽게 약해지면서 엘니뇨현상이 일어난다. 편동풍이 돌연히 약해지고 이로 인해 동서 기압 경도가 완만해지고, 인도네시아 부근의 서태평양 상의 수렴대의 강도도 약해진다. 편동풍이 약해지면 곧 바로 해수면의 동서간 기울기가 해소된다. 이에 따라 동태평양의 용승류가 약해지고 그곳의 해수면 온도가 상승하게 되며, 이로 인해 남북간 온도 경도가 감소하여 무역풍을 더욱 약화시킨다. 더 나아가서 중부 태평양의 온난화를 가중시키며 서태평양의 수렴대를 더욱 약화시킨다. 엘니뇨가 성숙기에 달하면 중앙 태평양의 따뜻한 해수 온도가 점차 동태평양까지 퍼져 나가게 된다. 이때는 동태평양의 용승류는 거의 소멸되고 바다 속 깊이 위치하면서 동쪽으로 흐르는 심층류도 그 방향을 바꾸어 서쪽으로 흐르게 된다. 동태평양 해수온도의 상승에 따라 대기층에서도 이 지역에서의 침강현상도 쇠약해진다. 엘니뇨의 발생은 서태평양의 대류 활동 지역이 태평양 중앙으로 이동하게 되어 고위도의 다른 지역으로 그 파동이 전달되며, 그 결과 평상시와는 달리 세계 여러 지역에서 가뭄과 홍수 또는 이상 난동과 냉해를 유발하기도 한다.

10.5 기후시스템의 되먹임과 상호작용

기후시스템을 이해하기 위해서는 각 영역별 역학, 물리과정들에 대한 이해뿐만 아니라 이들 영역간의 상호작용에 대한 충분한 이해가 필요하다. 지구 기후시스템의 각 영역들 속에서 또는 각 영역들간에 일어나는 상호작용들은 서로 다른 반응시간을 갖고 있다. 이들 상호작용의 반응시간에 따라 기후도 변동요인 발생에 따른 반응이 빠르기도 하고 느리기도 하다. 기후변동은 이러한 각종 상호작용들이 종합화된 상태로 볼 수 있다(Leith, 1978). 기후시스템의 각종 상호작용과 되먹임을 다음과 같이 설명하고 있다.

1) 외적 요인으로 태양활동이 약해져서 지표기온이 내려갔다고 가정하자.
2) 그 결과로 극지방의 얼음이나 눈으로 덮이는 면적이 증가할 것이다.
3) 일단 빙하나 눈으로 덮인 면적이 넓어지면, 태양활동에 변화가 더 이상 없어도 지표가 받는 태양에너지는 감소한다. 얼음이나 눈의 알베도는 다른 지표면보다 대부분 훨씬 크다.
4) 결국 그것이 원인이 되어 더욱 기온저하를 가져온다고 하는 연쇄반응을 일으킨다.

이와는 반대의 경우도 생각할 수 있다.

1) 기온이 올라가면 상대습도가 내려가, 해수면에서의 증발이 활발하게 된다.
2) 즉, 대기 중의 수증기의 양이 증가하여, 탄산가스와 더불어 온실효과에 기여할 것이다.
3) 따라서 기온은 더욱 높아지게 된다.
4) 이와 더불어 대기 중의 수증기의 양이 증대하면, 구름도 발생하기 쉽게 되어, 수증기의 응결에 수반되는 잠열의 방출도 증대해서 기온은 더욱 높아질 것이다.
5) 이와는 달리, 온대저기압에 수반되는 층운이나 적란운의 정상에서 발생하는 모루구름

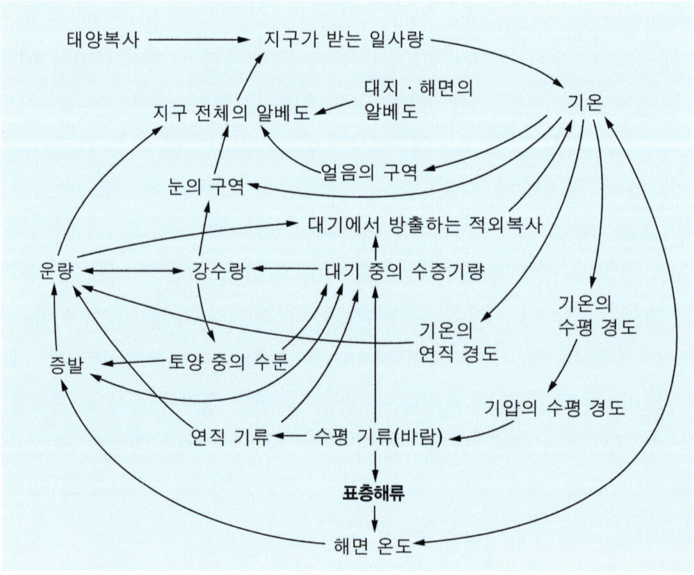

그림 10-8 기후변동 요인에 대한 기후시스템의 반응도. 각종 물리과정들이 서로 원인과 결과의 꼬리를 무는 연쇄반응을 보이고 있다.

의 양이 증가하면, 지구 전체로서의 알베도를 증대시키는 것이 되어 기온을 저하시키는 방향으로 작용한다.

이와 같이 대기 중의 현상은 각각이 독립해서 일어나는 것이 아니라, 서로 작용을 미치고 있다(그림 10-8).

이와 같이 기후시스템의 복잡한 상호작용을 고려할 때, 어떤 특정한 물리과정만을 집착해서 생각하면 전체적인 기후변동의 방향 예측에 오류를 범할 수 있다는 점을 주의할 필요가 있다. 기후변화 또는 변동을 연구할 때 고려해야만 하는 또 다른 중요한 개념은, 앞에서 다룬 기후시스템의 상호작용들 간의 되먹임(feedback) 현상이다.

- 양의 되먹임 - 눈과 얼음의 알베도 되먹임처럼 외부적인 기후변화 요인에 대하여 그 요인을 증폭하여 기후시스템을 불안정하게 하는 것
- 음의 되먹임 - CO_2 증가에 대한 식물체의 반응처럼 그 변동을 완화시켜 기후시스템을 안정화시키는 것

이와 같은 기후시스템 속에서 상호작용들이 복합적으로 나타날 때는 그 종합적 결과를 평가하기는 쉽지 않다.

온실기체 증가에 따라 기온이 상승하고, 이에 따라 고위도 지방의 눈과 얼음이 녹아 지표 알베도가 줄어든다. 따라서 온실기체 증가에 따른 직접적인 지구온난화에 부가하여 이차적인 눈과 얼음의 알베도 되먹임은 이 온난화를 가속할 수 있다. 온난화에 따라 더 많은 수증기가 대기권에 존재할 수 있으며 이는 많은 구름과 강수를 유발할 수 있는데, 운량의 증가는 기후시스템에 새로운 되먹임 작용을 한다. 태양 광선을 반사하는 구름의 효과가 온실효과를 능가하면 지표는 다시 냉각된다. 또는 고위도에서 더 많은 깨끗한 눈을 내리게 함으로써 지표 알베도를 상승시켜 지표를 냉각시킬 수도 있다. 따라서 이 모든 상호작용을 고려할 때 기후시스템이 기후변화 요인에 대해 급변할 것인지 스스로 그 요인에 대하여 안정적으로 변화할 것인지는 앞으로 우리가 풀어야 할 당면 과제인 것이다.

10.5.1 대기 – 해양 상호작용

지구 기후는 기후시스템의 각 영역간의 수많은 상호작용에 의하여 결정된다. 특히 대기와 해양은 계절규모 또는 그 이상의 기후변동을 결정하는데 매우 중요한 역할을 한다. 대기와 해양 사이의 열, 운동량, 그리고 수증기의 교환은 직접적으로 인근의 대기와 해양 모두에게 큰 영향을 미치며, 간접적으로는 대기와 해양의 대순환을 교란시킴으로써 영향을 미친다.

지표의 약 70%, 특히 남반구의 90%를 차지하는 해양은 대기와 열, 운동량 그리고 물을 교환하고 있다. 특히 저위도지방에서 강한 태양복사에 의하여 잉여된 대부분의 열은 적도 해양에 축적된다. 해양에 축적된 태양에너지는 적도 해양에서는 200Wm^{-2}를 능가하며 고위도 해양에서는 평균 60Wm^{-2}이다. 이 에너지는 해양의 장파복사, 대기로 현열과 수증기 증발시 발생하는 잠열의 형태로 소비된다(그림 10-9). 따라서 해양은 저위도에서 열을 대기로 전달하는 반면에 고위도에서는 대기로부터 열 공급을 받는다. 이러한 과정을 통하여 저위도 해양에 잉여된 열은 해류에 의해 고위도로 전달되는데, 이 양은 대기의 열 수송량과 비교될 정도이다. 대기의

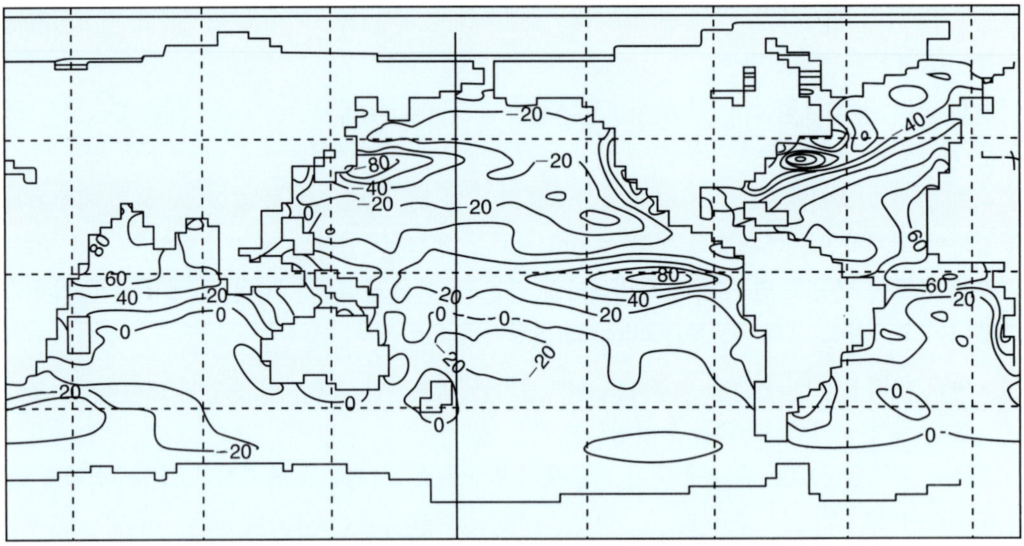

그림 10-9 해수면에서 열 수지. 등간격선은 매 $20Wm^{-2}$이다.

경우 고위도로의 열 수송이 북위 50도와 남위 35도 부근에서 최대로 나타나는 반면에, 해양에 의한 열 수송이 가장 활발한 위도는 북반구에서 약 35도 부근이며, 남반구에서는 위도 약 20도 부근에 나타난다.

적도 해양의 수온 변화는 엘니뇨와 라니냐와 같이 전구적으로 큰 기후 변동을 유발한다. 아시아 몬순도 이 적도 태평양의 해수온도 변화에 따라 변동하고 있다. 이와 같은 적도 해양에서 해수 온도 변동의 원인과 주기는 구체적으로 알려지지 않고 있다. 적도 해수면 온도 변동은 대기 순환뿐만 아니라 해양의 순환에도 큰 영향을 준다. 또 대기 경계층 내의 풍속 변화는 바로 대기와 해양 사이의 열, 운동량 및 물 교환 효율을 결정하게 된다. 따라서 해양과 관련 된 기후 시스템의 현안 문제점은 다음과 같다.

- 자연적, 인위적 기후변화 요인이 기후시스템 속에서 해수면 온도를 어떻게 변화시키는가?
- 변화된 해수면 온도는 대기 운동을 어떻게 교란하는가?
- 그리고 이 교란된 대기 운동이 대기와 해양 사이의 열, 운동량 및 물 교환 효율을 어떻게 변화시키는가?

10.5.2 복사 과정

대기 중 농도가 증가하고 있는 주요 온실기체로는 이산화탄소, 아산화질소, 메탄, 프레온 등이 있다. 온실기체가 가지고 있는 복사 강제력은 기체마다 다르다. 그러나 지금까지 행해지고 있는 기후 모델에 의한 평형 실험, 점증 실험의 대부분에서는 이산화탄소 외의 온실기체 복사 강제력을 이산화탄소에 의한 효과로 환산했을 때, 전체 온실기체 복사강제력의 크기에 해당하는 이산화탄소 농도인 등가 이산화탄소 농도가 자주 이용되고 있다. 등가 이산화탄소 농도를 이용하여 기후 변동 예측을 행하는 경우에는, 온실기체가 기후에 미치는 영향이 기체 종류에 따라 달라지는 점이 고려되어 있지 않다. 각 온실기체는 자기 고유 영역의 장파복사를 흡수한다. 그러나 등가 이산화탄소 농도를 이용할 경우 모든 온실기체가 이산화탄소 흡수대에만 작용하여 오류가 나타날 수 있다.

화석연료를 연소하면 이산화탄소 이외에 아황산가스도 배출된다. 이 아황산가스는 주로 대류권 하부에 황산 에어로졸로서 체류한다. 황산 에어로졸은 태양복사를 반사하는 효과(직접적 복사효과)뿐만 아니라, 구름의 광학적 성질을 변화시키는 효과(간접적 효과)를 갖고 있으며, 태양복사의 전달 과정을 변화시킴으로써 지표를 냉각하는 효과를 갖고 있다. 산업혁명 이후 온실기체 증가에 의한 기온상승의 상당 부분이 황산 에어로졸 증가에 의한 냉각 효과에 따라 상쇄되고 있을 가능성이 지적되고 있다.

인위적으로 발생되는 황산 에어로졸에 의한 냉각효과는 아황산가스의 발생이 큰 북반구 쪽이 남반구보다 크게 나타나고 있기 때문에, 남 · 북반구에서의 지상 기온상승이 나타나고 있는 비대칭성의 원인으로 황산 에어로졸 증가의 중요성이 지적되고 있다. 황산 에어로졸의 복사에 미치는 영향에 대해서는 구름의 복사에 미치는 영향과 마찬가지로 충분히 규명되어 있지 않다. 또한, 황산 에어로졸의 생성 · 수송 · 소멸 과정에 관해서도 큰 불확실성이 존재하고 있다.

10.5.3 설빙권과의 상호작용

눈과 얼음은 이들의 높은 지표 알베도에 의하여 기후시스템 속에서 일차적으로 양의 되먹임을 갖는다. 기온 증가는 눈과 얼음이 덮인 지역을 축소시키고 그 결과 지표는 더 많은 태양복사에너지를 흡수한다. 만약 기온이 냉각될 경우는, 앞의 경우와는 반대로 눈과 얼음의 지역이 확장하게 되고, 이에 따라 지표면에 흡수될 태양에너지를 외계로 반사시켜 지표면 기온은 더욱 하강한다. 눈과 얼음의 양의 되먹임은 기후시스템을 불안정하게 만든다.

이상과 같이 해빙은 기후시스템 속에서 매우 독특한 역할을 하고 있다. 즉, 복사 과정에서 알베도 효과, 대기와 해양의 행성경계층간의 열, 운동량, 수분 교환, 또 대기와 해양 대순환 사이의 중간자 역할을 한다. 따라서 기후시스템 속에서 해빙과 눈은 매우 큰 영향을 미친다.

10.5.4 구름과 복사 상호작용

구름-복사 상호작용은 매우 복잡한 과정이다. 그 이유는 구름의 다양성에 기인하고 있다. 구름은 종류, 위치, 입자분포, 그리고 구름의 물 함유량에 따라 그 광학적 특성이 변하며 이에 따라 구름의 태양복사에 대한 알베도 효과와 지구 장파복사에 대한 온실효과의 크기가 달라지기 때문이다.

- 구름의 고도에 따라 복사과정에 대한 양의 되먹임이 우세
- CO_2 증가 또는 일사량 증가에 따른 운량은 음의 되먹임
- 구름의 액체수 함량(cloud liquid water content)에 따라서는 음의 되먹임

이상과 같이 구름은 복사과정을 통하여 다양한 양상을 보인다. 특히 앞의 경우와 같이 특성들이 제한적으로 적용된 경우가 아닐 때 기후시스템 속에서 구름-복사 상호작용의 종합적인 역할은 현재 미지수이다.

복사도 구름의 생성과 발달에 영향을 미칠 수 있다.

- 장파복사에 의한 구름의 역할은 상부 냉각과 하부의 가열이다. 이는 대기를 불안정하게 한다(Webster와 Stephens, 1980).
- 구름으로 덮인 지역과 맑은 지역간의 차별되는 복사냉각이다. 이 구름으로 덮인 지역과 맑은 지역간의 복사냉각의 차이는 구름 지역으로 수렴을 강화할 수 있다.
- 복사냉각이 대규모적으로 주변대기를 불안정화 시킨다. 이런 대규모적인 대기불안정은 열대지방에서 강수를 강화시킨다(Tao et al., 1996).

구름-복사 과정은 특성 및 고려하는 요인에 따라 되먹임 현상이나 상호작용의 방향, 크기가 매우 달라지기 때문에 온실가스 증가에 따른 기후변화 예측 신뢰도를 향상시키기 위해서는 구름-복사 과정에 대한 이해가 선결해야 할 가장 중요한 과제이다.

10.5.5 지표과정

대륙 규모에서 발생하는 강수의 약 60% 이상은 해양에서 공급되는 수증기에 기인되는 것이 아니라 주변 지표에서 증발된 수증기에 기인된다(그림 10-10). 열대 우림은 일정한 증발산율을 가진 거대한 물 저장소로서 역할을 한다. 습윤열대의 기후는 열대 우림 자체에 의한 에너지 및 물 여과과정에 의해 최소한 유지된다. 열대 우림의 제거는 지역 증발에 큰 영향을 미치며, 이는 곧 바로 강수량 변화를 유발할 수 있다. 삼림 제거에 의하여 나타난 강수량 감소는 또 다른 지역 증발량 감소를 초래하여 구름과 강수량이 줄어드는 양의 되먹임을 한다. 이 과정에서 증발량의 감소는 지표로부터 잠열방출을 억제하여 전반적인 지역적 대기 운동에너지를 약화시킨다. 이에 따라, 이 지역으로 수렴되는 수증기의 이동이 결국 감소하여 점점 더 건조한 기후로 변화될 수 있다.

지표 생태계는 지표와 대기 사이에 위치하고 있기 때문에 물리적, 생화학적 과정들을 통한

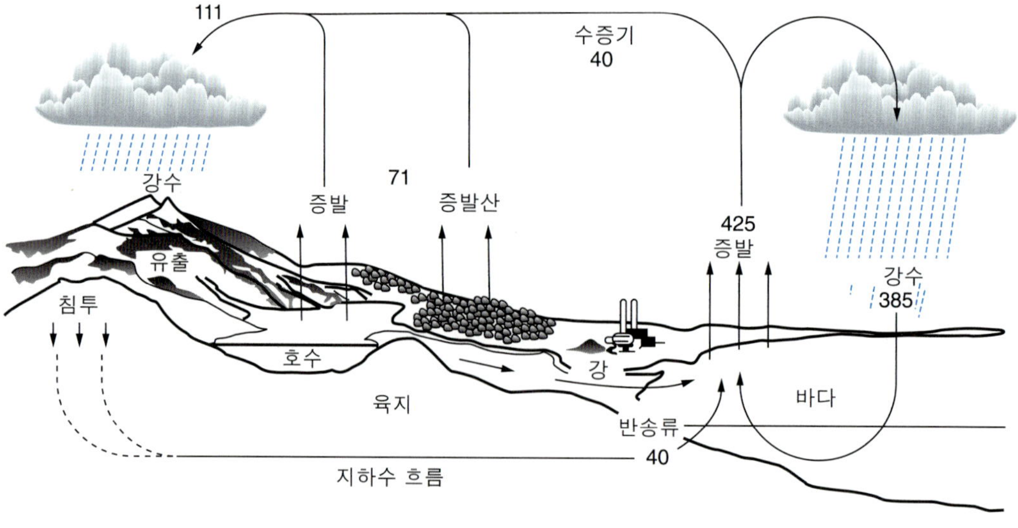

그림 10-10 지구의 물 순환. 단위는 $10^9 m^3 yr^{-1}$.

기후시스템 내 탄소 교환, 물 순환, 에너지 교환에 매우 중요한 역할을 담당한다. 따라서 CO_2 농도의 증가에 수반하여, 육상의 생태계도 직접적, 간접적으로 변화하고 있는 것으로 생각되어지고 있다. 생태계는 이산화탄소를 비롯한 온실기체(NO_2 등)를 대기에 방출하기도 하고, 또 대기로부터 제거하는 역할을 하기도 한다. 대기 온실효과의 약 15% 정도를 차지하는 CH_4는 그 발생요인의 80%가 벼농사, 습지 등에서 메탄합성균에 의한 세균발효와 생물체 소각 때문이다. 이 CH_4는 대기 중에서 OH기와 결합되어 소멸되는 순환을 가지고 있다.

대기와 지표는 행성경계층을 통하여 열, 수분, 그리고 운동량을 교환하고 있다. 생태계는 지표면 위에 얇은 막을 형성하여 지표 수분을 유지하며 대기와 지표의 직접적 열 교환을 차단한다. 한편 생태계는 증산작용을 통해 땅속의 수분을 대기 중에 직접 전달하기도 하며 뿌리는 강수를 토양 속에 오랫동안 남아있게 하여 서서히 지하수 또는 강물로 방출하는 역할을 한다. 이와 같이 생태계는 물 순환에 중요한 한 부분이다. 또 지표면의 생태계는 식물 크기, 분포, 종류에 따라 거칠기(roughness) 정도와 지표 알베도가 달라 행성경계층에서 지표와 열, 수분, 운동량 교환의 효율과 복사 전달과정에서 지표에서 태양복사 전달을 조정하기도 한다.

그림 10-11은 생태계 영향에 대한 일례로서 산림과 연관된 기후시스템 상호작용에 대해 보여주고 있다.

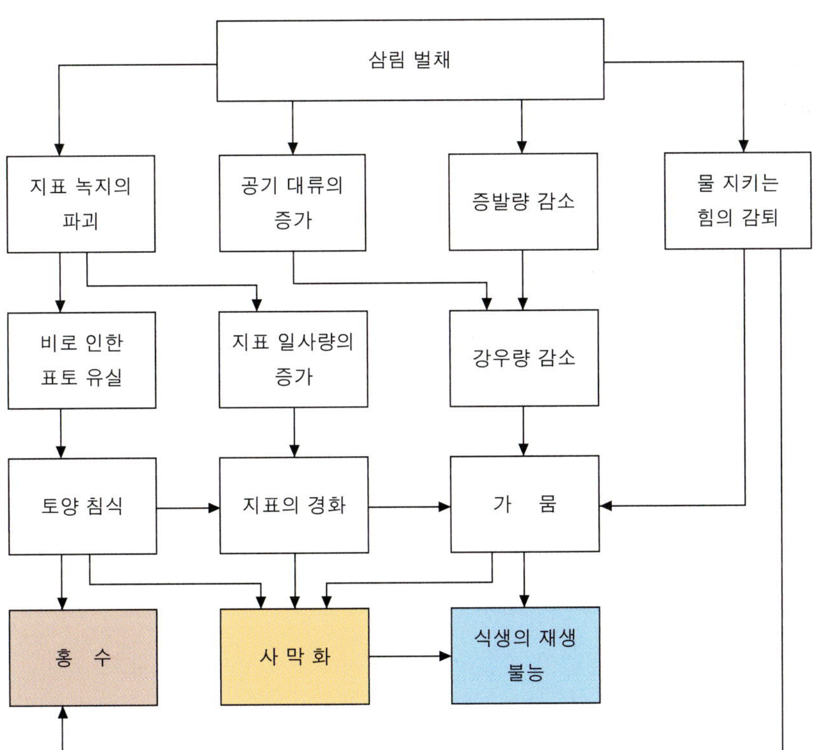

그림 10-11 지표 생태계 파괴가 지구환경에 미치는 영향

- 지표 생태계의 파괴는 곧바로 강수에 의한 토양침식과 더 나아가 홍수와 산사태를 유발할 수 있으며,
- 한편으로는 지표에 도달하는 일사량이 증가되어 지표경화를 일으키며 결국 사막화로 치달을 수 있다.
- 삼림의 제거는 지표에서 대기로 증발량이 감소하는 원인이 되며, 이는 곧바로 지역적 강우량의 감소와 직결된다.
- 이와 같은 강우량의 감소는 결국 잦은 가뭄을 유발한다.

복습문제

1. 기후의 정의에 대해 논하시오.
2. 쾨펜 기후구분법에서 가장 우선적으로 고려하는 것은 기온이다. 그렇다면 사막 기후는 무엇에 의해 결정되는가?
3. 열대기후의 지리적 분포에 대해 논하시오. 이 기후가 나타나는 기후학적 특성은 무엇인가?
4. 열대지역에 위치하면서도 지구상에서 가장 더운 곳이 나타나는 곳은 열대기후가 아니다. 그 이유에 대해서 논하시오.
5. 건조기후가 나타나는 곳은 어디인가? 그리고 그 지역에서 건조기후가 나타나는 원인에 대해 논하시오.
6. 온대기후의 종류와 분포 특성에 대해 논하시오. 온대기후에 속하는 기후구들 가운데 왜 둘은 대륙의 서안에 위치하고, 나머지는 대륙 동안에 있는지를 설명하시오.
7. 한랭기후대에 속하는 두 기후구는 무엇인가? 또 서로 어떤 차이가 있는가?
8. 남반구에서 한랭기후를 찾을 수 없는 이유를 설명하시오.
9. 기후시스템은 어떻게 구성되어 있나?
10. 저지고기압(blocking high)에 대해서 설명하시오.
11. 엘니뇨(El Niño)와 라니냐(La Niña)에 대해서 설명하시오.
12. 기후변화의 자연적 요인은 어떤 것이 있나?
13. 기후변화의 인위적 요인은 어떤 것이 있나?
14. 만약 지구온난화가 지속되면 쾨펜구분법에 의해 정의되는 기후구의 경계는 어떻게 달라질 것인가?
15. 여러분이 살고 있는 가장 가까운 기상대의 홈페이지에 들어가 지난해의 월평균 기온과 강수 값이 평년값과 얼마나 다른지를 설명하시오. 또 기후 값과 월평균 값들 사이에 얼마나 큰 차이를 고려할 수 있는지를 설명하시오.
16. 기후가 일정하지 않고 끊임없이 변화하고 있는 이유에 대해 설명하시오.
17. 엘니뇨(El Niño)가 발생하면 나타날 수 있는 지역별 이상기후 현상에 대해 설명하시오.
18. 기후시스템 속에서 일어나는 되먹임과 상호작용의 종류와 그 메커니즘에 대해 설명하시오.

CHAPTER 11

과거와 미래의 기후변화

기후변화는 전 지구적 기후 또는 지역적 기후의 시간에 따른 변화를 말한다. 기후변화는 자연적으로 발생하는 내적요인 또는 외적요인으로 인해 발생하게 되며, 지구 기후 내부의 변화와 해양, 만년설 등의 지구의 다른 부분의 진행, 인간 활동의 효과를 반영한다. 이 장에서는 과거의 기후변화의 모습과 기후변동성을 살펴보고 미래 기후의 예측에 대하여 토의해본다.

11.1 기후변화의 정의와 역사

우리는 제10장에서 기후가 기온, 강수, 그리고 바람을 포함하는 날씨의 통계적인 특성이라는 것을 배웠다. 기후란 장기간(대개 30년)에 걸친 대기의 물리적 평균 상태를 나타내는 것이므로 언뜻 생각하기에는 변화가 없을 것처럼 보인다. 따라서 기후변화는 평균 기온이 변하는 것처럼 날씨의 통계적인 특성이 변하는 것이라 정의될 수 있다. 즉, 기후변화는 전 지구 규모의 기후 또는 지역적 기후의 시간에 따른 변화를 말한다. 10년에서부터 수백만 년 동안의 대기의 평균적인 상태 변화를 의미하는데, 이러한 변화는 지구 내부의 작용이나 외부의 힘(예를 들면, 태양 복사의 변화)에 의한 것일 수도 있고, 인간의 활동에 의한 것일 수도 있다.

기후는 각종 기후변화 요인에 대한 지구 기후시스템의 민감도(sensitivity) 차이 때문에 다르게 나타난다. 그림 11-1은 지구 기후시스템의 민감도를 개념적으로 설명하여 주고 있다. 절대적으로 안정한 경우에는 기후변화는 좀처럼 일어나지 않을 것이다. 또 불안정하다면 지구의 기후시스템은 큰 변화의 소용돌이 가운데 있을 것이다. 그러나 과거 지구 기후변화를 고려하면 지구의 기후시스템은 조건부 안정상태에 있다는 설명이 타당성이 있다. 지구의 기후는 작은 변화, 즉 기후시스템이 흡수할 수 있는 변화 요인에 대해서는 비교적 안정하나, 그 충격이 어느 정도를 능가할 때는 다른 평형상태를 향하여 이동할 것이다. 또 그림 11-1에서 지구의 기후시스템은 외적 기후변화 요인에 대한 민감 정도를 원형, 육각형과 사각형으로 나타내고 있다. 기후시스템이 매우 민감한 경우 원형으로, 둔감하다면 사각형으로, 그 사이는 육각형으로 표현될 수 있을 것이다.

왜 공룡들이 사라졌는가? 왜 기후는 종종 극적으로 변하는가? 또 현재의 각종 환경오염으로 얼룩진 지구에 다음의 극적 기후변화는 얼마나 가까운 미래에 나타날 것인가? 이와 같은 의문은 지구의 기후시스템이 항상 안정하지 않음을 반영하는 것이다.

기후변화는 한 때 작고 미약한 과학의 한 분야였다. 그러나 19세기에 들어서면서부터 발견된 여러 중요한 사실로 인해 이제는 가장 중요한 학문 분야의 하나로 자리매김하게 되었다. 아래는 기후변화의 과학사를 정리한 것이다.

- 1824 – 프랑스 물리학자 조셉 푸리에(Joseph Fourier)가 처음으로 '온실효과'에 관한 논문을 파리 왕립과학원(Paris's Académie Royale des Sciences)에 발표했다.
- 1861 – 아일랜드의 물리학자 존 틴달(John Tyndall)이 복사에너지가 수증기와 이산화탄소와 같은 기체에 의해 흡수된다는 것을 발견했다. 그는 연구를 통해 이산화탄소가 장파

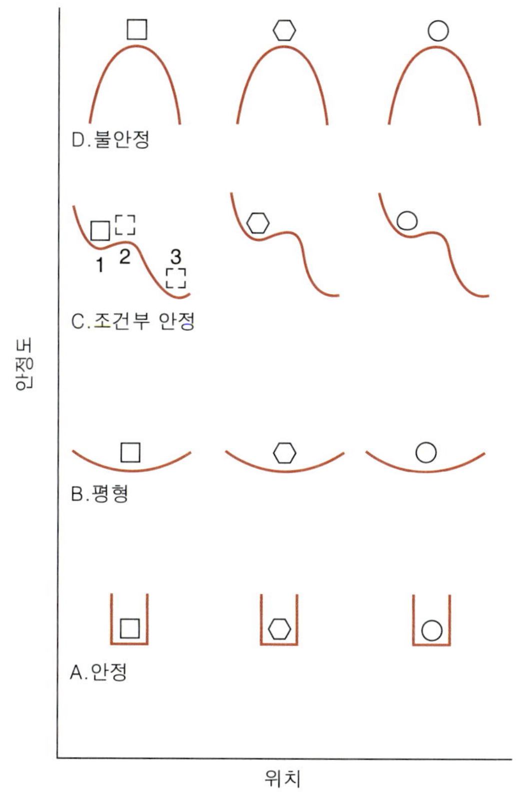

그림 11-1 기후변화 및 변동의 유형

복사의 일부 파장을 흡수하여 온도에 영향을 미친다는 것을 보였다. 틴달은 "대기를 통과하는 태양열 과정에서 태양복사가 대기층을 통과하여 지표에 흡수되면 지구장파복사로 변형되어 외계로 방출되는데, 이때 외계로 방출되는 장파복사는 바로 대기층을 통과하지 못한다. 그래서 대기층은 태양복사에 대해 투명하여 외계로 방출되는 지구장파복사에 대해서는 완전 투명하지는 않다. 그 결과 지표가 더워지는 것이다"라는 유명한 선언을 했다.

- 1896 – 스웨덴의 화학자 스반트 아르헤니우스(Svante Arrhenius)가 처음으로 인위적인 온실효과에 관한 아이디어를 제안했다. 그는 산업혁명 이후 석탄 사용의 증가는 대기 중 이산화탄소의 증가를 불러오고 지구의 온도를 올릴 것이라는 가설을 세웠다. 아르헤니우스는 지구가 어떻게 빙하기를 거쳤는지를 알려고 노력했다. 그는 후손들이 온화한 환경에서 살 것이라는 매우 희망적인 전망을 했다.
- 1938 – 영국의 기술자 가이 스테와트(Guy Stewart)는 당시 전 세계 147곳의 기상관측 자료를 분석하여 19세기 동안 기온이 괄목할 만큼 상승한 것을 발견했다. 또한 대기 중 CO_2 농도가 10% 정도 높아진 것도 발견했다. 그는 이와 같은 기온상승이 CO_2 농도의 증가와 연관이 있다는 주장을 했다.
- 1955 – 미국 존 홉킨스대학의 연구자 길버트 플라스(Gilbert Plass)는 대기 중 이산화탄소 증가가 기온을 상승시킬 수 있다는 것을 증명하였다. 1959년 플라스는 용감하게 20세

기 말에는 기온이 1.7도 정도 상승할 것이라 예측했다. 같은 해 화학자 한스 수스(Hans Suess)는 연료사용에서 화석탄소를 탐지했다. 하지만 그와 미국 스크립스 해양연구소장인 로저 레벨(Roger Revelle)은 해양이 대기중 이산화탄소 증가분 대부분을 흡수할 것이라 했다.

- 1958 – 러셀과 수스는 지구화학자 찰스 킬링(Charles Keeling) 박사에게 대기 중 이산화탄소 농도 변화를 계속 감시하도록 하였다. 2년 동안 남극에서의 측정을 통해서 이산화탄소 농도 증가를 탐지하였다. 이 증가곡선이 킬링곡선으로 알려지게 되었으며, 지구온난화 논란의 상징이 되었다. 이 곡선은 오늘날까지 계속해서 만들어지고 있다.
- 1970 – 미국에서 처음으로 4월 22일이 "지구의 날"로 지정되었다. 민주당 상원위원인 게이로드 넬슨(Gaylord Nelson)이 마련한 이 행사에 2천만 명의 사람들이 참여하였다. 이 행사의 결과로 이후 미국 에너지부가 지구온난화에 관하여 주목할 만한 보고서를 연속하여 발표하는 동기가 되었다.
- 1979 – 여러 분야의 학자들이 제네바에 모여 최초로 세계기후컨퍼런스(World Climate Conference)를 열고 세계기후프로그램(World Climate Program)을 만들었다.
- 1985 – 오스트리아 빌라하(Villah)에서 열린 세계기후프로그램에서 과학자들은 대기 중 CO_2 농도 증가가 지구의 기온을 상당히 올릴 것이라는 확신을 갖게 되었다. 또 남극대륙 상공에서 오존구멍이 발견되었다.
- 1987 – 공식적으로 역사상 가장 더운 해로 기록되었다. 3년 뒤 1980년대가 기록상 가장 더운 10년으로 판명되었다.
- 1988 – 세계기상기구(World Meteorological Organization, WMO)와 유엔환경프로그램(United Nations Environment Program, UNEP)에 의해 기후변화에 관한 정부간 협의회(Intergovernmental Panel on Climate Change, IPCC)가 만들어졌다. IPCC는 여러 과학단체들의 견해를 모아 과학적 증거에 근거한 보고서를 만들었다. 6월 미국상원위원 청문회에서 미국 NASA 고다드 연구소의 제임스 핸센(James Hansen) 박사가 컴퓨터 모델 결과와 관측 결과를 바탕으로 온실효과가 99% 인간활동의 결과라는 것을 주장하였고, 이미 이 온실가스가 기후를 변화시키고 있다고 주장하였다.
- 1990 – IPCC는 21세기 동안 기온이 10년마다 0.3℃ 증가할 것이며, 이는 지난 10000년 동안 가장 빠르게 증가하는 것이라는 첫번째 보고서를 발간했다.
- 1992 – 172개국이 참가한 브라질 리오데자이로에서 열린 지구정상회의(Earth Summit)에서 처음으로 지구온난화에 대해 통일된 견해를 밝히고 온실가스 감축을 위한 교토의정서를 위한 협상을 시작하는 계기가 되었다.
- 1995 – 기록상 가장 더운 해가 갱신되었다. 4년 후 1990년대가 지난 1000년에서 가장 더운 10년으로 밝혀졌다. IPCC 보고서는 지구온난화에 인간의 영향을 배제할 수 없음을 보고했다.
- 1997 – 교토의정서: 개발도상국을 제외한 선진 각국은 2008년에서 2012년까지 1990년 배출량에 비해 주요 6종의 온실가스 배출을 평균 5.2% 감축하기로 한다. 하지만 미국 하

원은 개발도상국가들이 의미있는 감축에 참여하지 않는 이 의정서에 대한 미국의 참여를 제한하는데 95대 0이라는 기록으로 부결시켰다.

- 2001 – 새로 선출된 조지 부시(George W. Bush) 미국 대통령은 교토의정서는 미국 경제에 손실을 가져다 줄 것이라 주장하였다. 제3차 IPCC 보고서에서는 지난 50년 동안 인간활동에 의한 지구온난화 증거가 그 어느 때 보다 명백하다고 밝혔다.
- 2003 – 유럽에서 광범위하게 발생한 가뭄과 사상 가장 더운 여름으로 3만 명의 희생자가 발생했다.
- 2005 – 러시아가 19번째로 비준하면서 교토의정서는 비로소 법적 효력을 갖게 되었다. 하지만 미국과 오스트레일리아는 계속해서 자국의 경제에 미치는 영향을 이유로 승인을 거부하였다.
- 2007 – 175개국이 교토의정서를 비준하였다. 오스트레일리아에서 새로 선출된 수상 켈빈 루드(Kevin Rudd)는 이 의정서를 비준하였다. 제4차 IPCC 보고서는 지구온난화는 명백하며 21세기 동안 기온과 해수면 상승 정도는 앞으로 온실가스 얼마나 줄이는가에 달려 있다고 보고했다. 미국 전 부통령 알 고어(Al Gore)와 IPCC가 환경보존에 기여한 공로로 노벨평화상을 공동 수상하였다.
- 2008 – 남극대륙 연안에서 일킨스 빙붕이 약 500km^2 분리되었다. 과학자들은 지금까지 생각보다 기후변화가 더 빠른 속도로 진행되는 것을 우려하였다. 발리회의 결과로 180개국이 새로운 기후변화에 관한 협약을 만들기 위한 협상을 시작하였다.
- 2014 – 관측사상 가장 더운 해를 기록하였다.

11.2 기후변화의 시간 규모

기후학자들은 종종 “지구가 계속 더워집니까?”라는 직설적인 질문을 받는 경우가 많다. 질문은 간단하고 간결하지만, 대답은 간단하지 못하다. 그 이유는 답변이 시간 규모를 고려해야 하기 때문이다. 정리하면, ‘기후변화’라 함은 기후상태의 변화를 말하며, 이는 통계적 방법으로 확인되는, 몇 십 년 이상 지속적인 평균값의 변화, 특성의 변화를 말한다. 기후변화는 내부과정에 의해 생길 수 있거나 외부강제력에 의해 생길 수 있다. 일사와 화산활동의 변화 등 몇 가지 외부 영향은 자연적으로 발생하며, 이것은 기후계의 전반적인 자연변동에 기여한다. 내적인 변동은 모든 시간 규모에 걸쳐 일어나고 있다. 내적인 변동을 일으키는 대기과정은 구름 내에서 수증기의 응결 같은 아주 짧은 시간 동안 발생하는 것부터 대류권과 성층권 교환, 북반구와 남반구간 교환 등 수년에 걸쳐 발생하는 것으로 알려져 있다. 해양과 빙권 등 기후시스템의 다른 요소는 더 긴 시간 규모로 변동하고 있다. 이런 구성요소들은 자신만의 내적인 변동을 겪을 뿐 아니라 또한 더 빨리 변하는 대기로 인해 생기는 변동과 합쳐진다. 내적인 변동은 또한 ENSO 현상과 같이 구성요소간의 상호작용으로도 생긴다.

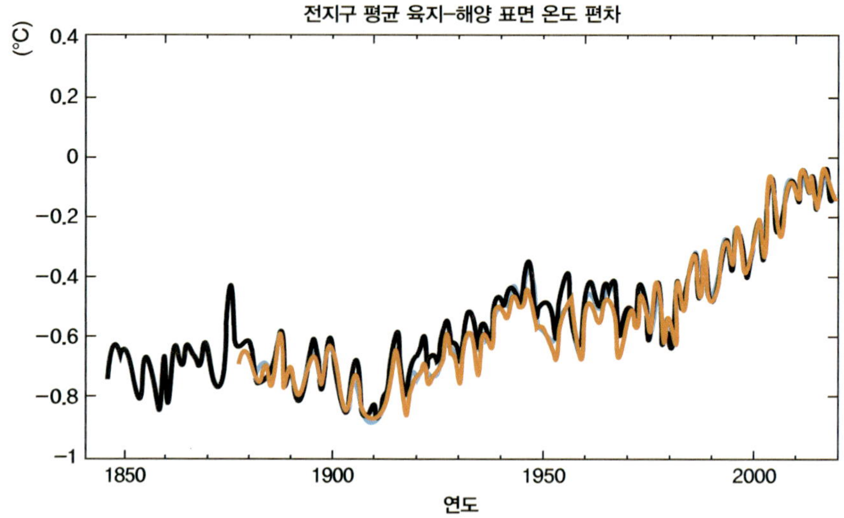

그림 11-2 1986년에서 2005년 평균대비 1850년부터 2012년 까지 전지구 평균온도 변화 (자료: 기상청, 2015).

그림 11-2에 제시된 것과 같이, 전지구 평균온도의 변화를 살펴보자. 만약 1850년부터 2012년까지 162년 전체의 기온 변화를 고려한다면 분명하게 기온이 올라가는 것을 볼 수 있다. 이와는 달리 1940년대에 20세가 된 사람이 보았다면 그의 일생동안 기온은 내려간다고 보고하였을 것이다. 사실 1970년대 많은 기후학자들이 전세계 평균기온이 지속적으로 내려가 빙하기의 도래를 염려하기도 하였다.

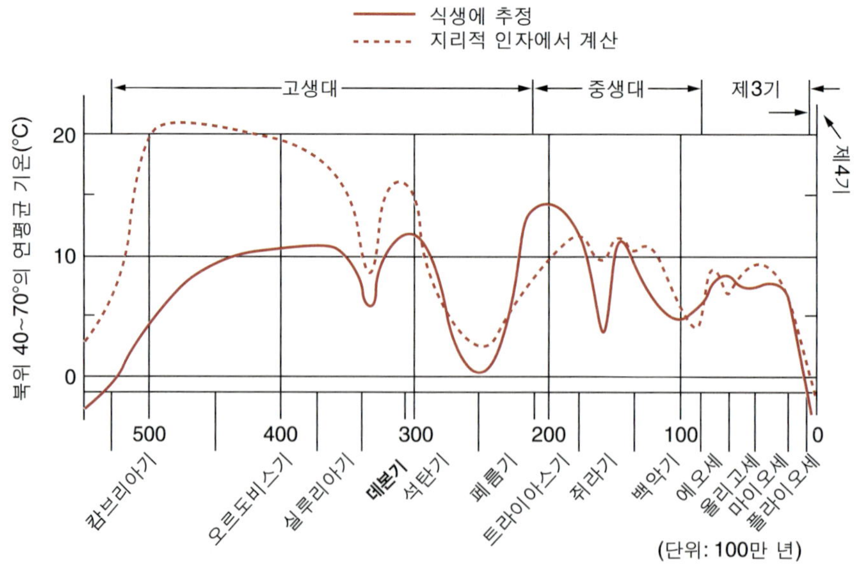

그림 11-3 지질시대의 기온 변화

실제로는 기후변동이 이 두 개의 시간 규모보다 훨씬 더 많은 시간 규모를 포함하고 있기에 이런 상황이 매우 더 복잡하게 전개될 것이다. 그림 11-3에서와 같이 어떤 사례는 수억 년에 걸쳐 일어나는 변동에 관한 것일 수도 있고, 또 다른 사례는 수십에서 수만 년에 걸쳐 일어나거나, 혹은 수백 년, 수십 년의 주기를 갖는 것이 있을 수 있다. 기후변화와 시간 규모 사이에는 분명하고 명확한 연관성을 찾기는 용이하지 않다. 그러나 일반적인 법칙이 있는데, 짧은 주기를 갖는 변동보다는 긴 주기를 갖는 변동의 폭이 더 크다는 점이다.

11.3 과거 기후

오랜 역사를 통하여 기후의 여러 변화를 과거의 기후(paleoclimate)라 한다. 숀바이제는 그의 저서에서 "인류의 과거를 이해하는 일은 기후학이 없이는 완전하지 못하고, 인류의 미래의 과제는 기후학이 없이는 극복될 수 없을 것이다"라고 말하고 있다(Schönwiese, 1994). 또 "비전문가에게는 지구의 평균기온이 1°C, 2°C 또는 4°C 정도 작은 변화를 한다는 사실이 중요하지 않고 무시할 수 있는 것으로 여겨질 것이다. 그러나 이러한 관점은 오류를 초래하기 쉽다" (Flohn, 1985)라고 기후학의 중요성을 언급하고 있다.

가장 확실한 기후학의 자료원은 기상관측 기기를 이용하여 직접 관측된 자료이다. 그리고 간헐적인 기상관측이 아니라, 장기간에 걸친 기상관측망을 통해서 결측이 없이 현재까지 관측된 자료, 즉 균질한 자료이다. 광의로 직접적인 기상관측에 근거한 기후자료가 있는 시기의 기후를 신기후(New Climate)라고 할 수 있고, 그 이전의 시기의 기후를 고기후(Past Climate)라 한다. 기후는 편의상 지질시대, 역사시대, 관측시대 등 3시대를 분류하여 취급하고 있다.

11.3.1 지질시대의 기후

지구 과학자들은 지구의 역사를 아주 구별되는 시간대로 나누는 보편적인 방안을 고안해 내었다. 표 11-1에서 제시된 지질학적 세로축은 일련의 계층적 구조를 갖고 있는데, 대(代, eras), 기(紀, periods), 세(世, epochs)로 구분하였다. 이러한 시간 단위는 기후특성에 따른 것이 아니라 과거의 환경이나 이벤트를 암시하는 지질학적 또는 화석의 증거를 토대로 구분하였다. 따라서 때로는 기후학적 에피소드가 대, 기, 또는 세로 표기되는 지질연대의 어느 시기와 일치하는 경우도 있지만, 같은 연대에 있다고 해서 같은 기후환경을 가졌다는 것을 의미하지는 않는다.

오랜 지질시대를 통해서 기후가 어떻게 변화했는가를 확실하게 추정할 수 있는 시기는 신생대 이후이다. 이는 오랜 지질시대의 기후 상태를 추정하는 데는 생물의 화석이 중요한 열쇠가 되는 데, 고생대 이전의 기후는 정확한 자료가 없기 때문이다. 다만, 지층의 상태로부터 그 당시의 기후 특징들이 추정된다. 선캄브리아대의 기후는 아마도 전지구가 따뜻했던 것으로 보이며, 원생대에는 아건조(亞乾燥)기후 내지 사막기후였으며, 또 빙하기후의 습격을 받았던 것으로 추정된다. 그것은 원생층 상부의 적색사암(赤色砂岩)과 풍식력(風蝕礫, ventifact)이 있는 것으로 알 수 있으며, 세계 곳곳에 빙하력(氷河礫) 또는 빙성층(氷成層)이 발달하고 있는 사실로 미루어 보아 한랭한 기후가 있었던 것으로 생각된다.

고생대 기후

생물화석에 의하면 고생대 이후에도 사일류리아기, 데본기에 이르러 기후의 상태가 명확해진다. 지질시대부터 현세까지의 변화는 표 11-1과 같다. 데본기의 아열대성 내지 열대성기후는 고위도에서 저위도에 걸쳐 상당히 오래 계속되었다. 데본기 말에 나온 양서류의 화석은 그린랜드 동안에서도 발견된다. 석탄기에 많았던 봉구목(封臼木)과 높이가 30m가 넘는 거목인 인목(鱗木) 등의 화석은 열대성기후가 세계를 넓게 차지하여 상당히 온난한 기후였음을 제시한다. 고생대 말인 페름기(Permian)에는 석탄기의 온난습윤했던 기후로부터 건조하고 한랭한 기후로 전환되었다.

한 덩어리였던 판게아(Pangaea) 대륙이 석탄기에 생긴 테디스해(Tethys Sea)를 사이에 두고 갈라져 남반구에는 곤드와나(Gondwana) 대륙이 놓여져 있었다. 이 곤드와나 대륙에는 빙하가 넓게 덮여 있었다. 이 빙하는 거의 60°S 부근까지 집중해 있었으나 40~50°S 지방에도 상

표 11-1 지질시대의 기후

대	기	세	년대(B.P: 현재기준)	기후 특성
신생대 (Cenozoic)	제4기 (Quaternary)	현세 (Holocene 또는 Recent)		• 소빙기(Little ice age) 약 A.D. 1430~1850 • 중세의 온난기 약 A.D. 1000~1200
		후빙기 (Postglacial)	약 만년 전	• 철기시대 초기 한랭기 약 B.C. 900~450 • 고온기 또는 기후최적기(Hypsi–thermal or Climatic Optimum) 약 B.C. 5000~3000
		홍적세 (Pleistocene)	약 100만~300만년 전	• 빙하기와 간빙기가 몇 회 교체 최후 간빙기의 중기(약 4만년 전) 호모사피엔스 출현
	제3기 (Tertiary)	플라이오세 (Pliocene)	약 1,000만년 전	• 한랭해짐 대형의 육식동물
		마이오세 (Miocene)	약 2,500만년 전	• 온난한 기후 고래, 원숭이, 초식동물
		올리고세 (Oligocene)	약 4,000만년 전	• 온난 최적의 유인원
		에오세 (Eocene)	약 6,000만년 전	• 보통의 기후상태
		팔레오세 (Paleocene)	약 7,000만년 전	• 더욱 온난 말, 코끼리, 현존하는 새로운 식물이 등장

(계속)

대	기	세	년대(B.P: 현재기준)	기후 특성
중생대 (Mesozoic)	백악기 (Cretaceous)		약 1.3억년 전	• 한랭한 증거는 있었으나 빙하는 없었음 어룡, 공룡 멸망
	쥬라기 (Jurassic)		약 1.8억년 전	• 최초의 어조류, 소동물, 공룡 전성, 최초의 악어, 병행성 파충류
	트라이아스기 (Triassic)		약 2.3억년 전	• 최초의 공룡, 어룡 등
고생대 (Paleozoic)	페름기 (Permian)		약 2.7억년 전	• 처음에는 빙하기, 후에는 온난해짐 송백류 많음.
	석탄기 (Carboniferous)		약 3.5억년 전	• 처음은 온난, 지역에 따라 빙하 발달. 양치류, 석탄목림의 최성기
	데본기 (Devonian)		약 4억년 전	• 보통의 기후가 차차 온난해짐 곤충, 나무의 등장
	실루리아기 (Silurian)		약 4.4억년 전	• 온난 최초의 육지 동식물 등장
	오르도비스기 (Ordovician)		약 5억년 전	• 보통의 기후 상태에서 온난해짐 최초의 산호, 최초의 어류 출현
	캄브리아기 (Cambrian)		약 6억년 전	• 온난한 기후 유곤충, 이매구, 달팽이 등 출현
선캄브리아대	프로테로조익기 (Proterozoic)			• 원생동물의 시대 빙하의 증거
	무생물기 (Azoic)		약 30억년 이상 전	• 생명발생 이전

당히 발달해 있었다. 퇴적물의 특징으로보아 빙하가 여러 번 엄습했었음을 알 수 있다. 이 빙하기 고기후의 큰 특징은 현재 열대에 속한 인도와 아프리카의 일부에서도 대규모 대륙 빙하가 발달했다는 사실이다. 페름기의 빙하기의 원인은 아직 정확히 알려진 것은 없다. 바리스칸 조산운동이 바로 석탄기의 말부터 페름기에 걸쳐 최성기가 되어 조산운동에 지구 내부의 열량이 소비되었고, 또 심한 화산활동에 의해 화산재가 대기 중으로 넓게 확산되면서 일사를 차단하여 빙하기가 시작하였다는 설이 유력하다.

중생대 기후

중생대가 되면서, 기후는 다시 온난해졌다. 페름기의 열대는 20°N에서 20°S 사이에 있으나 트라이아스기(Triassic)가 되면서 23°N에서 23°S 사이로 확대되었다. 건조지역에서는 대형 파충류(爬蟲流)가 번성하였다. 즉, 이 중생대는 거대한 공룡(恐龍)들이 전성했던 시대이다. 지역에 따라 약간의 차이는 있으나, 전반적으로 전세계가 따뜻한 기후이었기에 파충류와 같은 냉혈동물에게는 살기 좋은 시기이었다. 이렇게 전성했던 공룡들은 중생대 말인 백악기(白堊紀, Cretaceous)에 전멸했다. 기후적으로 볼 때 공룡의 멸망 원인은 급격한 기후변화 때문이라고 생각된다(그림 11-3 참조). 그 중 혜성의 충돌로 생긴 거대한 먼지 구름 때문에 차갑고 어두워져 식량 공급원이 사라짐에 따라 많은 생물들이 돌연 멸망하였다는 설이 유력하다. 기후대의 구분도 한층 더 분명하게 되어 식물화석으로부터 보면 쥬라기의 중 · 후기에는 소테치류, 진정양균류, 소테치양균류가 많고, 온대에는 이초우류, 양균류가 많고 한대에는 구과류가 많았다.

신생대 기후

신생대(新生代, Cenozoic)가 되면서 원래의 온난한 기후로 돌아가 시신세로부터 마이오세(Miocene)경에는 열대지역이 28°N에서 28°S 사이로 폭 넓게 확대되었다. 아열대는 40°N에서 40°S까지 도달하였고, 양극지방의 한대기후는 극히 제한적이었다. 중생대에 번성했던 파충류는 쇠퇴하고, 포유류가 조류와 함께 급속히 번성하였다. 신생대 초인 제3기(第三紀, Tertiary)는 온난한 기후로 현재 열대지방에서 생육하는 야자나무가 잉글랜드(50°N) 부근까지 분포했고, 또 열대지방에 사는 산호초의 분포도 현재보다 훨씬 고위도지방까지 분포했었다.

플라이오세(Pliocene)가 되어도 일본을 포함해 알프스산맥이나 록키산맥 등의 산지에서는 융기가 계속되었다. 이와 같이 쥐라기에 시작된 세계적 규모의 알프스 조산운동의 결과로, 기후는 점차 냉각되기 시작하였으며, 제3기의 말기에는 급속히 기후가 악화되었다. 제3기 말에는 여름이 되어도 눈이 없어지지 않고 남아 그것이 만년설이 되어 빙하를 형성하게 되었다. 이처럼 제4기(第四紀, Quaternary)에 들어와 기후는 한랭해져 대빙하 시대를 맞이하였다.

제4기 기후

지질시대상 제4기는 크게 나누어 홍적세(洪積世, Pleistocene)와 현세(現世 또는 沖積世, Holocene)로 나누어지며, 우리가 살고 있는 현재는 지질시대상 바로 현세에 해당된다. 제4기는 인류가 탄생한 시대이며 오랫동안 빙하로 덮였던 시대이기도 하다. 알프스에서는 6회 빙하기와 그 사이 5회의 간빙기(間氷期, interglacial period)가 있었다. 또 북미 대륙에서는 4회의 빙기가 있었다. 광대한 스칸디나비아 대륙 빙하와 알프스 빙하의 사이에 있는 중부 유럽은 툰드라였다. 빙하기의 아프리카 북부는 현재의 건조한 기후와는 달리 습윤하였다. 차드호는 지금보다 10배나 더 넓은 대 호수였고, 동아프리카 지구대에는 현재보다 더 많은 호수들이 있었다. 현재 사막에 남아 있는 메말라 버린 강인 와디(Wadi)는 원래 물이 흘렀던 계곡이었다.

북아메리카 대륙의 북부에는 록키산맥과 래브라도 고원을 중심으로 하는 빙상이 있었다. 빙상은 북위 39도까지 뻗어 있었으며, 뉴욕 바로 북쪽까지 대 빙원이었고, 뉴욕, 워싱턴, 시카고 등의 미국의 대도시들은 툰드라 지역에 속했다. 그리고 서부는 지금보다도 비가 많아 건조지대는 극히 좁은 지역뿐이었다. 그 당시는 증발량이 적은데다 강수량이 비교적 많아 현재의 수많은 호수들이 이 빙하시대에 생겼다.

이 시기의 우리나라 주변지역의 빙하 발달은 고산지역에 한정되어 있었다. 그 예로, 백두산, 개마고원 등지의 권곡(圈谷, Kar)을 꼽을 수 있다. 빙하의 발달로 현재의 해수면보다 약 130m 나 하강하여 한반도와 일본열도는 중국 대륙과 연결되었다.

11.3.2 역사시대의 기후

지질시대에 이어 인류의 역사가 기록된 비교적 새로운 시대부터 근대적인 관측이 시작된 시대까지의 사이를 역사시대로 본다. 역사시대에 들어와 관측시대 이전의 고기후에 대해서는 여러 가지 과학적인 방법 외에 문화적 자료들이 활용될 수 있다.

우리나라는 서구에 비해 관측제도가 일찍이 발달했고, 과학과 문화가 발달했던 조선시대에는 관측제도나 관측기록에 관한 문헌들이 전해졌으며 많은 일기류(日記類)와 고기록(古記錄)들이 남아 있다. 조선시대의 관측 제도에 관한 서운관지(書雲觀志)나, 관상감(觀象監)의 관측 원부(觀測原簿)였던 풍운기(風雲期), 이변(異變)반을 기록한 전변능록(天變謄錄), 문헌비고(文獻備考) 등은 관측제도나 기록으로서 중요한 자료들이다. 또 조선시대 일기류(日記類)로는 승정원일기(承政院日記), 일성록(日省錄), 또 조선왕조실록(朝鮮王朝實錄)을 꼽을 수 있다. 관측제도가 미비했던 조선시대 이전에 대한 것도 사료(史料)에 의거하게 되는데, 그 중 삼국사기(三國史記), 삼국유사(三國遺事), 고려사(高麗事)에는 많은 기후자료가 포함되어 있다. 또 증통문헌비고(增桶文獻備考), 상위고(象緯考)에는 삼국시대부터 조선시대에 걸친 천변(天變), 기후이변(氣候異變)에 관한 것이 집성(集成)되어 있다.

고대(古代)의 기후

B.C. 1,500~1,000년에는 유럽의 기후가 한랭하였기 때문에 큰 수목의 삼림은 영국이나 스칸디나비아의 거의 대부분의 지역에서 없어져 버렸다. B.C. 850년에는 북유럽이나 알프스의 빙하는 급격히 커져 버렸다. 중앙유럽의 대하천은 겨울에 동결하여 대규모 빙하가 되었다. 철기시대(鐵器時代)의 한랭한 기후는 차차 회복되어 B.C. 100년경에는 상당히 따뜻하고 건조한 기후로 되돌아갔다.

그러나 기원원년(紀元元年)을 중심으로 한 로마시대의 기후는 현재보다도 추웠다. 해면은 현재보다 약 25m나 낮았고 빙하의 두께나 길이도 현재보다 두껍고 길었다. 이 북미의 플로리다 해퇴기(海退基)와 유럽에서는 로마시대 유럽의 지중해 일대의 해퇴기를 로만-플로리다(Roman-Florida) 해퇴기라 부른다.

중앙아시아는 현재보다도 습윤하여 중국에서 유럽으로 통하는 소위 비단길(silk road)을 따라 도시들이 번창하였다. 이 냉습한 시기에는 습윤한 기후 때문에 고도의 문명이 발달하여, 지중해 문명의 전성기가 되었다.

그러나, 후기 로마(Post Roman)인 A.D. 350~700년경은 온난하면서 건조하였다. 중앙아프리카는 비가 많아 나일강의 홍수의 수위가 높아졌다. 8세기부터 10세기경까지 습윤하던 기후가 건조하게 바뀜에 따라 중앙아시아는 한발이 심해지고 이 한발은 점차 아시아의 서쪽으로 확장되면서 중앙아시아 비단길 연안의 많은 도시들은 사라졌다. 중국에서는 후한말(後漢末)의 무제기(武帝記) 194년의 식량 부족이 군사, 정치 전반에 영향을 준 것으로 알려지고 있다. 이 194년은 고구려 고국천왕(故國川王) 16년에 서리로 곡식을 망친 시기에 해당된다.

중세(中世)의 기후

A.D. 400~1200년에는 기후는 약간 온난하게 되고, 8~11세기에 가장 온난한 시기가 되었

다. 이 시기의 유럽은 온화하며 폭풍이 적은 기후조건으로 고위도 지방까지 바이킹 해적문명(Viking civilization)을 확장시켰다. 이 중세의 온난한 시기인 A.D. 800~1200년은 소기후최적기(little climatic optimum)라 부르며 앞에서 언급한 기후최적기에 비교되는 시기였다고 생각된다. 그러나, 이 소기후최적기는 기원전 5,000년경의 기후최적기보다 짧고 온난화의 정도도 크지 않았다.

5세기경까지 건조화가 시작되어 중앙아시아의 한발이 아시아의 서쪽으로 이동하였다. 캄보디아의 앙코르와트의 유적(600~1,200년)은 요즈음의 습윤한 열대 정글과는 달리 그 당시는 건조한 시기였음을 알려준다. 13~14세기가 되면서 유럽은 차가워지고 또 건조하게 되어 북부에서는 저기압 활동이 활발하였으며 냉습하게 되었다. 이 때문에 바이킹의 해적문명은 그린랜드에 고립화되었으며, 14세기에는 멸망해버렸다. 또 한랭습윤한 기후 때문에 문명은 남하하여 지중해에 르네상스가 일어났다.

계속되는 가뭄으로 인해 마야문명도 8~10세기경에 붕괴되었다. 남미의 티와나구 문명도 12~15세기동안 지속되는 가뭄으로 사라졌다. 우리나라에서는 1000~1250년 사이는 상대적으로 온난하였던 반면에 1250~1400년은 한랭하였다. 그 예로, 고려 공민왕 때에 한여름에 추워서 옷을 두껍게 입었다는 기록과 초가을에 서리가 시작한 기록을 꼽을 수 있다.

근세(近世)의 기후 – 소빙하기

중세 이후 다시 세계의 기온은 냉각하여 14세기 후반부터 19세기 중엽까지 소빙하기(Little Ice Age)라 불린다(그림 11-4 참조). 소빙하기가 가장 최고조에 달한 것은 16세기에서 19세기까지의 300여 년이다. 20세기가 되면서 기후는 온난하게 되어 빙하도 축소되었다. 몽블랑(Mont Blanc) 북쪽에 위치하는 샤모니(Chamonix) 계곡의 아르젠티에르(Argentiere) 빙하를 비롯하여 알프스의 빙하는 16세기 중엽부터 차차 확대되어 300년 후인 1850년대에 다시 축소하였다. 소빙하기 동안에 이들 빙하는 1,400m까지 확대되어 내려왔으며 따뜻해지면서 2,000m 높이로 후퇴하였다. 이러한 사실은 시대가 다른 알프스 하곡의 사진으로도 잘 알 수 있다(사진 11-1).

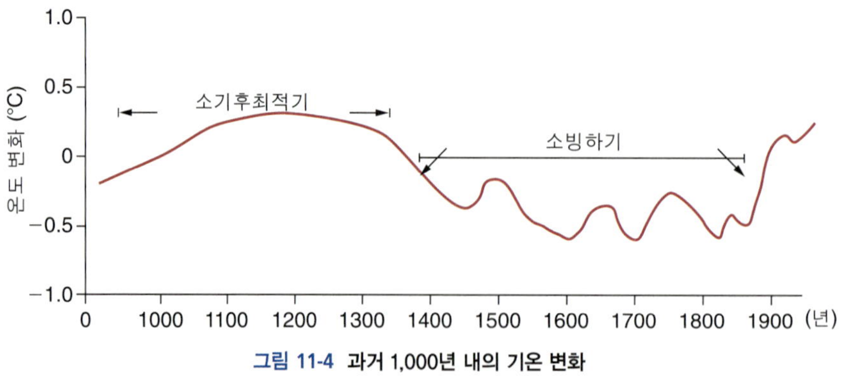

그림 11-4 과거 1,000년 내의 기온 변화

(a)

(b)

사진 11-1 프랑스 알프스 샤모니 지방의 빙하: (a) 1850년, (b) 2004년.

11.3.3 관측시대의 기후

관측시대라 하는 것은 보통은 최근 150~200년 이내를 말한다. 갈릴레이가 온도계를 발명한 것이 1592년이다. 현재와 같은 모양의 온도계가 사용되게 된 것이 18세기 중으로, 일부 지방에서는 17세기 말부터 관측이 시작되었다.

17세기까지는 한 국가에만 제한된 국가기상관측망은 영국, 이탈리아, 프랑스에 의해서 설립되었고, 1780년에야 최초로 국제적인 기상관측망이 설립되었다. 국가적인 기상관측망은 1863년에 프랑스에 국립기상대가 최초로 설립되었고, 1876년 독일에 해양기상청이 설립되었다.

우리나라의 경우에 측우기에 의한 고유 기상관측은 1907년까지 계속되어 그중 서울에서 관측된 1770년부터의 월강수량과 1626년부터의 월강수일수 및 강설일수의 자료가 보존되어 있다. 우리나라에서 체계적인 기상관측은 1904년 4월 1일부터 일본에 의해 목포(당시 팔구포), 동년 4월 9일의 부산, 4월 10일의 인천과 원산, 5월 1일의 용암포 임시관측소에서의 관측 개시 등이 기상관측의 효시라고 하겠다.

최근 100년간의 세계의 기후변동을 살펴보면, 소빙기 이후 20세기에 들어와 기온 상승이 현저한 특색으로 나타나고 있다. 세계의 연평균기온은 1850~1880년경까지는 거의 일정하였으나, 대략 1885년에서 현재에 걸쳐 급격한 상승을 보이고 있으며, 1880년에서 1940년까지 60년 동안 북반구의 평균기온은 0.6°C 가량 상승하였다. 극지방에서는 1911~1939년 사이에 4°C 이상이나 상승되어 1940년경에 가장 고온인 시기를 맞았다. 일반적으로 고위도 지방일수록 기온 상승이 심하여 북위 70도에서는 30년 동안에 3~4°C가 상승하였다.

이리하여 북극해의 얼음은 매년 얇아졌고, 선박이 북극 지방을 항해할 수 있는 기간도 점점 길어지게 되었다. 또, 북극해 방면의 빙하의 후퇴도 심해서 북 그린랜드의 프뢰야(Fröya) 빙하는 1939년에서 1947년 사이에 75m 후퇴했고, 그리고 1952년까지는 50m나 더 후퇴하였다. 알프스의 빙하나 캐나다의 빙하도 점점 작아지고 있었다.

1940년대를 정점으로 한 세계의 고온기는 1950년대에는 차차 기온이 하강했고, 1960년대에는 현저한 한랭화를 나타내었다. 그러나 1970년대에 들어와 다시 고온화를 보였다. 1990년 이후 최근에 들어 기온은 급상승하였으며, 이러한 추세는 계속되고 있다. 최근의 기온 상승의 원인은 화석연료 사용 증가에 따른 대기 중 온실기체 증가 때문으로 알려지고 있다.

우리나라의 경우, 대체적인 온난화 추세가 나타나는 가운데 1969~1970년 경에는 다소 한랭한 경향을 보였고 1990년대 이후로는 급격한 온난화 경향이 나타났다. 측우기 자료에 의하면 여름의 강수량 패턴은 1900년대 전후에 하나의 골이 있고 1930년경에는 하나의 눈에 띄는 마루가 있다. 1990년경의 건조기는 중국의 화북 · 내몽고 · 동북지방(만주) 등에서도 나타났다.

일본의 관측시대 80년간의 여름의 강수변동을 요약하면, 1891~1910년은 한랭다우, 1911~1950년은 태평양연안에서는 고기압의 장출 때문에 혹서(酷暑), 과우(寡雨), 1951~1970년은 한랭다우로 구분됨을 알 수 있다. 전 세계의 평균을 보면 1881~1910년과 1911~1940년의 각각의 30년간의 강수량 변화는 겨우 −2.5mm이다.

이것은 작은 변동으로 보이나 지역별로 보면 실정은 상당히 다르다. 40°N과 30°S 사이의 저위도 지방에서는 전반적으로 20%나 강수량이 감소했으며, 열대지역에서는 국지적으로 강수량이 증가한 곳도 있다. 열대지역에서는 국지적으로 강수량이 증가한 곳도 있다.

1951년부터 2010년 동안 60년간의 관측된 육지의 연강수량 변화를 볼 때 (그림 11-5 참조), 유럽 · 북아메리카 · 인도네시아 등에서는 증가하였으며, 북아프리카에서 남유럽에 이르는 지중해 부근, 서아프리카 · 중앙아시아 · 동아시아에서는 줄어들었다.

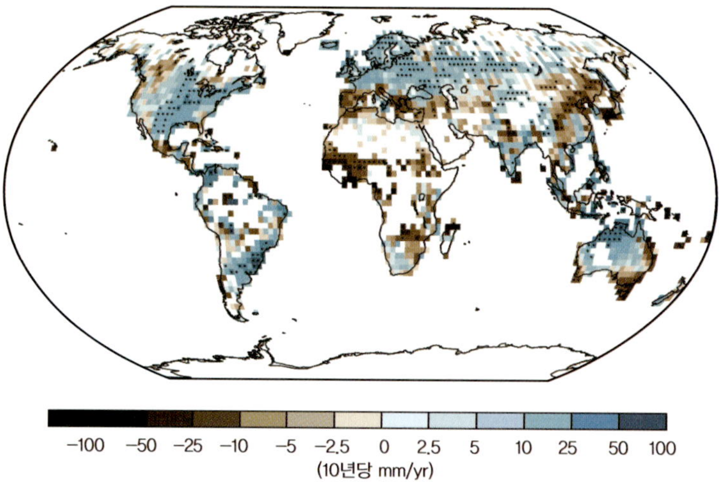

그림 11-5 1951~2010년 동안 60년간에 세계의 연강수량 변화 (자료: 기상청, 2015)

11.4 기후변화의 원인

11.4.1 기후변화에 관한 밀란코비치 이론

과거의 기온변화의 원인으로는 지구 궤도변화 요인(Hays et al., 1976; Berger, 1988; Imbrie et al., 1989)과 온실기체로 인한 요인의 두 가지로 집약할 수 있다. 1920년 세르비아의 수학자 밀란코비치(Milankovitch)는 "태양복사에 의해 생기는 열 현상에 관한 수학 이론"을 발표하여 기후변화를 지구 궤도변화 요인으로 설명하였다. 이 지구 궤도 요인은 태양활동의 변화, 두 가지 경우의 지축 변화, 지구 공전궤도 변화의 네 가지로 분류할 수 있다(그림 11-6 참조).

태양에 의한 기후변화 요인 중 가장 주기가 짧은 것이 흑점 관찰로 알 수 있는 11년 주기의 태양활동 변화이다. 태양활동의 변화는, 그 주기가 비교적 짧고 이 주기 동안 지구로 들어오는 태양에너지 양의 변화가 0.07%에 불과하기 때문에, 지금 우리가 우려하고 있는 지구온난화에는 직접적으로 큰 영향을 미친다고는 생각되지 않는다(Hoffert, 1991).

다음으로 지구궤도 변동이 관련된 기후변화 요인에는 지구 자전축의 변화와 관련된 두 개의 원인이 있다. 첫째는, 지축의 세차 운동으로, 지구의 공전축에 대하여 지축이 19,000~23,000년 주기로 팽이처럼 원을 그리며 회전하는 것이다. 태양 주위를 타원 궤도를 따라 공전하는 지구는 북반구 여름철에 태양에서 가장 멀고, 북반구 겨울철에 가장 가깝다. 그러나 약 11,000년 전에는, 이와는 반대로 북반구 여름철에 가장 가까웠고, 북반구 겨울철에 가장 멀었다. 따라서 북반구에서 기후의 계절 변화는 지금보다는 훨씬 더 컸고, 이에 따라 아시아 몬순의 강도도 더욱 크게 나타났을 것으로 생각된다.

기후변화의 요인 중 지구 자전축에 관련된 두 번째 요인은 계절 변화의 주 요인인 지구 공전축에 대한 지축의 기울기가 41,000년 주기로 21.5°에서 24.5°까지 변하는 것이다. 현재의 지축 기울기가 23.5°인 것을 고려할 때, 지축의 기울기가 더 기울어질수록 계절 변화가 지금 보다 더

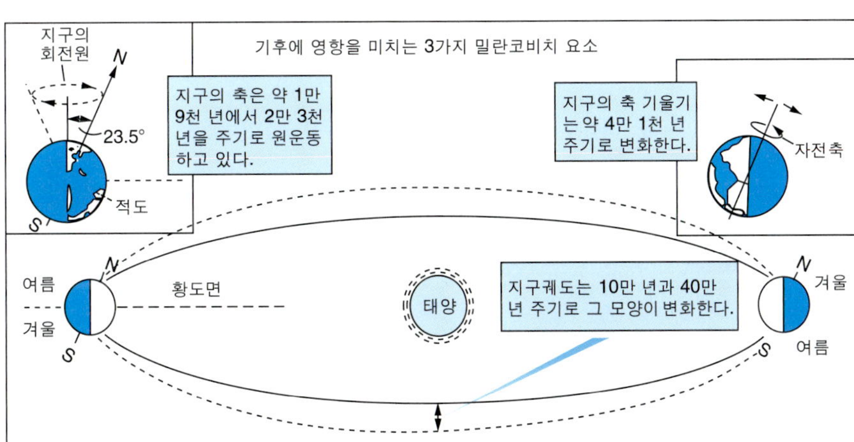

그림 11-6 기후변동의 원인이 되는 지구궤도 변화

클 것이며, 지축의 기울기가 작을 때는 계절 변화가 상대적으로 작을 것이다.

마지막 요인은 지구의 공전궤도 변화이다. 지구의 공전궤도는 약 10만년 주기로 거의 완전한 원에서 타원으로 점차 편평화 하였다가 원래대로 돌아간다. 이 사이에 변하는 태양과 지구 사이의 거리는 약 1800만 km 이상이다. 지구 공전궤도가 원일 때보다 타원일 때 계절적 기후 변화는 훨씬 더 크게 일어날 것이다. 현재 지구의 공전궤도는 타원에서 점차 원형 쪽으로 변화되고 있는 과정에 있다.

11.4.2 짧은 기간의 기후변화

어떻게 기후가 변할까를 생각할 때, 어떤 관점에서 보면 지구의 기후는 종종 경계조건이라 불리는 외부 강제력의 집합에 대해 반응하는 시스템으로 볼 수 있다(표 11-2 참조). 전 지구 기후 전체로 보면, 태양광의 강도, 해륙분포, 대기조성성분 등이 경계 조건이 된다. 이런 외부 강제력 가운데 한, 두 개가 변하면 기후시스템은 이에 맞춰 변화가 일어난다. 예를 들면, 태양에서 나오는 태양광이 커지면, 우리는 전 지구 평균온도가 높아지는 것을 기대할 수 있다. 어떤 해는 과거보다 기온이 더 낮을 수도 있지만 평균적으로는 기온이 올라갈 것이다. 이 경우 기후를 변화시킨 외부조건이 기후가 새로운 평형에 도달되는 것보다 더 빨리 변할지도 모른다. 그럼에도 불구하고, 이 외부조건의 변화가 기후를 변하게 하는 것이라 간주한다. 이런 식으로 생각하면, 기후변화는 배경조건의 변화에 대한 지구-대기 시스템의 반응으로 정의할 수 있다.

기후변화에 대한 이런 보편적인 관점을 인정하기 전에 우선하여 우리는 다음 두 가지 의문을 제기하여야 한다. 첫째, 주어진 경계조건들이 지구의 기후를 유일하게 결정하는가이다. 다르게 표현한다면, 우리는 "이 주어진 외부적인 조건으로 오직 하나의 기후상태가 결정되는 것인가?" 흥미롭게도 이론과 관측 모두 그 대답이 "그렇다"는 것을 보여준다. 실제 지구의 기후시스템의 반응보다 훨씬 더 간단한 이 특성을 "자동성(intransitivity)"이라 한다. 지구의 기후시스템은 이보다 더 복잡한 것은 사실이지만, 만약 기후시스템이 자동적이라도 지구의 기후시스템은 이 보다 더 복잡한 것이 사실이기 때문에 어떤 외부 경계조건의 변화가 관측된 기후변화를 유발한 것인가 또는 기후변화가 나타났다면 무엇이 이 변화를 일으킨 원인인가를 아는 것은 매우 복잡한 일이다.

표 11-2 기후변화에 관련된 여러 요인들

기후적 요인			비기후적 요인
자연적 요인		온실기체 증가 이외의 인위적인 요인	
외적 강제요인	내부 변동요인		
• 태양활동 • 화산활동	• 기후시스템의 내부 변동 • 각 영역들간의 상호작용	• 토지 이용의 변화 • 황산 에어로졸	• 관측 자료의 불균질성(측기 · 관측법의 변경, 도시화의 영향 등) • 공간적 불균질성(불규칙한 분포를 가지고 있는 관측지점 자료를 사용하여 영역 평균을 계산함)

두 번째 의문은 기후변화를 탐지하는 방법에 있다. 탐지와 원인규명 모두 보통 수십 년 또는 그 이상 규모로 일어나는 내적인 기후변동에 관한 지식을 요구한다. 내적인 기후변동은 보통 관측자료로 부터 외부강제력에 의한 영향을 추정하여 제거한 후에 나머지 잔여분을 사용하여 평가하곤 한다. 그러나 이러한 내적 기후변동 평가는 불확실성을 내포하는데, 그 이유는 대체로 계기관측 기간이 너무 짧은데다가 외부강제력의 추정치 또한 불확실성이 포함되기 때문이다.

11.5 미래 기후전망

11.5.1 1개월 예보

수개월 앞의 예보에는 해수면 온도 및 그 변화가 대기에 대한 경계조건으로 중요한 요소가 되나, 1개월까지의 예보에는 그 이전 대기의 운동 상태가 지대하게 영향을 주는 기간이다. 즉, 초기 입력 기상상태가 매우 중요하다. 수치예보에는 우선 풍향, 풍속, 기온, 습도, 기압 등의 관측 자료를 전구 영역의 격자점에 대해 내삽한 자료를 작성한다. 이것을 객관분석이라고 하고 이 객관분석을 기본으로 한 초기 값으로부터 그 후 대기의 상태를 수치예보 모델로 모사하여 예측한다.

수치예보의 오차는, 수치예보 모델의 오차와 초기 값의 오차에 기인한다. 초기 오차의 증폭에 관한 연구에 의하면, 초기의 작은 오차는 대기가 갖는 불안정성과 비선형성에 의해 증폭하여, 2주 정도가 지나면 고 · 저기압에 의한 일변동량의 규모를 넘는다. 결국 2주 정도의 기간이 지나면 대기의 신호는 오차 때문에 혼란스러운 상황에 처하게 된다. 이는 설령 수치예보 모델이 완전한 것이라 해도 초기 오차의 증폭에 의해 매일의 일기를 결정론적으로 예측하는 것은 2주 정도가 한계라는 점을 보여주고 있다.

일기에 대한 결정론적 예측의 한계를 넘은 1개월 예보는, 시간 평균한 일기상태의 예측이나 그 확률적 예측이 목표가 된다. 1개월 수치예보는 초기 값의 작은 오차에 의해 예보결과가 크게 변하기 때문에, 어느 하나의 초기 값으로부터의 수치예보만으로 예보하는 것이 아니고, 조금씩 다른 여러 개의 초기 값으로부터 각각 1개월 수치예보를 행하고, 그 여러 개의 수치예보를 평균하는 앙상블 예보 기법을 활용한다.

11.5.2 수 개월~수 년 앞까지 예측

계절예보 내지 수 년 정도 앞까지의 단기적인 기후변동 예측에 관해서 가장 중요한 것은 대기와 해양, 그 중에서도 특히 열대 해양과의 상호작용이다. 특히, 태평양 열대지역에서 일어나는 엘니뇨현상에 대한 역학적 이해는, 20세기 최대인 1997/1998년 엘니뇨 뒤를 이은 2번째인 1982/1983년의 엘니뇨현상을 계기로 해서 1980년대 중반 이후 비약적으로 진행되었다. 여기에서 큰 역할을 한 것은 대기 해양 모두 1~2층의 구조를 갖는 단순화된 결합모델이었다. 더욱이 대기대순환모델에 포함된 복잡한 물리과정들을 피했기 때문에, 수 년~수십 년에 걸친 계산을 쉽게 할 수 있었다.

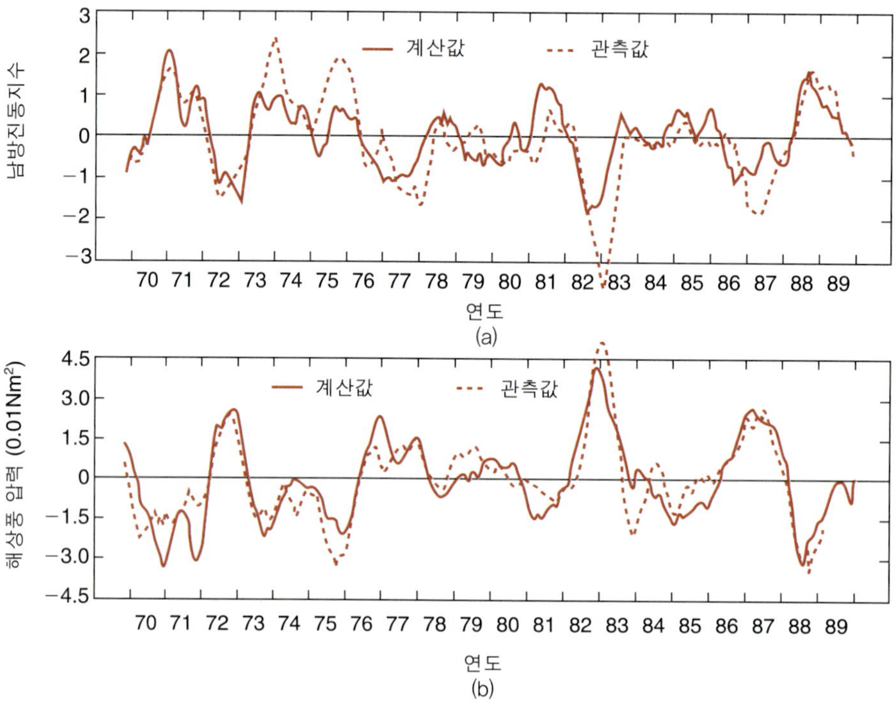

그림 11-7 대기대순환모델로 모사한 열대의 연변동. 실측 해수면 온도를 준 GCM의 20년 적분결과(실선)를 관측값(점선)과 비교함. (a) 남방진동지수, (b) 태평양 중부에서의 해상풍 응력 동서성분.

이 엘니뇨모델은 간단한 모델이기 때문에, 이 때 세계 각지의 이상기상까지는 예측할 수 없으나, 적도부근의 해수면 온도 편차의 분포를 아는 데는 꽤 현실적이다. 컴퓨터 계산 속도의 진보에 의해, 10년 이상에 걸친 실측 해수면 온도 편차를 초기 값으로 한 대기대순환모델 계산이 실시되었다(그림 11-7). 엘니뇨현상, 라니냐현상에 대응한 열대 대기의 동서 기압진동을 나타내는 남방진동지수(SOI)에서나 해상풍 응력의 동서성분 관측값과 모델에 의한 계산값은 잘 일치하고 있다. 적어도 열대지역에 있어서 모델 및 실제 대기 중의 연변동은 엘니뇨현상에 따른 해수면 온도 변동에 의해 상당한 부분이 설명된다. 하지만 현 시점에서 대부분의 모델은 몬순의 기후학적인 양상을 표현할 수 있지만 연변동, 특히 강수량 등의 지역적인 편차에 관해서는 그 정확도가 떨어지는 편이다.

11.5.3 100년 예측

수 년~수십 년 미래까지 예측가능성

인위적인 요인에 의한 이산화탄소 등의 대기 중 온실기체 증가에 의한 지구온난화 가능성은 인류의 생존과도 직결되는 큰 문제이기에, 기후 모델에 의한 지구온난화 평가에 대해 거는 기대가 크다. 수십 년 이상의 시간 규모 문제를 생각할 경우에는 마찬가지로 수십 년 정도의 주기를 갖는 기후시스템의 자연적인 변동에 관한 이해가 필수적이다.

지난 백여 년간의 기온변화를 보면 1970년을 사이에 둔 십 년간은 그 전후와 비교해서 기온이 낮고, 1975년부터 1980년에 걸쳐서 급격한 상승이 있었다. 이와 같은 급격한 상승 경향과

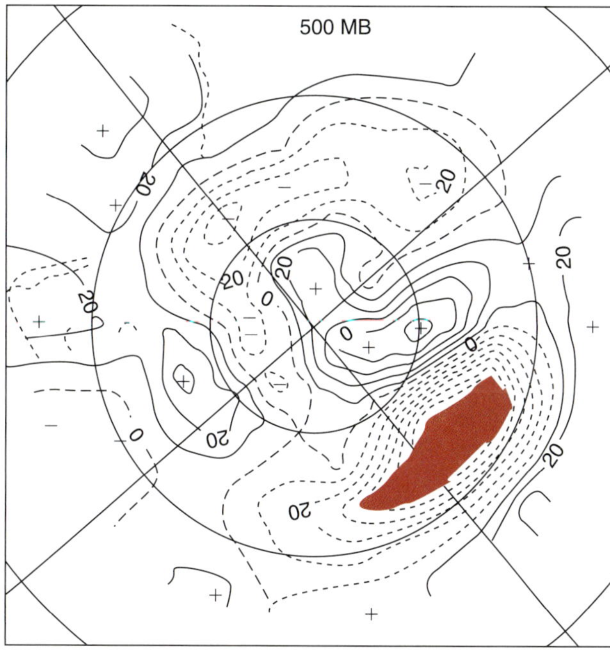

그림 11-8 동계 북반구 500hPa 지오포텐셜 고도의 1977~86년과 1967~76년 평균값의 차. 붉은 부분은 통계적으로 뚜렷한 차가 있었던 영역.

일치하는 열대 지역 해수면 온도의 십 년 규모의 상승 경향을 지적하고, 또한 이에 따른 북태평양 북부의 해수면 온도가 음의 편차 경향을 보이며 그 상공에서 겨울철 대기순환에도 저기압성 편차가 탐지되었다(그림 11-8 참조).

기후변동 현상을 정확하게 탐지하기 위해서는 긴 기간에 걸친 관측 자료가 필요하지만, 이들은 공간적으로 분산되어 있는 경우가 많아 해수운동 변동의 공간구조를 특정 짓기에는 어려운 점이 많다. 이를 극복하기 위해서는 수치모델을 활용한 연구가 필요하다. 관측된 전구 평균기온에서 보이는 바와 같이, 수십 년 규모의 변동은 대기-해양 결합 모델의 장기적분 결과로도 알 수 있다. 현시점에서 수십 년 규모의 변동에 관해서는 그 주기성이 탁월하고 특징적인 변화가 크다면 이론적으로는 예측이 가능하다고 말할 수 있다. 물론 역학적인 모델에 의해 예측하는 경우에는 이에 추가해서 변동 메커니즘의 해명이 선행되어야 한다.

21세기 예측

2013년 9월 27일 스웨덴 스톡홀름에서 발표된 기후변화에 관한 정부간협의체(IPCC) 제1 실무그룹의 제5차 평가보고서에 의하면, 온실가스의 감축 없이 현재와 같은 추세로 온실가스를 배출하는 경우(이산화탄소(CO_2) 농도가 2100년에 936 ppm에 도달하는 경우), 21세기 말(2081~2100년) 지구의 평균기온은 1986~2005년에 비해 3.7°C 오르고, 해수면은 63cm 상승할 것으로 전망됐다. 그러나 감축이 상당히 실현되는 경우(CO_2 농도가 2100년 538 ppm에 도달할 경우), 평균기온은 1.8°C, 해수면은 47cm 정도로 상승폭을 완화시킬 수 있을 것으로 내다봤다. 표 11-3은 IPCC에서 발표한 이산화탄소 배출 시나리오에 따른 기온과 해수면 상승을 비교해서 보여주고 있다.

표 11-3 IPCC 발표 1986 ~ 2005년 대비 이산화탄소 배출 시나리오별 기온과 해수면 상승

새로운 시나리오	2100년 CO_2 농도 (ppm)	기온 (℃)		해수면 (cm)	
		2046~2065년	2081~2100년	2046~2065년	2081~2100년
RCP 2.6	421	1.0(0.4~1.6)	1.0(0.3~1.7)	24(17~32)	40(26~55)
RCP 4.5	538	1.4(0.9~2.0)	1.8(1.1~2.6)	26(19~33)	47(32~63)
RCP 6.0	670	1.3(0.8~1.8)	2.2(1.4~3.1)	25(18~32)	48(33~63)
RCP 8.5	936	2.0(1.4~2.6)	3.7(2.6~4.8)	30(22~38)	63(45~82)

최근 수십 년 동안 기후변화는 인간계뿐만 아니라 든 대륙과 해양에 걸쳐 자연계에서 관측된 영향은 수권, 생물권, 지권 등에 걸쳐서 다양하게 나타났다.

- 홍수의 위험을 가진 빙하호의 확장 및 증가
- 산과 영구동토 지반의 불안정 증가
- 산악지역의 눈/산사태 증가
- 북극 · 남극의 식물군과 동물군의 변화
- 철새 이동
- 산란, 개화 등의 초봄의 이른 시작
- 고위도 해양에서 플랑크톤, 해조류, 어류의 극향 이동

이상의 영향은 원인에 관계없이 관측된 기후변화에서 기인하며, 이는 자연계 및 인간계가 기후변화에 민감하게 반응한다는 것을 보여준다. 기후변화가 인간계에 미치는 영향은 지역마다 기후 변동요인 뿐만 아니라 사회 및 경제적 요인이 달라지기 때문에, 기후변화가 인간계에 미치는 영향은 종종 지리적인 차이를 보인다. 따라서 지역수준에서 나타나는 변화를 관측하는 것은 비교적 수월하지만, 그 근본적인 원인을 규명하는 것은 어렵다.

미래의 부문별 영향은 다음과 같다(표 11-4).

- 가뭄 영향을 받는 지역이 늘어날 것이다.
- 전지구 평균온도가 1℃ 정도 상승하는 2020년대는 대략 4~17억 명이 물부족의 영향을 받을 것이며, 2~3℃ 정도의 기온 상승이 예상되는 2050년대에는 10~20억 명이, 전지구 평균온도가 3℃ 이상 상승되는 2080년대는 11~32억 명이 물부족에 시달릴 것이다.
- 전세계 인구의 1/5 이상이 홍수의 영향을 받을 것이다.
- 전지구 평균온도가 1℃ 상승하는 2020년대는 양서류가 지구상에서 사라지고, 산호의 백화 현상이 만연할 것이다.
- 전지구 평균온도가 2~3℃ 증가하는 2050년는 전 세계의 동물과 식물의 20~30%는 멸종 위기에 처할 것이다.
- 전지구 평균온도가 3℃ 이상 증가하는 2080년대는 전 지구 생물의 대부분이 멸종되거나 지리적 분포에 큰 변화를 예상하고 있다.

표 11-4 연대별 지구온난화 피해 전망

피해 분야	2020년대 (1°C 상승)	2050년대 (2~3°C)	2080년대 (3°C 이상 상승)
수자원	• 4~17억 명의 물 부족 영향	• 10~20억 명의 물 부족 영향	• 11~32억 명의 물 부족 영향 • 전 세계 인구의 1/5 이상 홍수 영향
생태계	• 양서류의 멸종 • 산호의 백화현상 • 생물 종의 다양성 변화	• 20~30% 멸종위기	• 전 지구 생물의 대부분 멸종 • CO_2 배출에 의해 지리적 생물권 분포 변화
농업	• 대체로 전 지구적 농작물 수확 잠재력 증가 • 1~3천만 명의 기근 위협		• 저위도 지역의 적응잠재력 증가 • 중 · 고위도 지역의 수확량 감소 • 3~12천만 명의 기근 위협
홍수	• 홍수와 폭우 위험 증가	• 3백만 명의 홍수 위협	• 해안가의 30% 이상 유실 • 15백만 명 이상 홍수 위협
질병	• 알러지 및 전염성 질병 확산	• 영양 부족, 과다출혈, 심장관련 질병 증가 • 열파, 홍수 가뭄으로 사망증가	

- 따라서 지구온난화는 생태계 구조와 역할, 종의 상호 연계와 관련하여 물, 식량공급, 생물다양성에 대해 부정적인 영향을 미칠 것으로 보고 있다.
- 중~고위도지역은 온도가 1~3°C 상승할 때까지는 곡물 생산이 증가되나, 그 이상 상승하면 일부지역에서는 감소한다.
- 저위도 건조지역에서 1~2°C 증가에 따라 농작물 생산량이 감소하여 기근이 우려된다.
- 전지구적으로 잠재생산량은 온도가 1~3°C 상승하면 증가할 것으로 보고 있다.
- 전지구 평균기온이 3°C 이상 상승하면 중고위도 지역의 농업 생산량이 감소함에 따라 3~12천만 명이 기근에 위협을 받을 것이다.
- 기후변화와 해수면 상승으로 전세계 해안의 30%가 침수 위험에 처할 것이다.
- 해수면온도가 1~3°C 상승하면 산호 백화현상이 증가할 것이다.
- 2080년대는 해수면 상승으로 수백만 명이 홍수 위험에 노출될 것으로 전망하고 있다.

즉, 기후변화로 혜택을 받는 몇몇 추운 지역을 제외하고는 대부분 지역에서 적응 능력이 떨어진 사람들에 대해 각종 전염병과 지상오존의 증가로 영양결핍, 출혈, 심장병, 전염병 등이 증가하고, 열파, 홍수, 가뭄 등으로 사망자가 증가하며, 질병 매개체 분포의 변화를 예상하고 있다.

지역별 기후변화 영향으로는 다음과 같다(표 11-5).

- 아시아지역에서 히말라야 산의 빙하 융해로 홍수와 산사태, 수자원 파괴를 증가시킬 것이다.
- 특히 동남아시아의 빠른 경제 성장과 인구의 증가, 인구의 도시집중 등은 기후변화에 대해 더욱 취약하게 하여 남 · 동 아시아의 인구가 많은 해안지역은 바다와 강으로부터 위험에 직면하게 될 것이다.

- 기온 상승과 강수변화는 아시아 지역에서 농작물 생산 감소를 가져오고, 아시아 개도국 대부분 지역에서 수자원이 부족과 기근이 증가될 것으로 전망된다.
- 아프리카에서는 농작에 적합한 지역이 감소하고, 농작물 성장기간이 줄어들어 농작물 수확 잠재량이 떨어질 것이다. 이에 따라 기근의 위험은 더욱 증가될 것이다.
- 남부유럽에서는 아프리카와 마찬가지로 열파의 증가, 농작물 수확량 감소, 산불의 주기 증가 등의 부정적인 측면이 있다.
- 그러나 북유럽에서는 농작지역의 증가, 수자원의 증가 등 기후변화로 인해 혜택을 누릴 수도 있을 것이다.
- 해수면 상승은 범람, 폭풍우 급증 등으로 소규모 섬에 치명적인 영향을 미칠 것이다. 작은 섬들은 해수면 상승으로 인해 해안 침식과 생태의 악화로 관광 지역의 매력을 감소시킬 것으로 전망하였다.

태평양 중부지역에 위치한 도서 국가인 투발루(Tuvalu, 면적 26km^{2}의 9개의 산호도로 구성된 국가)는 지구온난화로 유발된 해수면 상승으로 일부 국민이 자신의 보금자리를 떠난 첫 번째 국가이다(사진 11-2). 투발루의 영토를 구성하는 산호도 중 8개의 산호도의 가장 높은 지점이 해수면 위 5m에 불과하다. 투발루 국민의 약 1/4은 이미 피난을 떠났으며 남아 있는 8,000

표 11-5 지구온난화에 따른 지역별 영향

지역	영향
아시아	• 히말라야 산의 빙하 융해는 홍수와 산사태, 수자원 파괴를 증가시키며, 특히 대부분 지역은 수자원이 부족할 것으로 전망 • 남, 동 아시아의 인구가 많은 해안 지역은 바다와 강으로부터 위험에 크게 직면해 있음
도서지역	• 작은 섬들은 해수면 상승으로 해안 침식과 같은 해안 생태의 악화는 관광 지역의 매력을 감소시킬 가능성이 있음
극지역	• 주된 생물리학적 결과로 빙하의 확장과 두께 감소, 해빙 · 영구동토층 팽창 정도 및 깊이 변화, 자연 생태계의 변화 등이 있음 • 북극 거주지역에 대해, 설빙권에는 긍정적, 부정적 효과가 있을 것임 • 양극지역에서, 특정 생태계와 거주지역은 기후변화에 대해 종의 적응이 낮아지면서, 취약해질 수 있음
북미 서부	• 유속이 감소하여, 현재 수자원의 수요는 2020년 이후 만족될 수 없으며, 연어는 서식지를 잃게 됨
남미 브라질 동부	• 2050년대까지 지하수의 70% 이상 감소
벵갈만 지역	• 온도가 2°C 상승할 때마다, 방글라데시에서는 연간 최고치를 방출하여 홍수지역이 적어도 25% 이상 증가
유럽	• 2070년까지, 수력발전의 전기 생산 잠재력은 70%까지 감소
아프리카 소말리아 인근지역	• 질 좋은 물 공급과 위생 인프라가 없는 지역으로, 폭우로 인해 병원균 증가

(a)

(b)

사진 11-2 물에 잠기기 전(a)과 후(b)의 투발루 모습

명 역시 몇 년 이내에 투발루를 떠나야 할 전망이다.

11.5.4 동아시아 및 한반도에서의 미래 기후변화 전망

이산화탄소 배출 RCP 4.5시나리오 기준(중앙값)으로 동아시아 지역의 21세기 말 평균기온은 2.4℃ 증가하고, 강수량은 7% 증가할 것으로 전망되었다(그림 11-9 참조). 계절별 (겨울과 여름) 또 가까운 미래(2016-2035), 21세기 중엽(2046-2065), 그리고 먼 미래(2081-2100)의 기온과 강수량 변화가 표 11-6에 제시되었다. 여기서 겨울과 여름의 구분은 기온의 경우 각각 12-2월, 6-8월이고 강수량의 경우 겨울은 10~3월, 그리고 여름은 4~9월로 정의 되었다. 몬순의 강수량은 증가하고, 해안에 상륙한 태풍으로 인한 극심한 강우가 증가하며, 온대성 저기압의 억제로 한겨울이 감소할 것이다.

한반도 및 동아시아 지역의 연평균 강수량은 100년에 0.07mm/day 정도로 증가하는 경향을 보이고 있다. 전구 평균 강수량은 2000년대에서 2090년대로 갈수록 꾸준히 증가하는 반면, 한반도 및 동아시아 지역은 2010년대는 2000년대에 비해 1.9% 증가, 2030년대는 1.1% 감소, 2050년대는 3.4% 증가를 보이며 20년 주기로 강수의 변동성이 나타났다(그림 11-10).

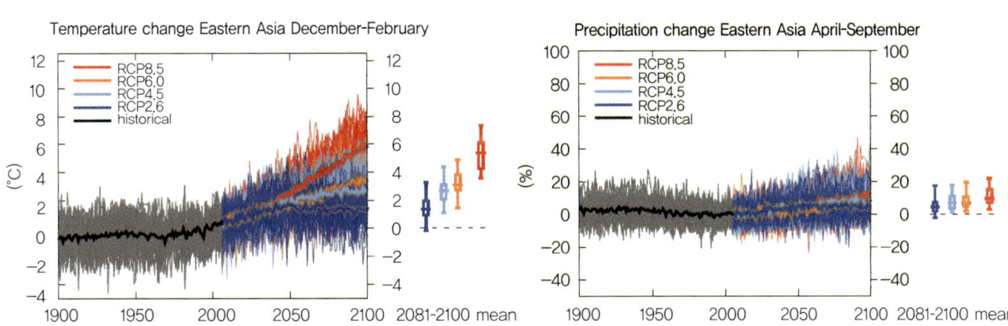

그림 11-9 동아시아에서 2001~2100년 동안 예상되는 연평균 지표기온 변화 추이

표 11-6 CMIP5 기후모델에 의해 전망된 동아시아 지역 기온과 강수변화 (RCP4.5 기준)

기간	년도	기온(℃)					강수(%)				
		min	25%	50%	75%	max	min	25%	50%	75%	max
겨울	2016~2035	0.3	0.8	1.0	1.3	2.3	−9	−1	1	3	7
	2046~2065	0.8	1.6	2.0	2.5	3.4	−5	3	5	9	16
	2081~2100	0.9	2.1	2.7	3.1	4.7	−9	5	9	15	30
여름	2016~2035	0.4	0.7	0.9	1.1	1.6	−3	0	2	3	6
	2046~2065	0.7	1.4	1.9	2.3	3.1	−2	3	6	8	18
	2081~2100	0.7	1.8	2.2	2.8	3.9	1	4	7	11	24
년평균	2016~2035	0.3	0.9	0.9	1.1	1.7	−3	0	2	3	7
	2046~2065	0.9	1.6	1.9	2.2	3.0	−1	4	6	8	18
	2081~2100	0.7	1.9	2.4	3.0	3.9	−1	5	7	11	21

※ 기온 기간: 겨울(12~1월), 여름(6~8월), 강수 기간: 겨울(10~3월), 여름(4~9월)

표 11-7 1986~2005년 대비 21세기 말(2081~2100년) 한반도 기후변화 전망

구분		현재 기후값 (1986~2005)	21세기 중반기 (2046~2065)		21세기 후반기 (2081~2100)	
평균기온(℃)	한반도	11.3	+2.3	(+3.3)	+3.0	(+5.9)
	동아시아	–	+1.9	–	+2.4	–
	전지구	–	+1.4	(+2.0)	+1.8	(+3.7)
일최고기온(℃)		16.8	+2.3	(+3.3)	+2.9	(+5.7)
일최저기온(℃)		6.3	+2.4	(+3.5)	+3.2	(+6.1)
강수량(mm)		1144.5	+13%	+21%	+20%	(+18%)
폭염일수(일)		7.5	+3.9	(+7.4)	+6.1	(+24.4)
열대야일수(일)		2.6	+6.6	(+13.2)	+11.8	(+37.2)
호우일수(일)		2.2	+0.9	(+1.1)	+1.0	(+0.8)

※ RCP4.5 기준, 괄호: RCP8.5 기준, 동아시아 강수량의 경우 RCP4.5 중앙값 기준

한반도의 미래 기후변화 전망

2012년 12월 기상청에서 발표한 한반도 미래기후변화 전망보고서에 의하면 (기상청, 2012), 1981~2010년 대비 21세기 후반(2071~2100년) 한반도 기후전망은 표 11-7에 정리되었다. 현재와 같은 온실가스 배출추세를 유지하는 RCP8.5 시나리오 경우, 21세기 후반(2071~2100)

한반도 기온은 현재(1981~2010)보다 5.7℃ 상승하며, 북한의 기온상승(+6.0℃)이 남한보다(+5.3℃) 더 클 것으로 전망하였다. 이로 인해 21세기 후반 평양의 기온이 현재 서귀포의 기온(16.6℃)과 유사해질 것으로 예상된다. 또 강원도 산간 등 일부 산간지역을 제외한 남한 대부분의 지역과 황해도 연안까지 아열대 기후구가 될 것으로 분석되었다. 한편, 전세계가 적극적으로 온실가스 감축할 경우 한반도 기온상승을 3℃로 막을 수 있어 기온상승 속도는 절반으로 떨어질 것이다.

폭염과 열대야 등 기후관련 극한지수는 기후변화에 따라 더 극적으로 증가할 것이다. 폭염일수는 현재 한반도 전체평균 7.3일에서 온실가스 고배출시 21세기 후반에 30.2일로 한 달 가량 발생할 것으로 전망된다. 남한보다 북한의 기온상승, 폭염, 열대야, 호우 증가가 더 클 것으로 분석되었으며, 온실가스 감축으로 인해 기후변화 완화효과는 기온, 강수량보다 폭염, 열대야 등에서 더 클 것이다.

11.6 기후변화 영향

본 보고서에서 평가한 모든 배출 시나리오에서 표면 온도는 21세기 전반에 걸쳐 상승할 것으로 전망된다. 많은 지역에서 폭염의 발생 빈도와 지속 기간뿐만 아니라 극한 강수 현상의 발생 빈도 및 강도 또한 증가할 가능성이 매우 높다. 해양에서는 온난화와 산성화가 지속될 것이며 전지구 평균 해수면 높이는 계속해서 상승할 것이다.

IPCC 제2실무그룹의 제5차 평가보고서에 의하면, 전 부문과 지역에 걸쳐 나타나는 주요 위험들을 다음과 같이 정리하고 있다 (IPCC, 2014):

- 폭풍 해일, 해수면 상승, 연안 지역 범람; 일부 도시지역의 내륙 홍수; 폭염이 야기하는 심각한 질병 및 생계 지장의 위험.
- 극한현상이 사회기반시설 네트워크와 핵심 공공서비스의 와해를 야기하면서 발생하는 시스템 위험.
- 특히 빈곤 계층에서 발생하는 식량과 수자원 불안정 및 비 도시 생계와 수입 손실의 위험
- 생태계, 생물다양성, 생태계 재화, 생태계 기능 및 서비스 손실의 위험

11.6.1 열파와 한파

1986~2005 년과 비교하여 2016~2035 년에 나타날 평균 지표 온도 변화는 4 가지 RCP 에서 비슷하게 나타나며, 0.3℃~0.7℃의 범위가 될 가능성이 높다. 미래의 기후는 과거의 인위적 배출이 초래한 온난화뿐만 아니라 미래 인위적 배출량 및 자연 기후 변동성에 따라 결정된다. 21 세기 중반부터는, 전망되는 기후변화의 정도가 배출 시나리오에 따라 상당히 달라지기 시작한다. 이와 같은 배출 시나리오 간 기후변화의 격차는 2100 년을 지나 그 이후까지도 계속해서 벌어질 것이다(IPCC, 2014). 그림 11-10에 제시된 것과 같이, 북극 지역의 온난화는 지구

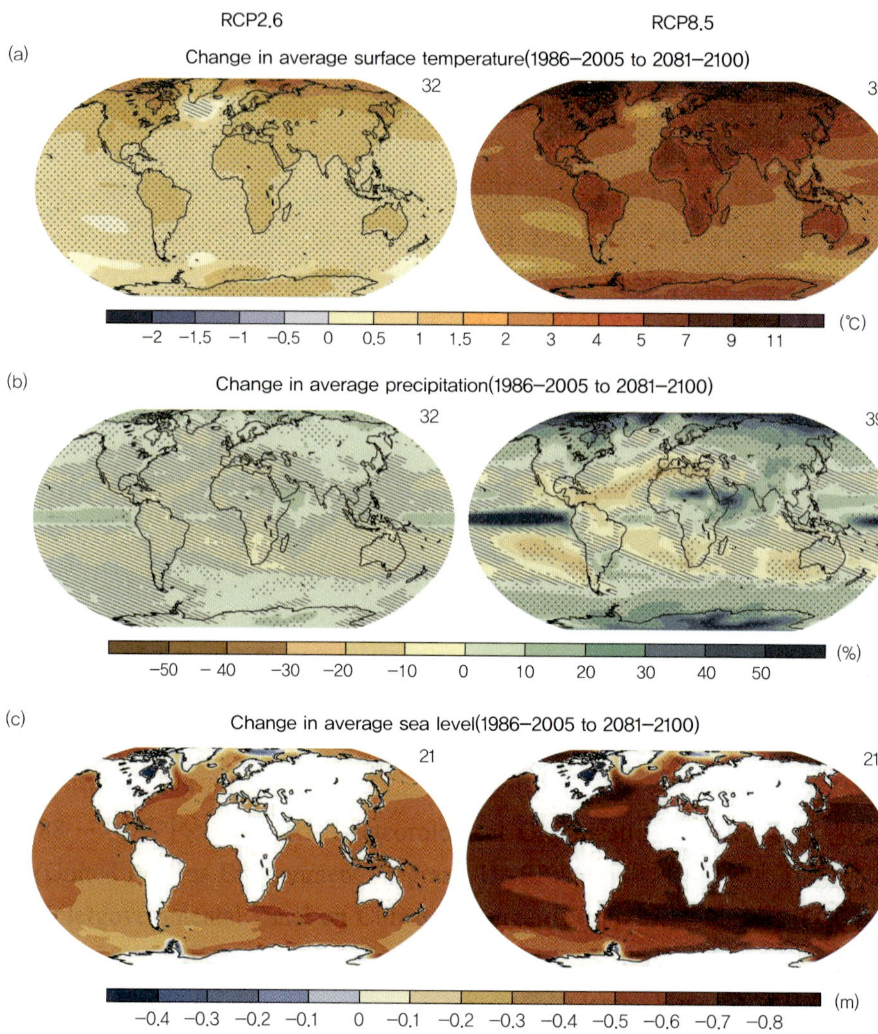

그림 11-10 RCP2.6(왼쪽) 및 RCP8.5(오른쪽)시나리오에서 2081~2100년 기간 중 나타날 (a) 연평균 지구 표면 기온의 변화, (b) 연평균 강수량의 퍼센트 변화, (c) 평균 해수면 높이 변화에 대한 접합대순환모델 5(CMIP5) 다중 모델 중간값(mean)(예: 이용 가능한 모델 전망의 평균값(average))예측. 제시한 모든 변화는 1986~2005년과 비교한 것이다. 다중 모델 평균을 계산하는 데 사용한 CMIP5 모델의 수는 각 그림의 오른쪽 상단에 표시하였다. 내부 변동성(internal variability)과 비교하여 예상되는 변화가 큰 지역(예: 20년 평균 내 내부 변동성의 표준편차 2 이상) 및 모델의 최소 90%가 변화의 신호(sign)에 동의한 지역은 (a)와 (b)에서 점으로 표시하였다. 전망된 변화가 20년 평균내 자연 내부 변동성의 표준편차 1 미만인 지역은 (a)와 (b)에서 빗금(사선)으로 표시하였다 (IPCC 2014).

평균 온난화 속도보다 계속적으로 더욱 빠르게 진행될 것이다.

평균 지표 온도가 증가함에 따라, 일(daily)과 계절(seasonal) 시간 범위에서 대다수 육지 지역의 극한 고온 현상은 더욱 증가하는 반면 극한 저온 현상은 더욱 감소할 것이다. 지구온난화가 진행됨에 따라 극단적 현상의 종류, 빈도, 세기도 변할 것으로 예상되는데 이런 변화는 상대적으로 평균기후변화가 작은 상황에서도 발생할 수 있다. 일부 극단적 현상의 변화는 이미 관측되었다. 미래에 더 따듯한 기후에서는 더 강력하고 더 빈번하고 더 오래 지속되는 열파가 발생할 위험도가 증가할 것이다. 간헐적으로 발생하는 겨울의 극한 혹한 현상은 계속해서 나타날 것이다.

11.6.2 물순환, 가뭄과 홍수

강수량의 변화는 일정하지 않을 것이다. RCP8.5 시나리오에서 21 세기 말까지 고위도 및 적도 부근 태평양의 연간 평균 강수량은 증가할 가능성이 높다. RCP8.5 시나리오에서 중위도 및 아열대 건조 지역의 평균 강수량은 대개 감소하는 반면 중위도 습윤 지역의 평균 강수량은 대개 증가할 가능성이 높다 (그림 11-10). 대부분의 중위도 대륙 및 열대 습윤 지역에서는 극한 강수 현상의 빈도 및 강도가 증가할 가능성이 매우 높다. 모든 RCP 시나리오에서, 전지구적으로 몬순(계절풍) 시스템에 둘러싸인 지역의 수, 몬순 강수의 강도 및 지역적 수준의 강수 변동성과 연계되어 나타나는 엘니뇨-남방진동의 강도는 증가할 가능성이 높다.

- 북반구 중위도 및 고위도 지역의 대부분에서 여름철 건조와 겨울철 강우가 증가할 것으로 전망한다. 여름철 건조는 가뭄 위험도가 증가한다.
- 열대 해양에서와 여름철의 남아시아 몬순, 겨울철의 호주 몬순 기간 동안 강수가 증가한다.
- 중위도 여름 강수에서는 동아시아 지역의 증가를 제외하고는, 폭넓게 감소한다.
- 많은 아열대 지역에서의 강수의 감소는 다중-모델 앙상블 평균에서 분명하며 모델들 사이의 변화의 부호는 종종 상당히 일치하며 특히 열대 중앙아메리카-카리브 같은 몇 지역에서 그러하다.
- 동아프리카와 중앙아시아, 적도 태평양 뿐 아니라 대부분의 고위도 지역에서 20% 이상 증가하였다.
- 10°S에서 10°N 사이 해양에서의 변화는 대략 전 지구 평균 증가의 절반 정도를 설명한다.
- 20%에 이르는 실질적인 감소는 지중해 지역과 카리브 지역, 그리고 각 대륙의 아열대 서안에서 발생했다.
- 육지에서의 강수는 약 5% 정도 증가한 반면 해양에서의 강수는 4% 증가하였다.

운량은 대류권계면 근처의 모든 위도에서 증가를, 대류권계면 아래에서 감소를 보이며 이는 전체적인 운고가 높아짐을 의미한다. 전지구 평균 강수량이 지구 온난화와 함께 증가한다. 특히 고위도에서 강수량이 증가하는 것이 대부분의 대기-해양 대순환 모델(AOGCM)에서 매우 일관되게 나타난다 (그림 11-10).

21세기에 예상되는 이상기후 현상과 이에 따른 부분별 또 지역별 피해 및 적응옵션은 각각 표 11-8과 11-9와 같이 정리할 수 있다 (IPCC, 2014).

표 11-8 기후변화에 따른 미래 부문별 위험 및 적응옵션 (자료 : IPCC, 2014)

부문	주요 영향	적응 옵션(대책)
담수 자원	· 21세기 말까지 하천 홍수 노출인구가 RCP 2.6 보다 RCP 8.5 경우에 3배 정도 많을 전망 · 온난화 1℃ 상승마다 수자원 부족인구 7%씩 증가	· 시나리오 계획 · 적응형 물 관리기법
육상 및 담수 생태계	· RCP 4.5, 6.0 및 8.5의 기후변화는 생태계 구성 · 구조 · 기능에 비가역적인 고위험을 초래 · 향후 10~30년 내에 많은 지역이 수목 고사, 잎마름병 발생으로 생물다양성, 목재 생산 등에 위험	· 서식지 파편화 방지, 유전적 다양성 보존, 서식지 이동 지원 등 관리 행동
연안 및 저지대	· 2100년까지 연안 홍수로 인한 토지유실로 수억 명 이주	
해양 시스템	· 21세기 중간까지 해양종의 이동으로 중 · 고위도 지역에서 종의 수가 증가하고 열대 위도 지역에서는 감소	
생산 시스템/ 식량안보	· 기후변화로 21세기의 남은 기간 동안 수확량이 매 10년마다 0~2% 저하 · 온난화가 약 4℃ 넘으면, 식량 안보에 심각한 위험	
도시 지역	· 폭염, 폭우, 홍수 및 가뭄, 물부족으로 인한 위험 · 필수적 사회기반시설과 공공서비스가 미비한 지역의 경우 위험이 더욱 커짐	· 지방정부와 지역사회의 적응역량 강화 추진
非도시 지역	· 가까운 미래에 물부족, 식량안보 및 농가소득 악영향이 주요 문제로 작용	
주요 경제 및 공공 분야	· 20세기 말 대비 기온이 2℃ 상승 시 전 지구 경제의 총 손실은 소득의 0.2%~2.0%까지 달할 수 있음	· 민관합동 위험 방지계획 및 정부 보험제도 도입
인류 건강	· 금세기 동안 인류 건강에 지속적 악영향 미칠 것으로 전망 ※ 폭염피해, 식량부족에 의한 영양 결핍, 취약층의 노동력 상실과 생산성 저하, 음식매개질병 및 수인성 질병증가	· 기초 공중보건제도 · 예방접종 등 필수 건강관리제도 확립 · 재해 대비 및 대응 역량 강화
인류 안보	· 금세기에 인구 이동에 중대한 영향으로 안보정책의 부분이 됨 · 빈곤과 같은 갈등의 동인을 악화시켜 내전, 집단 간의 폭력 등 갈등 위험을 증가시킴	· 분쟁 조정을 위한 강력한 제도를 통한 갈등위험 감소
생계 및 빈곤	· 경제성장/빈곤퇴치에 장애, 식량안보문제, 새로운 빈곤발생 ※ 식품가격 인상으로 임금 · 노동 의존형의 빈곤 가구가 큰 영향을 받음	· 생계 회복력 향상을 위한 보험제도, 사회보장제도 및 재해위험관리

표 11-9 기후변화에 따른 지역별 위험 및 적응옵션 (자료 : IPCC, 2014)

지역	기후변화 영향	적응 옵션
아프리카	· (담수) 수자원에 대한 남용과 수질 저하(현재), 수자원의 수요 증가(미래)로 심각한 부담에 직면 · (식량안보) 해충 · 질병 피해 증가, 식량시스템 인프라에 대한 홍수 영향 증가로 농작물 생산성 저하 · (인류건강) 매개인자성 · 수인성 발병율과 지리적 분포 변화	· 수요 관리, 지하수 평가, 담수 · 폐수 통합 계획 등 제도적 역량 강화 · 내성 농작물 품종 개량 등 기술적 적응 대책마련 · 공중보건 기능 향상 및 취약성 지도 작성, 조기경보시스템
유럽	· (담수) 하천수와 지하수 자원의 격감, 배수 · 빗물의 감소 · (연안) 하천유역 · 연안지역 홍수로 경제적 · 인적 손실 증가 · (주요경제 및 공공분야) 극한 혹서로 인한 경제적 · 인적 손실 증가	· 물 효율 기술과 절수 전략 · 홍수 방지 구조물 설치 · 경보시스템 및 대기질 향상을 위한 배출량 감축
아시아	· (주요경제 및 공공분야) 홍수 증가로 사회기반시설과 거주지에 피해 증가 · (인류건강) 폭염 관련 사망 위험 증가 · (식량안보) 가뭄 관련 물 · 식량 부족 위험 증가	· 토지이용 계획, 선별적 이주 등을 통한 노출 저감 · 폭염 건강 경보시스템, 열섬효과 저감 도시계획 · 조기경보체계
호주	· (해양시스템) 산호초 · 산간생태계의 공동체 구성 및 구조에 중대한 변화, 호주 일부 재래종에 대한 멸종 위험 · (주요경제 및 공공분야) 홍수로 인한 사회기반시설과 거주지 피해 빈도 및 강도 증가 · (연안시스템) 해수면 상승으로 연안 기반시설, 저지대 생태 위험 증가	· 오염, 관광업, 외래 해충의 경감과 조기경보시스템의 개선 · 토지이용 통제 및 거주지 이전
북미	· (생태계, 인류건강) 산불로 인한 생태계 통합성 손실, 인간 질병 및 사망 증가 · (인류 건강) 폭염 관련 인간의 사망 · (주요경제 및 공공분야, 도시지역) 재산 · 사회기반시설 피해, 생태계 · 사회시스템의 붕괴, 하천 · 연안의 도시 홍수로 인한 수질 악화	· 회복력 있는 식물 도입 · 냉방시설 도입 · 지하수 함유량 향상을 위한 불투수면 저감, 녹색인프라 조성, 강우설계표준 재설정
중남미	· (도시 및 농촌지역) 반 건조 지역과 융빙수 의존 지역의 급수 이용성 저하 및 극한 강수량으로 인한 도시지역 홍수 증가 · (식량안보) 식량 생산량 감소 및 식품의 품질 저하	· 도시 홍수관리(인프라 포함), 조기경보시스템, 기상 예보 개선 · 신품종 개발
군소도서	· (주요경제 및 공공분야) 생계 · 연안 거주지 · 사회기반시설의 손실, 저지대 연안지역의 위협	· 해안 지형 · 생태계 유지 복원, 토양 · 담수자원의 관리 개선, 적절한 건축 법규
해양	· (해양시스템) 저위도 지역의 어획 잠재량 감소, 열 관련 생물다양성 · 어류의 수 및 산호초 감소, 해안 범람 및 서식지 유실	· 어업 장소변경, 양식 확대 · 수질관리 및 관광 · 어업 제한 · 하천유역, 연안지역 산림황폐화 최소화 및 재조림

11.6.3 해수면 상승

해수면의 높이는 다양한 요인에 의해 변동한다. 풍랑이나 너울과 같이 기상을 요인으로 하는 것, 해류변동을 요인으로 하는 것, 조석과 같은 달이나 태양의 인력을 요인으로 하는 것, 쓰나미(津波)와 같이 지진을 요인으로 하는 것 등이 있다. 또 해수면 변화는 해수온도, 염도, 바람, 해양순환의 변화의 분포를 비롯한 여러 인자들 때문에 지리적으로 차이를 보인다. 지역 해수면은 엘니뇨와 북대서양진동 등 보다 단기적인 기후 변동성에 영향을 받아 지역적으로 변동한다. 이와 같은 비교적 단기적인 변동을 제외한 해수면의 높이를 해면수위라 하며, 장기적인 변화는 단기적 변동 폭에 비하여 작다. 그러나 온실기체 농도증가에 따른 기후 변동에 수반된 수십 년에서 수백 년 정도 시간 규모를 고려하면 바닷물의 열팽창, 산악 빙하 · 그린랜드 빙하 · 남극 빙하의 변동이 해면수위 변동의 중요한 요인으로 꼽을 수 있다. 앞으로 해면수위는 과거 100년간 상승률의 수 배 속도로 상승할 것으로 예상된다.

과거 100년간 해면수위 변동의 실태

바다의 열용량은 대기보다 약 1,000배 이상 크고, 따라서 순 열흡수량도 대기보다 몇 배는 크다. 전지구적으로 바다에 흡수되는 열은 지구 에너지 수지 변화에 큰 영향을 미친다. 바다의 상층부에 흡수되는 열의 변화도 엘니뇨 같은 계절~연주기 기후변동에 중요한 역할을 한다. 또 흡수되는 열, 해수면 온도, 그리고 해류의 변화는 전세계적으로 지역기후에 중요한 영향을 미친다.

지구 평균 해수면 변동은 해양의 열적 팽창 혹은 수축을 통한 밀도 변화에 의해 일어난다. 해수면의 지역적 변화 역시 온도 및 염도 변화로 인한 밀도 변화와 관련 있다. 게다가 해양과 빙상, 산악빙하, 육지의 수원, 대기 등 간의 물 교환은 해수면 변화에도 기여한다. 1961-2003년 기간 동안, 지구평균 해수면 상승속도의 평균은 조위계(Tide gauge) 자료에 근거하여 1.8 mm/yr로 추정되었다(그림 11-11 참고). 그러나 1993~2003년 기간 동안 위성자료는 3.1mmyr^{-1}를 보였다. 1993~2003년 기간 동안 해수면 상승에 대한 열팽창 평균 기여도는 1.6mmyr^{-1}였고, 10년 주기변동이 상당히 컸다. 반면에 빙하, 만년설, 빙상의 기여도는 1.2mm yr^{-1}로 추정되었다.

해수면 변화 전망

해수가 따뜻해질 때 일어나는 해수의 열팽창은 최근 몇 십 년 동안 해수면 상승에 상당히 기여했고, 다음 100년 동안에도 계속해서 해수면 상승에 기여할 것이다. 심해온도는 서서히 변하기 때문에 대기의 온실가스 농도가 안정화되더라도 열팽창은 수세기 동안 계속될 것이다. 또 오늘날 빙하와 만년설의 퇴각은 해수면 상승에 상당히 기여하고 있다. 이 기여는 다음 100년 동안에도 계속될 것으로 예상된다.

지구 평균 해수면은 21 세기 중 및 그 후에도 계속해서 상승할 것이다 (표 11-3). 해수면이 전 지역에 걸쳐 일정하게 상승하지는 않을 것이다. 21세기 말까지, 약 95% 이상의 해양 지역에서 해수면이 상승할 가능성은 매우 높다.

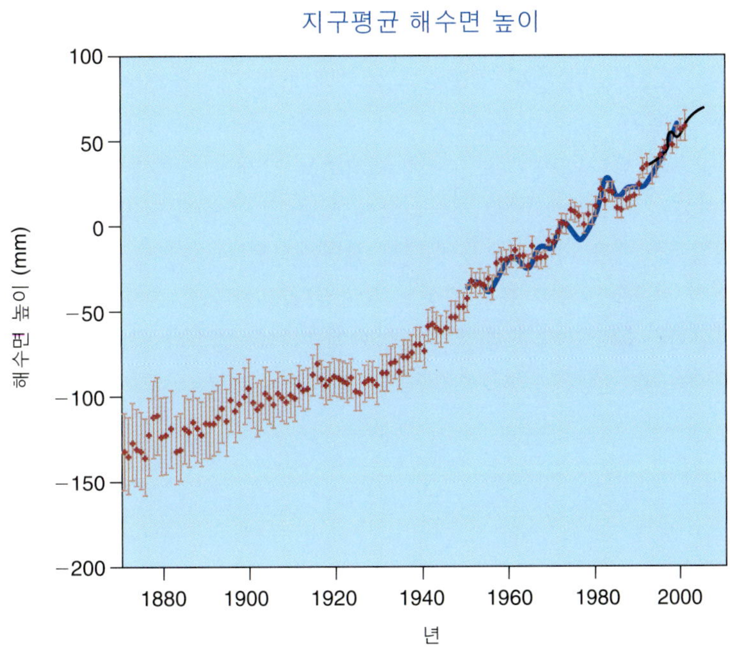

그림 11-11 연평균 지구평균 해수면. 붉은색 그래프는 1870년부터의 해수면 필드, 파랑색 그래프는 1950년부터의 조위계 측정치, 검은색은 1992년부터의 위성 측고데이터로부터 재구성된 1961~1990년 기간의 평균 대비 해수면이다. 오차막대는 90% 신뢰구간을 나타낸다.

복습문제

1. 기후 민감도란 무엇을 말하나?.
2. 지질학적 과거 구분은 대(代, eras), 기(紀, periods), 세(世, epochs)로 구분하고 있다. 그러나 같은 연대에 있다고 해서 항상 같은 기후환경을 가졌다는 것을 의미하지는 않는다고 한다. 그 이유에 대해 설명하시오.
3. 중생대에 전성했던 공룡들은 중생대 말인 백악기(白堊紀, Cretaceous)에 전멸한 유력한 이유는 무엇인가?
4. 중국에서 유럽으로 통하는 소위 비단길(silk road)을 따라 도시들이 번창한 시기의 기후에 대해 설명하시오.
5. 바이킹 해적문명(Viking civilization)이 번창하던 시기의 기후 특성에 대해 설명하시오.
6. 소빙하기에 대해 설명하시오.
7. 기후변화에 관한 밀란코비치 이론에 대해 설명하시오.
8. 지구온난화 영향이 열대지방에서는 비교적 작게 나타나는데, 그 이유를 설명하시오.
9. 지구온난화가 지속되면 남태평양의 작은 산호섬들에는 어떤 현상이 예상되는가?
10. 기후변화가 지속될 경우 우리나라는 어떻게 될 것인가?

11. 기후변화의 자연적 요인과 인위적 요인에 대해 정리하여 보자.
12. 미래 기후를 예측하는 방법이 전망하는 기간에 따라 차이를 보이는데 그 차이와 이유에 대해 정리하여 보자.
13. 2007년에 발표된 제4차 IPCC 보고서에 제시하는 21세기 기후에 대해 정리하여 보자.
14. 미래기후 변화는 온실가스 배출 시나리오에 따라 그 전망이 달라진다. IPCC에서 채택하고 있는 온실가스 배출 시나리오들에 대해 설명하시오.
15. 지구온난화가 지속되면 집중호우 현상도 잦아진다고 한다. 그 이유에 대해 설명하시오.
16. 대기 중 이산화탄소의 증가가 해양의 산성화에 미치는 영향과 그 메커니즘에 대해 생각하여 보자.

CHAPTER 12

날씨와 경영

기후변화로 인해 극한 기후의 발생이 증가하면서 기상 정보에 대한 관심이 그 어느 때 보다 높아지고 있다. 선진국에서는 이미 기후 예측이나 기후 정보를 활용하는 산업이 발달되어 있으며, 기상 정보의 수요는 다양한 산업으로 계속해서 확대될 전망이다. 날씨는 모든 산업부문과 생활에까지 영향을 미치는 중요한 변수로 작용하며 단순한 자연현상이 아닌 성공사업을 위한 마케팅의 필수요소로 작용하고 있다. 이 장은 블루오션으로 떠오른 기상 산업을 조명하고 날씨 마케팅을 적극 활용한 경영 사례들을 중심으로 산업에서 기상 정보가 어떻게 활용되는지 살펴본다. 또한 날씨가 건강을 비롯한 우리 생활전반에 미치는 영향에 대해서도 알아보도록 한다.

12.1 극한기후의 발생 증가

최근 제 5차 IPCC보고서에 따르면 1880년부터 2012년까지 전 구 평균기온은 0.9℃(1.5°F) 정도 상승하였다. 이러한 지구의 평균기온에 나타나는 가장 뚜렷한 변화는 1980년대 이후 나타나는 지속적인 온난화 현상이다. 한반도 역시 기온의 증가 경향이 뚜렷하게 나타나고 있으며, 이에 도시화 영향이 크게 나타나고 있다.

우리나라의 경우 기후변화로 인한 재해를 인명 피해의 규모나 경제적 손실액으로 살펴보았을 때 그 증가 양상이 매우 뚜렷함을 알 수 있다. 표 12-1은 지난 10년간의 기상재해 현황을 보여주고 있다.

표 12-1 최근 10년간 기상재해 현황(소방 방재청)

연도	사망 · 실종 (명)	이재민 (명)	침수면적 (ha)	재산 피해액 (백만원)	피해 복구액 (백만원)
2004년	14	30,442	56,903	1,230,436	1,882,130
2005년	52	10,619	26,835	1,049,839	1,648,669
2006년	63	2,883	34,748	1,942,983	3,654,863
2007년	17	675	4,859	251,810	489,796
2008년	11	4,627	601	63,703	147,620
2009년	13	11,931	5,677	298,808	773,534
2010년	14	76,110	12,925	426,782	715,406
2011년	78	70,099	14,892	794,200	1,654,029
2012년	16	18,356	487	1,089,209	2,053,175
2013년	4	4,233	–	172,137	386,559

표 12-2는 최근 10년간 원인별 자연 재해와 그 피해액을 나타내고 있다. 이를 보면 호우, 태풍, 대설에 의한 피해액이 매우 크다는 것을 알 수 있다. 이들은 주로 단시간에 큰 피해를 주며, 기후변화에 의해 그 강도가 더욱 증가되고 있어 미래에는 이로 인한 피해가 더욱 커질 것으로 예상된다.

최근 기후변화의 영향을 분석한 보고서들이 많은데, 육상뿐만 아니라 해양 생태계에도 적지 않은 피해가 보고되고 있어 기후변화의 정보가 산업 전반에 중요한 요소가 되고 있는 실정이다. 예를 들어 바닷물의 온도가 상승하면서 세계 곳곳에서 산호초 파괴가 보고되고 있다. 1997~98년 이상기온 현상 당시 파나마 부근에서는 이 지역 고유의 산호초가 6년만에 멸종되었다. 호주의 산호초 서식지 그레이트 베리어 리프지역도 비슷한 상황이다. 그림 12-1은 기후변화로 인한 우리나라 생태계 변화를 육상 및 해양 생물의 변화 중심으로 보여주고 있다. 최근의 보도에서도 아열대 해파리가 해수욕장에 나타나고, 해수 온도의 상승으로 인해 우리나라 근해에 있는 주 어종의 하나인 명태가 감소하며, 아열대 물고기인 고등어, 멸치 등의 어획량과 출현 기간이 증가하는 등 해양생태계 변화양상이 더욱 뚜렷해지고 있다. 이러한 변화는 어민들에게 피해를 줄 수도 있지만 이를 정보로 잘 활용할 시에는 큰 이득을 가져다 줄 수도 있다.

지금은 눈에 보이는 단기간의 재해성 이상기상의 발생과 그 강도 증가가 중요한 문제로 다가오지만, 장기간의 피해 증가에 대한 우려 또한 많이 지적되고 있다. 특히 유럽 등지에서는 기후변화로 인한 여름철 고온으로 사망자가 급격히 늘어나고 있다는 보고가 나온다. 우리나라에서

표 12-2 최근 10년간 원인별 자연재해 피해액 (단위: 백만원)

연도	태풍	호우	대설(폭풍설)	강풍	풍랑	합계
2004년	341,562	214,978	673,896	–	–	1,230,436
2005년	138,504	352,040	549,991	9,304	–	1,049,839
2006년	11,804	1,906,278	5,175	14,039	5,687	1,942,983
2007년	160,869	43,492	7,441	6,880	33,128	251,810
2008년	858	58,089	3,641	1,115	–	63,703
2009년	–	254,904	12,779	7,036	24,089	298,808
2010년	172,506	180,762	66,302	174	7,036	426,782
2011년	218,314	527,611	47,976	–	299	794,200
2012년	1,003,715	38,431	20,351	26,712	–	1,089,209
2013년	1,689	158,129	11,342	932	44	172,137
합계	2,049,821	3,734,714	1,398,894	66,192	70,283	7,319,907

※ 이 자료는 중앙재난안전대책본부(소방방재청) 통계자료를 이용하였음.

※ '05년부터 폭풍설을 강풍과 대설로 나누어 피해액 집계함.

※ '06년부터 강풍을 강풍과 풍랑으로 나누어 피해액 집계함.

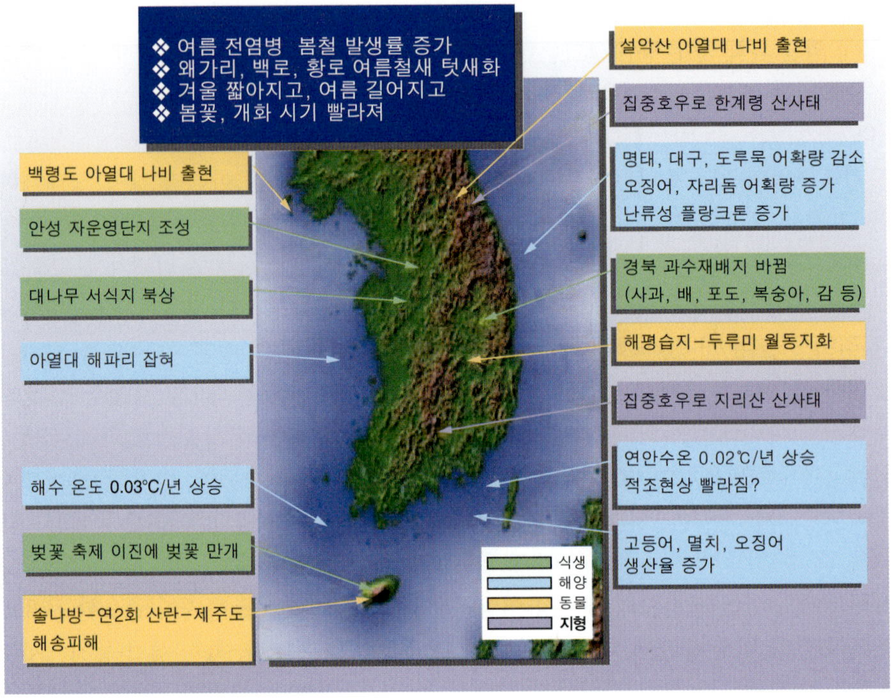

그림 12-1 기후변화에 따른 우리나라 생태계 변화(국립기상연구소)

도 서울 지역을 대상으로 조사한 그림 12-2를 보면 여름철 7월과 8월의 평균 최고기온이 사망자수와 높은 상관성을 보인다는 것을 알 수 있다.

기후변화로 인한 질병의 확산 또한 심각한 문제로 대두되고 있다. 표 12-3은 기후변화가 매개체의 질병전이에 미치는 영향을 나타내고 있다. 케냐에서는 중앙 고원지대의 평균기온이

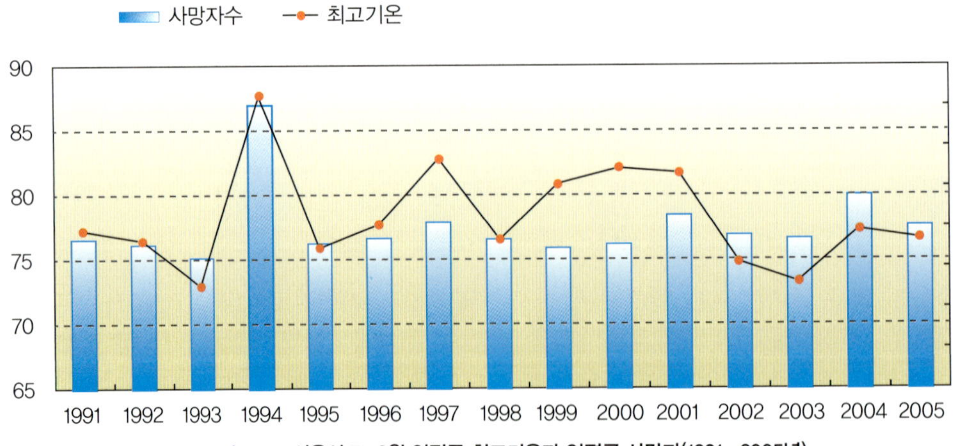

그림 12-2 서울시 7~8월 일평균 최고기온과 일평균 사망자(1991~2005년)

표 12-3 기후변화가 매개체의 질병전이에 미치는 영향 (출처: IPCC 3차 보고서, 2001)

기후요인	모기	병원균	척추동물(쥐)
기온증가	· 생존력 감소 · 일부 병원체의 생존력 변화 · 개체수의 증가	· 부화율 증가 · 전이계절 증가 · 분포증가	· 따뜻해진 겨울은 쥐의 생존에 유리
강수량 감소	· 더러운 물이 고여 있어 모기가 알을 낳을 곳이 증가 · 지속된 가뭄으로 달팽이 수 감소	영향 없음	· 먹이의 감소로 개체수 감소 · 사람주변으로 이동하여 접촉 기회 증가
강수량 증가	· 개체수의 질과 양이 증가 · 습도의 증가는 생존력 증가 · 홍수에 의한 서식지 제거 가능	영향 없음	· 먹이의 증가로 개체수 증가 가능성이 있음
홍수	· 홍수는 vector의 서식지와 전이에 변화를 초래	영향 없음	· 동물의 배설물에 오염 될 수 있음
해수면 상승	· 홍수는 소금물에서 알을 낳는 모기가 많아지는 것에 영향을 줌	영향 없음	영향 없음

1989년에 17℃였으나 현재는 19℃로 상승하여 말라리아 기생충이 성숙할 수 있는 18℃ 이상의 조건으로 바뀌었다. 이로 인해 면역력이 없는 사람들이 질병에 걸릴 확률이 7배나 높아졌다고 한다. 40년 전에 말라리아가 박멸되었던 페루에서는 올해 들어서만 6만 4000명이 말라리아에 걸린 것으로 추산되고 있다. 과학자들은 온난화로 인하여 우기 이외에도 비가 내리는 현상이 반복되면서 모기 발생 패턴이 변했기 때문이라고 보고 있다. 우리나라도 아열대성 기후로 변화면서 기존에 없던 질병들이 급격히 증가하는 추세를 보이고 있다. 모기 번식지가 늘어나면서 말라리아와 뎅기열의 발병이 늘어나고 있으며 북한과 인접한 강화지역에서는 여름철 해풍을 따라 온 모기가 말라리아를 전염시켜 해마다 수백 명이 감염되고 있는 실정이다. 아열대 전염병으로 들쥐에 기생하는 털 진드기 유충에 물려 감염되는 쓰쓰가무시병도 급속히 증가하는 추세이며 해가 거듭 될수록 발병지역이 익산~김천~경주~영덕지역에서 경기도 남부와 강원도 접경지역으로 북상하고 있다.

12.2 기상 정보와 산업

21세기의 주요 화두로 떠오른 '기후변화'는 재해의 차원을 넘어 인류 생존의 차원에서 매우 중요한 의미를 지닌다. 지구온난화로 생겨난 탄소시장과 탄소배출권이라는 용어가 더 이상 어색하지 않은 시대에서 지구온난화라는 위기를 새로운 시장의 창출과 기상 산업의 발전 기회로 만들기 위한 노력을 기울여야 할 시점이다. 세계기상기구(WMO)는 5차 장기계획 요약보고서

표 12-4 기상 산업의 종류

기상 예보업	특정수요자를 대상으로 기상현상에 관하여 관측된 결과를 바탕으로 미래의 기상상태를 예상하여 제공하는 사업
기상 감정업	특정수요자를 대상으로 기상현상에 관하여 관측된 결과를 바탕으로 특정 지점의 기상현상을 추정하거나 그 기상현상이 특정 사건에 미친 영향의 정도 등을 판단하여 제공하는 사업
기상 컨설팅업	기상 정보를 분석 · 평가하여 경영활동에 관한 조언을 제공하는 사업
기상 장비업	기상측기의 제작 · 수입 · 설치 또는 수리하는 사업

에서 "기상에 대한 투자는 투자액의 10배 이상의 효과를 가져온다"며 기상 정보의 중요성을 강조하고 있다. 기상선진국의 사례를 통해 기상 산업을 조명해보고 우리나라 기상 산업의 현주소와 그 발전가능성에 대해 살펴보자.

(1) 기상 산업

기상 산업이란 기상 사업을 영위하여 기상관련 상품 또는 용역을 제조 · 공급하는 산업이며 기상 산업 진흥법에 따르면 기상 산업에는 기상 예보업, 기상 감정업, 기상 컨설팅업, 기상 장비업이 있다(표 12-4 참조). 산업 고도화에 따라 기상 현상에 민감한 사회, 경제 분야가 늘고 단순 예보보다는 산업이나 생활 관련 기상 정보의 수요가 꾸준히 증가하면서 기상 산업에 대한 관심이 커지고 있다. 조사에 따르면 2009년 한 해 동안 미국 국내총생산(GDP) 중 3분의 1가량이 기상에 의해 직간접적으로 영향을 받았고 농업과 건설 등 직접적인 영향을 받는 산업의 경우는 그 영향이 GDP의 10%에 해당되는 등 기상이 경제에 미치는 파급 효과가 매우 크다는 것을 알 수 있다.

1946년부터 민간 기상 산업을 시작한 미국은 우리나라보다 그 다양성과 규모면에서 월등히 성숙한 모습을 지니고 있다. 현재 미국에서 기상 산업 분야의 기업체 수는 약 300~350개에 달하며 이들 업체의 주요 분야 또한 기상기기 생산, 일기예보 서비스, 기상 컨설팅 및 연구/조사, 법의학 기상, 미디어 기상, 기상 교육 등 산업전반에 서비스를 제공할 정도로 세분화되어 있다.

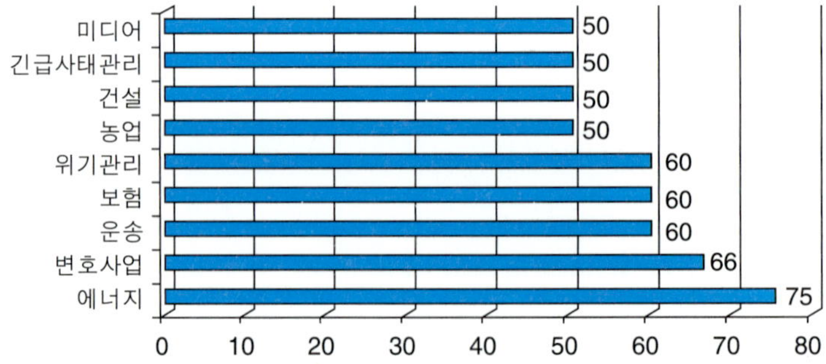

그림 12-3 미국의 대형 기상회사들이 각 산업 분야에 제공하는 서비스(%)

표 12-5 기상 정보 솔루션의 예

WRM(Weather Risk Management) 솔루션	WIS(Weather Integrated System) 솔루션	ERM(Environmental Risk Management) 솔루션
날씨에 따른 수요의 변동 관리	직접적인 기상재해의 위험 대비	기업의 친환경적 경영과 날씨로 인한 환경적 위험 관리

그림 12-3은 미국의 대형 기상회사들이 제공하는 서비스를 산업별로 나타낸 것으로 75%를 차지하는 에너지 산업을 시작으로 변호사업과 교통, 보험, 위기관리분야 그리고 농업, 건설, 긴급사태 관리, 미디어분야 순으로 기상서비스가 이루어짐을 알 수 있다.

기상 정보는 가공되는 형태에 따라 실생활과 다양한 산업 분야에서 활용 될 수 있는 성격을 가지고 있기 때문에 가공 형태와 활용 형태도 여러 가지다. 거시적인 지역의 날씨가 아니라 국지적인 날씨를 예보함으로써 정보의 가치를 높이고, 이동 통신과 데이터 방송을 통해 기상 정보의 접근성이 용이하도록 하고 있다. 또한 건설 등 산업특성에 맞는 기상 정보 솔루션을 개발하여 각 상황에 맞는 기상 정보를 제공하고 있다(표 12-5 참조).

미국기상학회지 Bulletin(2007)에서의 미국 기상 산업에 대한 조사에 따르면 미국 기상 산업의 규모는 연간 16억 5천~18억 달러(2006년 기준)에 달하며, 향후 5년 동안 매년 10~25%씩 성장할 것으로 예상된다. 또한 기상 회사는 11억~14억 달러의 수익을 창출하였고, 방송 기상 산업은 3억 5천만 달러를, 컨설턴트 회사는 3천만 달러의 수익을 창출하였다(그림 12-4 참조). 빠르게 성장하고 있는 분야 중 하나는 인터넷이나 이동통신 기기를 이용한 고객 기반 기상 서비스 분야이다. 기상학자를 고용하고 기상 서비스 지출을 늘리고 있는 다른 분야로는 풍력에너지 분야, 헤지펀드 및 기타 에너지 무역회사, 지상교통, TV 등이 있다.

일본에서는 1993년에 기상 업무를 민간에 개방하기 시작하여 15년 뒤에는 각종 분야에서 독특한 기상 서비스를 제공하는 회사들이 나타났다. 사과로 유명한 아오모리현 사과농가를 위해 맞춤형 날씨정보를 제공하는 '애플웨더', 반도체 공장에 낙뢰예보를 하는 '프랭클린재팬', 서핑족을 위해 파고와 풍향을 휴대폰으로 제공하는 '서프레전드' 등 300억 엔(3,774억 원) 규모인 일본 기상 산업은 이미 각종 산업 경쟁력을 높이는 서비스산업으로 자리매김했다.

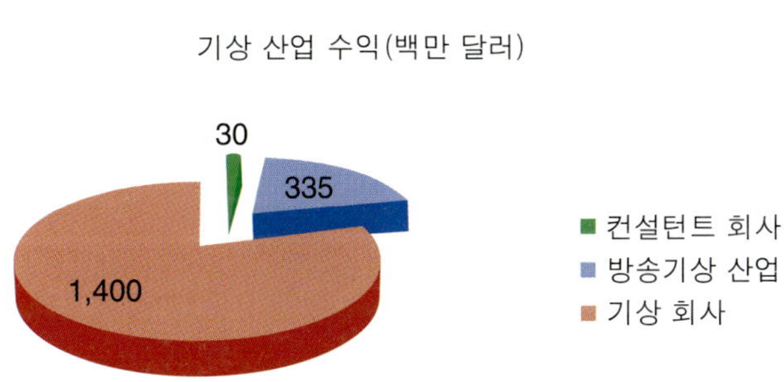

그림 12-4 미국의 기상 산업 분야별 수익

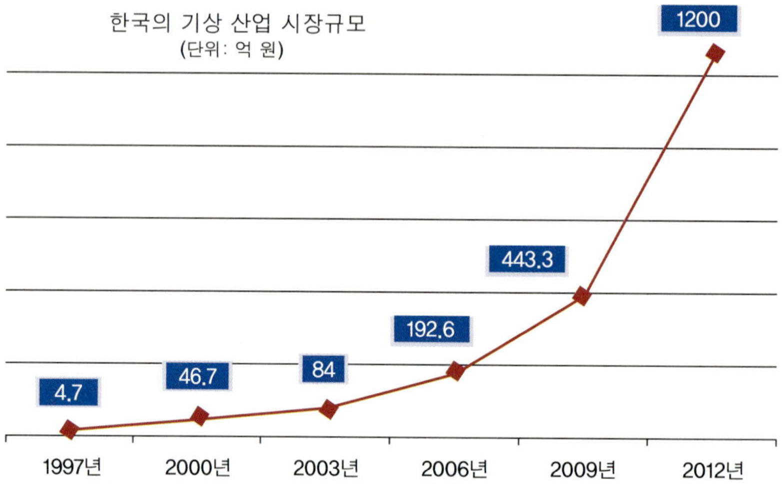

그림 12-5 우리나라 기상 산업의 연간 시장규모(억원) 변동

(2) 한국의 기상 산업

우리나라는 1997년 7월부터 민간예보사업제도를 시행함으로써 기상 사업관련 업체들이 법적 근거를 가지고 사업을 시작하였다. 하지만 민간 기상 사업자가 건설, 조선, 해운, 레저, 식음료 산업 등과 같은 특정 수요자에게만 유료로 일기예보를 제공할 수 있을 뿐 일반 국민을 대상으로 예보사업을 할 수는 없었다. 국가에서도 국민의 생활과 안전에 관련되는 정보라는 이유로 기상청에서 기상자료를 무료로 제공해왔기 때문에 국민들이 기상 정보 이용을 유료 서비스로 인식하는 공감대 형성이 부족하였다. 이에 기상 사업자의 매출액 중 상당 부분이 기상 장비를 수입 또는 직접 제작하여 판매하는 것이며, 기상 정보를 가공하여 판매하는 서비스 분야는 아직도 취약한 실정이다.

산업이나 생활 관련 기상 정보의 수요 증가에 힘입어 우리나라 기상 산업의 시장규모는 1997년 4.7억 원을 시작으로 2009년도에 443.3억 원으로 2006~2007년 기준으로 연간 총 매출액이 미국은 약 2조 2천억 원, 일본은 약 3천 8백억 원으로 우리나라 2008년 기준 총 매출액 319억 원과 비교했을 때 시장의 규모면에서 상당한 차이를 보인다(그림 12-5 참조). 표 12-6을 보면 우리나라가 미국과 일본에 비해 기상 서비스의 대중화가 늦었으며, 분야의 다양성도 부족함을 알 수 있다. 이는 아직 한국의 기상 산업이 시작 단계에 있으며, 앞으로 기상 산업의 규모의 확대와 함께 분야의 세분화에도 노력을 기울여야 함을 시사한다.

이에 우리나라 정부는 제도적 여건과 새로운 서비스창출 능력 미흡으로 인해 지지부진한 기상 산업을 체계적으로 육성하고 진흥하기 위해 지난 2009년 6월 9일 기상 산업 진흥법을 공포하였고 하위법인 시행령이 12월 1일 국무회의 의결을 거치면서 12월 10일부터 본격적인 시행이 이루어졌다. 기상 산업 진흥법은 기상 산업의 발전 기반 조성과 경쟁력 강화를 위하여 기상 산업의 지원, 육성에 관한 사항을 정한 것으로써 주요 내용을 살펴보면 기상 사업의 등록기준과 관련하여 사업자의 업종을 기상 예보업, 기상 감정업, 기상 컨설팅업, 기상 장비업으로 구분하였고, 시행령으로 그 인력과 시설기준을 규정하고 있다. 업무범위는 일반수요자를 대상으로

표 12-6 한국, 미국, 일본의 기상 산업 비교

구분	한국	미국	일본
민간기상 서비스 제도도입	1997년	1946년	1950년
기상 산업 진흥법 제정	2009년	–	1993년 [기상 업무법 개정]
기상 산업 관련 기구 및 단체	2005년 [한국 기상 산업 진흥원]	1997년 [미국 기상 기후 산업협회]	1993년 [일본 기상 사업 지원센터, 기상 진흥협의회]
기상 서비스 민간역할 확대	2009년 [공공예보 민간개방]	1991년 [민관역할정립 정책 기조 선언]	1993년 [일기예보자유화]
주요분야	기상 예보 기상 장비 기상 컨설팅 기상 감정	기상 예보, 기상 장비 기상 그래픽 & 콘텐츠 기상 & 환경컨설팅 기상 시스템 법 기상학, 위기관리 기상 교육 등	일기예보서비스 예보컨설팅 기상 정보 [온라인] 서비스 기상 교재 개발 등

하는 기상 예보(기상법 제14조의 '항공기에 대한 예보'를 제외)와 특정수요자를 대상으로 하는 기상 예보로 구분하여 규정하고 있다. 또한 기상분야의 전문성을 갖춘 기상 예보사와 기상 감정사에 대한 면허규정을 구체적으로 규정하고 있다(표 12-7 참조).

기상 사업자가 제공하는 기상 예보, 기상 감정 등의 서비스는 국민의 생명과 재산에 큰 영향을 미치는 공공성이 높은 업무임으로 기상 사업의 등록기준과 새로운 면허제도가 구체화된 기상 산업 진흥법이 시행됨으로써 전문성을 검증 받은 인력이 사업을 수행하게 되어 자료의 신뢰성이 더욱 높아질 것으로 기대된다. 또한 기상 사업자가 일반인을 대상으로 기상 예보를 하게 됨으로써 민간 기상 예보의 선진화 및 외국의 민간기상 사업자와 경쟁할 수 있는 제도적 장치가 마련되었으며 다양한 예보생산 및 기상 산업 성장에 기여할 것으로 기대된다. 기상청은 기상 산업 진흥법의 시행으로 초보적인 수준에 머물러 있는 우리나라 기상 산업을 체계적으로 육성 · 진흥시키면, 빠른 시일 내에 경쟁력이 강화되어 오는 2012년에는 연간 1,000억 원 이상

표 12-7 면허 종류별 자격조건

[국가기술자격법] 기상 분야 자격	기상 예보사		기상 감정사
	기상 예보기술사	기상 기사	기상 감정기사
경력 또는 교육	없음	기상 기사 취득 후 기상 관련분야 경력(2년 이상) 또는 면허를 받기 위한 교육과정(140시간) 이수자	기상 감정기사 취득 후 기상 관련분야 경력(2년 이상) 또는 면허를 받기 위한 교육과정(140시간) 이수자

표 12-8 국내 기상 정보의 활용분야 및 경제적 효과 (단위: 억원)

분 야	기상 정보 활용	단기예보	장기예보	소 계
농 업	작물선택, 관개시기, 냉해방지, 수확시기, 목장의 건초관리 등	1,200	2,900	4,100
건 설 업	설계 시공단계(배수설계, 레저시설) 시공후 유지보수(건물 냉난방효율)	54,640	–	54,640
가스/전기/에너지	수요예측, 생산량조절 등	260	40	300
제 조 업	계절상품의 생산관리계획	80	5,840	5,920
총 계		–	–	64,962

의 신성장 녹색산업인 블루오션 기상 산업이 형성될 것으로 전망하고 있다.

기상이변의 잦은 출현으로 점차 국내 기업들 사이에서도 날씨경영에 대한 인식이 높아지고 있다. 기업에서 발간한 '기후변화가 비즈니스를 바꾼다'라는 책자에서는 산업계가 기후변화를 어떻게 바라보아야 하는지, 저탄소 경제와 사회 실현을 위한 전략은 무엇인지를 기업전략, 제품과 기술, 금융, 뉴비즈니스 그리고 2050년까지의 에너지 메가트렌드라는 5가지 관점에서 분석하고 있다. 특히 뉴비즈니스 분야에서는 청정개발체제(CDM) 비즈니스와 도시, 건물, 교통 관련 인프라 비즈니스 등을 기상 산업과 더불어 소개하고 있다. 한 경제연구원의 조사에 따르면 기상이 건설, 관광, 레저, 유통, 보험 등 전체산업 중 약 70%에 영향을 미치며 기상 정보 활용으로 연간 3조5천억~6조5천억 원의 경제적 가치를 창출할 수 있다고 한다. 2008년 초, 온라인 채용업체 잡코리아와 환경부 기후변화 대응팀이 직장인 535명을 대상으로 '기후변화가 직업에 영향을 줄 것이라고 생각합니까?'라는 설문조사에서 95.3%가 '그렇다'라고 답했다. 실제로 서울대 지구환경과학부 연구 보고서는 기상에 민감한 영향을 받는 산업의 비중이 국내총생산(GDP)의 52%에 달하며, 이는 미국(42%)보다 10%나 높은 수치임을 제시하고 있다. 국민들 또한 여가활동의 증가로 등산이나 골프를 하기 전 기상회사가 제공하는 서비스를 이용하고 출근하기 전 날씨어플을 이용하여 그 날의 복장을 결정하는 등 맞춤형 기상 정보의 수요가 확대되고 있어 기상 정보의 산업으로써의 가치가 더욱 높아질 것으로 기대된다. 표 12-8은 기상이 농업, 건설업, 제조업 등 산업 전반에서 어떻게 활용되며 그 경제적 가치는 어느 정도인지를 나타내고 있다.

우리나라는 2009년에 14개의 주요 기상 사업체가 운영되었으나 기상산업진흥원에 따르면 2015년 현재 200여개의 기상 산업체가 등록되었으며, 기상 사업자의 사업 분야로는 기상 정보 판매, 기상 장비 판매, 기상 관측 시스템 구축, 모바일, 인터넷사업, 기상영향 평가, 레이더 유지보수 등이 있다(표 12-9 참조). 현재 우리나라의 기상 산업은 기상 장비업이 61.2%로 가장 많은 비율을 차지하고 있으며 그 외 컨설팅업, 기상 정보서비스업, 기상 S/W업이 나머지를 차지하고 있다. 아직까지 하드웨어 분야가 많은 비중을 차지하고 있지만 기상 산업 진흥법이 시행되고 기상 정보의 활용성이 높아지면서 기상 컨설팅업과 기상 예보업 같은 서비스 제공 분야의 비중이 커질 것으로 예상된다.

표 12-9 초기에 창설된 업체별 주요 사업 분야[사업등록 순]

업체명	주요 서비스 종류
케이웨더(주)	기상 정보 판매, 기상장비 판매, 기상 관측 시스템구축, 기상영향 평가
웨더뉴스(주)	해운기상 사업, 항공기상 사업, 모바일/인터넷사업
(주)비온시스템	기상 정보판매, 기상컨설팅, 방재기상 정보, 소프트웨어 개발
(주)헤라수	날씨포털운영, 날씨정보 가공판매
(주)웨더아이	기상관련 수요예측, 기상컨텐츠 제공, 재해예방, 건설 작업계획 및 기후분석
(주)리캔솔루션	기상영향 평가(장비납품 및 관측대행, 자료 분석)
(주)코엠정보통신	레이더 유지보수, 기상 통신장비 기술용역
(주)영전	기상관측장비 판매, 구축 및 유지관리
(주)GBM. Inc	온도, 습도 등 센서류 개발 및 장비 판매
(주)첨성대	기상청 용역 사업, 기상 정보 기술 개발
(주)환경과학기술	해양환경 S/W 개발, 해양/기상 수치모델링
(주)에스비아이에스	컨텐츠 표출 기획 및 솔루션 개발
(주)이에스엠소프트	소프트웨어 및 플랫폼 개발
(주)비앤피인터내셔널	기상관측장비 판매, 구축 및 유지관리

12.3 날씨 마케팅

"맥주는 날씨가 흐릴 때 가장 잘 팔리고, 소주와 양주는 눈 오는 날 매상이 최고다. 빙과류는 한 여름에 연 매출의 70%를 올린다. 아이스크림은 의외로 구름이 낀 날 더 히트다. 이때 매출이 40% 이상 늘어난다. 빵은 비가 오면 인기지만 눈이 오면 안 팔린다."

이제는 '날씨 마케팅', '스노우 마케팅', '레인 마케팅', '날씨 보험'이란 단어가 매스컴을 통해 자주 등장하면서 일반인들에게 낯설지 않은 용어가 되고 있다. 여기서 날씨 마케팅이란 기상 정보를 마케팅에 직접 연계시키는 것이다. 즉 날씨와 마케팅을 접목해 교환 활성화 또는 시장 활성화를 도모하는 것이라고 할 수 있다. 기업들은 기업의 이익을 극대화하기 위해 생산량 조절, 재고 관리, 수요 예측 등에 기상 정보를 적극적으로 활용하고 있다. 이제 기상 정보는 단순히 재해를 예방하고 대비하기 위한 수단에서, 다양한 사업 분야에서 경쟁력을 갖추기 위한 하나의 전략으로 그 영역을 확대하고 있다. 예를 들어 농업의 경우 작물에 알맞은 날씨 예측이 가능해지면 수확시기를 조절하여 피해를 줄이고 생산량을 극대화할 수 있다. 또한 날씨보험상품을 이용해 사업의 위험 부담을 줄일 수도 있을 것이다. 따라서 날씨는 더 이상 재해를 가져다주는 위협요인이 아니라 고수익을 창출할 수 있는 또 하나의 자산으로 인식하는 것이 필요한 시점이다.

합리적인 경영을 위해 고부가가치를 얻을 수 있는 고급정보와 마케팅 기법에 대한 중요성이 절실히 요구되면서 고급기상 정보를 활용한 날씨 마케팅의 중요성이 새롭게 인식되고 있다(그

그림 12-6 날씨 마케팅 사례 및 기상 정보의 활용 예

림 12-6 참조). 미국 상무부의 발표에 따르면, 지구에 존재하는 모든 산업 분야 가운데 70% 이상이 날씨에 상당한 영향을 받는다고 한다. 이는 현대 정보 사회에서 날씨 정보가 얼마나 중요한지를 보여주고 있다. 이와 같은 날씨의 상품성을 일찍 알아챈 일본이나 미국 등 선진국의 유통업체와 제조회사들은 꽤 오래전부터 기상 예보나 기후 자료 등을 이용하여 그 해의 생산과 판매계획을 세워왔으며 나아가 날씨 정보를 전문 업체들로부터 돈을 주고 사서 이를 마케팅 전략 수립에 적극 활용해 왔다. 우리나라에서도 1997년 민간예보 사업제도가 시행되면서부터 본격적으로 날씨를 이용한 마케팅이 시작되었다. 고객의 심리를 잘 활용한 날씨마케팅은 경쟁사보다 훨씬 높은 수익을 내게 하거나 재고 문제를 해결해준다. 기본적으로 날씨 마케팅은 고객과의 끈끈한 유대관계를 유지하고 장기적으로 수익을 얻기 위한 기업의 고객관계 마케팅의 일환으로 전개되는 것이 바람직하다. 이에 기업의 마케팅에 미세한 차별성까지 정보로 활용하

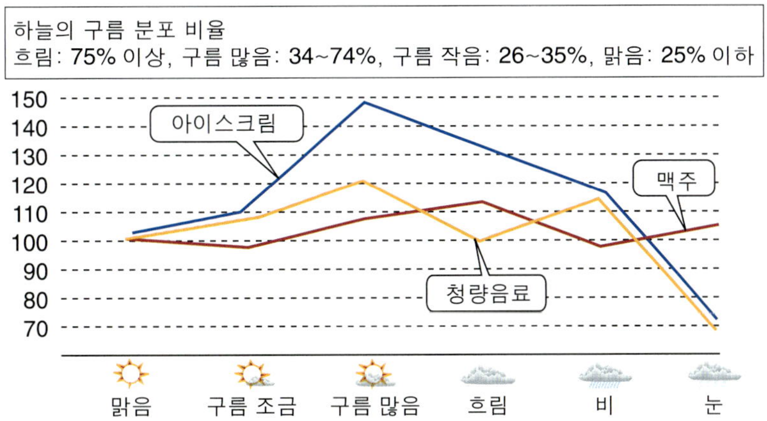

그림 12-7 여름 날씨 변화에 따른 상품 매출 변화

고자 한다면 산업체의 종류에 따라 알맞은 기상예측 정보의 개발이 요구된다.

기상청 분석에 따르면 콜라는 기온이 섭씨 25°C를 넘으면 매출이 급증하고, 1°C가 올라갈 때마다 15% 가량 판매량이 증가하는 것으로 나타났다(그림 12-7 참조). 맥주는 평균기온 15°C를 웃도는 5월 초부터 매출이 늘기 시작해 22°C가 넘는 7월 말에서 8월 중순까지가 성수기이다. 반면 신선도가 생명인 우유나 요구르트 등은 기온 상승과 매출액이 반비례하는 것으로 나타났다. 따라서 날씨를 이용한 마케팅 전략의 수립은 기업 또는 사업의 성패를 결정하는 중요한 요소로 작용하고 있다. 소비와 보상심리를 충족시키는 '날씨 마케팅'을 한 사례인 삼성화재의 경우, 지난 2000년 1월 1일 서울 종로에 1cm 이상 눈이 오면 무료로 금강산 관광을 보내준다는 이벤트를 벌였다. 또한 삼성전자는 1999년 에어컨 예약판매를 하면서 1999년 6월 1일부터 8월 31일까지 서울지역 기준으로 최고온도가 30°C 이상인 날이 12일 미만일 경우 최대 40만원까지 현금으로 보상하기로 하는 날씨 마케팅을 전개하여 4만대 이상 판매한 사례도 있다. LG전자도 에어컨 예약판매를 하면서 말복 날 최고온도가 26°C가 안 되면 에어컨 구입고객에게 소형냉장고나 가스오븐레인지를 주겠다는 조건으로 에어컨을 판매, 6만 대의 예약판매 실적을 올렸다. 이렇게 날씨 마케팅을 전개하는 업체들은 대부분 날씨보험에 가입을 하여 큰 손실을 보지 않고 판매실적을 늘려 짭짤한 재미를 본 것으로 알려졌다. 이에 날씨경영이 보다 활성화되기 위해서는 날씨 금융상품이 활성화되어야 한다는 지적도 있다.

위의 분석 결과와 같이 '날씨가 더우면 아이스크림이 잘 팔린다.'라는 상식을 넘어선 마케팅 전략은 아주 미세한 최고 기온의 차이나 짧은 시간 내에 변화하는 기온의 시간 변동성에 대한 정보를 이용하여 더 큰 매출을 올려준다. 예를 들면 아이스크림은 30°C를 넘어서면 수분이 적기 때문에 오히려 판매량이 줄어든다는 정보를 활용하면 기온이 30°C를 넘어서는 시간대엔 아이스크림보다는 슬러시와 같은 얼음 종류를 전면에 진열하거나 갈증을 해소하는 음료를 내놔야 한다. 실제 모 유통 회사의 분석 자료를 보면 빵은 비 오는 봄날이나 가을에, 주문 도시락은 기온이 16~20°C 사이일 때 잘 팔리며, 여름철 평균 온도가 1°C 높으면 맥주의 매출액이 10% 이상 증가하며, 장마 기간 중에 평균 온도가 1~2°C 낮을 때는 청량음료나 맥주의 소비가 20%

정도 감소한다고 한다. 이렇게 날씨자료를 상품재고관리에 이용하면 상점의 매출을 신장하는 데 큰 도움이 될 것이다. 표 12-10에서는 기상조건에 따라 마케팅의 전략을 다르게 함으로써 매출 이익의 증가를 본 사례이다.

표 12-10 날씨경영의 성공사례들

업체명	효과	활용 내용
"날씨경영-세계 최대 실내테마파크 롯데월드의 경영 성공요인" – (주)호텔롯데 롯데월드 ※2002년 날씨경영대상	· 에너지 절감으로 인한 연간 19억 원 비용 감소 · 연간 21억의 매출 증가	· 기상 측정시설을 단지 안에 설치, 적정한 실내 환경(온도 · 습도)을 유지하고 냉동기 가동시간 결정, 에너지원 수급계획 등을 조절 · 기상변화에 따른 놀이기구 운행, 놀이시설, 식음료 매장, 영업시간을 조절
"고속도로 건설 및 유지관리업무의 과학화" – 한국도로공사	· 정보수집, 시간단축 등 통신 비용 3억 원 절감 · 고속도로 유지보수 과학화로 인한 손실 최소화로 306억 원 비용 절감	· 기상 정보서비스를 통해 고속도로 이용객의 인명, 재산피해 최소화 · 도로공사 홈페이지를 통해 경부고속도로를 비롯한 9개 노선의 날씨, 기온, 강수확률 등을 예보
"기상 정보를 이용 한 재해 관리 시스템 구축" – 농업기반공사	· 재해관리시스템을 가동, 가뭄관리 및 수해대비를 통해 재해복구비용 413억 원 절감 · 업무처리시간 2100시간으로 단축 · 인건비 37억 원 → 15억 원으로 절감	· 기상청과 민간예보사업체에서 기상 정보를 입수, 기상특보와 기상분석을 통해 가뭄, 수해, 풍수해 대책 마련을 위한 재해 관리시스템 가동
"과학적 기상 정보 시스템에 기초한 손실 감소" – SK해운	· 98년 대비 태풍 등 악천 후로 인한 선박의 운항손실 66% 감소 · 운항시간 감소에 따른 연료 비용 절감	· 선박 안전운항을 위한 기상 정보 시스템 "폴라리스(Polaris)" 운영 전 세계 예보 데이터 전송, 시뮬레이션을 통한 항로 비교
"기상 정보 활용을 통한 현장관리 및 원가 절감" – 현대산업개발(주)	· 각종 기상변화에 대처하여 연간 공사비용 6억 5천여만 원 절감	· 전국 30여 곳의 건설현장에 고유번호와 비밀번호를 부여해 시간별 예보는 물론 기상특보 등 공사장별 온라인 예보를 실시간으로 제공
"날씨보험 신상품 개발을 통한 매출 증대" – 동양화재해상보험(주)	· 최초로 민간 기상 예보 사업자와 제휴 날씨 보험 시장에 참여	· 날씨위험분석 기법을 개발, 날씨에 따른 재정손실보험, 행사 취소보험 등을 판매
"바다에서의 기상 정보는 선택이 아닌 필수" – 한진해운	· 안전운항과 항해기간 단축으로 인한 인명피해 감소 및 운항 비용절감	· 웨더뉴스(주)로부터 기상 정보와 부가항해정보를 제공받고 선박에 기상관측장비를 설치, 수시로 선박의 위치와 풍향, 풍속 등 기상 정보 관리

(계속)

업체명	효과	활용 내용
"기온예보로 날씨 따라 난방조절" – 한국지역난방공사	· 난방예보시스템 운영으로 과다습도, 기온하락에 따른 난방 판매량 증대로 연간 24억 2000만 원 매출 증대	· 난방예보 및 난방공급 여부를 홈페이지를 통해 확인, 급격한 기온 하락과 과다습도 등을 확인 한 뒤 즉각적으로 난방을 공급 안정적인 난방 공급 실시
"예약 고객에 날씨 사전 통보 콘도 · 스키장 이용률 확대" – 양지파인리조트	· 2003.05.06~12.31 순매출 67,000,000원 증가 · 제설비용 30% 감소	· 2003년 5월부터 "기상경영 시스템"을 통해 알려지는 날씨 상황을 고려해 예약자에게 날씨 정보를 미리 통보함으로써 고객 만족과 더불어 예약일 변경, 실내 행사 유도 등 예약 취소율를 최소화 함으로써 매출 증가를 가져옴
"날씨 · 계절별 상품 특화로 8년 연속 흑자 달성" – CJ홈쇼핑	· 기상조건 마케팅 활용으로 20% 매출 증대	· 주간 · 월간 상품 편성 시 기상 예보를 참조해 기상상황에 적합한 상품을 편성 황사 등을 예측해 건강 관련 상품을 편성해 15% 이상 매출 증가
"기상 정보의 조선분야 활용" – STX 조선(주) ※ 2006년 제 1회 대한민국기상 정보대상	· 기상 정보활용으로 2005년 진수기준으로 37척을 건조, 약 37억 원의 직접적인 원가 절감 · 2006년 47척의 건조를 목표로 약 47억 원의 원가 절감	· 조선 산업은 옥외작업이 많기 때문에 날씨가 생산성에 큰 영향 을 미친다. STX조선은 2005년 민간기상업체와 연계해 홈페이지 및 사내 정보포탈 등에 특화된 기상 정보를 제공하는 시스템을 구축하여 악천후 발생 시 모든 직원에게 휴대폰 단문 메시지를 통한 즉각적인 기상 정보 제공으로 효율적인 생산일정 관리
"기상 정보의 항공분야 활용" – 대한항공 ※ 2008년 제3회 대한 민국 기상 정보대상	· 항공 기상 정보를 활용하여 기상 특성을 분석하여 운항시간 및 운항편의 조정함으로써 약 60억 원 이상의 비용을 절감	· 기상청과 협약하여 기상 예보 신뢰성 향상과 기상서비스 품질 개선에 기여하였으며, 승무원 자체 브리핑용 시스템, 비행 감시 시스템, 기상감시 시스템을 개발하여 항공기상 예보와 분석, 기상조건에 맞는 운항절차 개발, 악기상 분석을 통한 항공기 운항 시간 조정
"날씨정보를 경영에 도입" – 삼성테스코 ※2007년 제 2회 대한민국기상 정보 대상후보	· 황사 및 우천 정보를 통해 매출을 10~15%까지 증가 · 재고비용도 10% 정도 감소	· 매출 증감과 직결되는 날씨 정보를 통해 매장의 판매 수요를 정확히 예측하여 효율적인 마케팅 전략을 세우고 이익을 극대화하기 위해 기상경영을 도입하면서, 특히 황사 예보 및 우천 마케팅을 통한 다양한 촉 전략을 수립하여 매출 향상

12.4 날씨와 건강

몸의 상태에 따라 개인적인 차이는 있지만 인간은 기온이나 습도에 따라 행동에 불쾌감을 느끼기도 하고 상쾌함을 느끼기도 한다. 이렇게 인간이 날씨에 따라 불쾌감을 느끼는 정도를 나타내는 여러 가지 지수 중 온습도지수라고도 불리는 불쾌지수(Discomfort index, *DI*)는 기온과 습도가 인간생활에 적절하지 못할 때 느껴지는 불쾌감의 정도를 나타낸다. 불쾌지수는 여름철 실내 무더위를 기준으로 하며 다음의 식을 이용하여 계산한다.

$$DI = 9/5 \times T_a - 0.55\,(1 - RH)\,(9/5 \times T_a - 26) + 32 \tag{12.1}$$

여기서 T_a는 건구 온도로써 단위는 (°C)이고, RH는 상대습도이다.

건습구 온도계로 습도를 측정하는 경우에는 다음의 식을 이용한다.

$$DI = 0.4 \times (T_a + T_w) + 15 \tag{12.2}$$

이 때 T_a는 건구 온도 T_w는 습구 온도이며 단위는 모두 화씨(°F)를 사용한다. 이렇게 구한 불쾌지수 DI가 80 이상이 되면 50% 이상의 사람이 불쾌감을 느낀다. 인간은 너무 건조하거나 너무 습한 경우 또는 너무 춥거나 더운 경우에 쾌적한 생활이 어렵다. 그림 12-8에서 굵은 실선으로 표시된 폐곡선 안에 들어가는 기후 조건이 인간 생활에 적절한 온습도대를 가지는 기후지역으로 쾌적 기후지대라고 부르며 서울의 경우에 5월, 6월, 9월이 쾌적 기후지대에 해당되는 기간으로 나타났다.

기상 상태는 우리의 건강과도 밀접하게 관련되어 있다. 특히 한랭전선이나 온난전선이 통과

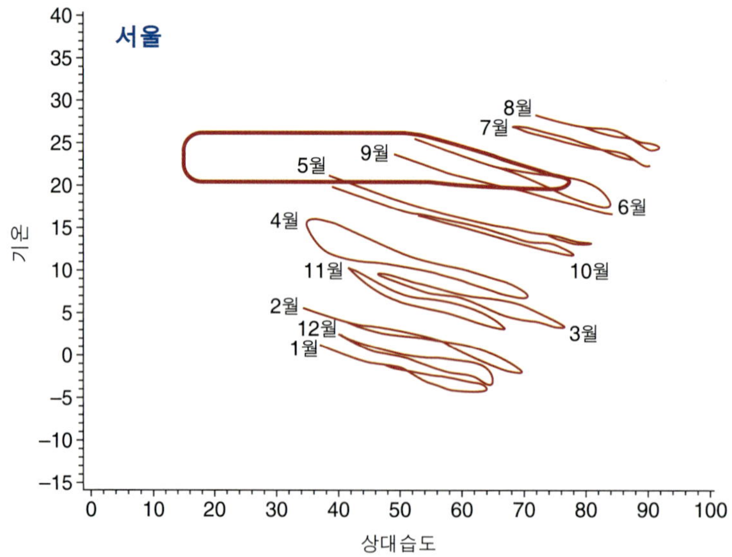

그림 12-8 일평균 기온과 상대습도로 본 쾌적 기후지대와 서울의 월별 쾌적 기후지대 근접성

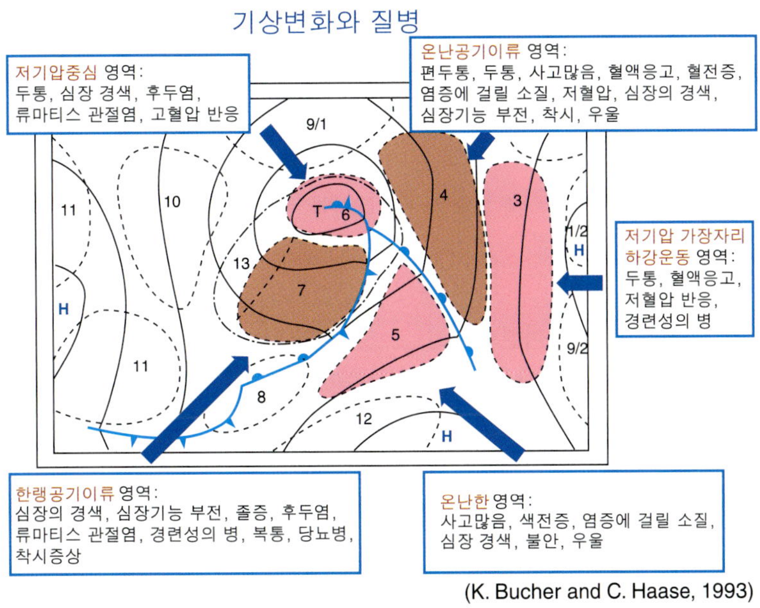

그림 12-9 날씨 변화와 관련된 질병들. 기압, 바람, 기온 변화가 심한 온난전선과 한랭전선 부근에서의 질병 반응.

하는 경우 기압이 갑자기 하강하거나 상승하면서 질환에 따라 차이는 있지만 고혈압 환자나 신경통 환자, 호흡기 환자들의 증상에 영향을 준다. 그림 12-9는 기상과 질병에 대한 상관성을 보여준다. 주로 기압과 기온의 갑작스런 변동이 가지고 오는 영향이라 볼 수 있다. 무엇보다 큰 저기압이 통과할 때는 기압이 매우 낮아지므로 고혈압 환자는 특히 조심해야 한다. 기압이 낮아지면 체내 바깥에서 미는 힘이 약해지고 상대적으로 체내 혈관에서 미는 힘은 강해지기 때문에 혈관이 파열되기 쉽다. 최근 지가의 상승으로 고층 건물을 많이 짓는데, 지면에서 10m가 높아질 때마다 1hPa씩 기압이 낮아지므로 혈압이 높은 사람에게는 고층이 생활공간으로서 부적당하다. 한편, 가장 알맞은 기온 상태의 고기압 상태에서는 습도가 낮아지고 산소는 풍부해지기 때문에 뇌세포에 산소가 충분히 공급되어, 아이디어가 많이 창출되며 신체 활동이 활발해진다. 이러한 이유로 유럽을 비롯한 중위도 지방에서 다양한 문명들이 발달되었다고 하는데 바로 추운 지방이 더운 지방보다 기압이 높아 뇌의 활동이 활발해지기 때문이라고 한다.

12.5 날씨속담과 생활

(1) 날씨속담

- **햇무리, 달무리가 나타나면 비.**

무리는 빙정으로 된 엷은 구름에서 햇빛이나 달빛이 굴절되어 생기는 현상이다. 권층운이 하늘을 넓게 덮을 때 나타나며, 권층운이 저기압의 전면에 나타나는 구름이기 때문에 저기압 접근의 징조로도 볼 수 있다. 그러나 이 권층운은 저기압 중심으로부터 상당히 먼 곳에서 나타나므로 저기압 중심이 점차 쇠약해지고 있거나, 진행방향이 바뀌어 저기압 중심 부근이 그 지방을 통과하지 않게 되면 비가 내리지도 않고 날씨가 나빠지지 않을 수도 있다. 또 저기압 중심까지는 상당한 거리가 있으므로 비가 오기까지 상당한 시간적 여유가 있다.

- **동풍은 비, 서풍은 맑음.**
  동풍이 불면 저기압이 남서쪽에 있음을 시사한다. 즉 저기압 접근의 징조이기 때문에 날씨가 나쁘고, 서풍이 분다는 것은 저기압이 통과한 뒤 고기압이 서쪽에 있음을 암시하므로 날씨가 맑다.
- **높새바람이 불면 잔디 끝이 마른다.**
  높새바람은 푄바람을 의미한다. 산맥의 풍하측에서 고온 건조한 바람이 되어 가뭄에 강한 잔디도 잎 끝이 마른다는 뜻이다.
- **아침 안개는 더울 징조.**
  아침 안개는 고기압권내에서 날씨가 좋을 때 생기므로 안개가 걷히면 맑은 날씨에 일사가 쬐어 기온이 상승한다는 뜻이다.
- **풀 이슬이 맺히면 날씨가 좋고, 오후가 되어도 마르지 않으면 다음날 비가 온다.**
  야간에 기온이 하강하면 지면 부근의 수증기가 응결되어 이슬이 되는데 이런 때는 날씨가 좋아지게 되며, 이슬이 오후까지 마르지 않는 것은 공기 중에 습도가 많기 때문이므로 이런 때는 저기압이라 비가 오게 된다는 뜻이다.
- **아침 흐림은 맑음, 저녁 흐림은 비.**
  아침구름은 야간냉각으로 형성되는 구름일 경우가 많으므로 이 구름은 일출로 가열되면서 소산되는 경향이 많기 때문이다. 반면 저녁구름은 저기압 등에 동반되는 구름으로 쉽게 소산되지 않고 비가 오게 된다는 뜻이다.
- **갈매기가 낮게 날면 비가 온다.**
  날짐승들은 대부분 공기의 밀도, 기온, 습도 등에 민감한 반응을 보이게 되므로, 갈매기가 낮게 나는 것은 기압 변화를 느끼고 먹이 준비를 위하여 부산하게 움직인다는 뜻이다.
- **청개구리가 요란스럽게 울면 비가 온다.**
  정확한 원인이 판명되지 않고 있으나, 저기압 접근 시 기압이 낮아지고 습기가 증가되어 호흡에 지장을 주기 때문인 듯하다.
- **청개구리가 낮은 곳에 있으면 맑음.**
  고기압권 내에서 날씨가 맑으면 높은 곳일수록 건조하다. 이럴 때 청개구리는 피부의 습기를 유지하기 위하여 낮은 곳에 있게 된다.

(2) 장마철 생활양식

- **옷은 섬유 종류별로 보관. 습기에 강한 무명, 합성섬유를 맨 밑에, 모직 섬유는 중간, 비단 등 견직물은 맨 위에 오도록 놓고 관리하면 옷의 손상을 방지할 수 있다.**
  모피 등 동물 털옷은 통풍이 잘 되는 그늘에 보관한다. 특히 모피류는 신문지를 둘둘 말아

가볍게 두들기고 털의 반대방향으로 빗질을 하여 먼지를 떨어낸다. 물기를 짠 수건과 마른 수건으로 결을 따라 닦아준 후, 통풍이 잘 되는 그늘에 보관한다. 옷장에 보관할 때는 구멍이 뚫린 부직포를 씌워놓거나 털이 눌리지 않도록 다른 옷들과 충분한 공간을 두고 보관한다. 털에 나프탈렌 등 방충제가 닿지 않도록 주의한다.

- **곰팡이 냄새는 묽게 탄 염소표백 소독제로 제거한다.**
  장마철에는 빨래가 잘 마르지 않아 곰팡내가 나기 쉽다. 이럴 때는 세탁기의 마지막 헹굼 시 물에 묽게 탄 염소표백 소독제를 부어주면 냄새가 없어지고 살균도 되어 일석이조이다. 단, 색깔 있는 옷과 화학섬유는 피해야 한다.
- **곰팡이가 생긴 옷은 냉장고에 넣어둔다.**
  옷에서 퀴퀴한 곰팡이 냄새가 나거나 이미 곰팡이가 나버린 옷은 아무리 빨아도 소용이 없다. 이럴 땐 냉장고에 일주일 정도 넣어 둔 다음 세탁을 하면 곰팡이와 냄새가 말끔히 없어진다.
- **드라이클리닝 한 옷은 통풍을 시킨다.**
  드라이클리닝 한 옷에는 화학물질이 남아있어 바로 입게 되면 피부에 좋지 않을 수 있다. 특히 땀 난 피부에 직접 닿지 않도록 통풍을 시킨 뒤 입는다.
- **머리 손질을 자주 하게 된다.**
  머리카락은 수분을 흡수하면 가로방향 14%, 세로방향 12%까지 팽창한다. 이런 이유로 건조한 방안에서 머리 손질하고 외출할 시 머리 모양이 금방 흩어지고 망가지게 된다. 그 반대의 경우도 마찬가지다. 따라서 이 시기에 머리를 만지는 경우는 다시 손질할 경우를 항상 염두에 두어야 한다.
- **눅눅해진 마른 음식은 전자레인지로 가열하여 건조시킨다.**
  장마철 습기가 많은 날에 김이나 과자를 잠깐 꺼내 놓아도 금방 눅눅해지기 쉽다. 이럴 때 김이나 과자를 전자레인지에 넣고 15초 정도 가열하면 다시 바삭바삭해진다. 소금도 눅눅해질 경우 접시에 담아 랩을 씌우지 않은 채 전자레인지에 1~2분 정도 넣고 가열하면 다시 고슬고슬해진다.

(3) 장마철 식중독 예방법

- 음식을 조리하는 사람은 항상 청결하고 깨끗한 모습을 유지해야 하며, 특히 손을 청결히 하도록 한다. 조리 전 온도가 43~49°C에 이르는 따뜻한 물에 20초 이상 손을 넣고 팔뚝 부분까지 비누로 깨끗이 씻는다.
- 식중독 균은 적당한 온도와 습도가 주어지면 기하급수적으로 증가하기 때문에 식품을 4.4°C 이하의 냉장고나 냉동고에 보관해야 한다.
- 음식을 자주 휘젓지 않는다. 날 음식과 즉시 먹을 수 있는 식품들에 대해 손이나 각종 도구를 교차 사용하여 휘젓지 말아야 한다.
- 음식은 가열하여 조리해 바로 먹는다. 육류, 어패류 및 유제품은 위험 가능성이 높으므로 음식을 먹을 때와 조리할 때 각별히 신경 쓰도록 한다. 음식은 되도록 구입 직후 손질하고 가열하여 조리해 먹는 것이 좋고, 상온에 2~4시간 이상 방치하지 않도록 한다.

- 남은 음식은 가열하여 먹는다. 남은 음식 역시 뚜껑을 잘 덮어 놓고, 더운 음식은 60℃ 이상으로 덥게 찬 음식은 4.4℃ 이하로 차게 보관한다. 다시 꺼내 먹을 경우 반드시 74℃ 이상에서 15초 이상 가열해서 먹는다.

(4) 날씨로 인한 시스템 오류 예방법

습기로 인한 시스템 오류 예방 방법

- 장마철에는 온도와 습도가 높아지고 번개도 자주 발생하여 관리를 소홀히 하면 컴퓨터가 오동작을 하거나 전원이 나가는 등 고장피해가 생기기 쉽다.
- 습기가 많은 장소를 피하고 통풍이 잘되는 장소로 옮겨 설치한다.
- 에어컨을 켜서 습기를 제거한다(에어컨이 없다면 덥더라도 보일러를 가동하여 습기를 제거한다).
- 하루 한번 20~30분 PC를 켜서 습기를 제거한다.
- 전화선에 습기가 스며들면 인터넷 및 통신이 자주 끊기는데 이럴 때는 전화국에 점검 요청을 한다.

과열로 인한 시스템 오류 예방 방법

- 통풍이 잘 되는 장소에 PC를 설치한다.
- 벽과 PC 사이의 간격을 10cm 이상 띄워 PC에서 나오는 열이 밖으로 잘 퍼지도록 한다.
- 모니터 위에 수건, 책 등 기타 물건을 올려놓지 않는다(먼지가 쌓이지 않게 하려고 덮개를 덮어놓으면 모니터 및 PC의 통풍구를 막아 온도 상승의 요인이 된다).
- 직사광선이 바로 내리쬐는 창가는 피한다.
- 장시간(5시간 이상) 사용 시 20~30분간 PC의 전원을 종료해 PC를 쉬게 한다.

낙뢰로 인한 시스템 오류 예방 방법

- 번개가 치는 날에는 컴퓨터와 가전제품의 전원 코드는 뽑아 놓는다.
- PC의 전원코드, 전화선, 케이블모뎀, ADSL모뎀, 안테나선 등 외부에서 연결되는 케이블을 모두 뽑는다. 이러한 케이블을 통해 과전류가 흘러 들어와 파워, VGA카드, 메인보드, 여러 주변기기에 손상을 입힐 수 있기 때문이다.

폭우로 인한 시스템 오류 예방 방법

- 컴퓨터가 물에 잠겼을 때에는 물기를 제거했더라도 바로 전원을 켜서는 안된다.
- 컴퓨터 케이스를 열고 깨끗한 물에 헹구어 흙 등 이물질을 제거한 후 통풍이 잘되는 그늘진 곳에서 약 3~4일간 완전히 말린다.
- 햇볕에 말리거나 헤어드라이어기 등으로 말리면 부품의 칩 등이 손상을 입을 수 있다.
- 완전히 말린 후 전원을 켰을 때도 정상적으로 작동이 되지 않으면 A/S를 받는다.
- 침수, 번개로 인한 피해는 소비자피해보상규정상 "천재지변에 의한 제품고장 또는 결함은 무상보증 기간에 관계없이 비용을 지불해야 한다"고 명시되어 있다.

복습문제

1. 기후변화가 우리의 생활에 미치는 영향을 기상재해를 중심으로 설명하시오.
2. 기후변화가 질병확산에 미치는 영향을 기온과 강수량 변화를 중심으로 설명하시오.
3. 우리나라 생태계가 기후변화로 인해 겪고 있는 변화를 사례 중심으로 설명하시오.
4. 기상 산업을 분야 중심으로 정의하시오.
5. 우리나라 기상 산업이 다른 기상 선진국에 비해 일찍 발달되지 못한 이유를 서술하시오.
6. 기상 선진국과 우리나라의 기상 산업을 그 규모와 분야 중심으로 비교하시오.
7. 우리나라 기상 산업의 한계와 발전 가능성에 대하여 논의하시오.
8. 기상 정보의 중요성과 그 산업으로써의 가치를 사례를 들어 설명하시오.
9. 기상 산업 진흥법에 대하여 설명하고 그 파급효과에 대하여 논의하시오.
10. 날씨경영의 성공사례들을 중심으로 날씨 마케팅의 중요성과 그 활용성에 대하여 설명하시오.
11. 불쾌지수를 정의하시오.
12. 한랭전선과 온난전선의 통과 시 기온과 기압의 갑작스런 변화가 우리 건강에 미치는 영향에 대해 설명하시오.
13. 날씨 속담의 예를 들고 실제 날씨예보에 이용될 수 있는 이유를 과학적인 근거를 들어 설명하시오.
14. 장마철 옷 관리법에 대하여 설명하시오.
15. 식중독 예방법에 대하여 설명하시오.
16. 날씨로 인한 시스템 오류 예방법에 대하여 침수와 낙뢰 중심으로 설명하고 그로 인한 소비자피해보상규정에 대해 제시하시오.

참고문헌

제1장 참고문헌

1. 한국기상학회, 2003: 대기과학개론, 시그마프레스, 405pp.
2. 内嶋善兵衛譯, 1985: 地球大氣の歷史, 朝倉書店, 200pp.
3. Ahrens, C. Donald, 2000: Meteorology Today, Brooks/Cole, 528pp.
4. Danielson, E. W., J. Levin, E. Abrams: McGrawHill, 558pp, 2003.
5. Richmond, A. D., 1987: The ionosphere, in The solar wind and the earth, eds S.-I. Akasofu and Y. Kamide, D. Reidel Publishing Co., Dordrecht, p.128.

제2장 참고문헌

1. 강혜성, 윤홍식, 이상각, 최승언, 현정준, 홍승수, 2010, 천문학 및 천체물리학, 시그마프레스, 253-276.
2. 김경익, 2010, 대기열역학, 동화기술, p.12.
3. 김경익, 김영섭, 김해동, 류찬수, 서명석, 오재호, 이재규, 하경자, 허창회, 2005, 생활환경과 기상, 동화기술, 594pp.
4. 김영섭, 김경익, 2002, 대기광학과 복사학, 시그마프레스, 186pp.
5. 민경덕 역, 2006, 대기환경과학, 시그마프레스, 36-79.
6. 안중배, 박선기, 서명석, 이화운, 정일웅, 정형빈, 2009, 대기과학, 시그마프레스, 602pp.
7. 이광목, 2000, 대기복사, 시그마프레스, 174pp.
8. C. Donald Ahrens, 1994, Meteorology Today 4th ed., WEST, 28-84.
9. Wallace, J. M. and P. V. Hobbs, 2006: Atmospheric Science 2E., AP, 113-152.
10. Liou, K. N., 1992: Radiation & Cloud Processes in the Atmosphere, Oxford, 171pp.

제3장 참고문헌

1. 기상사진 1966, 기상청 66pp.
2. 기상청 제공: 그림 3-8, 3-9, 3-1, 3-31, 3-33, 2 Heo, Ki-Young and Kyung-Ja Ha, 2010: A coupled model study of formation and dissipation of sea fog, Monthly Weather Review, 138(4), 1185-1205.

제4장 참고문헌

1. 小林禎作, 吉川義純, 1991: 雪の 結晶, 雪の 美術館, 59pp.
2. 齊藤文一, 武田康男, 1995: 空の 色と光の 圖鑑, 草思社, 182pp.
3. 일본기상학회, 2005: 雪片の 形成と 融解, 기상연구노트 207호, 일본기상학회, 127pp.
4. 기상청, 2006: 기상장비사전, 동진문화사, 256pp.
5. 기상청 제공: 그림 4-24,
6. Park, S.-G. and Gyuwon Lee, 2010: Calibration of radar refelectivity measurements from the KMA radar operational Network Asia-PacificJ. Atmos. Sci., 249-253.
7. http://www.answers.com/topic/hail: 그림 4-13 우박의 단면도
8. Nakay, U., 1954: Snow crystals, Havard University Press.

제5장 참고문헌

1. Lee, Woo-Jin, 2010: Weather of Korea, A Synoptic Climatology, KwangGyoE-tax, 166pp.

제6장 참고문헌

1. Sellers, W. D., 1965: Physical Climatology. Univ. of Chicago Press, Chicago, p.84.
2. 이동인, 김경익 역, 1999: 기초대기과학, 동화기술, 228pp.

제7장 참고문헌

1. 기상청, 1996: 태풍백서.
2. 국가태풍센터: http://typ.kma.go.kr
3. 태풍연구센터: http://www.typhoon.or.kr
4. 기상청제공: 그림 7-1

제8장 참고문헌

1. 기상청, 2009: 기상연감
2. 한국기상학회, 1999: 대기과학개론, 시그마프레스, 405pp.
3. 안중배 외, 2009: 대기과학(번역본), 시그마프레스, 602pp.
4. 기상청: http://www.kma.go.kr/index.jsp
5. 국가기상위성센터: http://nmsc.kma.go.kr

제9장 참고문헌

1. 윤일희, 대기오염기상학, 2002, 시그마프레스, pp.135-146.
2. 김경익 등, 2005, 생활환경과 기상, 동화기술, pp.479-481.
3. 서울시정개발연구원, 2000, 서울시 기상특성을 고려한 도시계획기법 연구, 275pp.
4. Gotz, G., E. Meszaros, and G. Vali, 1991: Atmospheric particles and nuclei, Akademiai Kiado, Budapest, 274pp.
5. Han, Hye-Young, 2006: Analysis of vertical structure and inland penetration of the sea breeze by UHF wind profiler observations, Mater thesis, Kyungpook National University, 55pp.
6. Simpson, J., 1994, Sea breeze and local winds, Cambridge University Press, pp.1-15.
7. Harada, A., 1982, Air pollution and Climate Change, Tokyo-To Press, pp.121-136.
8. Lee, Woo-Jin, 2010: Weather of Korea, A synoptic Climatology, KwangGyo E-tax, 166pp.

제10장 참고문헌

1. 오재호, 1999: 기후학: 기후와 대기순환, 대우학술총서 428, 아르케, 서울, 362pp. 오재호, 1999.
2. Bradley, R. S. and Jones, P. D. (eds.) 1992: Climate since 1500 London: Routledge.
3. Hidore, J. J., J. E. Oliver, 1993: Climatology: An Atmospheric Science. Macmillan Pub. Co., New York, N. Y., USA, 423pp.
4. Kerr, R. A., 1989: Volcanoes can muddle the greenhouse. Sciences, 245, 127-128.
5. Leith, C. E., 1978: Predictability of climate. Nature, 276, 352-355.
6. Lovelock, J., 1988: The ages of Gaia: A biography of our living earth. The commonwealth Book Program, W. W. Norton and Company, N. Y., 255pp.
7. Oh, J.-H., J.-H. Jung, and J.-W. Kim, 1993: The changes of UV-B radiation at the surface due to stratospheric aerosols. Korean J. Geophys. Res., 21, 31-46.
8. Robock, A., 1991: The volcanic contribution to climate change of the past 100 years. In Greenhouse-gas-induced climatic change: A critical appraisal of simulations and observations, Ed. M. E. Schlesinger, Elsevier Science Publishers B.V., Amsterdam, Netherlands, 429-443.
9. Tao, W.-K., S. Lang, J. Simson, C.-H. Sui, B. Ferrier, and M.-D. Chou, 1996: Mechanisms of cloud-radiation interaction in the tropics and mid-latitudes. J. Atmos. Sci., 53, 2624-2651.
10. Webster, P. J., and S. Yang, 1992: Monsoon and ENSO: Selectively interactive systems. Quart. J. Roy. Meteorol. Soc., 118, 877-926.
    http://artic.atmos.uiuc.edu/cryosphere/: 그림 10-2

제11장 참고문헌

1. 김연옥, 1983: 한국고대의 기후환경-삼국사기 기후자료의 분석, 지리학의 과제와 접근방법. pp.231-273.
2. 김연옥, 1985: 한국의 기후와 문화. 이화여자대학교 출판부, 서울, 345pp.
3. Berger, A., 1988: Milankovitch theory and climate. Rev. Geophys., 26, 624-657.
4. Cane, M. A. and S. E. Zebiak, 1985 : A theory for El Ni · o and the Southern Oscillation. Science, 228, 108-1087.
5. Flohn, Hermann, 1985: Das Problem der Klima · nderungen in Vergangenheit und Zukunft, Wissenschaftliche Buchgesellschaft, 228pp. (김종규 역, 2000, 과거와 미래의 기후변화문제, 한울아카데미, 262pp.)
6. Hays, J. D., J. Imbrie, and N. J. Shackleton, 1976: Variations in the earth's orbit: Pacemaker of the ice ages. Science, 194, 1121-1132.
7. Imbrie, J., J. Hays, D. Martinson, A. McIntyre, J. Mix, N. Morley, N. Pisias, W. Prell, and N. Shackleton, 1989: The orbital theory of Pleistocene climate: support from a revised chronology of the marine 180 record. In Milankovitch and Climate, Eds. A. Berger et al., 296-306.
8. IPCC, 2007: 과학적 근거(번역본), 기상청.
9. Sch · nwiese, Christian-Dietrich, 1994: Klimatologie, Verlag Eugen Ulmer, Stuttgart, 436pp.
10. 기상청, 2012. 한반도 미래기후변화 전망보고서. 기상청, 서울, 153pp.
11. 기상청, 2015. IPCC 기후변화 2014 종합보고서. 기상청, 서울, 175pp.
12. IPCC, 2014: Climate Change 2014: Synthesis Report. Contribution of Working Groups I, II and III to the Fifth Assessment Report of the Intergovernmental Panel on Climate Change [Core Writing Team, R.K. Pachauri and L.A. Meyer (eds.)]. IPCC, Geneva, Switzerland, 151 pp.

제12장 참고문헌

중앙재난안전대책본부(소방방재청)

국립기상연구소

IPCC 3차 보고서, 2001

환경부, 기후변화홍보포털

삼성지구환경연구소 2008: 기후변화가 비즈니스를 바꾼다

세계기상기구(WMO)의 5차 장기계획 요약보고서

기후변화와 질병

http://blog.naver.com/chkwkim?Redirect=Log&logNo=110095658591

http://scienceon.hani.co.kr/archives/13223

http://cafe.naver.com/chealth.cafe?iframe_url=/ArticleRead.nhn%3Farticleid=431&

http://cafe.naver.com/10000sm.cafe?iframe_url=/ArticleRead.nhn%3Farticleid=89&

http://cafe.naver.com/chealth.cafe?iframe_url=/ArticleRead.nhn%3Farticleid=658&

민간기상예보

http://blog.daum.net/kma_skylove/7667908

http://media.paran.com/news/view.kth?dirnews=3741197&year=2009

http://www.kmipa.or.kr:8080/greetings/Foundation.jsp 한국기상산업진흥원

http://blog.daum.net/kma_skylove/7667889

http://news.naver.com/main/read.nhn?mode=LSD&mid=sec&sid1=100&oid=001&aid=0004976225

불쾌지수

http://ask.nate.com/qna/view.html?n=6181481

http://web.kma.go.kr/communication/encyclopedia/list.jsp?schText=%BA%D2%C4%E8%C1%F6%BC%F6&x=0&y=0

국문찾아보기

영문찾아보기

A

B

C

D

E

F

G

H

환경대기과학 정가 25,000원

인 쇄 2011년 9월 1일 초판 1쇄
발 행 2015년 9월 10일 3판 1쇄
저 자 김경익 · 김영섭 · 김해동 · 류찬수 · 서경환
서명석 · 오재호 · 전종갑 · 하경자
발행인 정우용
발행처 도서출판 동화기술
경기도 파주시 광인사길 201(문발동, 파주출판도시)
Tel (031)955-4211~6 donghwae@kornet.net
Fax (031)955-4217 www.donghwapub.co.kr
(등록) 1977년 12월 19일/9-16호

Printed in Korea
ISBN 978-89-425-9021-6